普通高等教育"十三五"规划教材

现代工程制图

第二版

苏　燕　赵仁高　主编
马　敏　主审

化学工业出版社
·北京·

本书是依据教育部制定的“工程制图基础课程教学基本要求”，参照最新国家标准，结合现代技术的发展，汲取国内外制图课程教学改革的成功经验，针对应用型人才培养的具体情况编写的。

本书内容包括：绪论、制图基本知识与技能、正投影的基本知识、AutoCAD基础、立体的投影、组合体的视图、机件的表达方法、标准件与常用件、零件图、装配图、化工制图等。

本书在结构体系上有一定创新，在内容的选择上突出实用特色，并将AutoCAD贯穿始终。

本书配套习题集为由赵仁高、苏燕主编的《现代工程制图实训》第二版。

本书可作为普通高等学校非机类、近机类各专业工程制图课程的教材，也适合于成人高等教育、函授大学的相关专业使用，还可供有关工程技术人员参考。

图书在版编目（CIP）数据

现代工程制图/苏燕，赵仁高主编. —2版. —北京：化学工业出版社，2019.1（2024.9重印）
普通高等教育“十三五”规划教材
ISBN 978-7-122-33308-7

Ⅰ.①现… Ⅱ.①苏…②赵… Ⅲ.①工程制图-高等学校-教材 Ⅳ.①TB23

中国版本图书馆CIP数据核字（2018）第259728号

责任编辑：高 钰　　装帧设计：刘丽华
责任校对：宋 夏

出版发行：化学工业出版社（北京市东城区青年湖南街13号　邮政编码100011）
印　　装：北京盛通数码印刷有限公司
787mm×1092mm　1/16　印张16¼　字数404千字　　2024年9月北京第2版第5次印刷

购书咨询：010-64518888　　售后服务：010-64518899
网　　址：http://www.cip.com.cn
凡购买本书，如有缺损质量问题，本社销售中心负责调换。

定　　价：48.00元

前言

本书依据教育部高等学校工科制图课程教学指导委员会所制定的“工程制图基础课程教学基本要求”，并参考最新国家标准及课程教学改革实践的成功经验，在第一版的基础上修订而成。

本书主要特色：语言通俗易懂、图形清晰直观、例题典型精练，突出“实用、科学、适用、先进”的原则。

1. 实用

坚持基础理论以应用为目的，选材精炼，适当地删减在工程中实用价值不大的内容，各章节突出简化画法，以使绘图简便。

2. 科学

从教学实际出发，注重图示原理和方法等内容，注意相关章节的有机结合和融会贯通，例如在零件图和装配图这两个章节中以球阀、齿轮油泵两装配体的零件图、装配图为主要素材，以便更好理解部件的功能必须全部靠零件来支承，而零件的结构形状由其在部件中的作用所决定。

3. 适用

以机械工程图样的阅读与绘制为主，又介绍了化工图样，尽量涵盖不同专业需要，利于开拓学生视野、增强工程实践素质。

4. 先进

计算机绘图采用 AutoCAD 2016 版本，并将此部分内容在第三章介绍，在后面的有关章节中逐步应用，使学生掌握应用 AutoCAD 软件绘制零件图、装配图的技能。

结合实际，加强工程构型设计和工艺、功能结构分析；在组合体及零件图中，增加了构形设计内容，旨在激发学生的学习兴趣，拓展学生思维，利于培养学生的创新精神；将工艺、功能结构分析贯穿机械制图部分，有利于学生对制图理论的理解和掌握。

本书全部采用最新的国家标准和行业标准，如用《表面结构的表示方法》（GB/T 131—2006）代替《表面粗糙度》（GB/T 131—1993）。

另外，为便于读者对课程内容的掌握和进行系统训练，与本书配套使用的赵仁高、苏燕主编的《现代工程制图实训》第二版也同时出版。

本书由苏燕、赵仁高主编，参加编写人员有苏燕（第三章、第五章第六节、第六章、第九章、第十章），赵仁高（第一章、第七章），鲁杰（第二章、第五章第一～五节、附录），刘凤霞、王虹（绪论、第四章），陈蔚蔚（第八章）。本书由马敏主审，参加审稿的还有王国柱。

山东大学材料科学与工程学院张景德教授仔细审阅了全部文稿和图稿，提出了很多宝贵意见和建议，在此表示衷心感谢！

由于编者水平有限，书中疏漏和欠妥之处，敬请专家、同仁和读者批评指正。

编者

2018 年 8 月

目录

绪论

一、本课程的性质和任务

工程图样是根据投影原理，按照国家标准和有关规定表达出机器、仪器或建筑物的形状、大小、材料和技术要求的图样。设计者通过图样来表达设计对象；制造者通过图样来了解设计要求，并依据图样来制造机器；使用者也通过图样来了解机器的结构和使用性能。在各种技术交流活动中，图样是不可缺少的，因此，图样被称为工程技术上的语言。图样在工业生产中有着极其重要的地位和作用，作为一个工程技术人员必须掌握这种“语言”。

不同的生产部门使用的图样名称及要求也各有不同，机械制造业中所使用的图样称为机械图样，化学化工领域中使用的图样称为化工图样，建筑工程中使用的图样称为建筑图样。

本课程的主要任务是培养学生具有一定绘图、看图、空间想象能力、空间思维能力和利用计算机绘图能力。通过学习应达到以下要求。

① 掌握正投影法的基本理论及其应用。

② 具有一定的空间想象能力、思维能力和创造能力。

③ 能正确地使用绘图工具和仪器，掌握用仪器和徒手作图的技能。

④ 掌握查阅零件手册和国家标准的基本方法，能正确地阅读和绘制中等复杂的工程图样。

⑤ 具有运用计算机绘图的能力。

⑥ 培养认真负责的工作态度和严谨细致的工作作风。

二、本门课程的学习方法

本课程是一门研究绘制和阅读工程图样的基本原理和基本方法的课程，具有系统的投影理论和方法，又具有很强的实践性。学习时应注意以下几点。

1. 理论联系实际，掌握正确的学习方法

在掌握基本概念和理论的基础上，必须通过做习题、绘图和读图实践，通过由空间—平面—空间，这样一个反复提高的认识过程，学会和掌握运用理论去分析和解决实际问题的正确方法和步骤，培养和提高空间想象力和空间思维力。

2. 严格遵守国家《机械制图》标准规定及有关技术标准

为确保图样正确与规范，《机械制图》标准对图样画法、标注方法及技术要求等做了统一的规定，学习中要坚决遵守国家标准的各项规定。

制图基本知识与技能

图样是工程界的共同语言，是用来进行信息交流的，规范性要求很高。为此，国家标准《技术制图》、《机械制图》对图样的格式、表达方法等均作了统一规定，工程技术人员必须严格遵守，认真执行。

本章介绍国家《机械制图》标准中的基本规定，绘图工具及其使用，几何作图和徒手绘图的方法。

第一节 制图基本规定

一、图纸幅面及格式（GB/T 14689—1993）

1. 图纸幅面

根据《技术制图 图纸幅面和格式》（GB/T 14689—1993）的规定，绘制技术图样时，优先采取表1-1所规定的基本幅面。必要时也允许加长幅面，但应按基本幅面的短边整倍数增加。如图1-1所示，其中粗实线所示为基本幅面；细实线和虚线为加长幅面。加长后幅面

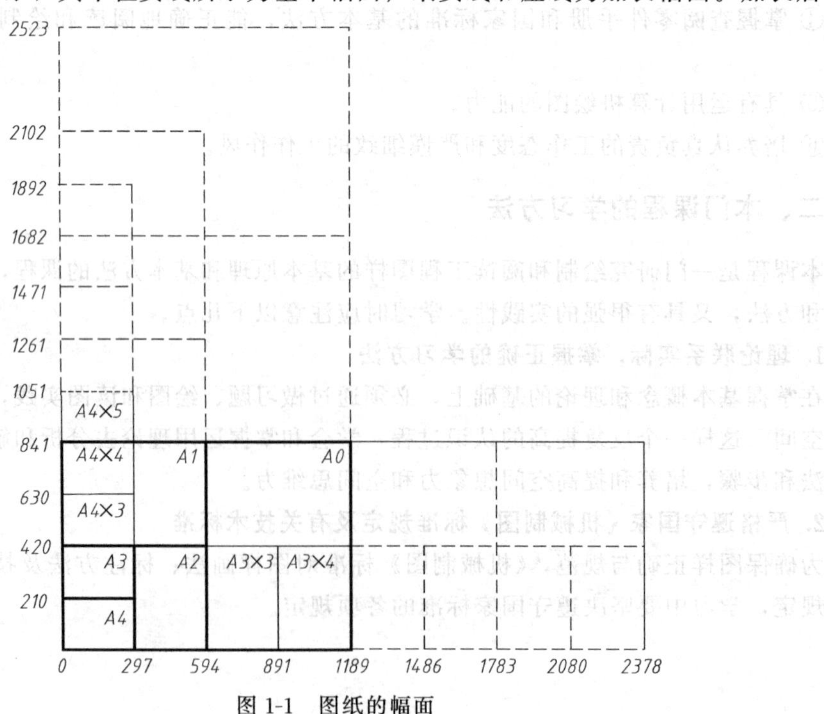

图1-1 图纸的幅面

的代号记作：基本幅面代号×倍数。如 A3×3，表示按 A3 图幅短边加长 3 倍，即加长后的图纸尺寸为 420×891。

表 1-1　图纸基本幅面及图框格式尺寸　　mm

幅面代号	A0	A1	A2	A3	A4
尺寸 $B \times L$	841×1189	594×841	420×594	297×420	210×297
e	20		10		
c	10			5	
a	25				

2. 图框格式

图纸上限定绘图区域的线框称为图框。标准规定图框用粗实线绘制，其格式分为不留装订边和留有装订边两种。同一产品的图样只能采用一种格式。

不留装订边的图框格式如图 1-2 所示，留有装订边图框格式如图 1-3 所示，尺寸规定见表 1-1。

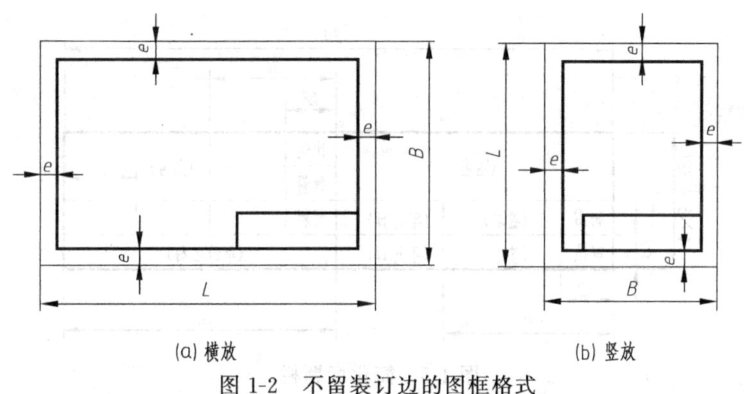

(a) 横放　　(b) 竖放

图 1-2　不留装订边的图框格式

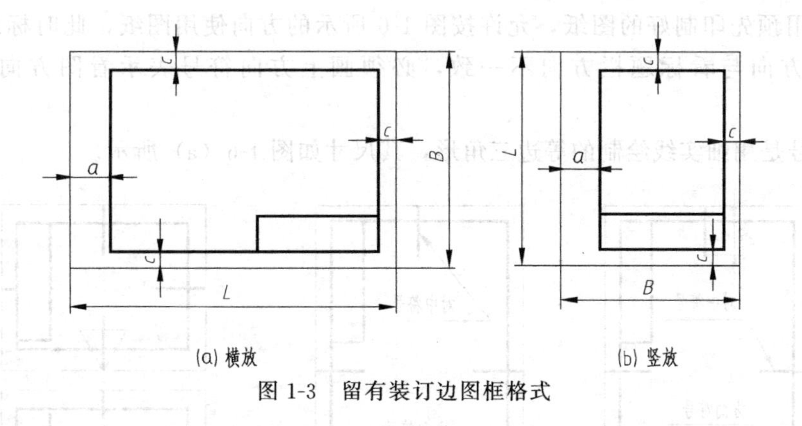

(a) 横放　　(b) 竖放

图 1-3　留有装订边图框格式

加长幅面的图框尺寸，按所选用的基本幅面大一号的图框尺寸确定。如 A3×3 的图框，按 A2 的图框尺寸绘制。

3. 标题栏

每张图样上都必须绘制标题栏。标题栏可提供图样自身、图样所表达产品及图样管理的若干信息，是图样不可缺少的内容。标题栏应位于图纸的右下角，底边与下图框线重合，如图 1-2、图 1-3 所示。标题栏的内容、格式和尺寸按 GB/T 10609.1—1989 规定，如图 1-4 所示。学习本课程时，建议学生采用图 1-5 所示的简化标题栏。

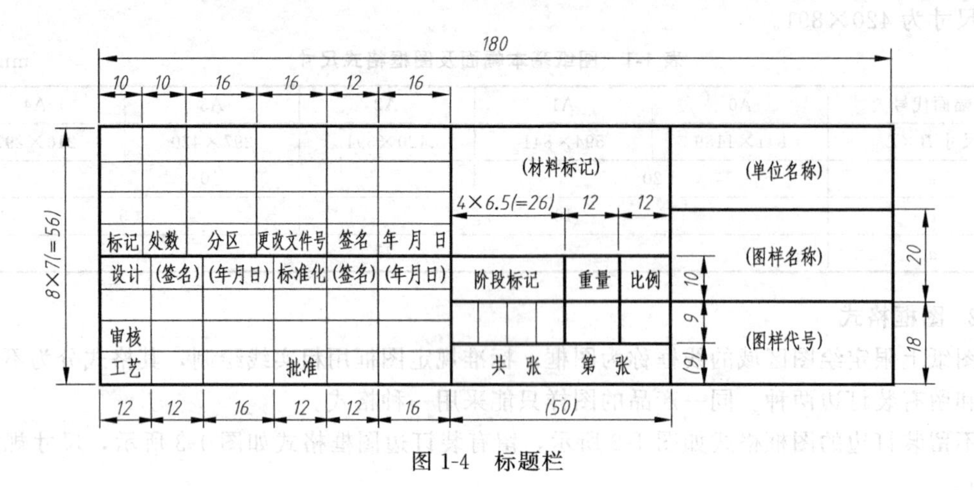

图 1-4 标题栏

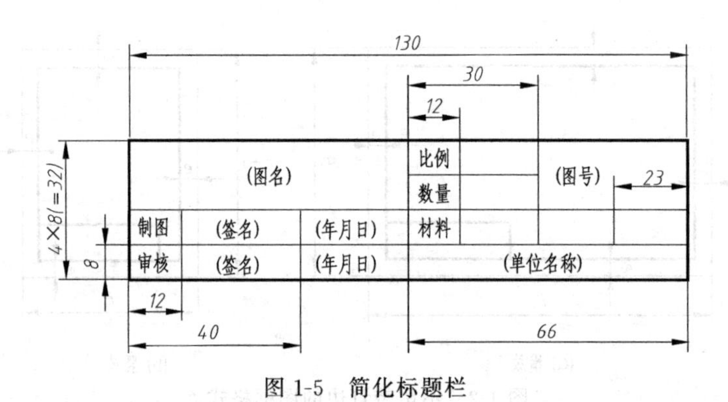

图 1-5 简化标题栏

为了利用预先印制好的图纸，允许按图 1-6 所示的方向使用图纸，此时标题栏位于右上角，看图方向与看标题栏方向不一致，必须画上方向符号表示看图方向，如图 1-6 所示。

方向符号是用细实线绘制的等边三角形，其尺寸如图 1-6（a）所示。

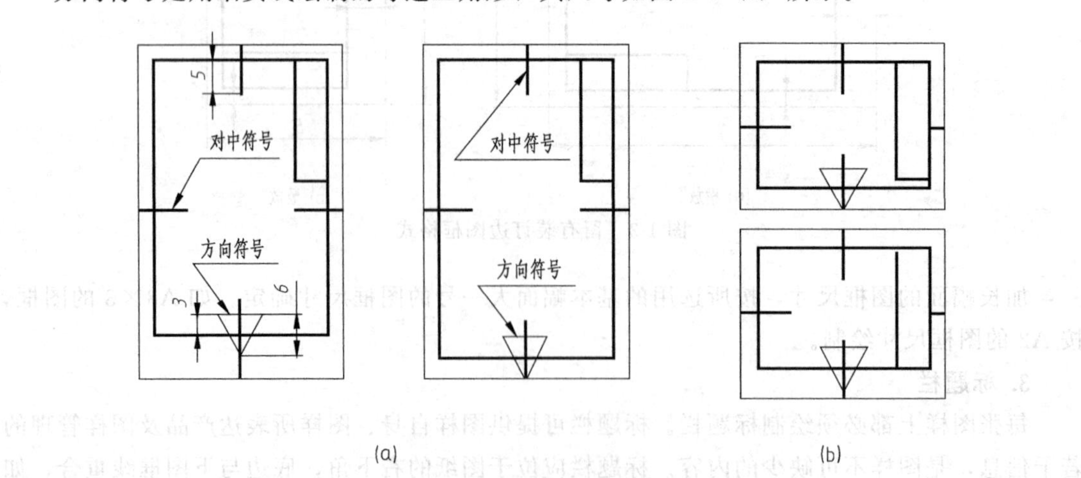

图 1-6 标题栏位于右上角的看图方向及有关符号

为了使图样复制和缩微摄影时便于定位，应在图纸各边的中点处分别画出对中符号。对中符号用粗实线绘制，长度为从纸边界开始至伸入图框线内约5mm，如图1-6（a）所示。

若对中符号与标题栏相遇，则伸入标题栏部分省略不画，如图1-6（b）所示。

二、比例（GB/T 14690—1993）

1. 比例的概念

比例是指图中图形与其实物相应要素的线性尺寸之比。

2. 比例分类

原值比例：比值为1的比例，即1∶1。

缩小比例：比值小于1的比例，如1∶2。

放大比例：比值大于1的比例，如2∶1。

3. 比例的选取

《技术制图　比例》（GB/T 14690—1993）对技术图样的比例作了规定，如表1-2所示。绘图时，应优先选择第一系列数据，必要时允许选取第二系列数据。

表1-2　比例系列

种　　类	比　　例	
	第一系列	第二系列
原值比例	1∶1	
缩小比例	1∶2　1∶5　1∶10 1∶2×10^N　1∶5×10^N　1∶1×10^N	1∶1.5　1∶2.5　1∶3　1∶4　1∶6 1∶1.5×10^N　1∶2.5×10^N　1∶3×10^N　1∶4×10^N　1∶6×10^N
放大比例	5∶1　2∶1 5×10^N∶1　2×10^N∶1　1×10^N∶1	4∶1　2.5∶1 4×10^N∶1　2.5×10^N∶1

为了便于绘图和读图，绘制图样时，尽可能采用1∶1的比例。比例一般应填写在标题栏中的"比例"栏内。

不论采用何种比例，在图形中标注的尺寸数值必须是实物的实际大小，与比例无关。

三、图线（GB/T 17450—1998、GB/T 4457.4—2002）

《技术制图　图线》（GB/T 17450—1998）规定了图样中的线型、尺寸和画法，新的补充标准《机械制图　图线》（GB/T 4457.4—2002）更全面、详细地规定了各种线型的应用，并列举了应用示例。

1. 基本线型

基本线型的名称、规格及应用见表1-3。

2. 图线的尺寸

（1）图线宽度

所有线型的图线宽度（d）应按图样的类型和尺寸在下列数系中选择。该数系的公比为$1:\sqrt{2}$，它们是0.13、0.18、0.25、0.35、0.5、0.7、1、1.4、2（mm）。

在机械工程图样中采用两种线宽，称为粗线和细线，它们之间的比率为2∶1。

（2）线素的长度

线素是指不连续线的独立部分，如点画线中的点及画、虚线的画等。构成图线线素的长度见表 1-4。

表 1-3 基本线型及其应用

代码 No	名 称	线 型	线宽	应 用
01.1	细实线		0.5d	尺寸线及尺寸界线 剖面线 过渡线 指引线 重合断面的轮廓线 螺纹牙底线、齿轮齿根线 分界线及范围线 辅助线
	波浪线		0.5d	断裂处的边界线 视图与剖视图的分界线
	双折线		0.5d	
01.2	粗实线		d	可见轮廓线 相贯线 剖切符号用线
02.1	细虚线		0.5d	不可见轮廓线 不可见过渡线
02.2	粗虚线		d	允许表面处理的表示线
04.1	细点画线		0.5d	轴线 对称中心线 分度圆及分度线 剖切线
04.2	粗点画线		d	有特殊要求的表面的表示线
05.1	细双点画线		0.5d	相邻辅助零件的轮廓线 可动零件极限位置表示线 轨迹线

表 1-4 线素的长度

线素	线 型	长度	示 例
点	点画线、双点画线	≤0.5d	24d 0.5d 3d 12d 3d
短间隔	点画线、虚线	3d	
画	虚线	12d	
长画	点画线、双点画线	24d	

注：d 为粗实线的宽度。

3. 绘制图线的注意事项

① 在同一图样中，同类图线的宽度应基本一致；非连续线段同类图线的线素应基本一致。

② 当图样中出现平行图线时，两平行线之间的距离应不小于粗实线宽度的两倍，其最小距离不得小于 0.7mm。

③ 点画线和双点画线的首末两端应为“画”而不是“点”。

④ 绘制图形中心对称线时，点画线相交处必须是“长画”的交点；点画线与其他图线

相交，也应交于“长画”处；点画线的两端应超出图形轮廓线 2～5mm；如图 1-7 (a)、(b) 所示。当图形尺寸较小时，其中心线可用细实线代替，如图 1-7 (c) 所示。

⑤ 虚线与其他图线相交，应交于“画”处；虚线在实线的延长线上时，虚线与实线之间应留出间隙；虚线圆弧与实线相切时，虚线圆弧应留出间隙。如图 1-8 所示。

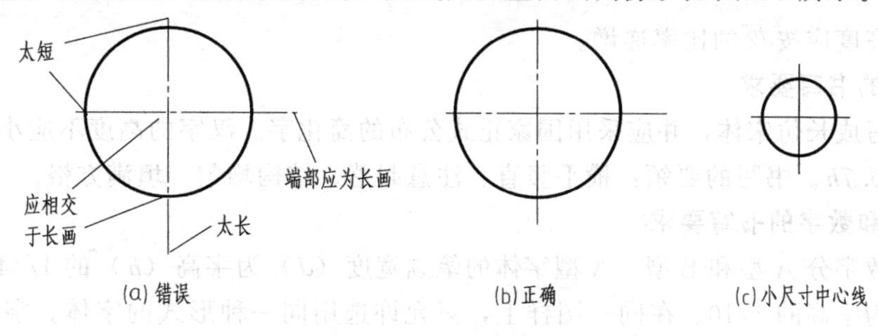

图 1-7 中心线的画法

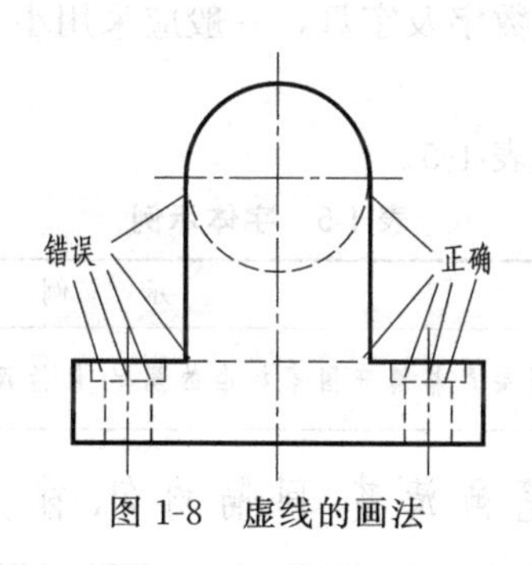

图 1-8 虚线的画法

4. 图线应用示例

图 1-9 所示为常用图线应用示例。

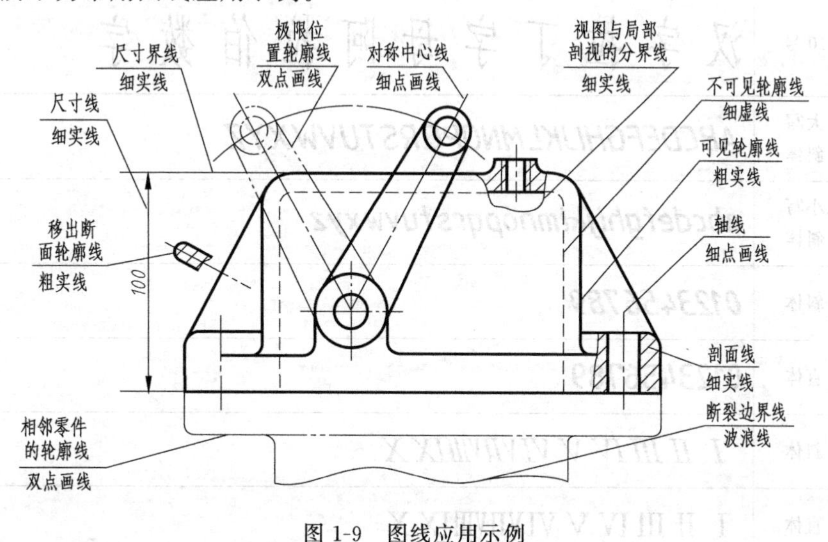

图 1-9 图线应用示例

四、字体 (GB/T 14691—1993)

图样中的字体包括文字、数字和字母，国家标准对字体的书写要求做了统一规定。

1. 基本要求

① 书写字体必须做到：字体工整、笔画清楚、间隔均匀、排列整齐。

② 字体高度（h）必须规范，其公称尺寸系列为：1.8、2.5、3.5、5、7、10、14、20（mm）等8种。字体高度代表字体的号数，如5号字的高度为5mm。如书写大于20号的字，其字体高度应按$\sqrt{2}$的比率递增。

2. 汉字的书写要求

汉字应写成长仿宋体，并应采用国家正式公布的简化字。汉字的高度不应小于3.5mm，其字宽约为$0.7h$。书写的要领：横平竖直、注意起落、结构均匀、填满方格。

3. 字母和数字的书写要求

字母和数字分A型和B型。A型字体的笔画宽度（d）为字高（h）的1/14；B型字体的笔画宽度为字高的1/10。在同一图样上，只允许选用同一种形式的字体。字母和数字可写成斜体或直体，注意全图统一。斜体字的字头向右倾斜，与水平基准线成75°角。用作指数、分数、极限偏差、注脚等的数字及字母，一般应采用小一号的字体。

4. 字体书写综合举例

汉字、数字和字母的示例见表1-5。

表1-5 字体示例

字体		示例
长仿宋体汉字	3.5号	图样中的字体书写要严格遵守国家标准的规定，包括汉字、数字、字母等
	5号	字体工整、笔画清楚、间隔均匀、排列整齐
	7号	横平竖直、注意起落、结构均匀
	10号	汉字拉丁字母阿拉伯数字
拉丁字母	大写斜体	*ABCDEFGHIJKLMNOPQRSTUVWXYZ*
	小写斜体	*abcdefghijklmnopqrstuvwxyz*
阿拉伯数字	斜体	*0123456789*
	直体	0123456789
罗马数字	斜体	*I II III IV V VI VII VIII IX X*
	直体	I II III IV V VI VII VIII IX X

五、尺寸注法（GB/T 16675.2—1996、GB/T 4458.4—2003）

图样中的视图，只能表达物体的形状，物体的真实大小及相对位置则由尺寸标注决定。

国家标准对图样的尺寸标注做了统一规定。必须严格遵守。

1. 基本规则

① 机件的真实大小应以图样上所注的尺寸数值为依据，与图形的大小及绘图的准确度无关。

② 图样上的尺寸以毫米为单位时，不需标注单位的代号或名称，若采用其他单位，则必须注明相应计量单位的代号或名称。

③ 图样上标注的尺寸是机件的最后完工尺寸，否则应另加说明。

④ 机件的每个尺寸，一般只标注一次，并应标注在反映该结构最清晰的图形上。

2. 尺寸要素

一个完整的尺寸是由尺寸界线、尺寸线和尺寸数字三要素组成，如图 1-10 所示。

（1）尺寸界线

尺寸界线用细实线绘制，用以表示所注尺寸的范围。尺寸界线由图形轮廓线、轴线或对称中心线引出。也可利用轮廓线、轴线或对称中心线作尺寸界线，如图 1-10 所示。尺寸界线一般应与尺寸线垂直，并超出尺寸线终端约 2mm，必要时也允许尺寸界线与尺寸线倾斜，如图 1-11 所示。

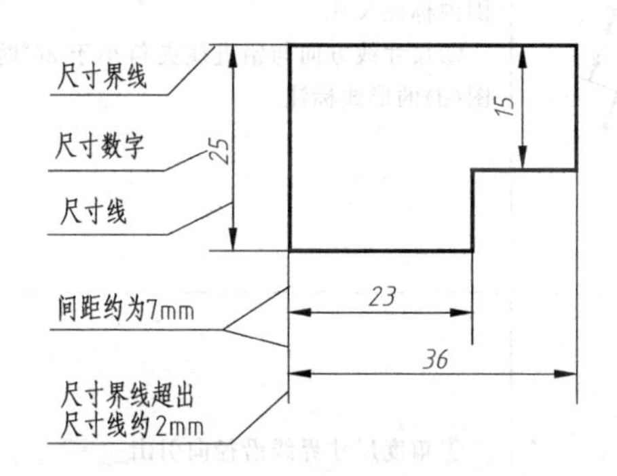

图 1-10 尺寸的组成与标注

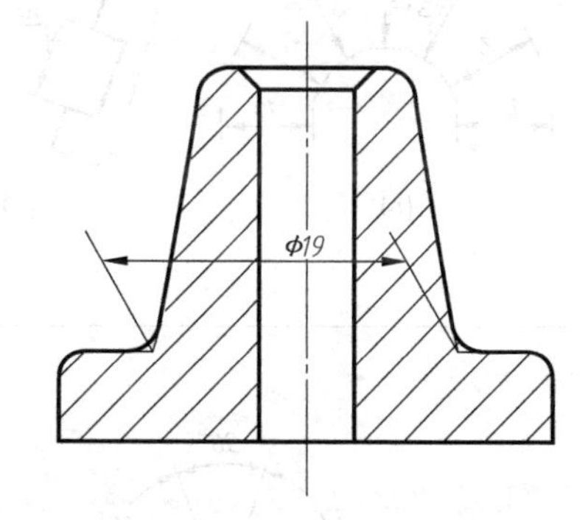

图 1-11 尺寸界线与尺寸线倾斜

（2）尺寸线

尺寸线用细实线绘制，画在尺寸界线之间，其终端有箭头和斜线两种形式。箭头的形式和尺寸如图 1-12（a）所示，机械图样中的尺寸线终端一般画箭头。斜线用细实线绘制，其画法如图 1-12（b）所示，建筑制图中的尺寸线终端多采用斜线形式。同一张图样中只能采用一种尺寸线的终端形式。

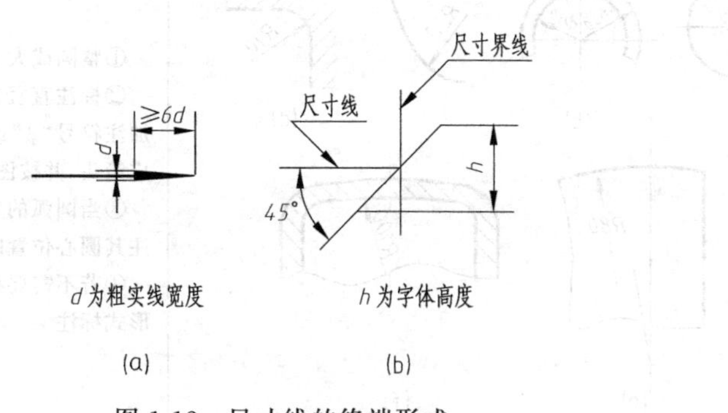

图 1-12 尺寸线的终端形式

标注线性尺寸时，尺寸线应与所标注的线段平行。尺寸线不能用其他图线代替，也不得与其他图线重合或画在其他图线的延长线上，如图1-10所示。

(3) 尺寸数字

线性尺寸的数字，一般注写在尺寸线的上方，也允许注写在尺寸线的中断处，同一图样中注写方法和字体大小应一致，位置不够时可引出标注。

常用尺寸的标注方法见表1-6。

表1-6 常用尺寸的标注方法

内容	图例	说明
线性尺寸	(a) (b) (c) (d)	①线性尺寸的数字一般注写在尺寸线的上方(左方)如图(a)，也允许注写在尺寸线的中断处如图(b) ②线性尺寸的尺寸线倾斜时，尺寸数字按图(c)所示方向注写，并尽可能避免在图示30°范围内标注尺寸 ③尺寸线方向与铅直线夹角小于30°时，可按图(d)的形式标注
角度尺寸		①角度尺寸界线沿径向引出 ②角度尺寸线画成圆弧，圆心是该角的顶点 ③角度尺寸数字一律水平书写，一般注写在尺寸线的中断处，必要时允许写在外面或引出标注
圆和圆弧尺寸	(a) (b) (c) (d) (e) (f)	①整圆或大于半圆的弧注直径，否则注半径 ②标注直径或半径尺寸时，应在尺寸数字前加注符号“ϕ”或“R”号。其尺寸线的终端应画成箭头，并按图(a)～(d)的方法标注 ③当圆弧的半径过大或在图纸范围内无法标注其圆心位置时，可按图(e)形式标注 ④若不需要标出其圆心位置时，可按图(f)的形式标注

续表

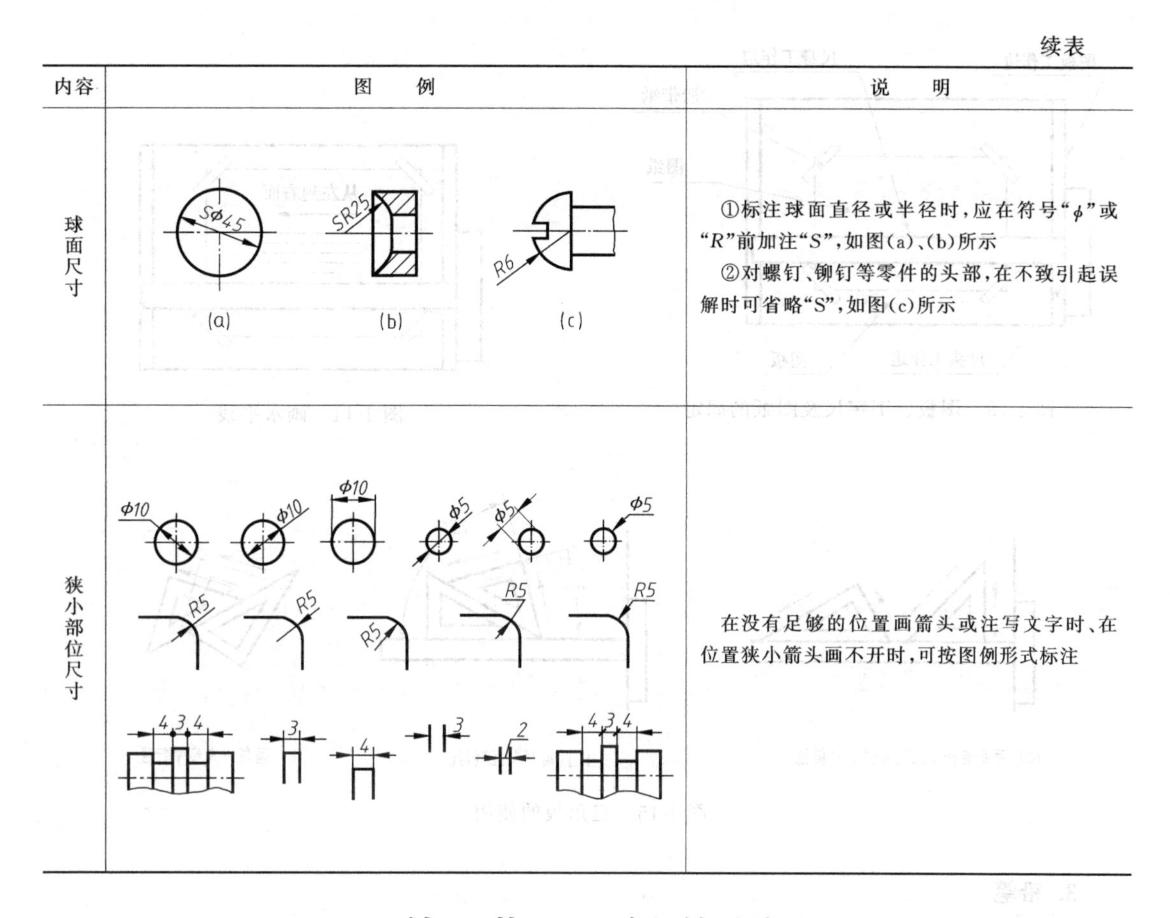

内容	图　　例	说　　明
球面尺寸	SΦ45 (a)　SR25 (b)　R6 (c)	①标注球面直径或半径时，应在符号“ϕ”或“R”前加注“S”，如图(a)、(b)所示 ②对螺钉、铆钉等零件的头部，在不致引起误解时可省略“S”，如图(c)所示
狭小部位尺寸	Φ10　Φ10　Φ10　Φ5　Φ5　Φ5 R5　R5　R5　R5　R5 4 3 4　3　4　3　2　4 3 4	在没有足够的位置画箭头或注写文字时、在位置狭小箭头画不开时，可按图例形式标注

第二节　尺规绘图

尺规绘图又叫手工绘图，是指用铅笔、丁字尺、三角板、圆规等工具绘制图样的过程。尽管计算机绘图技术应用越来越广，但尺规绘图仍然是工程技术人员必备的基本技能，也是学习和巩固图学理论知识不可缺少的过程和方法。

一、手工绘图工具及其使用

正确使用绘图工具是保证图样质量、提高绘图速度的一个重要环节。下面简要介绍几种常用绘图工具的使用。

1. 图板、丁字尺

图板是用来铺放和固定图纸的垫板。要求图板板面平坦光滑、软硬适中；其左右两边光滑平直，为丁字尺导向边。图纸固定和丁字尺安放位置如图 1-13 所示。

当用丁字尺来画水平线时，应以左手把握尺头，使其工作边贴紧图板左边，然后将左手滑移至尺身适当位置，铅笔紧贴尺身工作边，自左向右画出水平线。通过上下移动丁字尺，可画出任意位置的水平线。如图 1-14 所示。

2. 三角板

三角板分 45°和 30°-60°两块，可配合丁字尺画垂直线及 15°的倾斜线；或用两块三角板配合画出任一直线的平行线和垂直线，如图 1-15 所示。各种方向直线的画线方向应与图中箭头所指方向一致。

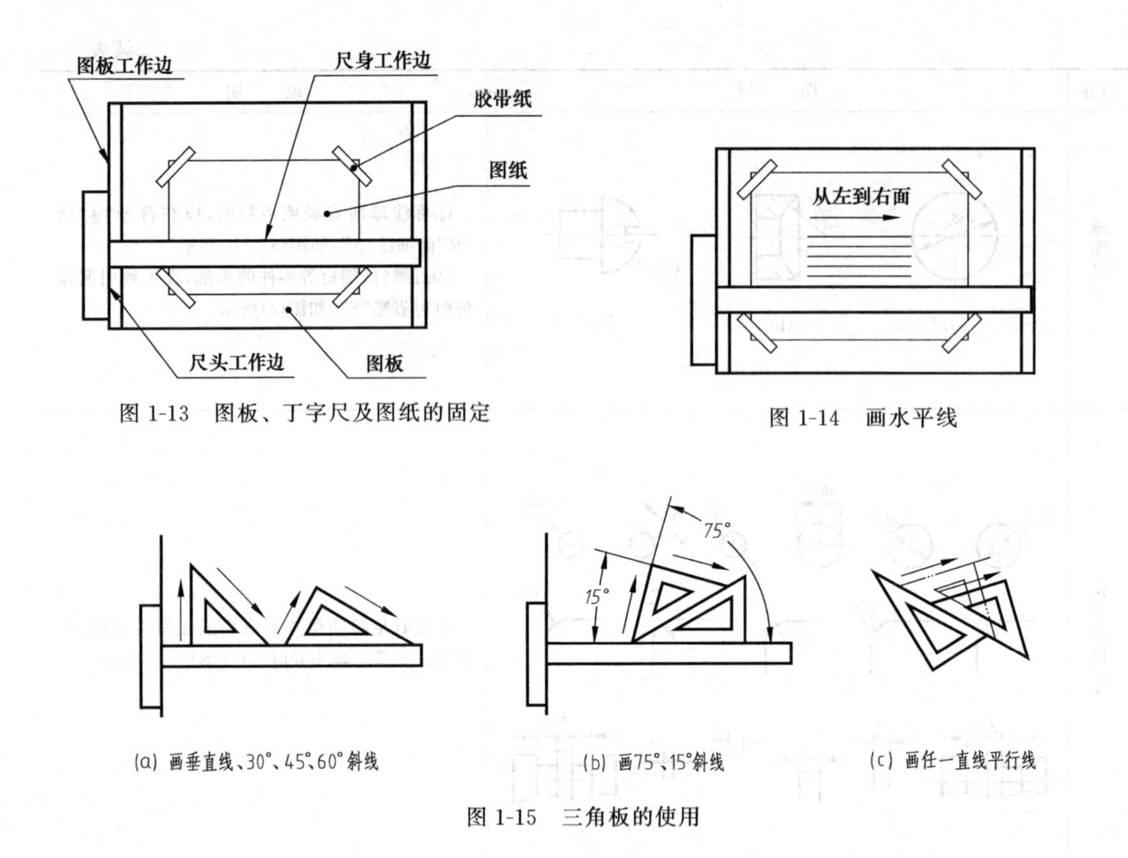

图 1-13 图板、丁字尺及图纸的固定

图 1-14 画水平线

(a) 画垂直线、30°、45°、60°斜线 (b) 画75°、15°斜线 (c) 画任一直线平行线

图 1-15 三角板的使用

3. 铅笔

绘图时要求使用绘图铅笔。绘图铅笔以笔芯的软硬度分别用 B 和 H 表示，B 前的数字值越大表示铅芯越软（黑）；H 前的数字值越大表示铅芯越硬（浅）。常用铅笔的型号及选用原则如下。

① 2H 用于打底稿。

② H 或 HB 用于描深细实线、点画线、双点画线、虚线和书写文字。

③ HB 或 B 用于描深粗实线。

④ 画粗实线的铅笔，铅芯削成宽度为 b（粗实线宽度）的四棱柱形，其余铅芯磨削成锥形，如图 1-16 所示。注意：圆规用铅芯要选用较铅笔软一号的铅芯。

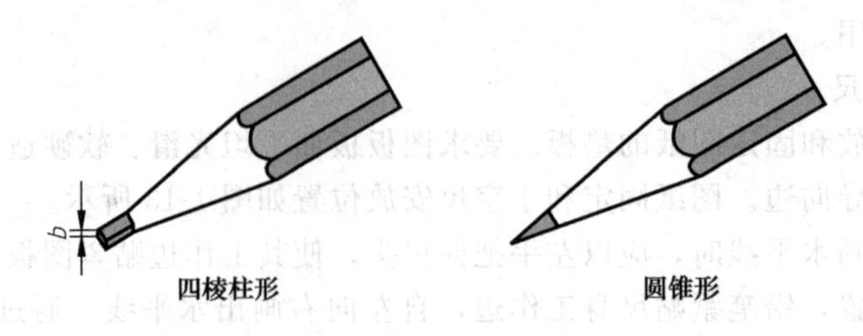

图 1-16 铅笔的削法

4. 圆规和分规

圆规是画圆和圆弧的工具。使用前，选用比画粗实直线软一号的铅芯（2B 或 B）装入圆规，并磨成矩形截面；圆规两腿合拢时，针尖应略长于铅芯尖，并使钢针带有台阶的一端

朝外；画图时，针尖扎在圆心处，用右手转动圆规手柄，铅芯沿顺时针方向均匀地画出圆或圆弧。如图 1-17（a）所示。画大圆时，可在圆规上安装加长杆，使用方法如图 1-17（b）所示。画直径较小的圆时常用弹簧规代替普通圆规，如图 1-18 所示。

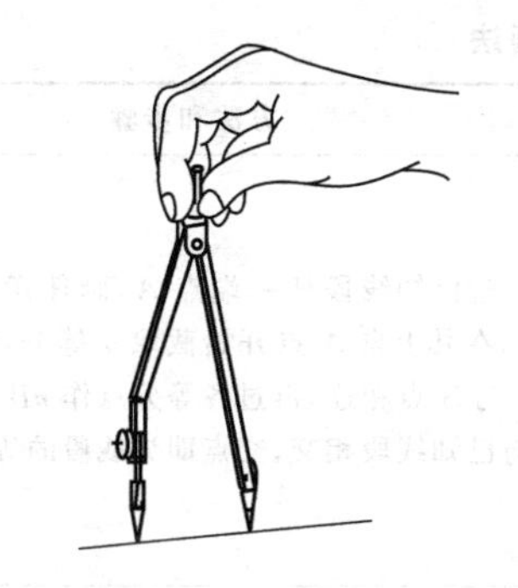

(a) 沿画线(运动)方向保持适当倾斜,作等速转动

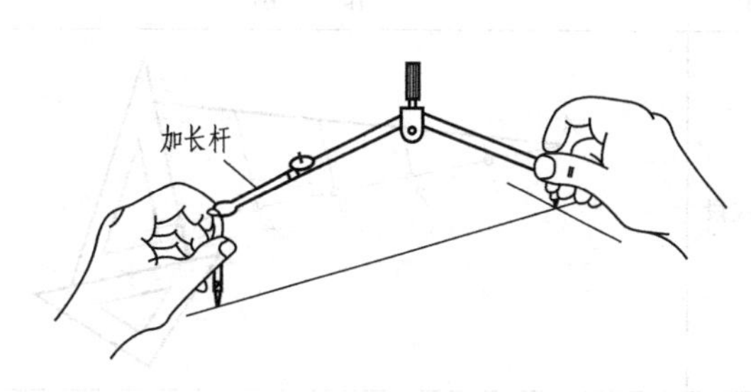

(b) 接延长杆画大圈

图 1-17 圆规的用法

分规是用来截取尺寸或等分线段的工具。分规的两脚均装有钢针，当两脚合拢时，两针尖应对齐，分规的使用方法如图 1-19 所示。

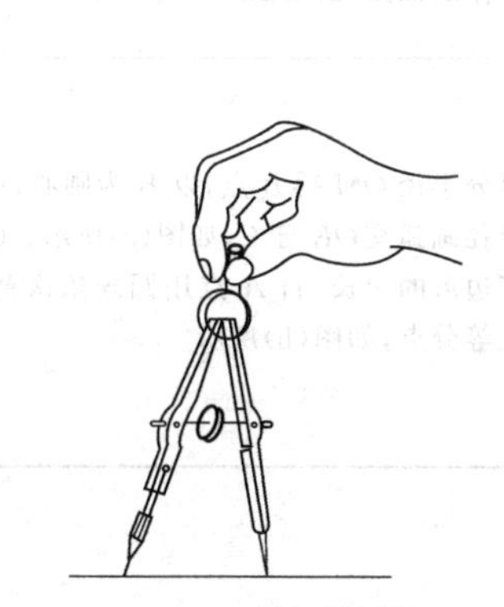

图 1-18 用弹簧圆规画小圆

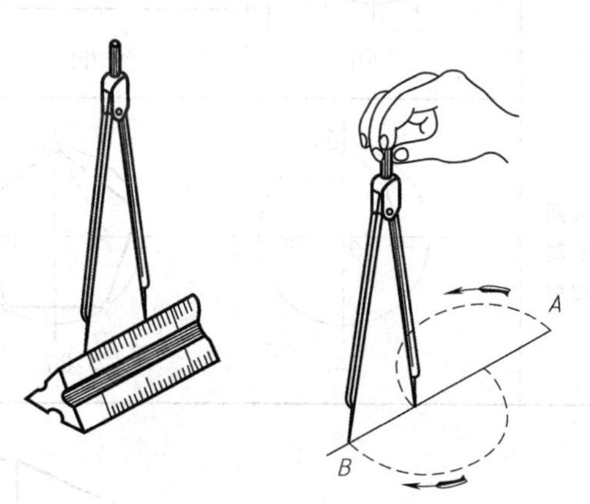

图 1-19 分规的用法

除了以上基本绘图工具外，还有比例尺、曲线板、绘图模板、擦图片、量角器等辅助工具，应用方法请读者自行分析。

二、几何作图

几何作图是学习尺规绘图的主要载体。熟练掌握常见几何图形的绘图原理、作图方法，是绘制机械图样的基本技能。

1. 等分作图

常用等分作图包括直线段等分、圆周等分（作正多边形）。机械图样中的正多边形，以正六边形和正五边形为常见。等分作图的方法和步骤见表 1-7。

2. 斜度和锥度

（1）斜度

斜度是指一直线或平面相对另一直线或平面的倾斜程度，其大小用倾斜角 α 的正切值来表示，即斜度$=\tan\alpha=H/L$，如图 1-20（a）所示。工程图样中一般将斜度化成$1:n$的形式进行标注，并在$1:n$之前加注斜度符号“∠”。斜度符号的画法如图 1-20（b）所示，标注时符号的方向应与斜度方向一致。

表 1-7　线段等分及多边形的画法

类别	作　图	方法和步骤
等分直线段		过已知线段任一端点 A，画任意角度射线 k，在其上自 A 点开始截取 n 等分，将最末点 n 与 B 点相连，再过各等分点作 nB 的平行线与已知线段相交，交点即为线段的等分点
六等分圆周和绘制正六边形		方法一：用圆规直接等分圆，作法如图(a)所示 方法二：用 60°三角板等分圆。过水平直径的两端 6、3 分别作与水平方向成 60°的斜线，与圆周相交于 1、4 两点，过 1、4 两点分别作水平线交圆周于 2、5 点，1、2、3、4、5、6 即为等分点。作法如图(b)所示
五等分圆周和绘制正五边形		等分半径 OM 得 B 点，以 B 为圆心，以 BA 为半径画弧交 OK 于 C，如图(a)所示。CA 为正五边形的边长，自 A 点用圆规依次截取即得五等分点，如图(b)所示

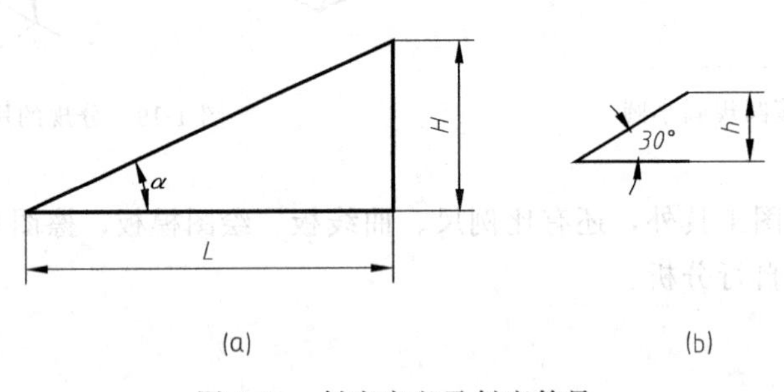

图 1-20　斜度定义及斜度符号

【例 1-1】 试画图 1-21（a）所示平面图形，已知 AB 的斜度为 1∶6（相对水平线），其他尺寸见图 1-21（a）。

作图：①由已知尺寸 36、6 作直线 AD、DC，由 C 点向上作 DC 垂线并在其上取 $C1$ 为一个单位长，然后由 C 点向左截取六个单位长度得点 6，连接 1、6 两点，如图 1-21（b）所示。

② 过 A 点作 1、6 连线的平行线，与 DC 垂线相交得 B 点，如图 1-21（c）所示。

③ 标注采用引线标注形式，符号尖端与斜度方向一致，如图 1-21（c）所示。

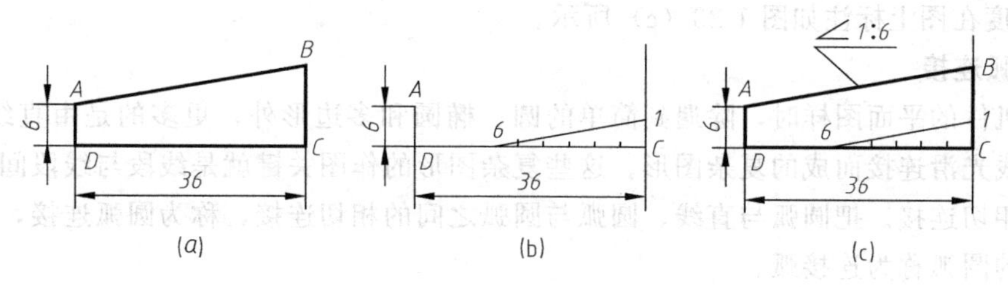

图 1-21 斜度的画法

（2）锥度

锥度是指正圆锥体的底圆直径与其高度之比，若为圆台则为两底圆直径之差与台高之比，即，锥度$=D/L=(D-d)/l$，如图 1-22（a）所示。工程图样中常把比值转化为 $1:n$ 的形式进行标注，并在 $1:n$ 之前加注锥度符号“▷”。锥度符号的画法如图 1-22（b）所示，标注时符号的方向应与锥度方向一致。

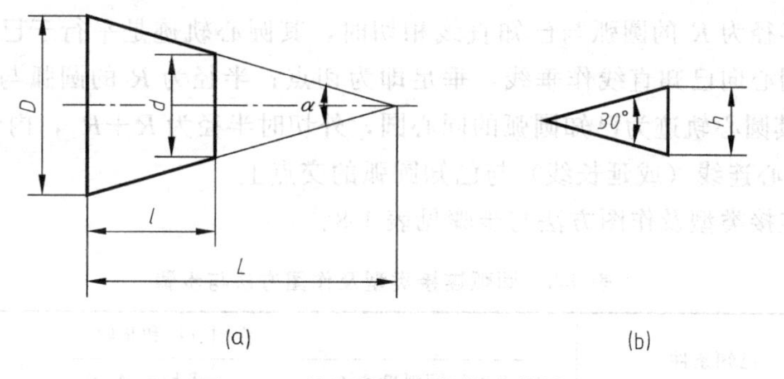

图 1-22 锥度的定义与锥度符号

【例 1-2】 已知圆锥台底圆直径为 $\phi24$、高度 25，锥度为 $1:5$，如图 1-23（a）所示。试画出该平面图形。

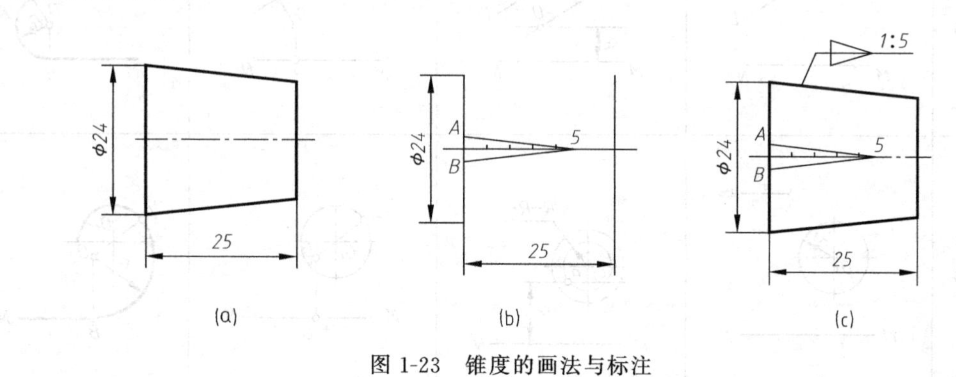

图 1-23 锥度的画法与标注

作图：① 如图 1-23（b）所示，由已知尺寸 $\phi24$、25 作底圆直径线、锥轴线和右端面线；在底圆直径线上截取 AB 等于一个单位长，且 A、B 关于轴线对称；以 AB 长度在轴线上截取五等分得点 5；连接 $A5$、$B5$ 即得 $1:5$ 锥度线。

② 过底圆直径两端点，分别作 $A5$、$B5$ 的平行线，与右端面线相交得小端直径线，擦去多余图线完成全图，如图 1-23（c）所示。

③ 锥度在图上标注如图 1-23（c）所示。

3. 圆弧连接

绘制机件的平面图样时，除遇到简单的圆、椭圆和多边形外，更多的是由直线与曲线、曲线与曲线光滑连接而成的复杂图形。这些复杂图形的作图关键就是线段与线段间的光滑连接，也即相切连接。把圆弧与直线、圆弧与圆弧之间的相切连接，称为圆弧连接，用来连接其他线段的圆弧称为连接弧。

圆弧连接的条件是已知连接弧的半径，因此求出连接圆弧的圆心和连接点（切点）的位置是作图的关键。

（1）圆弧连接的种类

常见圆弧连接有：圆弧连接两直线段；圆弧连接直线段和圆弧；圆弧连接两圆弧。连接两圆弧时又分为内切连接、外切连接和内外切混合连接。各种连接形式见表 1-8。

（2）圆弧连接的作图原理与方法

圆弧连接的实质是已知圆弧与被连接线段相切，作图的关键是找圆弧的圆心和切点。有几何原理知，半径为 R 的圆弧与已知直线相切时，其圆心轨迹是平行于已知直线且相距为 R 的直线，过圆心向已知直线作垂线，垂足即为切点；半径为 R 的圆弧与已知圆弧（半径 R_1）相切时，其圆心轨迹为已知圆弧的同心圆，外切时半径为 $R+R_1$，内切时半径为 R_1-R，切点在两圆心连线（或延长线）与已知圆弧的交点上。

常见圆弧连接类型及作图方法与步骤见表 1-8。

表 1-8 圆弧连接类型及作图方法与步骤

分类	已知条件	作图方法和步骤		
		1. 求连接圆弧圆心 O	2. 求切点 A、B	3. 画连接弧并加深
圆弧连接两已知直线	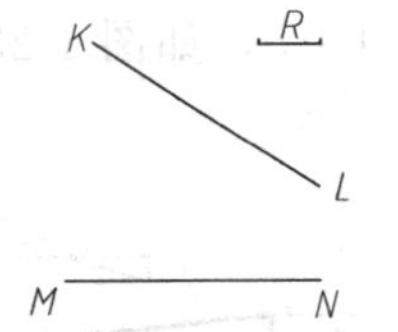	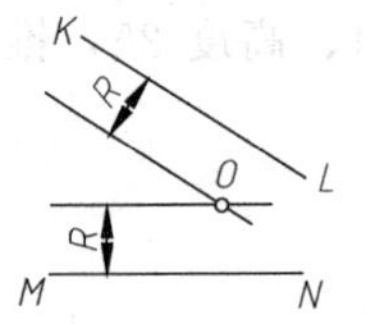	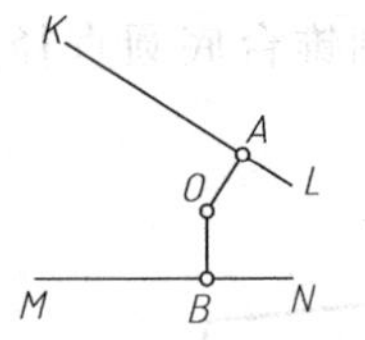	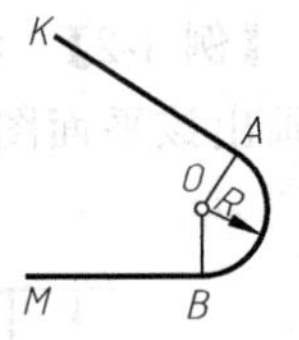
圆弧连接已知直线和圆弧	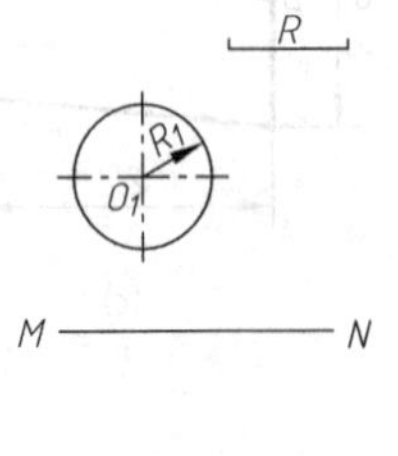	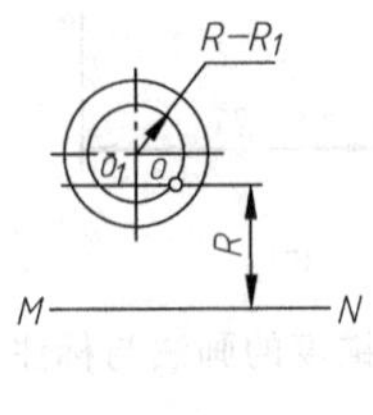	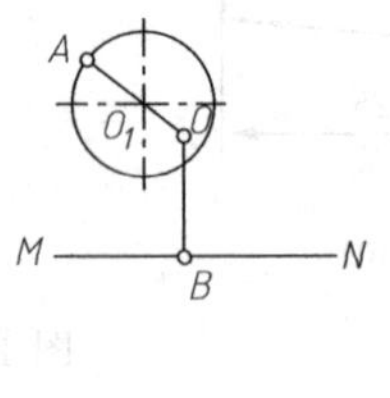	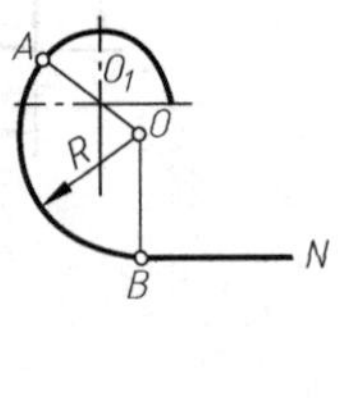
圆弧外切连接两已知圆弧	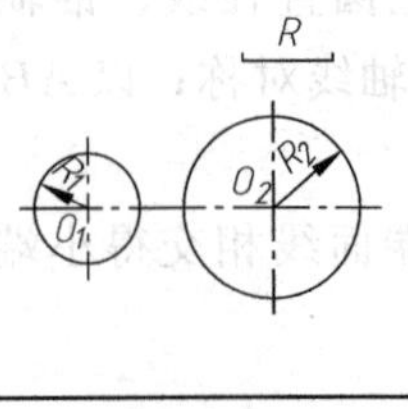	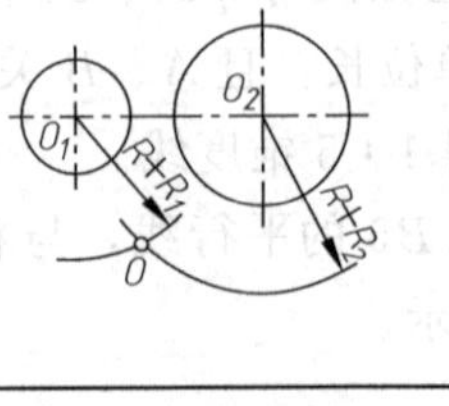	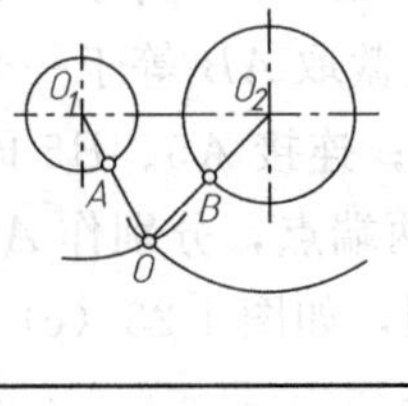	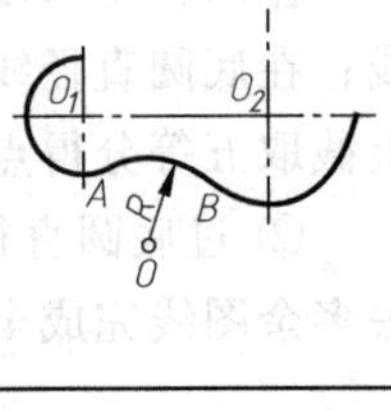

续表

分类	已知条件	作图方法和步骤		
		1. 求连接圆弧圆心 O	2. 求切点 A、B	3. 画连接弧并加深
圆弧内切连接两已知圆弧	R，R_1，R_2，O_1，O_2	O_1，O_2，$R-R_1$，$R-R_2$，O	A，B，O_1，O_2，O	A，B，R，O_1，O_2，O
圆弧内、外切连接两已知圆弧	R，R_1，R_2，O_1，O_2	$R-R_2$，O_1，O_2，$R+R_1$，O	B，A，O_1，O_2，O	B，A，O_1，O_2，O

4. 椭圆的画法

工程制图中除圆以外，也会遇到一些非圆曲线，如椭圆、渐开线等。这里只介绍椭圆的两种作图方法。

（1）同心圆法（精确画法）

作图步骤如下。

① 以 O 为中心，在两对称中心线上截取椭圆的四个顶点 A、B、C、D，然后以 O 为圆心，以长半轴 OA 和短半轴 OC 为半径分别画圆。如图 1-24（a）所示。

② 过 O 点作若干直线分别与两圆相交，由大圆交点向内侧作铅垂线，由小圆交点向其外侧作水平线，铅垂线与水平线对应相交，交点即为椭圆上的点；用曲线板将所得一系列点光滑连接即成椭圆。如图 1-24（b）所示。

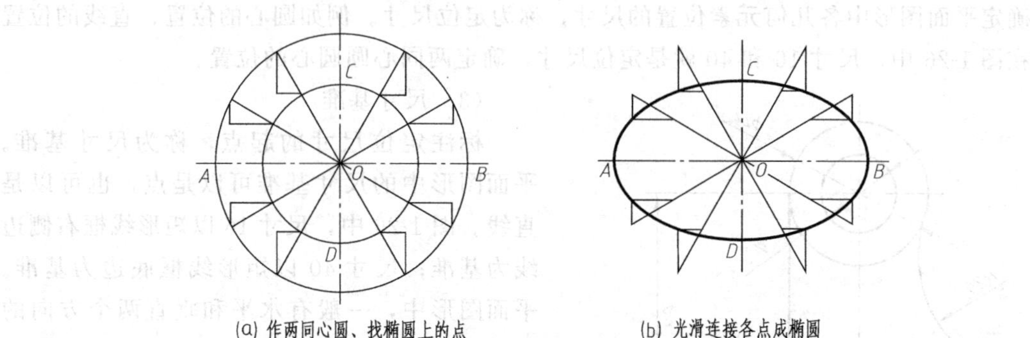

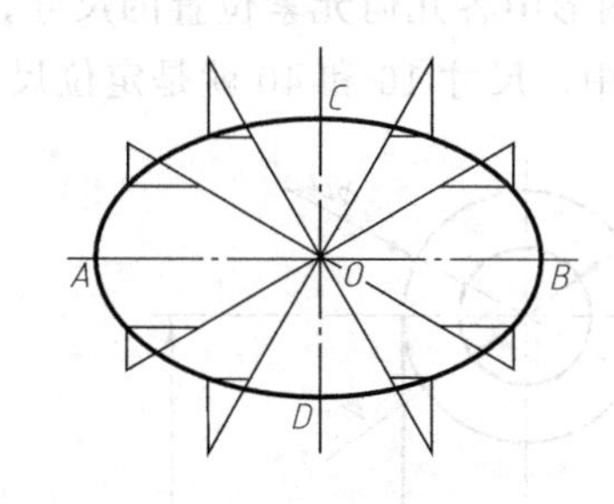

(a) 作两同心圆、找椭圆上的点　　(b) 光滑连接各点成椭圆

图 1-24　椭圆的精确画法

（2）四心圆法（近似画法）

如图 1-25 所示为椭圆常用四心圆画法，即用四段圆弧连接起来，代替椭圆曲线。

① 画出长轴 AB 和短轴 CD 并连 AC。以 O 为圆心、以 OA 为半径画弧，交 OC 延长线于 A_1 点，再以 C 为圆心、以 CA_1 为半径画弧，交 AC 于 F 点；作线段 AF 的垂直平分线，分别与 OA、OD（延长线）交于 O_1、O_2 两点，以 CD、AB 为轴作出 O_1、O_2 的对称点 O_3、O_4。如图 1-25（a）所示。

② 以 O_1、O_2、O_3、O_4 为圆心，分别以 O_1A、O_2C、O_3B、O_4D 为半径画圆弧，四段圆弧相切连接即得椭圆。如图 1-25（b）所示。

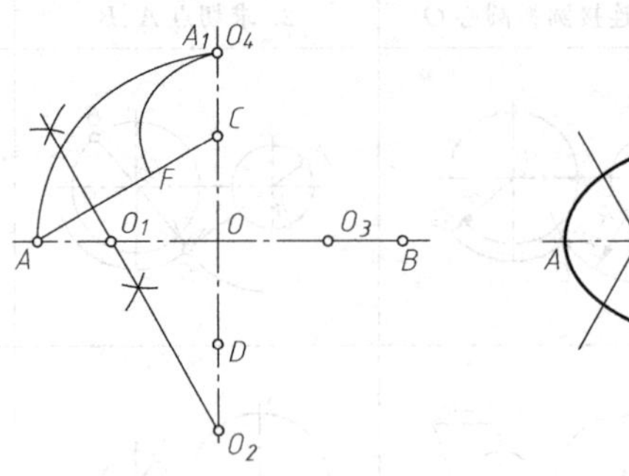

(a) 几何法找圆弧圆心 O_1，O_2

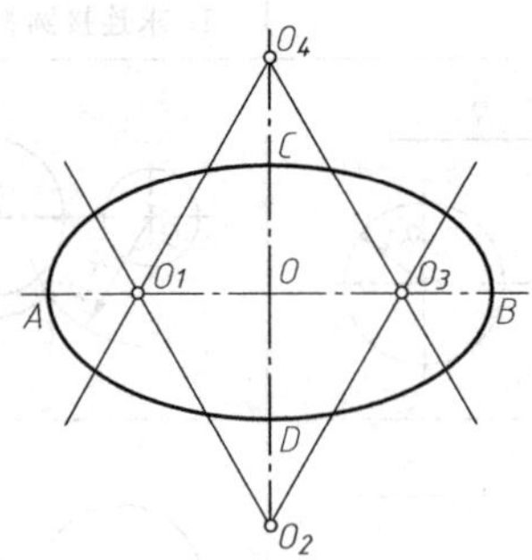

(b) 找圆心 O_3、O_4，画四圆弧成椭圆

图 1-25　椭圆的近似画法

三、平面图形的尺寸和线段分析

平面图形常由一些线段（直线或曲线）连接而成。要正确绘制一个平面图形，首先应对平面图形进行尺寸分析和线段分析，从而确定正确的绘图顺序，依次绘出各线段。

1. 尺寸分析

平面图形中的尺寸，按其作用可分为两类：定形尺寸和定位尺寸。

(1) 定形尺寸

确定图形中各几何元素形状和大小的尺寸，称为定形尺寸。如直线段的长度、圆的直径及圆弧半径等尺寸。在图 1-26 中，尺寸 ϕ22、ϕ12、R20、45、10 都是定形尺寸。

(2) 定位尺寸

确定平面图形中各几何元素位置的尺寸，称为定位尺寸。例如圆心的位置、直线的位置等。在图 1-26 中，尺寸 16 和 40 就是定位尺寸，确定两同心圆圆心的位置。

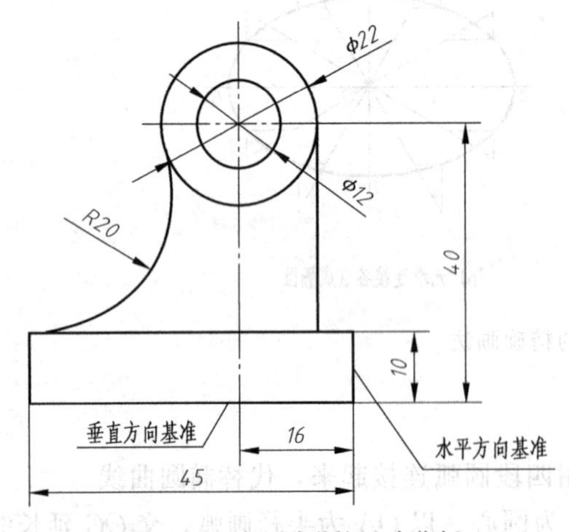

图 1-26　平面图形的尺寸分析

(3) 尺寸基准

标注定位尺寸的起点，称为尺寸基准。平面图形中的尺寸基准可以是点，也可以是直线。图 1-26 中，尺寸 16 以矩形线框右侧边线为基准；尺寸 40 以矩形线框底边为基准。平面图形中，一般有水平和垂直两个方向的基准。

分析尺寸时，常遇到同一个尺寸既是定形尺寸，又是定位尺寸的情况。如图 1-26 中的尺寸 10，它既表示矩形线框右边直线段的长度——定形尺寸，同时又表示矩形线框上边直线段相对底边的位置——定位尺寸。

2. 线段分析

平面图形中的线段，可按所注定位尺寸的齐全与否分为三类：已知线段、中间线段和连接线段。若为圆弧分别称为已知弧、中间弧和连接弧。

（1）已知线段

定形、定位尺寸齐全的线段称为已知线段。作图时该类线段可以直接根据尺寸画出，如图 1-27 中的矩形线框（长 67，宽 6）、*R*16、*R*4 圆弧等，均为已知线段。

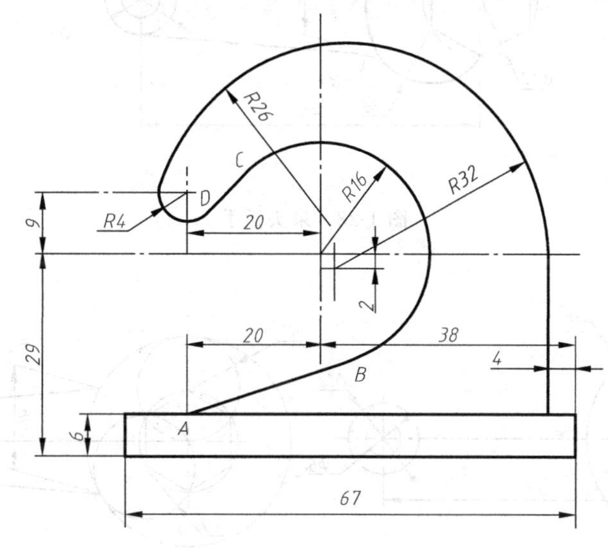

图 1-27 平面图形的线段分析

（2）中间线段

只有定形尺寸和一个定位尺寸的线段，称为中间线段。作图时必须借助于该线段与相邻线段的连接关系，用几何法确定另一定位尺寸。如图 1-27 中圆弧 *R*32、斜线 *AB* 均属于中间线段。

（3）连接线段

只有定形尺寸没有定位尺寸的线段，称为连接线段。如图 1-27 中的圆弧 *R*26、直线 *CD* 均为连接线段。

3. 平面图形的画图步骤

根据上述分析，画平面图形时，应先画已知线段，再画中间线段，最后画连接线段。在画图之前要对图形尺寸及线段进行分析，以确定画图的顺序。作图过程中应准确求出中间弧和连接弧的圆心和切点。

【例 1-3】 画出图 1-28 所示呆头扳手的平面图形。

画图步骤如下。

① 根据尺寸 53 画出平面图形的定位线，画已知线段：外接圆直径为 ϕ17 的六边形、与六边形同心的圆弧 *R*18（用圆代替）、右端同心圆 ϕ6 与 ϕ12，如图 1-29（a）所示。

② 画中间线段：与已知弧 *R*18 相切的两个 *R*9 圆弧（用圆代替）、左端定位尺寸为 18 并与 ϕ12 圆相切的两直线，如图 1-29（b）所示。

③ 画连接线段：画连接弧 *R*13 和 *R*9。*R*13 分别与圆弧 *R*18 和斜直线相切，*R*9 分别与圆弧 *R*9 和斜直线相切，根据线段相切的几何条件找到圆心及切点，然后画出即可，如图 1-29（c）所示。

④ 擦除多余图线、整理和检查无误后，按规定加深全图，如图 1-29（d）所示。

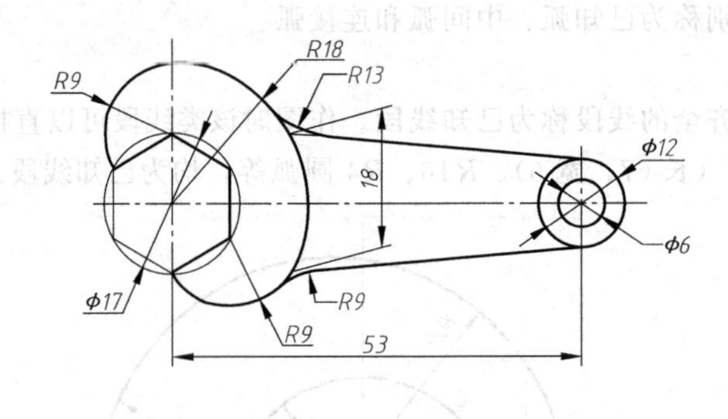

图 1-28 呆头扳手

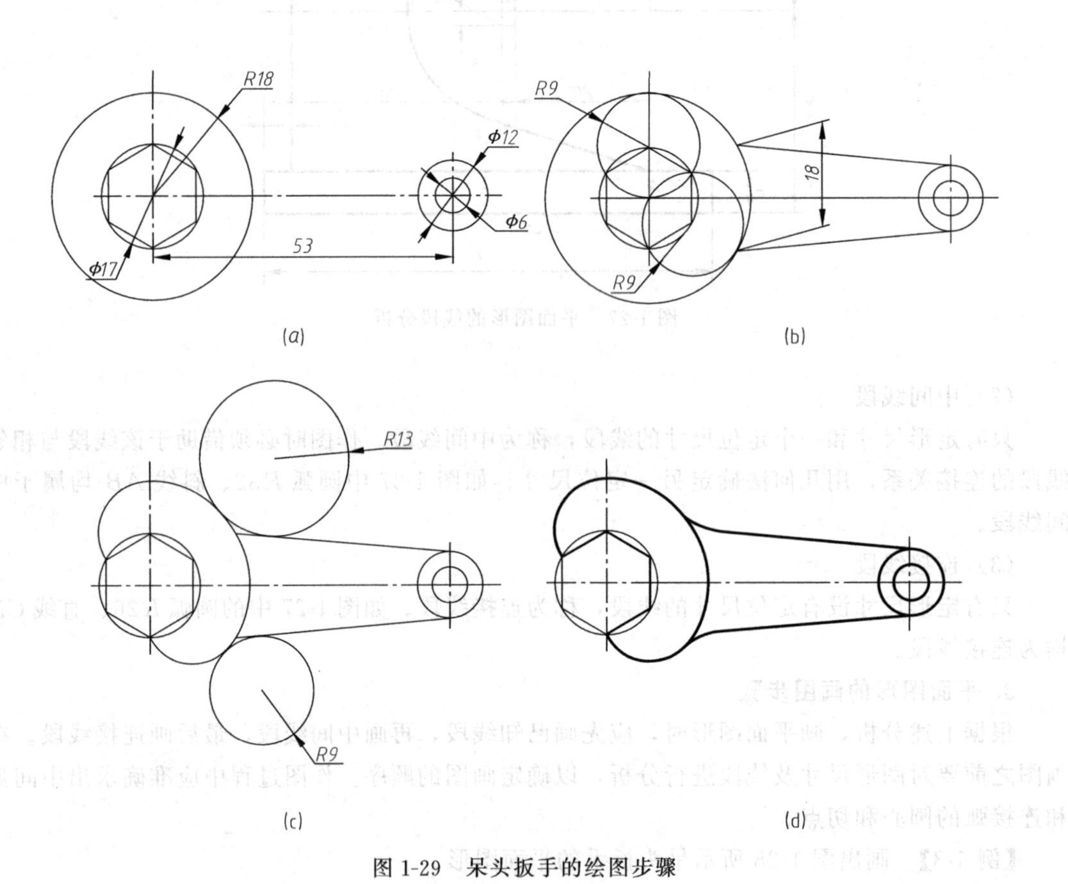

图 1-29 呆头扳手的绘图步骤

四、尺规绘图的基本方法和步骤

用绘图基本工具绘制图样时，一般按下列步骤进行。

① 准备工作：画图前准备好必备的绘图工具和仪器，按各种线型的要求削好铅笔和圆规上的铅芯，并备好图纸。

② 确定图幅、固定图纸：按照图形的大小和比例，选取合理的图纸幅面，用胶带纸将图纸固定在图板上。

③ 按照图幅大小，画出符合标准的图框线和标题栏。

④ 布置图形的位置：用对称中心线、边线等作图基准线，确定图形位置，合理布图。

⑤ 画底稿：用 H 或 2H 铅笔，按顺序画出图形底稿。底稿线只分线型不分粗细，一律用细线画出。

⑥ 画尺寸界线和尺寸线。

⑦ 检查、修改和描深：底稿完成后进行检查，修改图形、尺寸等方面的错误，擦去多余的图线。用不同型号的铅笔将各种图线描深，完成图形绘制。描深时一般按照先细线后粗线、先曲线后直线的顺序，从上到下、从左到右进行。

⑧ 注写尺寸数字、填写标题栏：用相同大小的数字及符号注写全部尺寸数字，填写标题栏所有项目，完成全图。

五、徒手绘图

不使用绘图仪器，用目测方法估计图形与实物的比例，徒手画出的图样叫作徒手图，也称为草图。设计人员常用草图表达设计意图，将设计构思先用草图画出，然后再用仪器绘制成正式工程图。徒手绘图主要用于现场测绘、设计方案讨论或技术交流，因此，工程技术人员必须具备徒手绘图的能力。

1. 画草图的基本要求

草图不是潦草的图，因此绘制草图时应做到：线型分明，比例适当，图面整洁，信息全面，不苛求图形的几何精度。

2. 徒手绘图的方法

绘制草图时可用铅芯较软的笔（如 B 或 2B）。铅笔的铅芯应磨削成圆锥形，粗细各一支，分别用于绘制粗线和细线。

画草图时，可以用有方格的专用草图纸或在白纸下垫一格子纸，以便控制图线的平直和图形的大小。

（1）直线的画法

画直线时，应先标出直线的两端点，由起点落笔，运笔时眼睛扫视线段终点，手腕（手腕不可转动）、手臂轻轻移动，使笔尖向着所画直线的方向作近似的直线运动。

画水平直线应自左向右运笔，画铅垂直线应自上而下运笔，如图 1-30 所示。

画斜线时，与水平线成锐角的斜线，应按左下至右上的方向画，如图 1-31（a）所示；与水平线成钝角的斜线，应按左上至右下的方向画，如图 1-31（b）所示；有时为了运笔方便，可将图纸旋转以适当的角度，转化成水平线来绘制，如图 1-31（c）所示。

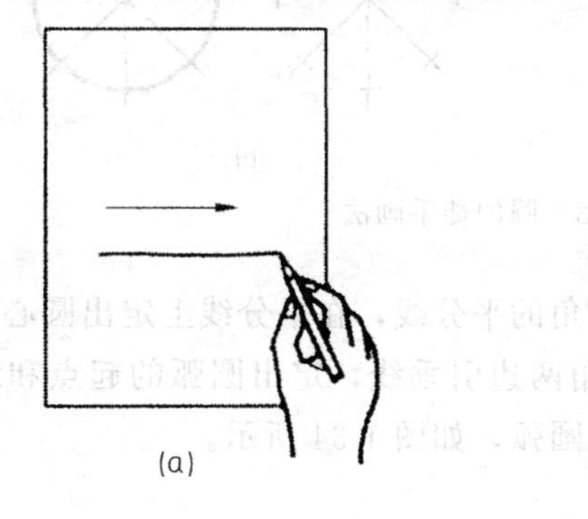
(a)

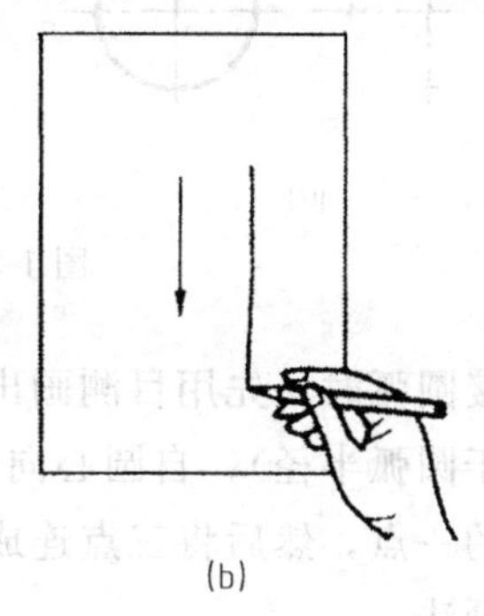
(b)

图 1-30　直线的徒手画法

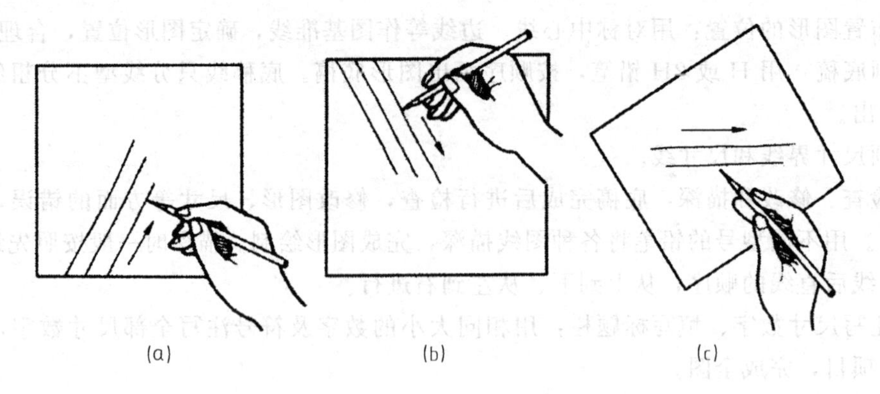

图 1-31 斜线的徒手画法

（2）常用角度的画法

画 30°、45°、60°等常用角度线时，可根据两直角边的比例关系，在两直角边上定出两端点，过两端点作直线即可，如图 1-32 所示。

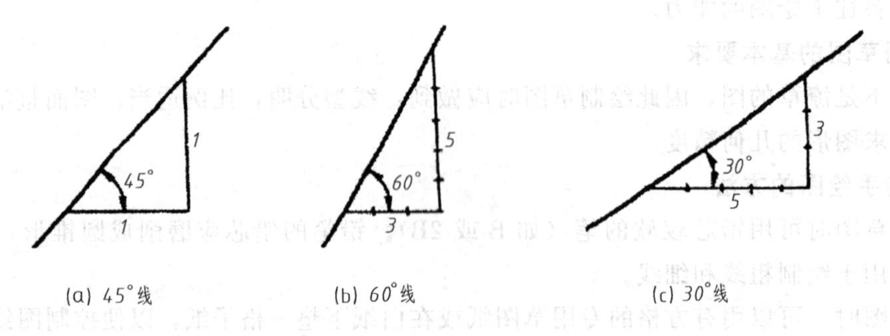

图 1-32 角度的徒手画法

（3）圆及圆角的画法

徒手画小圆时，先在中心线上按半径大小目测定出四点，然后徒手将这四点连接成圆，如图 1-33（a）所示；画较大圆时，可通过圆心加画两条 45°的斜线，按半径目测定出八个点，然后连接成圆，如图 1-33（b）所示。

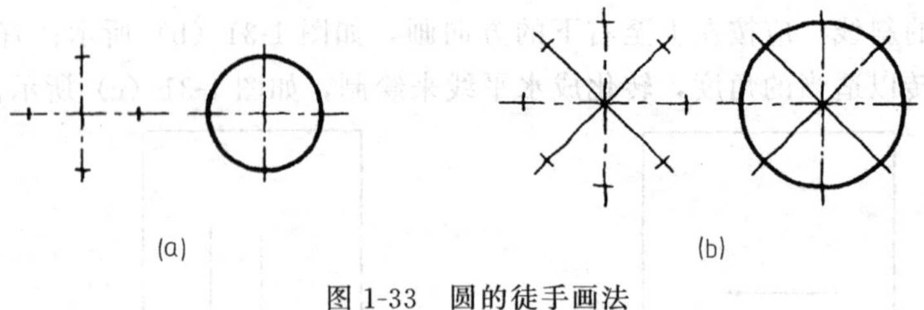

图 1-33 圆的徒手画法

画圆角或连接圆弧时，先用目测画出角的平分线，在平分线上定出圆心位置（使圆心到角两边的距离等于圆弧半径），自圆心向角两边引垂线，定出圆弧的起点和终点，在平分线上也定出圆弧上的一点，然后将三点连成圆弧，如图 1-34 所示。

（4）椭圆的画法

如图 1-35 所示，先画出椭圆长短轴，定出长、短轴顶点，过四个顶点画一矩形，然后徒手作椭圆与此矩形相切。

如图 1-36 所示，先画出椭圆的外切四边形（菱形），然后分别用徒手方法作两钝角和两锐角的内切弧，即得到所求椭圆。

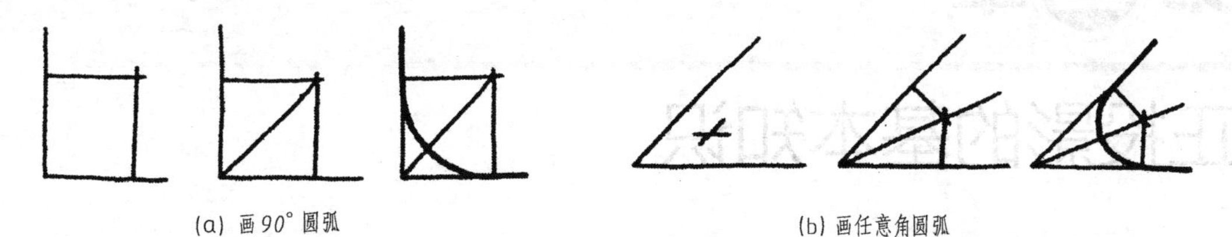

图 1-34　圆弧的徒手画法

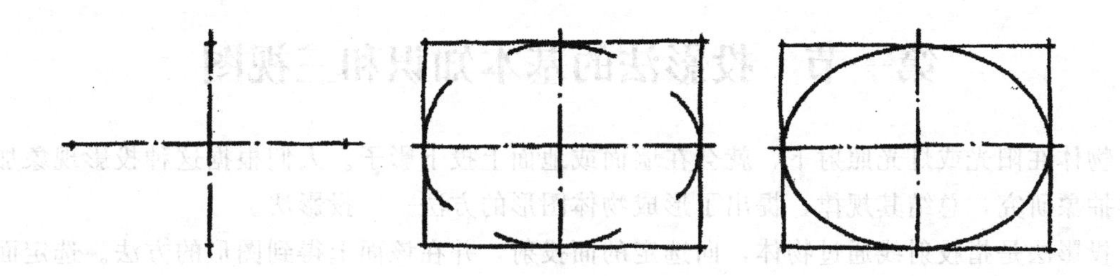

图 1-35　外切矩形法徒手画椭圆

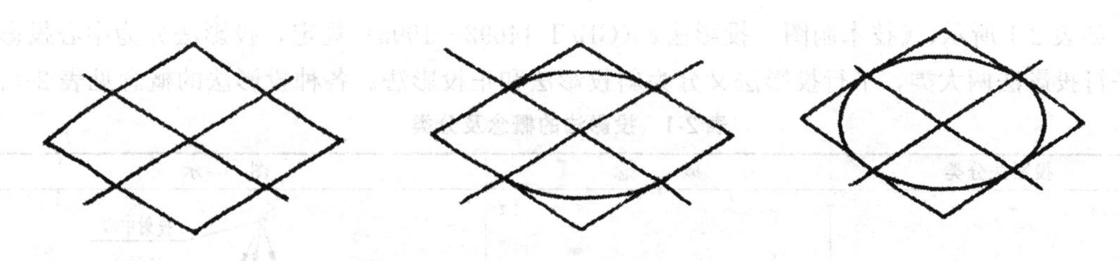

图 1-36　外切菱形法徒手画椭圆

正投影的基本知识

机械图样是按照正投影法绘制的。掌握正投影法的基本理论，并能熟练应用，才能为读图和绘图打下良好的理论基础。

第一节　投影法的基本知识和三视图

物体在阳光或灯光照射下，就会在墙面或地面上投下影子。人们根据这种投影现象加以科学抽象研究，总结其规律，提出了形成物体图形的方法——投影法。

投影法是指投射线通过物体，向选定的面投射，并在该面上得到图形的方法。选定面称为投影面，在面上得到的图形称为投影。

一、投影法分类

如表 2-1 所示，《技术制图　投影法》(GB/T 14692—1993) 规定，投影法分为中心投影法和平行投影法两大类，平行投影法又分为斜投影法和正投影法。各种投影法的概念见表 2-1。

表 2-1　投影法的概念及分类

投影法分类		概　　念	图　　示
中心投影法		所有投射线都从投射中心出发，即投射线汇交于一点的投影法就称为中心投影法。一般用于绘制建筑物或产品的立体图样	S 投射中心 平面图形 投射线 A C 投影 B 投影面 a c b H
平行投影法	正投影法	所有投射线相互平行，且投射线与投影面垂直的投影法，称为正投影法。正投影法是绘制机械图样的基本方法	A C B a c b H
	斜投影法	所有投射线相互平行，且投射线与投影面倾斜的投影法，称为斜投影法	A B C a c b H

用中心投影法得到的投影称为中心投影，用平行投影法得到的投影称为平行投影。绘制工程图样主要用平行投影中的正投影，正投影主要特点是：投影大小与物体和投影面之间距离无关；当物体的平面与投影面平行时，投影反映该平面的真实形状和大小。今后如不作特别说明，“投影”即指“正投影”。

二、正投影的性质

正投影的基本性质包括真实性、积聚性和类似性，见表 2-2。这些性质可以运用几何学知识加以证明，是正投影法作图的重要依据。

表 2-2　正投影的性质

特　性	图　例	说　明
真实性		当直线或平面平行于投影面时，其投影反映实长或实形 即：$ab=AB$ $\triangle ABC=\triangle abc$
积聚性		当直线或平面垂直于投影面时，其投影积聚成一点或直线
类似性		处于一般位置时，直线的投影仍是直线，平面图形的投影是原图形的类似形

三、物体的三面投影

在正投影中，只用一个投影往往不能确定物体的形状和大小。如图 2-1 所示，三个不同形状的物体，因为尺寸相同，在投影面上的投影完全相同。为了确切表示物体的形状和大小，通常将物体置于三个投影面之中进行投射，得物体的三个正投影，又称三视图。

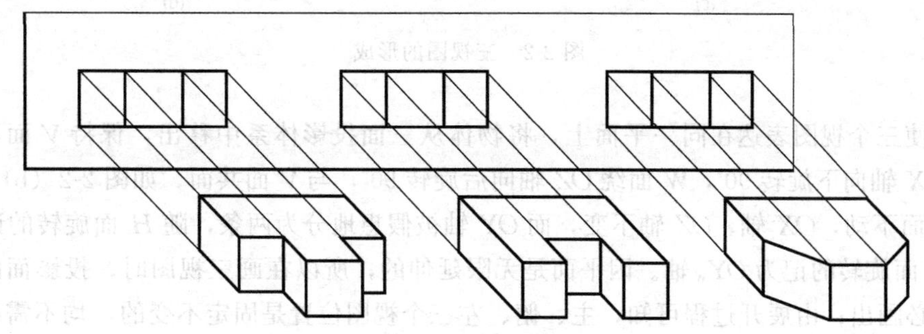

图 2-1　一个正投影不能准确表达一个物体

1. 三视图的形成

(1) 三面投影体系

根据正投影的特点，选定三个相互垂直的平面组成三投影面体系，如图 2-2 (a) 所示。其中 V 面称为正立投影面，简称正面；H 面称为水平投影面，简称水平面；W 面称为侧立投影面，简称侧面。投影面与投影面的交线称为投影轴，分别用 OX、OY、OZ 表示；三个投影轴的交点称为原点，用 O 表示，见图 2-2 (a)。

(2) 三视图形成

将物体置于三面投影体系内，用正投影法向三个投影面投射，得物体的三视图，如图 2-2 (a) 所示。其中，在正面上的投影，称为主视图；在水平面上的投影，称为俯视图；在侧面上的投影，称为左视图。

“技术制图标准”规定，视图中物体的可见轮廓用粗实线表示，不可见轮廓用虚线表示，对称中心线用点画线表示。

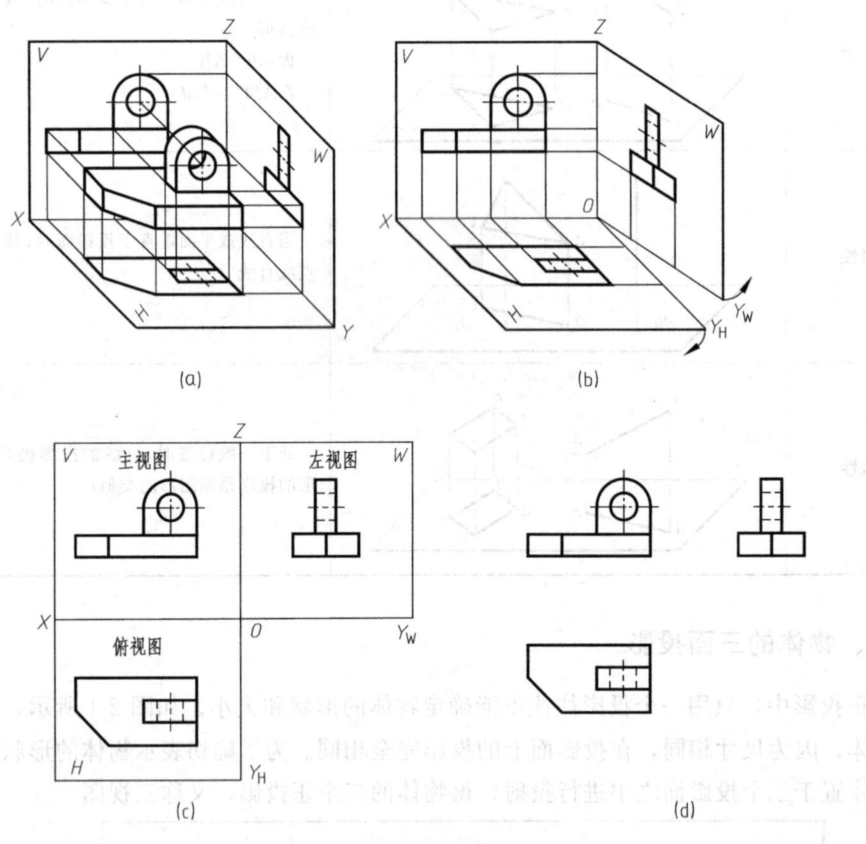

图 2-2 三视图的形成

为了使三个视图表达在同一平面上，将物体从三面投影体系中移出，保持 V 面不动，使 H 面绕 OX 轴向下旋转 90°，W 面绕 OZ 轴向后旋转 90°，与 V 面共面，如图 2-2 (b)、(c) 所示。因 V 面不动，OX 轴、OZ 轴不变，而 OY 轴被假想地分为两条，随 H 面旋转的记为 OY_H 轴，随 W 面旋转的记为 OY_W 轴。因平面是无限延伸的，所以在画三视图时，投影面的边界和投影轴不必画出；由展开过程可知，主、俯、左三个视图位置是固定不变的，均不需标注视图名称。所以，物体的三视图应如图 2-2 (d) 所示。

2. 三视图之间的度量关系

物体有长、宽、高三个方向的尺寸，工程图样中，一般定义 X 方向为物体的长、Y 方向为物体的宽、Z 方向为物体的高，如图 2-3（a）所示。在三视图中，主视图反映物体的长和高、俯视图反映物体的长和宽、左视图反映物体的宽和高，结合三视图的形成过程，三视图之间的投影关系可归纳为：主、俯视图长对正，主、左视图高平齐，俯、左视图宽相等，如图 2-3（b）所示。“长对正、高平齐、宽相等”称为三视图的“三等”规律，是画图和看图必须遵循的基本原则。这个规律不仅适用于物体整体的投影，物体局部结构的投影也必须符合这一规律。

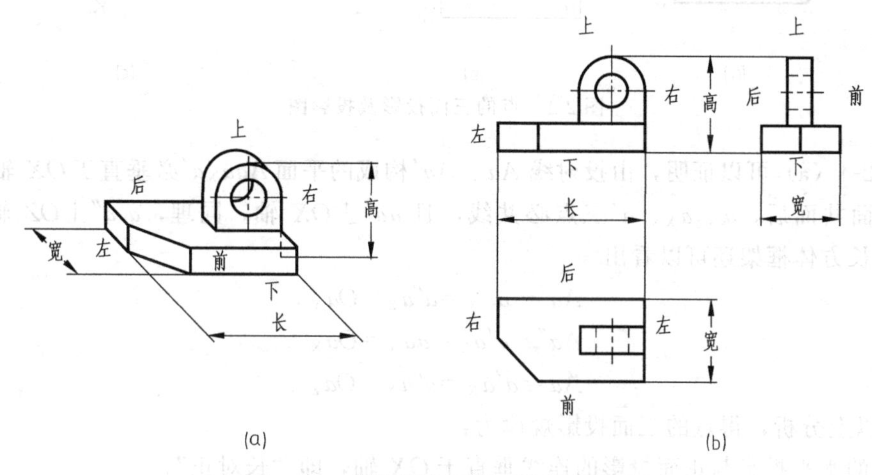

图 2-3　三视图的度量关系和投影规律

3. 三视图与物体间的方位关系

如图 2-3 所示，物体有上、下、左、右、前、后六个空间方位，在三视图中，主视图反映的是物体的上下和左右关系，俯视图反映的是物体的左右和前后关系，左视图反映的是物体的上下和前后关系。

三视图在符合“三等”规律的同时，必须正确反映物体的方位关系，应特别注意俯、左视图的前后对应关系。

第二节　点的投影

一切几何形体都是由是点、线、面构成的，而点是最基本的几何元素，所以首先研究点的投影规律。

一、点的三面投影及投影规律

点的一个投影无法唯一确定点的空间位置。为了确定空间点的位置，必须增加投影面，下面研究点在三面投影体系中的投影规律。

如图 2-4（a）所示，将空间点 A 置于三面投影体系中，然后由点 A 分别向 H、V、W 面作垂线，垂足（即交点）a、a'、a''即为 A 点的三面投影。其中 H 面投影 a 称为水平投影，V 面投影 a'称为正面投影，W 面投影 a''称为侧面投影。规定用大写字母表示空间点，用同名小写字母表示投影，其中 V 面投影小写字母加一撇、W 面投影小写字母加两撇。

将空间点移去，三投影面展开，再去掉投影面边界，得 A 点的三面投影图，如图 2-4

(b)、(c) 所示。

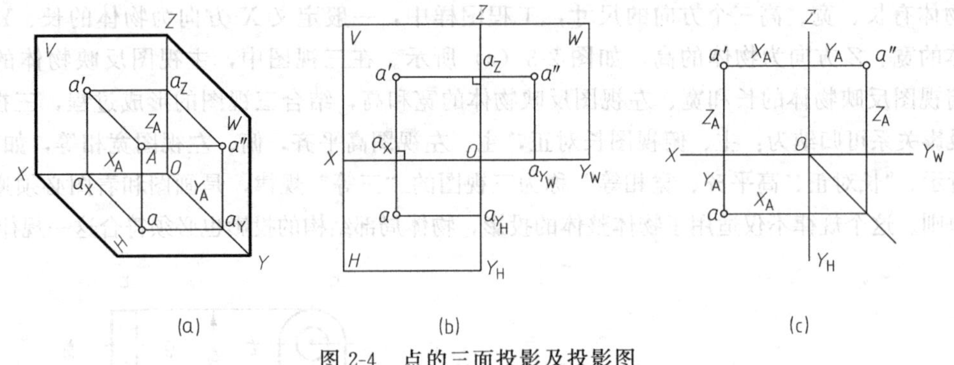

图 2-4 点的三面投影及投影图

由图 2-4 (a) 可以证明，由投射线 Aa、Aa'构成的平面 Aa_Xa'必垂直于 OX 轴，H 面展开与 V 面共面后，a、a_X、a'三点必共线，且 $aa'\perp OX$ 轴。同理，$a'a''\perp OZ$ 轴。由图 2-4 (a)中长方体框架还可以看出

$$Aa'=aa_X=a''a_Z=Oa_Y$$
$$Aa''=a'a_Z=aa_Y=Oa_X$$
$$Aa=a'a_X=a''a_Y=Oa_Z$$

综合以上分析，得点的三面投影规律为：

① 点的水平投影与正面投影的连线垂直于 OX 轴，即“长对正”；

② 点的正面投影与侧面投影的连线垂直于 OZ 轴，即“高平齐”；

③ 点的水平投影到 OX 轴的距离与侧面投影到 OZ 轴的距离相等，即“宽相等”。

二、点的投影与直角坐标的关系

如果把三面投影体系看作直角坐标系，投影轴为坐标轴，那么点 A 的位置可用直角坐标 (x_A、y_A、z_A) 来表示。由图 2-4 可以看出，A 点的坐标分别是 A 点到 W、V、H 面的距离，点的每一个投影都由两个坐标值确定。V 面投影 a'由 (x_A、z_A) 确定，H 面投影 a 由 (x_A、y_A) 确定，W 面投影 a''由 (y_A、z_A) 确定。它们之间的度量关系是：

$$x_A=Aa''=a'a_Z=aa_Y=Oa_X$$
$$y_A=Aa'=aa_X=a''a_Z=Oa_Y$$
$$z_A=Aa=a'a_X=a''a_Y=Oa_Z$$

【例 2-1】 已知 A (10、15、20)，求点 A 的三面投影。

【解】 作图如下。

① 画出投影轴 OX、OY_H、OY_W、OZ，量取 $Oa_X=10$，如图 2-5 (a) 所示。

② 过 a_X作投影轴的垂线，在该线上自 a_X 沿 OY_H 轴向下量取 15mm，得水平投影 a，再自 a_X 沿 OZ 轴向上量取 20mm，得正面投影 a'，如图 2-5 (b) 所示。

③ 过原点作$\angle Y_HOY_W$的平分线 (45°线)。由 a 点作 OY_H的垂线并延长，与 45°线相交，再由该交点作 OY_W 轴的垂线并延长，同时由 V 面投影 a'作 OZ 轴的垂线并延长，两垂线之交点即是侧面投影 a''，如图 2-5 (c) 所示。

【例 2-2】 已知点 M 的两面投影 m 和 m'，求点的另一投影 m'' [如图 2-6 (a)]。

【解】 作图如下。

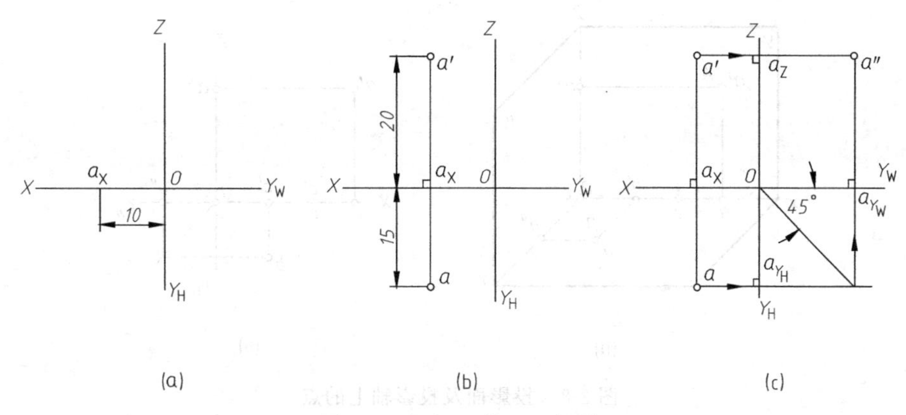

图 2-5　求点 A 的三面投影

① 过 m'点向 OZ 轴作垂线并延长。

② 过原点作一条 45°的斜线，如图 2-6（b）所示。

③ 过 m 点向 OY_H轴作垂线并延长与 45°线相交，由交点向 OY_W 轴作垂线，与过 m'点的垂线相交，交点即为 m''点。

还可以不用 45°线，用作圆弧的方法求出 m''点，如图 2-7 所示。

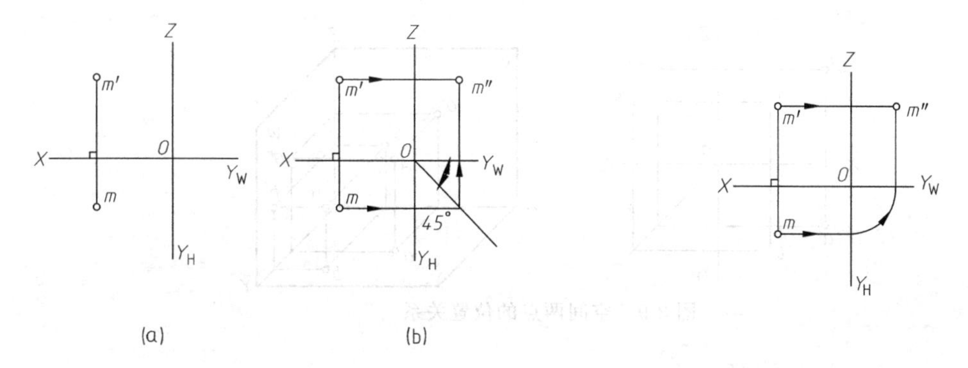

图 2-6　已知点的两面投影求其第三投影（一）　　图 2-7　已知点的两面投影求其第三投影（二）

三、投影面和投影轴上的点

1. 在投影面上的点

当空间点的三个坐标中有一个为零，则该点位于某投影面上。如图 2-8（a）中，点 A 的 Y 坐标为零，位于正投影面上；点 B 的 Z 坐标为零，位于水平投影面上。

投影面上的点的投影特性：该点所在投影面上的投影与该点重合，在另外两投影面上的投影分别落在相应的投影轴上。投影图如图 2-8（b）所示。

2. 在投影轴上的点

当空间点的两个坐标为零，则该点位于某投影轴上。如图 2-8（a）中，C 点的 Y 和 Z 坐标均为零，位于 OX 轴上。投影轴上的点的投影特性：该点的两个投影位于投影轴上与点自身重合，另一投影与原点 O 重合。投影图如图 2-8（b）所示。

当空间点的三个坐标均为零，则该点与原点 O 重合，其三个投影都与原点 O 重合。

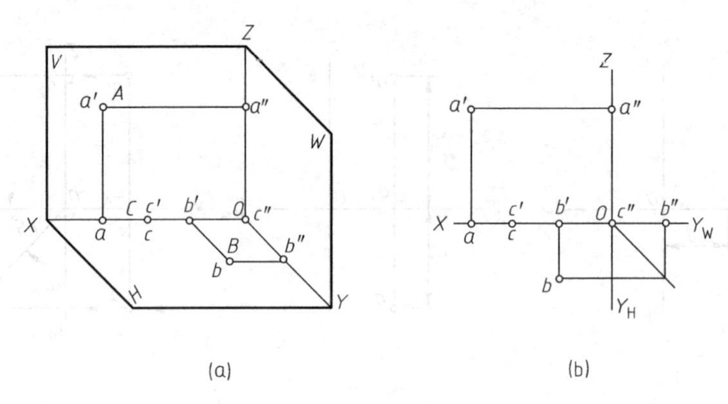

图 2-8 投影面及投影轴上的点

四、两点的相对位置

两点的相对位置是指空间两点之间上下、前后、左右的关系。在三面投影体系中，根据两点的坐标值，即可判断其相对位置。设空间两点 A（x_A、y_A、z_A）和 B（x_B、y_B、z_B），若 $x_A>x_B$、$y_A<y_B$、$z_A>z_B$，则判断 A 点在 B 点的左方、后方和上方，其投影及空间关系如图 2-9 所示。

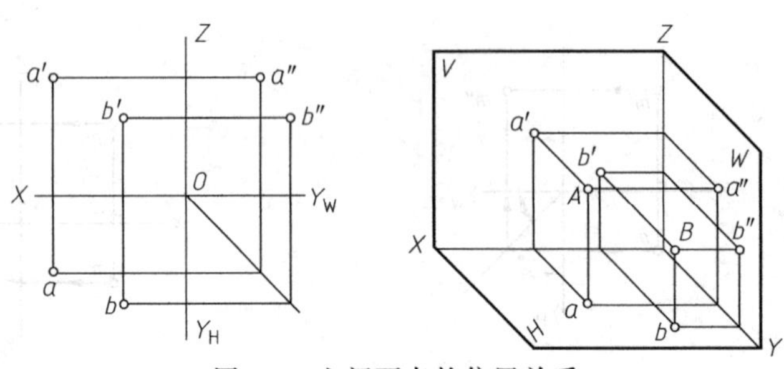

图 2-9 空间两点的位置关系

由图 2-9 可见，已知两点的三面投影或两面投影也可判断其空间相对位置，正面投影反映上下、左右关系，水平投影反映左右、前后关系，侧面投影反映上下、前后关系。

五、重影点及其可见性

当空间两点处于同一投射线上（有两个坐标相等）时，它们在与该投射线垂直的投影面上的投影重合，该投影称为两点的重影点。

如图 2-10（a）所示，点 A 与 B 同时位于垂直于 V 面的投射线上，它们的 V 面投影 $b'(a')$ 是重影点；点 C 与 D 同时位于垂直于 H 面的投射线上，它们的 H 面投影 $c(d)$ 是重影点；点 E 与 F 同时位于垂直于 W 面的投射线上，它们的 W 面投影 $e''(f'')$ 是重影点。

空间两点成为重影点后，必有一点的投影被“遮盖”，便产生了重影点的可见性问题。由投射线的方向可明显判断，在成为重影点的两点中，距投影面较远的点的投影是可见的，后者是不可见的。因此，对 V 面、H 面和 W 面的重影点，可见性的判断规律是：前遮后、上遮下和左遮右。如图 2-10（a）中，A、B 两点为 V 面重影点，B 点在 A 点之前，B 点投影可见、A 点投影不可见，表示为 $b'(a')$，即不可见投影加括号表示。同理，C 与 D 两点，

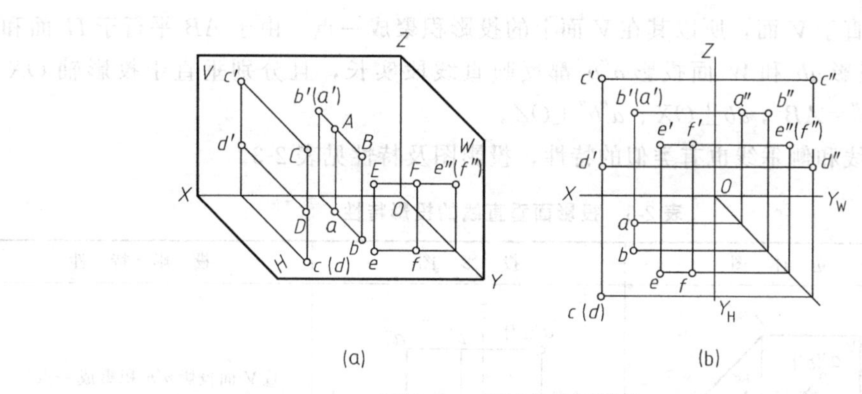

图 2-10　重影点及可见性

为 H 面重影点，投影 c 可见，(d) 为不可见；点 E 与 F 两点，为 W 面重影点，投影 e'' 可见，(f'') 为不可见，其投影图如图 2-10 (b) 所示。

第三节　直线的投影

一般情况下，直线的投影仍为直线。直线的投影由属于该直线的两点的投影连接来确定。一般用直线段两端点的投影连线表示直线的投影。

一、直线的分类及投影特性

直线在三面投影体系中，按其相对投影面的位置可分为三大类。

① 一般位置直线：与三个投影面都倾斜的直线。

② 投影面平行线：平行于一个投影面，且倾斜于另外两个投影面的直线。

③ 投影面垂直线：垂直于一个投影面，平行于另外两个投影面的直线。

后两种直线又称为特殊位置直线。“技术制图标准”规定，空间直线对 H 面、V 面和 W 面的倾角分别用 α、β 和 γ 表示。

下面分别叙述各类直线的投影特性。

1. 投影面垂直线

根据所垂直的投影面不同，投影面垂直线又分为三种：铅垂线——与 H 面垂直；正垂线——与 V 面垂直；侧垂线——与 W 面垂直。

图 2-11 为正垂线 AB 的立体图和投影图。

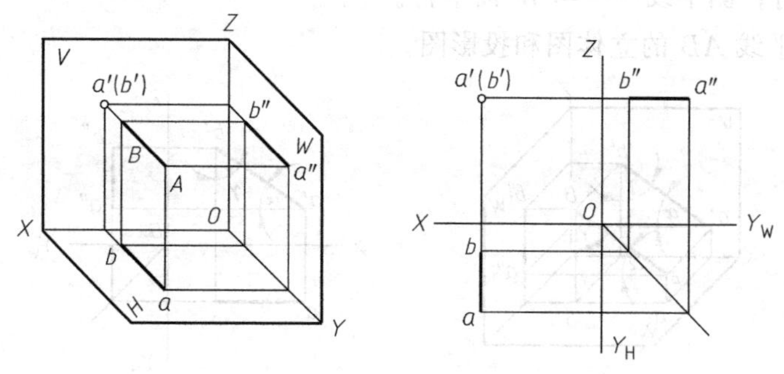

图 2-11　正垂线的投影

由于 AB 垂直于 V 面，所以其在 V 面上的投影积聚成一点。由于 AB 平行于 H 面和 W 面，所以 H 面投影 ab 和 W 面投影 $a''b''$ 都反映直线段实长，且分别垂直于投影轴 OX 和 OZ，即 $ab = a''b'' = AB$，$ab \perp OX$、$a''b'' \perp OZ$。

同理，铅垂线和侧垂线也有类似的特性，投影图及特性见表 2-3。

表 2-3 投影面垂直线的投影特性

名称	立体图	投影图	投影特性
正垂线			①V 面投影 $a'b'$ 积聚成一点 ②$ab // OY_H$ $a''b'' // OY_W$ ③$ab = a''b'' = AB$
铅垂线			①H 面投影 c、d 积聚成一点 ②$c'd' // OZ$ $c''d'' // OZ$ ③$c'd' = c''d'' = CD$
侧垂线			①W 面投影 e''、f'' 积聚成一点 ②$e'f' // OX$ $ef // OX$ ③$e'f' = ef = EF$

归纳起来，投影面垂直线的投影特性为：

① 在直线所垂直的投影面上的投影积聚为一点；

② 在另外两个投影面上的投影垂直于相应的投影轴，且投影反映实长。

2. 投影面平行线

根据所平行的投影面不同，投影面平行线又分为三种：水平线——与 H 面平行；正平线——与 V 面平行；侧平线——与 W 面平行。

图 2-12 为正平线 AB 的立体图和投影图。

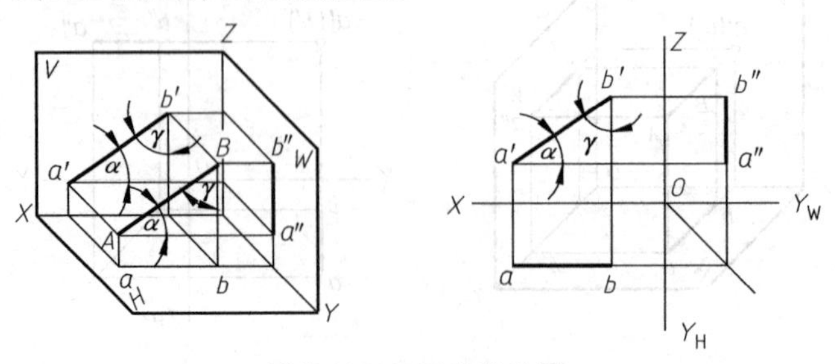

图 2-12 正平线的投影

由于 AB 平行于 V 面，所以其在 V 面上的投影反映实长，即 $a'b'=AB$，并且投影 $a'b'$ 与 OX 轴的夹角等于 AB 与 H 面的倾角 α；$a'b'$ 与 OZ 轴的夹角等于 AB 对 W 面的倾角 γ。AB 的另外两个投影 ab 和 $a''b''$ 分别平行于 OX 和 OZ 轴，且较 AB 缩短。

同理，水平和侧面投影也有类似的投影特性，投影图及特性见表 2-4。

表 2-4　投影面平行线的投影特性

名　称	立　体　图	投　影　图	投影特性
正平线			①正面投影 $a'b'=AB$，反映 α、γ 角 ② $ab \parallel OX$ $a''b'' \parallel OZ$
水平线			①水平投影 $cd=CD$，反映 β、γ 角 ② $c'd' \parallel OX$ $c''d'' \parallel OY_W$
侧平线			①侧面投影 $e''f''=EF$，反映 α、β 角 ② $e'f' \parallel OZ$ $ef \parallel OY_H$

归纳起来，投影面平行线的投影特性为：

① 在直线所平行的投影面上的投影反映实长，且投影与两坐标轴的夹角反映空间直线与另外两投影面的倾角；

② 在其他两投影面上的投影分别平行于相应的投影轴，且长度缩短。

3. 一般位置直线

图 2-13 表示一般位置直线 AB 的三个投影。一般位置直线的投影特性为：

① 直线的三面投影都不反映实长，且长度缩短；

② 直线的三面投影均倾斜于投影轴，投影与坐标轴的夹角也不反映空间直线对投影面的倾角。

二、点与直线的相对位置

点与直线的相对位置关系有两种，点在直线上和点不在直线上。

1. 点在直线上

（1）从属性

点在直线上，点的各面投影必定在该直线的同面投影上；反之，若点的各面投影均在直

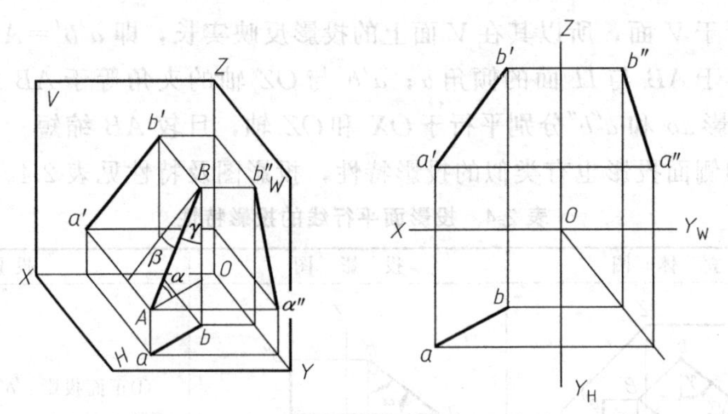

图 2-13 一般位置直线的投影特性

线的同面投影上，则点必在此直线上。

如图 2-14 所示，点 C 在直线 AB 上，则 C 点的水平投影 c 在直线 AB 的水平投影 ab 上，正面投影 c'在 $a'b'$上，侧面投影 c''在 $a''b''$上。

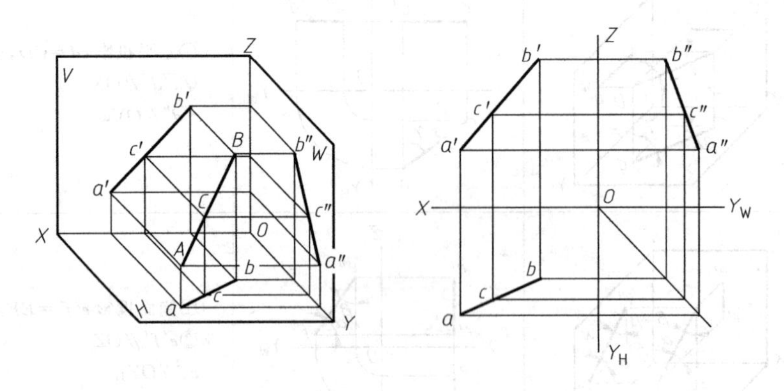

图 2-14 直线上点的投影

（2）定比性

直线上的点分割直线段之比在投影后保持不变。

如图 2-14 所示，点 C 将线段 AB 分为 AC、CB 两段，由定比性得

$ac : cb = a'c' : c'b' = a''c'' : c''b'' = AC : CB$。

2. 点不在直线上

若点不在直线上，点的投影则不具备上述性质。

【例 2-3】 在图 2-15（a）所示投影图中，判断点 M 是否是线段 AB 上的点。

【解】 方法一：作出点 M 及线段 AB 的第三面投影，如图 2-15（b）所示。因 m''点不在 $a''b''$上，根据从属性判断，点 M 不在线段 AB 上。

方法二：用定比原理来判断。由图 2-15（a）明显看出，$a'm' : m'b' \neq am : mb$，不符合上述定比性，所以判断，点 M 不在线段 AB 上。

【例 2-4】 如图 2-16（a）所示，已知 AB 的两面投影，试求 AB 上一点 C，使 $AC : CB = 3 : 2$。

【解】 如图 2-16（b）所示：

① 在 H 投影面上，过 a 任作一辅助直线，并在其上截取 5 个单位长度。

② 先连接 5、b，再过 3 分点作 $5b$ 的平行线交 ab 于 c 点。

③ 过 c 点作直线垂直于 OX 轴，与 $a'b'$ 相交，交点即为 c'。

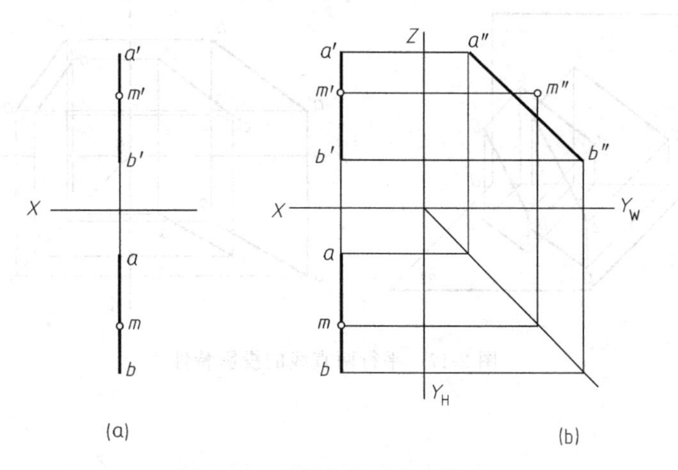

图 2-15　判断点是否在直线上

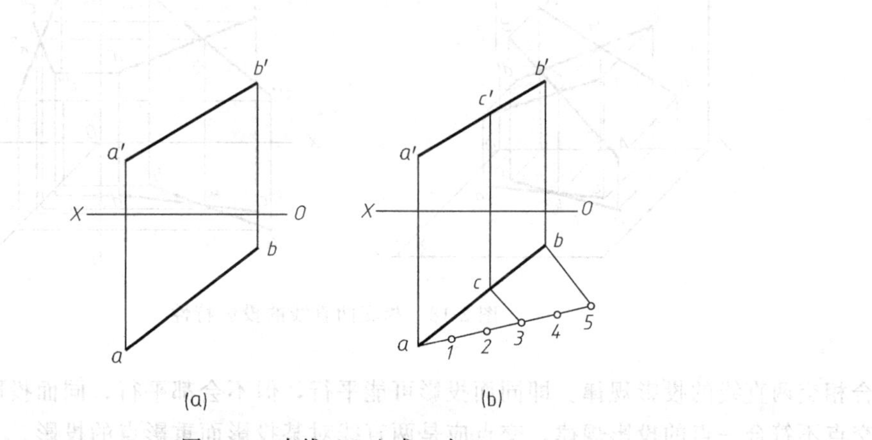

图 2-16　直线 AB 上求一点 C

三、两直线的相对位置及投影特性

空间两直线的相对位置有三种情况，即平行、相交和交叉。其中平行、相交的两直线称为共面直线，交叉的两直线称为异面直线。

1. 平行两直线

空间两直线平行，其同面投影必定相互平行。如图 2-17 所示，空间直线 $AB /\!/ CD$，其三面投影的关系是：$ab /\!/ cd$，$a'b' /\!/ c'd'$，$a''b'' /\!/ c''d''$。反之，若两直线的同面投影均相互平行，则可判断空间两直线相互平行。

2. 相交两直线

若空间两直线相交，则它们的各同面投影都相交，且交点符合一个点的投影规律。反之，若两直线的各同面投影均相交，且各交点符合一个点的投影规律，则判断该两直线在空间相交。如图 2-18 所示，两直线 AB 和 CD 相交，水平投影 ab 与 cd 相交于 k，正面投影 $a'b'$ 与 $c'd'$ 相交于 k'，且 $kk' \perp OX$，两交点符合一个点的投影规律。其投影图见图 2-18。

3. 交叉两直线

交叉两直线在空间既不平行也不相交，其投影既不符合平行两直线的投影规律，也不符

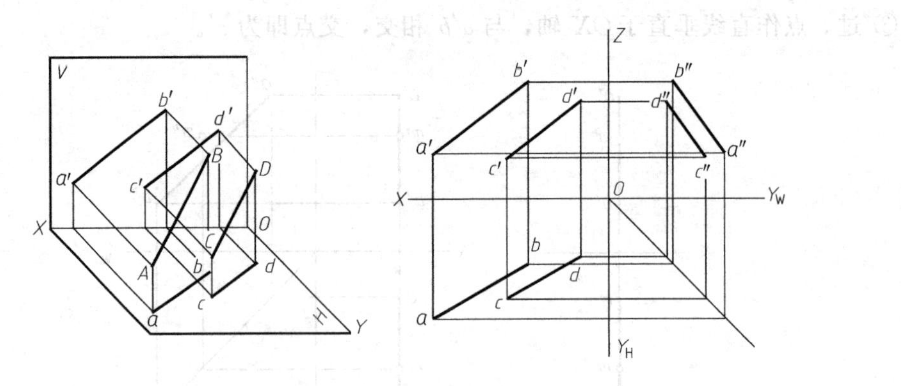

图 2-17 平行两直线的投影特性

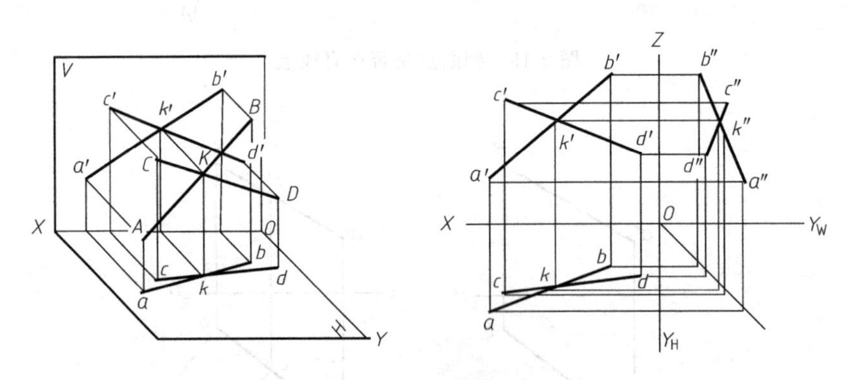

图 2-18 相交两直线的投影特性

合相交两直线的投影规律。即同面投影可能平行，但不会都平行；同面投影可能都相交，但交点不符合一点的投影规律，交点应是两直线对某投影面重影点的投影。

两直线上重影点的可见性，可根据重影点在该投射方向上坐标值大小来判断，坐标值大者为可见点，小者为不可见点。

如图 2-19 所示，正面投影的交点 $k'(l')$，是直线 AB 上点 K 和 CD 上点 L 在 V 面上的重影点；水平面投影的交点 $m(n)$，是直线 AB 上点 M 和 CD 上点 N 在 H 面上的重影点。

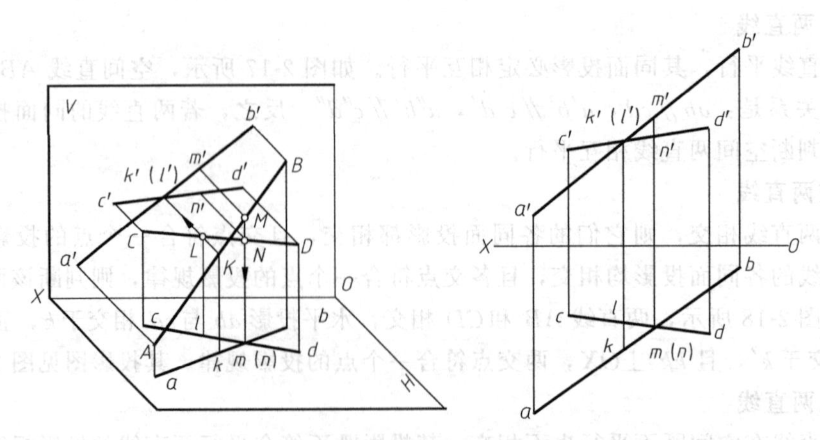

图 2-19 交叉两直线的投影特性

【例 2-5】 如图 2-20（a）所示，判断两直线 AB、CD 是否平行。

【解】 由 AB、CD 的两面投影可知，AB、CD 都是侧平线，要判断其是否平行有两种方法。

方法一：补画出两直线的侧面投影，如图 2-20（b）所示。由于 $a''b''$ 与 $c''d''$ 不平行，所以判断 AB 与 CD 不平行。

方法二：只根据 H、V 两投影来判断。如果两直线同向，且满足定比性，两直线就平行。如图 2-20（a）所示，AB 与 CD 虽然同向，但显然 $ab:cd \neq a'b':c'd'$，因此也可以判断 AB 与 CD 不平行。

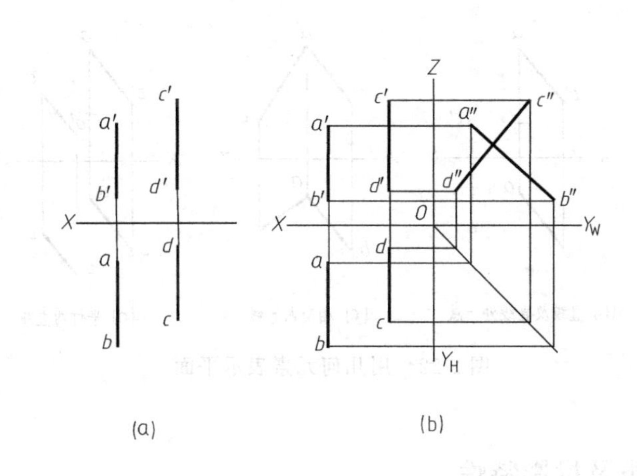

图 2-20　判断两直线是否平行

【例 2-6】 如图 2-21（a）所示，判断两直线 AB、CD 是否相交。

【解】 方法一：补画出两直线的侧面投影，如图 2-21（b）所示。因交点 k 与 k' 的连线与 OZ 轴不垂直，所以判断两直线不相交。

方法二：根据点分割线段的定比性来判断，请读者自行分析。

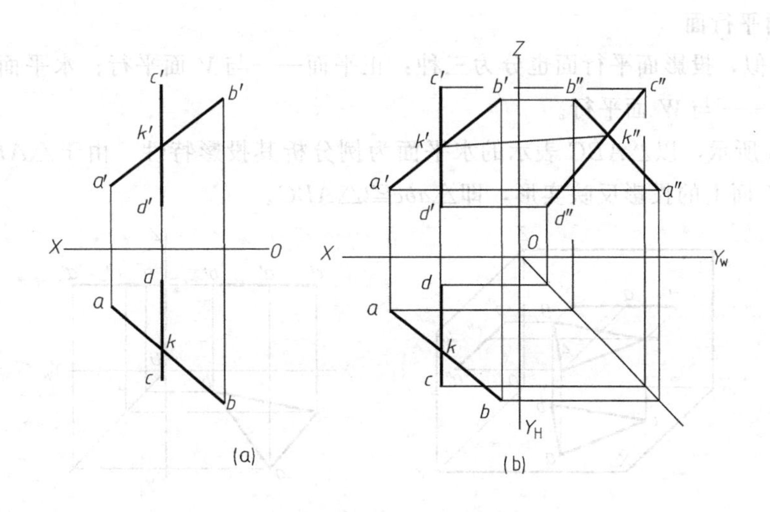

图 2-21　判断两直线是否相交

第四节 平面的投影

一、平面的表示法

平面的投影可以用下列几何元素的投影来表示：不在同一直线上的三点；一直线和直线外的一点；相交两直线；平行两直线；任意平面图形，如图 2-22 所示。

上述几种情况是可以互相转换的，其中以平面图形表示法最为常见。

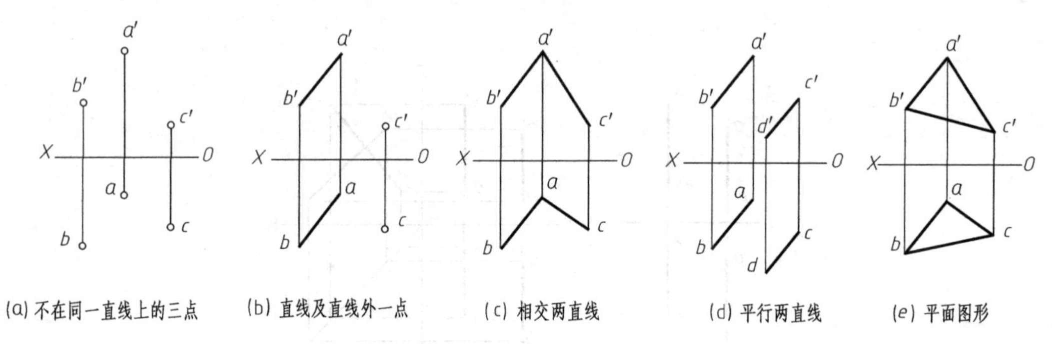

图 2-22 用几何元素表示平面

二、平面的分类及投影特性

根据平面相对于投影面的位置不同，可将平面分为三大类。

① 一般位置平面：与三个投影面都倾斜的平面。

② 投影面垂直面：仅垂直于一个投影面，而与其余两个投影面都处于倾斜位置的平面。

③ 投影面平行面：平行于一个投影面，垂直于其余两个投影面的平面。

后两种平面又称为特殊位置平面。平面对 V、H、W 面的倾角分别用 α、β、γ 表示。

下面分别叙述各类平面的投影特性。

1. 投影面平行面

与直线相似，投影面平行面也分为三种：正平面——与 V 面平行；水平面——与 H 面平行；侧平面——与 W 面平行。

如图 2-23 所示，以$\triangle ABC$ 表示的水平面为例分析其投影特性。由于$\triangle ABC$ 平行于 H 面，所以在 H 面上的投影反映实形，即$\triangle abc \cong \triangle ABC$。

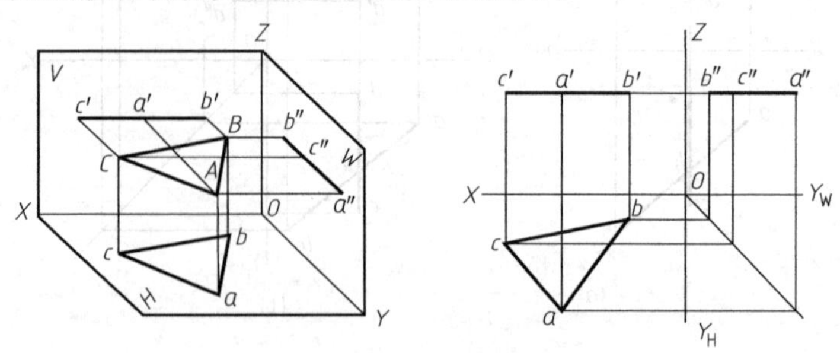

图 2-23 水平面的投影

又因△*ABC* 同时和 *V* 面、*W* 面垂直，所以 *V* 面投影和 *W* 面投影都具有积聚性，投影为直线，且正面投影 $a'b'c' /\!/ OX$ 轴，侧面投影 $a''b''c'' /\!/ OY_W$ 轴。

同理，正平面和侧平面也有类似的性质，投影图及特性见表 2-5。

表 2-5　投影面平行面的投影特性

名　称	立 体 图	投 影 图	投 影 特 性
正平面	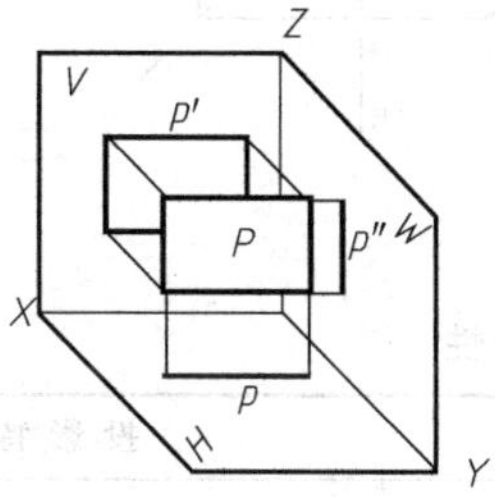	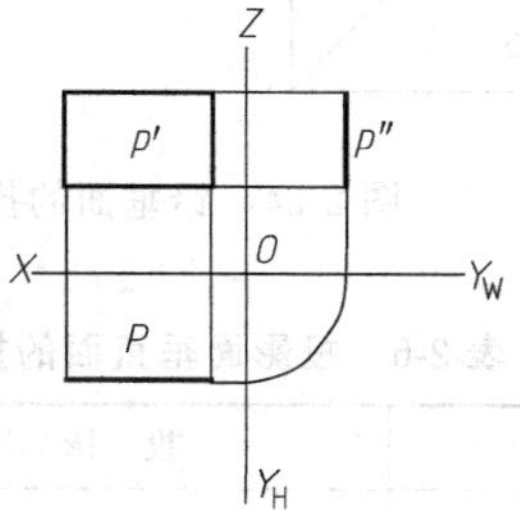	①正面投影反映实形 ②水平投影积聚为一条直线，且与 *OX* 轴平行 ③侧面投影积聚为一条直线，且与 *OZ* 轴平行
水平面	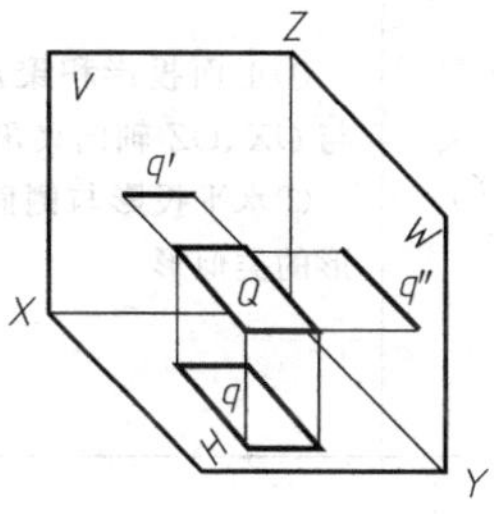	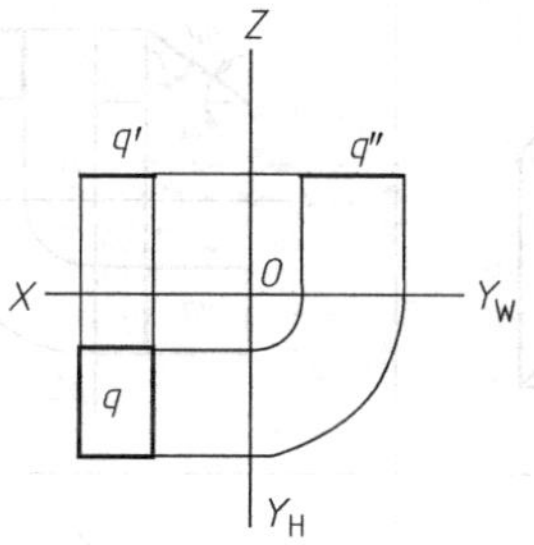	①水平投影反映实形 ②正面投影积聚为一条直线，且与 *OX* 轴平行 ③侧面投影积聚为一条直线，且与 OY_W 轴平行
侧平面	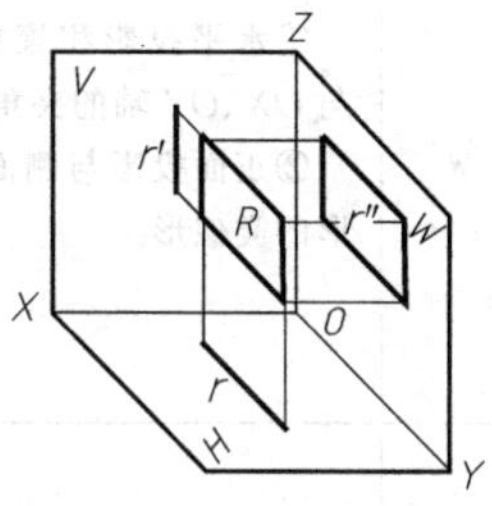	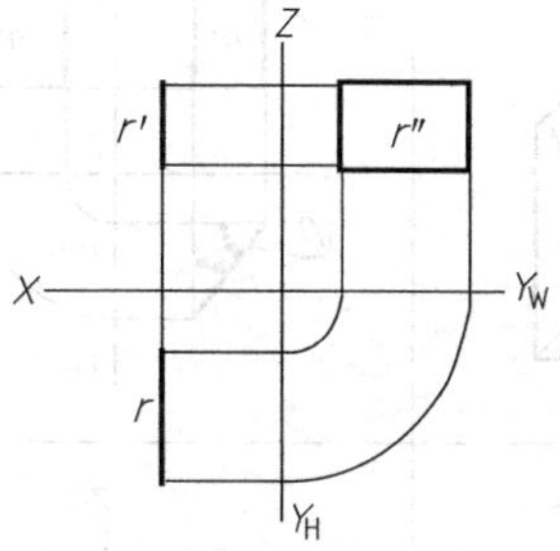	①侧面投影反映实形 ②正面投影积聚为一条直线，且与 *OZ* 轴平行 ③水平投影积聚为一条直线，且与 OY_H 轴平行

归纳起来，投影面平行面的投影特性为：

① 平面在所平行的投影面上的投影反映平面的实形；

② 平面在另外两个投影面上的投影积聚成直线，且分别平行于相应的投影轴。

2. 投影面垂直面

投影面垂直面按其垂直的投影面不同，也分为三种：正垂面——垂直于 *V* 面，与 *H*、*W* 面倾斜；铅垂面——垂直于 *H* 面，与 *V*、*W* 面倾斜；侧垂面——垂直于 *W* 面，与 *H*、*V* 面倾斜。

如图 2-24 所示，以△*ABC* 表示的铅垂面为例分析其投影特性。由于△*ABC* 垂直于 *H* 面，倾斜于 *V*、*W* 面，因此其水平投影 *abc* 必积聚成一条直线。该直线与 *OX* 轴的夹角反映 *ABC* 平面与 *V* 面的夹角 β，与 OY_H 轴的夹角反映 *ABC* 平面对 *W* 面的倾角 γ。*ABC* 平面的 *V* 面投影 $a'b'c'$ 和 *W* 面投影 $a''b''c''$ 均为面积缩小了的三角形，为空间平面的类似形。

同理，正垂面和侧垂面也有类似的性质，投影图及特性见表 2-6。

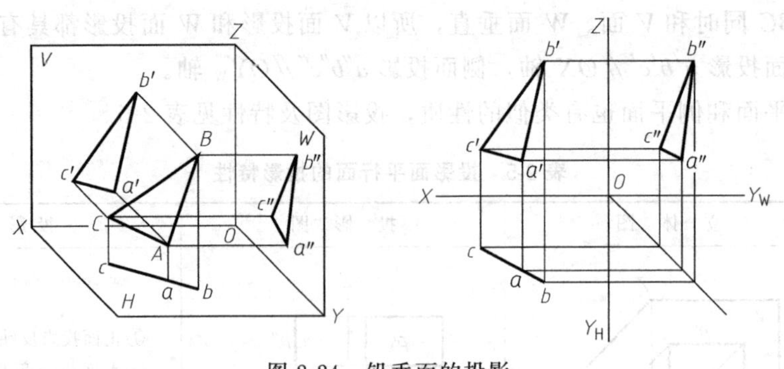

图 2-24 铅垂面的投影

表 2-6 投影面垂直面的投影特性

名 称	立 体 图	投 影 图	投 影 特 性
正垂面	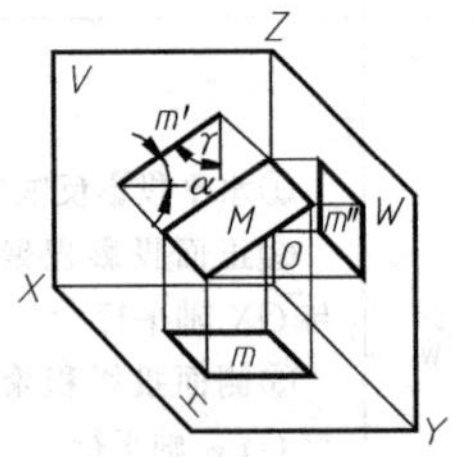	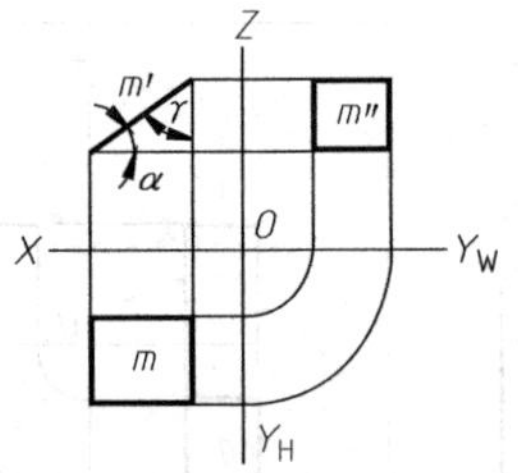	①正面投影积聚成一直线，直线与 OX、OZ 轴的夹角为 α、γ 角 ②水平投影与侧面投影为原平面形的类似形
铅垂面	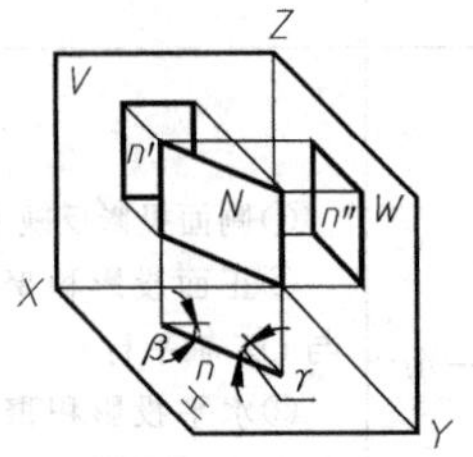	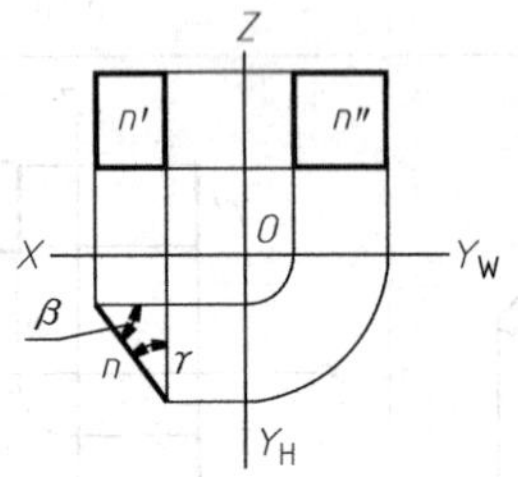	①水平投影积聚成一直线，直线与 OX、OY 轴的夹角为 β、γ 角 ②正面投影与侧面投影为原平面形的类似形
侧垂面	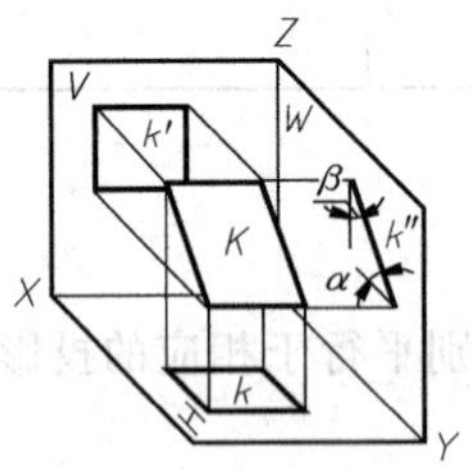	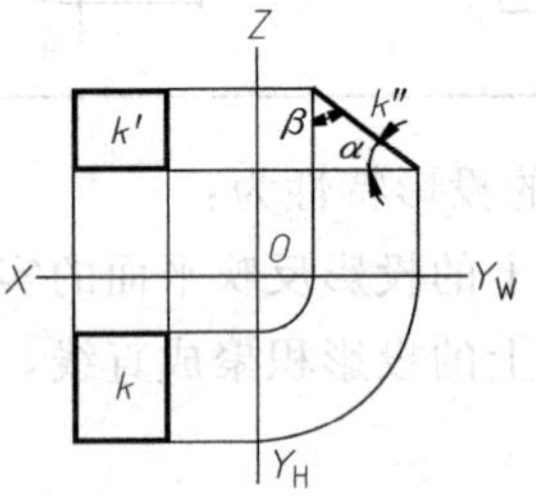	①侧面投影积聚成一直线，直线与 OZ、OY 轴的夹角为 β、α 角 ②正面投影与水平投影为原平面形的类似形

归纳起来，投影面垂直面的投影特性为：

① 平面在所垂直的投影面上的投影具有积聚性，投影为直线，该直线与投影轴的夹角分别反映空间平面与另外两投影面的倾角；

② 平面在与之倾斜的两投影面上的投影为平面的类似形，且面积缩小。

3. 一般位置平面

如图 2-25 所示，平面△ABC 对 V、H、W 面都倾斜，为一般位置平面，由图可见它的三个投影都是三角形，为原平面图形的类似形，面积均比△ABC 的小。

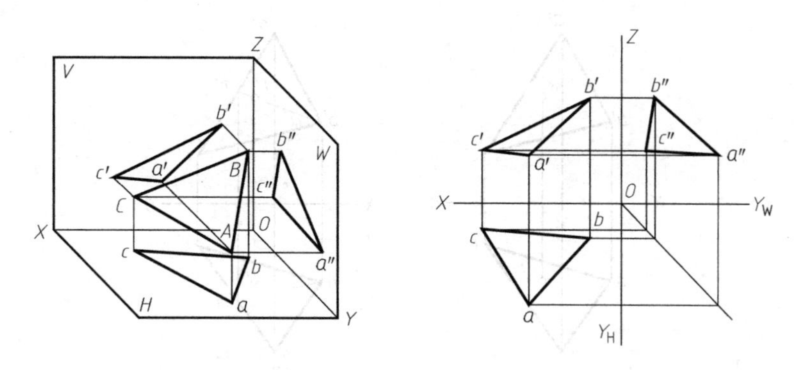

图 2-25 一般位置平面的投影

由此得出一般位置平面的投影特性为：平面在各投影面上的投影既不具有实形性也不具有积聚性，均为面积缩小的原平面图形的类似形。

三、平面内直线和点的投影

点和直线从属于平面的几何条件如下。

① 若点从属于平面内的任一直线，则点属于该平面。如图 2-26 所示，D 点属于直线 AB，所以点 D 属于平面 ABC。

② 若直线通过属于平面的任意两点，或通过平面内的一个点，且平行于该平面内的任一直线，则直线属于该平面。如图 2-27（a）所示，点 E、F 分别在直线 AB、AC 上（E、F 属于平面 ABC），直线 MN 通过点 E、F，所以直线 MN 属于平面 ABC。

如图 2-27（b）所示，直线 KL 通过平面内的点 E，且平行于平面内的直线 AB，所以直线 KL 属于平面 ABC。

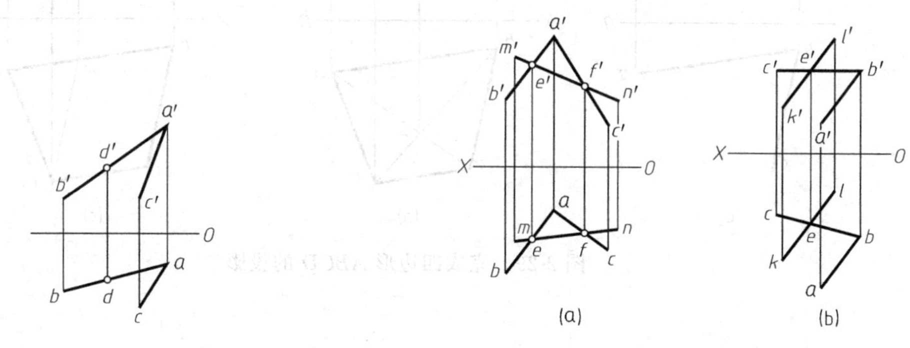

图 2-26 点在平面内的条件

图 2-27 直线在平面内的条件

【例 2-7】 如图 2-28（a）所示，已知平面 ABC 及点 K 的两面投影，试判断点 K 是否属于平面 ABC。

【解】 如图 2-28（b）所示，过正面投影点 k' 作直线 $b'm'$ 交直线 $a'b'$ 于 m' 点，由 m' 点在直线 ab 上求出点 m，连接 bm，因 K 点投影 k 不在直线 bm 上，所以判断 K 点不在直线 BM 上，即 K 点不属于平面 ABC。

【例 2-8】 如图 2-29（a）所示，已知四边形 $ABCD$ 的 V 面投影及 AB、BC 的 H 面投影，试完成四边形的 H 面投影。

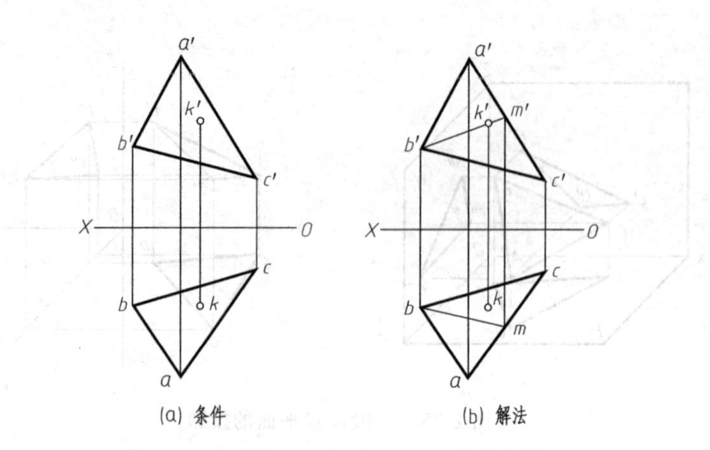

图 2-28 判断点 K 与平面 ABC 的从属性

【解】 方法一：如图 2-29（b）所示，连接 $a'c'$、$b'd'$，得交点 e'（E 点在直线 AC、BD 上），连接 ac，由 e'点在直线 ac 上得点 e，连接 be 并延长，然后由 D 点的正面投影 d' 作投影连线与 be 延长线相交即得 d 点，连接 ad、cd 即得四边形 $ABCD$ 的 H 面投影。

方法二：如图 2-29（c）所示，过 d'作 $b'c'$的平行线，与 $a'b'$相交于 m'点，由 m'在 ab 上得 M 点的水平投影 m，再过 m 点作 bc 的平行线，在此线上由 d'得 D 点的水平投影 d，连接 ad、cd 即得四边形 $ABCD$ 的 H 面投影。

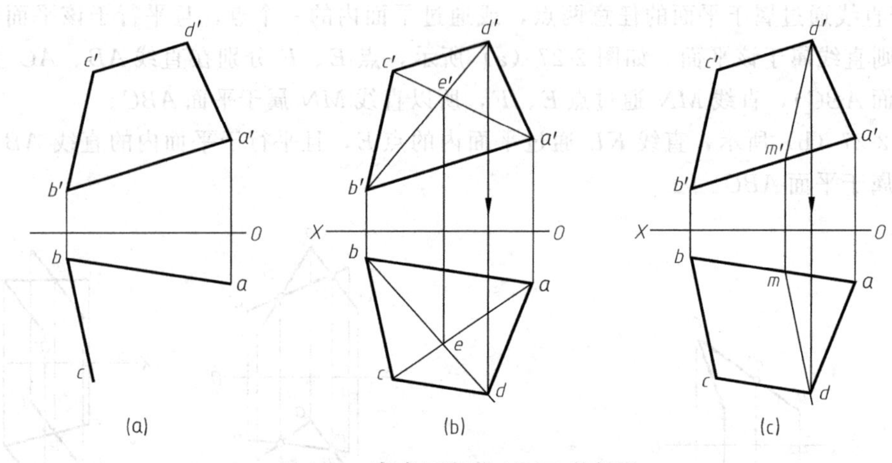

图 2-29 完成四边形 $ABCD$ 的投影

AutoCAD基础

AutoCAD是美国Autodesk公司推出的一个通用的计算机辅助设计软件包，是当今世界最流行的计算机辅助绘图设计软件，具有强大的二维绘图、三维造型及二次开发等功能。它广泛应用于机械、建筑、水利、电子、化工和航空等诸多工程领域，以及广告设计、美术制作等专业设计领域。作为未来的工程技术人员，掌握AutoCAD软件的基本知识、基本操作是十分必要的。

AutoCAD从1982年问世以来，版本在不断升级，功能也不断增强。AutoCAD 2016版本绘图功能更加强大，在运行速度、图形处理、网络功能等方面都达到了崭新的水平。本章主要以AutoCAD 2016版本为基础展开介绍。

第一节　AutoCAD基本知识

一、AutoCAD 2016的启动、工作界面及退出

1. AutoCAD 2016的启动

AutoCAD的启动方法有以下三种：

① 双击桌面上的AutoCAD 2016的快捷图标；

② 将鼠标箭头指向快捷图标并单击右键，在弹出的快捷菜单中选择“打开”；

③ 从Windows“开始”菜单中选择“程序”中的“AutoCAD 2016”选项。

2. AutoCAD 2016的工作界面

AutoCAD 2016默认的“草图与注释”工作空间界面，主要由标题栏、功能区、绘图区、十字光标、命令行和状态栏6个主要部分组成，如图3-1所示。

(1) 标题栏

标题栏位于工作界面的最上方，用于显示应用程序的名称，以及当前图形文件的名称。

(2) 功能区

功能区选项板是一种特殊的选项卡，位于绘图区的上方，是菜单栏和工具栏的主要替代工具，用于自动显示与当前绘图操作相应的选项组，从而使得应用程序窗口更加简洁。

在功能区选项板中，有些选项组按钮右下角有箭头，表示有扩展菜单，扩展菜单会列出更多的命令按钮。

(3) 绘图区

绘图区是AutoCAD绘制、编辑图形的区域。当鼠标移至绘图区时，出现十字光标，是

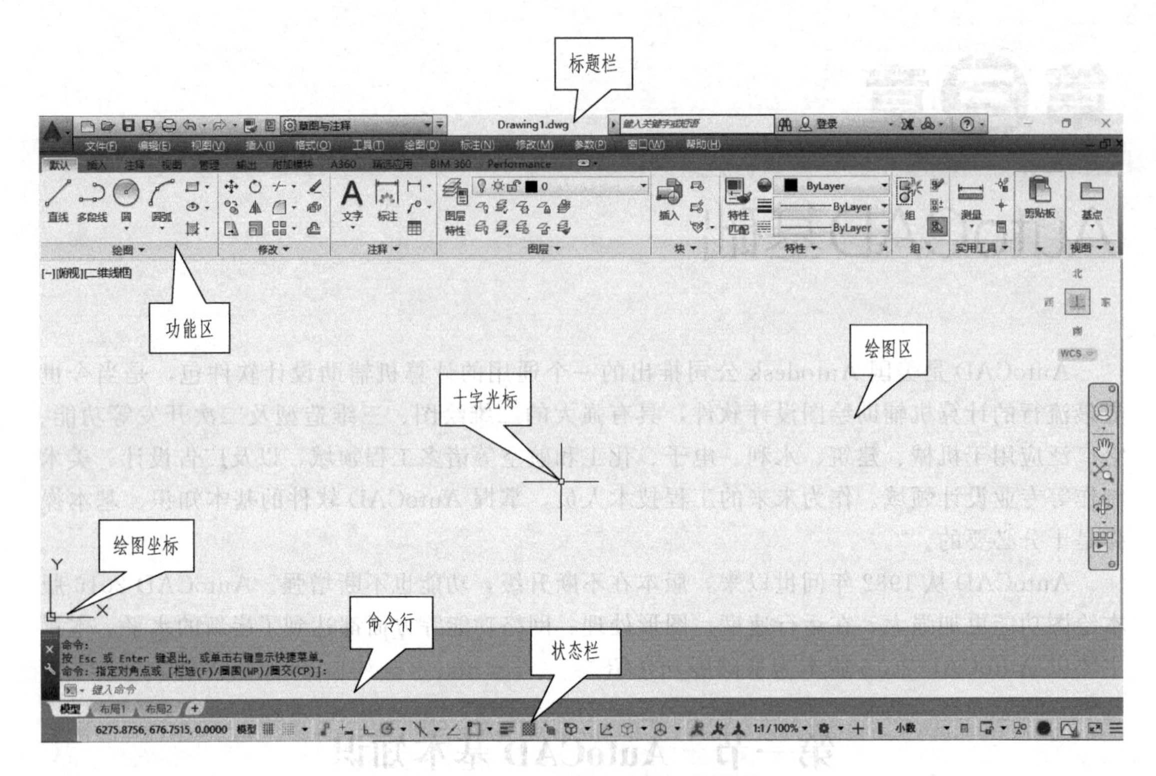

图 3-1 AutoCAD 2016 的工作界面

作图定位的主要工具。

(4) 命令行

命令行是供用户输入命令和显示命令执行过程中各种提示信息的区域。其大小与位置可以调整。在实际操作中，用户应该仔细观察命令行所提示的信息。

(5) 状态栏

状态栏位于用户界面的最底部，显示光标的当前坐标值及“捕捉”、“栅格”、“极轴追踪”、“线宽”等绘图辅助工具是否打开。

对于学习和使用过 AutoCAD 以前版本的用户，可采用 AutoCAD 经典风格的界面，如使用菜单栏和工具栏调用命令和对话框。

(1) 菜单栏

单击“自定义快速访问工具栏”右侧的按钮，在弹出的下拉菜单中选择“显示菜单栏”命令，菜单栏就会显示在功能区选项板的上方。

菜单栏提供了一种调用 AutoCAD 命令和对话框的方法。菜单栏共包含十二个主菜单，用鼠标单击某一主菜单，便打开其下拉菜单，每个下拉菜单又有不同的菜单项。若菜单项后面带有黑三角形图标，则该菜单项还包含一级子菜单；若菜单项后面带有省略号，则选中该菜单项后会弹出一个对话框，以供进一步的选择和设置。

(2) 工具栏

工具栏由一些常用操作命令的图标组成，它是调用 AutoCAD 命令和对话框最简便的方法。由于用户界面显示区域有限，故可根据需要临时调用工具栏。从“工具”的下拉菜单中

“工具栏”-“AutoCAD”调用工具栏，调用工具栏最快捷的方法：在任意工具栏上单击鼠标右键，弹出工具栏的快捷菜单，选择所需的菜单项即可。

绘制二维图形常用的工具栏有六个，分别是“标准”、“图层”、“绘图”、“修改”、“样式”和“标注”工具栏。

3. AutoCAD 的退出

退出 AutoCAD 的方法有以下四种：

① 关闭 AutoCAD 窗口；

② 选取“文件”下拉菜单的“退出”菜单项；

③ 从“菜单浏览器”中单击“退出 Autodesk AutoCAD2016”按钮；

④ 在命令行键入“Quit 或 Exit”命令。

当用户发出“退出”命令，而当前图形经修改又尚未存盘时，屏幕即显示“警告”对话框，询问用户是否保存所作改动：“是（Y）”表示保存所作改动；“否（N）”表示放弃保存；“取消”则表示取消“退出”命令，继续使用当前界面。只有当用户做出明确选择后，才能退出 AutoCAD 系统。

二、图形文件的基本操作

图形文件的基本操作包括新建文件、打开文件和保存文件。每一种文件操做均可采用单击“标准”工具栏上的图标，或单击“文件”下拉菜单中对应的菜单项，或直接键入命令名等操作方法来执行。

1. 新建文件

功能：用来创建一个新图形文件。

命令：New 或 Qnew

用户调用“新建（New）”命令后，弹出“选择样板”对话框，用户可以选择样板文件基于公制或英制测量系统创建新图形。

2. 打开文件

功能：用于已存在的图形文件，继续绘制或编辑图形文件。

命令：Open

用户调用“打开（Open）”命令后，弹出“选择文件”对话框，用户可直接在对话框中选择要打开的一个或多个文件。

3. 保存文件

功能：将当前编辑的图形文件使用当前文件名或赋名存盘。

命令：Qsave 和 Saveas

AutoCAD 的图形文件扩展名为“dwg”，保存图形文件有两种形式：

① 以当前路径、文件名快速存盘，用“保存（Qsave）”命令。

② 指定路径、文件名存盘，用“另存为（Saveas）”命令。

三、AutoCAD 的命令输入方法

AutoCAD 的命令一般在“命令：”状态下输入。

1. 图标输入

在功能区的选项板中单击需要执行的命令按钮，或用鼠标左键单击工具栏中的图标按

钮，即输入了该命令。

2. 菜单输入

单击主菜单，弹出其下拉菜单，选择对应的菜单项，并用鼠标左键单击该菜单项，即输入了该命令。

3. 键盘输入

AutoCAD 的命令名是一些英文单词或它的简写，并且大多数命令都有缩写。可通过键盘向命令行直接键入命令名（或命令缩写），但注意要在“命令:”提示符后键入命令，如命令：Circle（命令缩写为 C）。

4. 在绘图区右击，在弹出的快捷菜单中选择需要的命令。

由于通过图标和菜单输入命令的方法较为简便，而键盘键入命令是最基本的输入方法，为节约篇幅，所以下面的介绍以键入命令名为主。

四、命令的使用说明

1. 重复命令

对于刚结束的命令，当下一步需要再次执行该命令时，在“命令:”提示下按回车（空格）键或从快捷菜单中拾取重复命令选项，系统自动执行前一次的命令。

2. 终止命令

如果输入的命令不正确，可按 Esc 键，中止正在执行的命令，回到“命令:”状态。

3. 取消刚才已执行的操作

如果发现上步的操作不符合要求，可在命令提示行键入 U 并按 Enter 键，或单击“标准”工具栏中的“放弃（Undo）”按钮，则取消上步的操作。

4. 本书的约定

本书的↙表示按 Enter 键；命令名中加下划线的部分字母表示该命令的缩写；命令行中用户输入的信息加下划线。

五、点的输入方式

1. 光标定位

当不需要指定某点的具体坐标时，用鼠标将光标移动至绘图区的适当位置，单击鼠标左键拾取一点。

2. 键入点的坐标

在绘图区的左下角显示了当前使用的坐标系。AutoCAD 的默认坐标系是世界坐标系（WCS），坐标原点位于屏幕左下角，X 轴正向水平向右，Y 轴正向垂直向上。其坐标原点和坐标方向都不能改变。

在绘图区底部的状态栏左侧显示了绘图时鼠标指针当前的位置坐标，它是一组用逗号分隔开的数字，第一个数字是 X 坐标值，第二个数字是 Y 坐标值，第三个数字是 Z 坐标值。在绘制二维图形时，系统自动将自动定义 Z 轴的坐标为 0。

① 绝对直角坐标：是指相对于当前坐标系原点的直角坐标值。输入格式为“X，Y”。

② 相对直角坐标：是指以前一点为坐标原点输入当前点的直角坐标值。即用相对于前一个点的水平方向的偏移量和垂直方向的偏移量来表示当前点的位置。输入格式为“@ΔX，ΔY”（@为相对坐标符号，表示以前一点为坐标原点）。

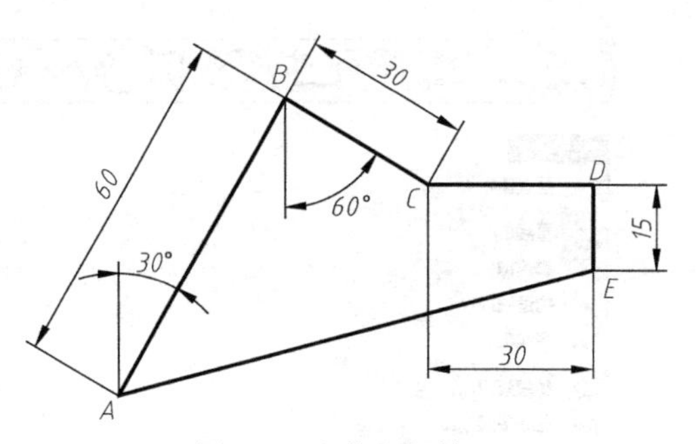

图 3-2 点的坐标输入

③ 相对极坐标：是指以前一点为坐标原点输入当前点的极坐标值。即用相对于前一个点的距离值和极轴角来表示当前点的位置。输入格式为“@L〈θ”（L为当前点与前一点连线的长度，θ为该连线与 X 轴正方向的夹角，逆时针方向旋转的角度为正）。

【例 3-1】 绘制图 3-2 所示图形。

具体操作步骤如下：

命令：Line 指定第一点：拾取点 （A 点）

指定下一点或［放弃(U)］：@60<60 ↙ （B 点）

指定下一点或［放弃(U)］：@30<330 ↙ （C 点）

指定下一点或［闭合(C)/放弃(U)］：@30<0 ↙ （D 点）

指定下一点或［闭合(C)/放弃(U)］：@15<270 ↙ （E 点）

指定下一点或［闭合(C)/放弃(U)］：c ↙ （A 点）

说明：在命令提示中“或（Or）”前的内容为命令操作的默认选项；“［ ］”内为用“/”隔开的若干选项，选项括号内的大写字母表示该选项的关键字，若选取某个选项，只需键入这个大写字母即可；“< >”内的值为缺省值，若使用该值，直接回车即可。

3. 定向输入距离

适用于采用“正交”或“极轴追踪”方式绘制指定方向的线段。当命令提示输入一点时，移动光标，则从当前点拉出一条“橡筋线”，指示出所需的方向，再用键盘输入距离值即可。

4. 对象捕捉特殊点

利用 AutoCAD 的“对象捕捉”工具，可以在绘图过程中帮助用户精确地捕捉一些特殊点，如中点、圆心、切点、垂足等，详见本章第四节。

第二节 基本绘图命令

绘图功能是 AutoCAD 的核心，熟练掌握基本绘图命令的操作是绘制二维图形的基础。绘图命令均在“绘图”下拉菜单中，大部分命令在“绘图”工具栏中，如图 3-3 所示。绘图命令调用方法有以下三种：在“绘图”工具栏中调用；通过“绘图”下拉菜单调用；在命令行键入命令。

一、直线（Line）

功能：画直线段。

直线命令的调用如例 3-1 所示。

选项说明：

闭合（C）：绘制两条以上线段后，输入 C（Close）并按 Enter 键，则形成闭合折线。

放弃（U）：在绘制直线的过程中，如果因操作失误输入错误的当前点，可键入 U（Undo）并按 Enter 键，退回前一点所在位置，重新确定当前点。

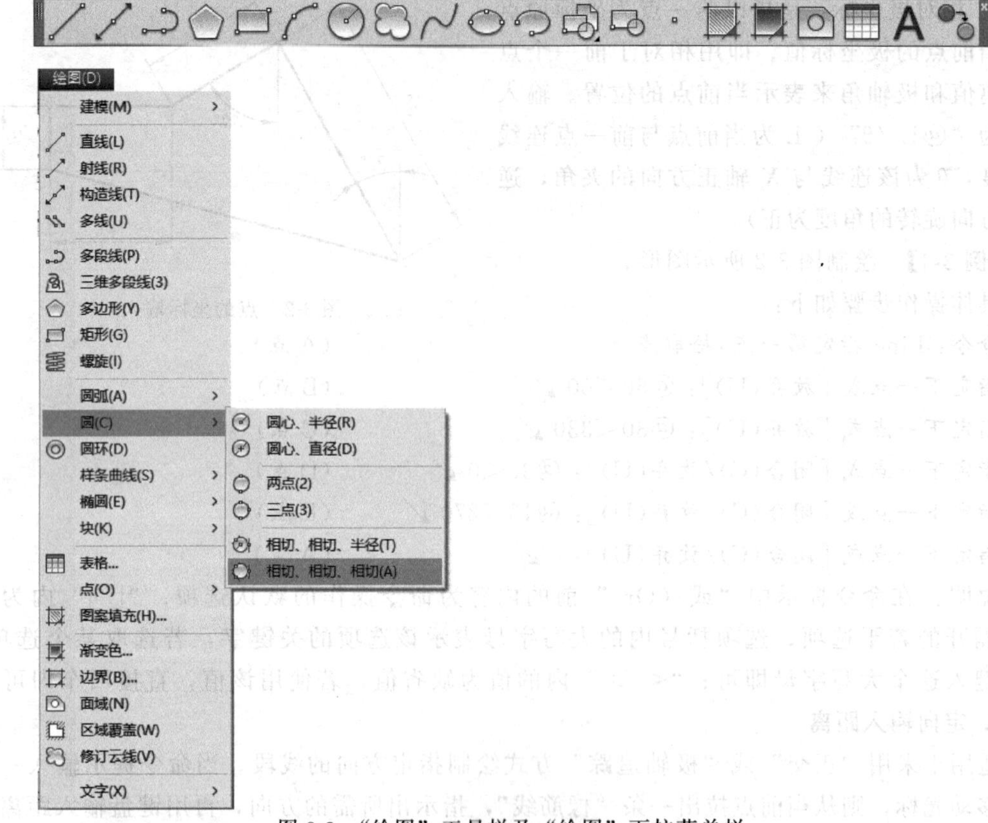

图 3-3 “绘图”工具栏及“绘图”下拉菜单栏

二、圆（Circle）

功能：用六种方式在指定位置绘制圆。

图 3-3 所示在“圆”菜单项的子菜单中，每一选项都是一种画圆的方法，从子菜单中单击某一选项，就可以用所选的方式画圆。

① 圆心、半径（R）：指定圆心和半径绘制一个圆；

② 圆心、直径（D）：指定圆心和直径绘制一个圆；

③ 两点（2）：指定两个点，并以该两点之间的距离为直径绘制一个圆；

④ 三点（3）：指定圆周上的三点绘制一个圆；

⑤ 相切、相切、半径（T）：选择两个相切对象和指定半径绘制圆；

⑥ 相切、相切、相切（A）：绘制与选择的三个对象相切的圆。

缺省方法是指定圆心和半径。

【例 3-2】 绘制半径为 30 的圆。

具体操作步骤如下：

命令：Circle 指定圆的圆心或［三点(3P)/两点(2P)/相切、相切、半径(T)］：拾取点

指定圆的半径或［直径(D)］：30↙

【例 3-3】 绘制半径为 10，并与已知圆和直线相切的圆，如图 3-4 所示。

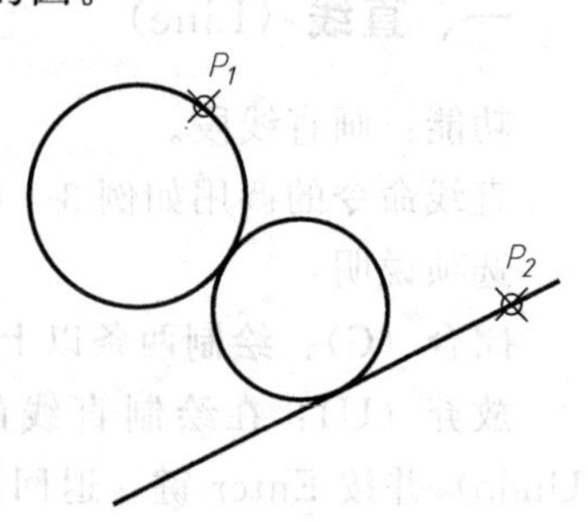

图 3-4 绘制公切圆

具体操作步骤如下：

命令：Circle 指定圆的圆心或［三点(3P)/两点(2P)/相切、相切、半径(T)］：t↙

指定对象与圆的第一个切点：拾取 P_1 点(指定第一个目标)

指定对象与圆的第二个切点：拾取 P_2 点(指定第二个目标)

指定圆的半径 <30.0>：10↙

三、圆弧（Arc）

功能：用十一种方式绘制圆弧，如图 3-5 所示。

【例 3-4】 绘制起点为 P_1、终点为 P_2，半径为 14 的圆，如图 3-6 所示。

图 3-5 “圆弧”子菜单

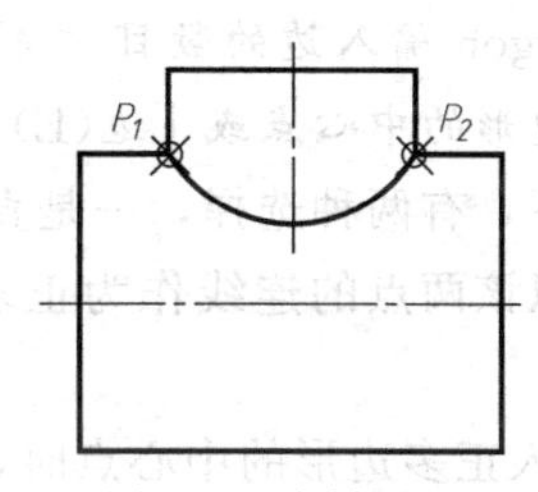

图 3-6 绘制圆弧

具体操作步骤如下：

命令：Arc 指定圆弧的起点或［圆心(C)］：拾取 P_1 点

指定圆弧的第二个点或［圆心(C)/端点(E)］：_e

指定圆弧的端点：拾取 P_2 点

指定圆弧的中心点(按住 Ctrl 键以切换方向)或［角度(A)/方向(D)/半径(R)］：_r

指定圆弧的半径(按住 Ctrl 键以切换方向)：14↙

说明：默认设置是由起点按逆时针方向绘制圆弧。

四、矩形（Rectangle）

功能：通过指定两对角点绘制尖角、倒角或圆角矩形等，如图 3-7 所示。

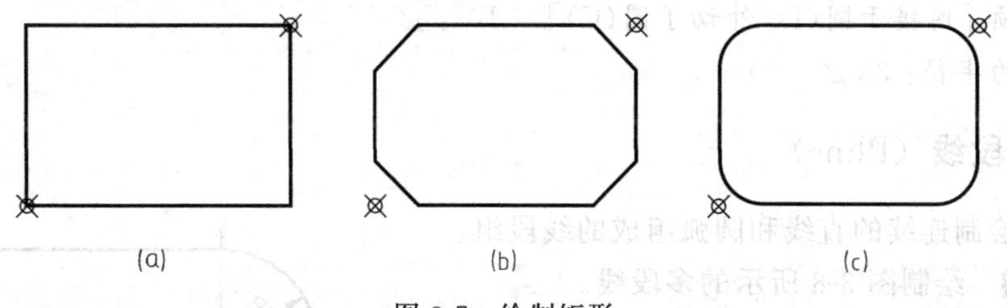

图 3-7 绘制矩形

【例 3-5】 绘制一起点为（20，30），长 100 宽 50，半径为 10 的带圆角的矩形。

具体操作步骤如下：

命令：Rectangle

指定第一个角点或［倒角(C)/标高(E)/圆角(F)/厚度(T)/宽度(W)］：f↙

指定矩形的圆角半径 <0.0000>：10↙

指定第一个角点或［倒角(C)/标高(E)/圆角(F)/厚度(T)/宽度(W)］：20,30↙

指定另一个角点或［面积(A)/尺寸(D)/旋转(R)］：@100,50↙

选项说明：

倒角(C)：设定矩形四角为倒角及大小。

圆角(F)：设定矩形四角为圆角及其大小。

面积(A)：定位矩形的第一角点后，使用面积与长度或宽度创建矩形。

尺寸(D)：定位矩形的第一角点后，使用长和宽创建矩形。

五、正多边形（Polygon）

功能：绘制 3 至 1024 条边的正多边形，有三种绘制方法。

命令与提示：

命令：Polygon 输入边的数目 <4>：

指定正多边形的中心点或［边(E)］：

在该提示下，有两种选择，一是直接输入一点作为正多边形的中心；另一种是输入 E，即指定两点，以该两点的连线作为正多边形的一条边，利用输入正多边形的边长确定正多边形。

① 直接输入正多边形的中心点时，系统提示中有两种选择：

输入选项［内接于圆(I)/外切于圆(C)］<I>：（输入 i，绘制圆内接正多边形；输入 c，绘制圆外切正多边形。）

指定圆的半径：（输入外接圆的半径或内切圆的半径）

② 输入 E，通过指定第一条边的端点来定义正多边形，系统提示：

指定边的第一个端点：

指定边的第二个端点：

两点间的距离确定多边形边长，两点的输入顺序将会影响多边形的位置，即按两点顺序逆时针方向构成多边形。

【例 3-6】 绘制中心坐标为（100，90），外接圆半径为 35 的正六边形。

命令：Polygon 输入边的数目 <4>：6↙

指定正多边形的中心点或［边(E)］：100,90↙

输入选项［内接于圆(I)/外切于圆(C)］<I>：↙

指定圆的半径：35↙

六、多段线（Pline）

功能：绘制连续的直线和圆弧组成的线段组。

【例 3-7】 绘制图 3-8 所示的多段线。

具体操作步骤如下：

命令：Pline

指定起点：拾取 P_1 点

当前线宽为 0.0

指定下一个点或［圆弧(A)/半宽(H)/长度(L)/放

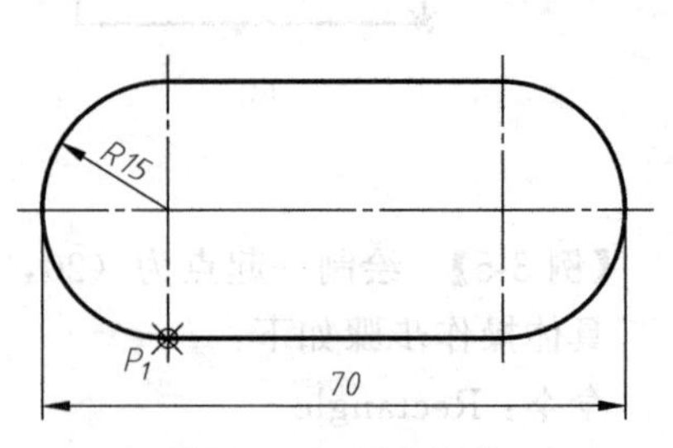

图 3-8 绘制多段线

弃(U)/宽度(W)]：@40,0↙

指定下一点或[圆弧(A)/闭合(C)/半宽(H)/长度(L)/放弃(U)/宽度(W)]：a↙(绘制弧线段。弧线段是从多段线上一段的最后一点开始并与多段线相切。)

指定圆弧的端点或[角度(A)/圆心(CE)/闭合(CL)/方向(D)/半宽(H)/直线(L)/半径(R)/第二个点(S)/放弃(U)/宽度(W)]：@0,30↙

指定圆弧的端点或[角度(A)/圆心(CE)/闭合(CL)/方向(D)/半宽(H)/直线(L)/半径(R)/第二个点(S)/放弃(U)/宽度(W)]：l↙(绘制直线段)

指定下一点或[圆弧(A)/闭合(C)/半宽(H)/长度(L)/放弃(U)/宽度(W)]：@-40,0↙

指定下一点或[圆弧(A)/闭合(C)/半宽(H)/长度(L)/放弃(U)/宽度(W)]：a↙

指定圆弧的端点或[角度(A)/圆心(CE)/闭合(CL)/方向(D)/半宽(H)/直线(L)/半径(R)/第二个点(S)/放弃(U)/宽度(W)]：cl↙

选项说明：

指定起点：确定起点。指定起点后，命令行继续提示“指定下一点”，多段线命令默认先绘直线。

圆弧（A）：由绘直线转绘圆弧，且绘制的圆弧与上一线段相切。后续命令行提示选项皆为画圆弧对应的选项，角度（A）为指定弧线段的从起点开始的包含角。

闭合（C）：使用直线段或圆弧封闭多段线并结束命令。

半宽（H）：用于设置多段线的半宽度，用户可以分别指定起点半宽度和端点半宽度。

长度（L）：将上一直线段延伸指定的长度。

宽度（W）：用于设置多段线的宽度，用户可以分别指定起点宽度和端点宽度。

第三节 基本编辑命令

图形编辑功能是计算机绘图的优势所在，AutoCAD的强大功能在编辑功能上体现。

编辑命令均在“修改”下拉菜单中，大部分命令在“修改”工具栏中，如图3-9所示。编辑命令调用方法有以下三种：在“修改”及“标准”工具栏中调用；通过“修改”下拉菜单调用；在命令行键入命令。

一、对象选择的方式

执行编辑命令时，必须选择操作的图形对象，选中的对象将变高亮显示，同时提示选中对象的数量。AutoCAD中选择对象的方式有多种，其中常用的方式是：

1. 单选

在“选择对象”提示下，移动鼠标使选择框移至要选择的对象上，并单击鼠标左键，该对象即被选中。

2. 全选（ALL）

命令行提示“选择对象”时，输入ALL或A，就可选择非冻结的图层上的所有对象。

3. 窗口方式（W）

用光标在屏幕上从左向右拉出矩形，此类矩形线框为蓝色，完全处于矩形线框内的对象被选中。

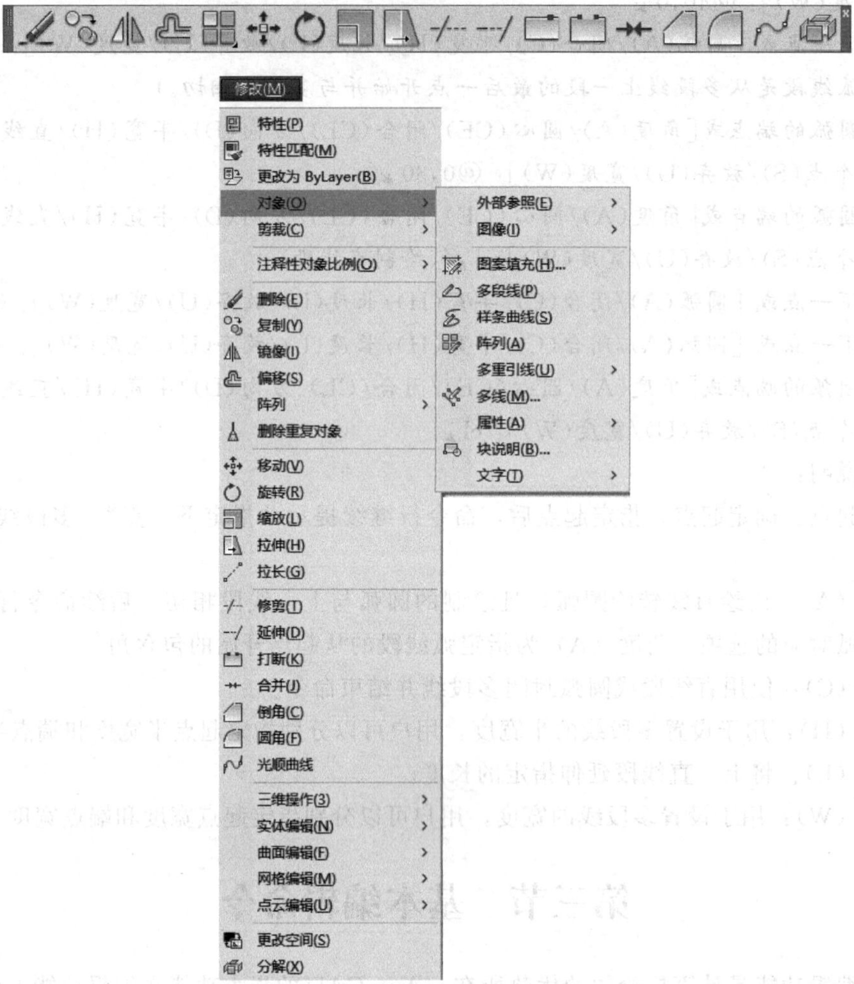

图 3-9 修改工具栏及下拉菜单栏

4. 交叉窗口方式（C）

用光标在屏幕上从右向左拉出矩形，此类矩形线框为绿色，被选的对象只需部分处于矩形线框内即可被选中。

5. 删除（R）

用户发现错选或多选了某些对象时，键入 R，可从已选的对象中删除某些对象。

6. 添加（A）

在执行 R 选项后，再使用该选项，则可以切换至添加模式，再选择的对象会被添加进选择集中。

7. 栏选（F）

通过绘制一条开放的多点栅栏线来选择对象，其中所有与线相交的对象均会被选中。

二、删除（Erase）

功能：从图形中删除对象。

命令与提示：

命令：Erase

选择对象：(选取要被删除的对象)

选择对象：↙(结束命令,绘图区中被选中的对象被删除。)

操作时注意：如果先选择对象，在显示夹点后，通过 Delete 键或“剪切（Clip)”命令等同样可以删除对象。

三、修剪（Trim）

功能：以选定的一个或多个对象作为剪切边，剪去过长的直线或圆弧等，使被修剪的对象在与修剪边交点处被切断并删除。

【例 3-8】 修剪键槽断面轮廓，结果如图 3-10（c）所示。

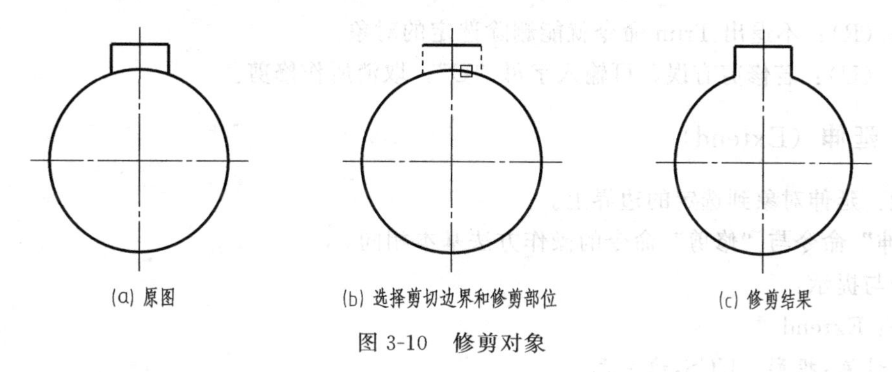

(a) 原图　(b) 选择剪切边界和修剪部位　(c) 修剪结果

图 3-10　修剪对象

具体操作步骤如下：

命令：Trim

当前设置：投影＝UCS，边＝无

选择剪切边…

选择对象或 <全部选择>：选择剪切边[如图 3-10(b)中的两直线段]

选择对象：↙(按 Enter 键结束剪切边的选择)

选择要修剪的对象，或按住 Shift 键选择要延伸的对象，或

[栏选(F)/窗交(C)/投影(P)/边(E)/删除(R)/放弃(U)]：单选被修剪对象[如图 3-10(b)中的圆弧]

选择要修剪的对象，或按住 Shift 键选择要延伸的对象，或

[栏选(F)/窗交(C)/投影(P)/边(E)/删除(R)/放弃(U)]：↙[按 Enter 键结束命令]

选项说明：

栏选（F）：用户绘制连续折线．与折线相交的对象被修剪。

窗交（C）：利用交叉窗口选择对象。

投影（P）：该选项可以使用户指定执行修剪的空间。例如三维空间中两条线段呈交叉关系，用户可利用该选项假想将其投影到某一平面上执行修剪操作。

边（E）：确定修剪方式是直接相交还是延伸相交。选择此选项，将出现提示：

输入隐含边延伸模式［延伸（E)/不延伸（N)］<不延伸>：

选择延伸（E），无论对象事实上是否相交，只要在延长线上相交也进行剪切。若选择不延伸（N），事实上不相交的两个对象，尽管在延长线上相交，也不对它们进行剪切，如图 3-11 所示。

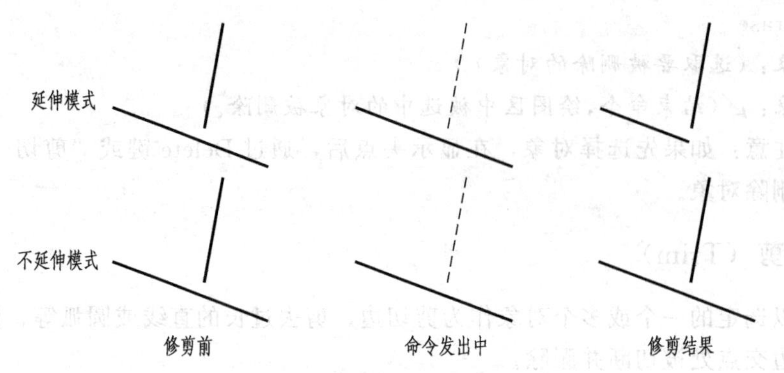

图 3-11 不同修剪方式的比较

删除（R）：不退出 Trim 命令就能删除选定的对象。

放弃（U）：若修剪有误，可输入字母“U”，取消所作修剪。

四、延伸（Extend）

功能：延伸对象到选定的边界上。

“延伸”命令与“修剪”命令的操作方法基本相同。

命令与提示：

命令：Extend

当前设置：投影＝UCS，边＝无

选择边界的边…

选择对象或 <全部选择>：（选择延伸边界对象）

选择对象：↙（按 Enter 键结束选择）

选择要延伸的对象，或按住 Shift 键选择要修剪的对象，或

[栏选（F）/窗交（C）/投影（P）/边（E）/放弃（U）]：（单选被延伸对象或其他选项）

选择要延伸的对象，或按住 Shift 键选择要修剪的对象，或

[栏选（F）/窗交（C）/投影（P）/边（E）/放弃（U）]：↙（按 Enter 键结束命令）

五、复制（Copy）

功能：把选定的图形对象复制到指定位置上，可进行单个或多个复制。

【例 3-9】 利用“复制”命令，将图 3-12（a）修改为图 3-12（c）所示图形。

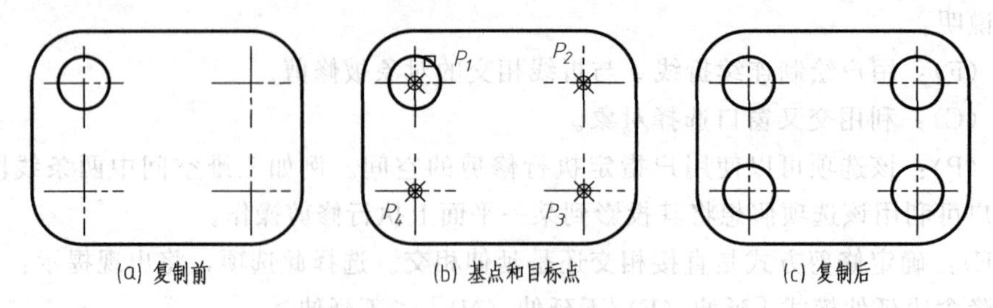

图 3-12 多重复制

具体操作步骤如下：

命令：Copy（或 Cp）

选择对象：选择小圆

选择对象：↙(按 Enter 键结束选择)

当前设置： 复制模式 ＝ 多个

指定基点或［位移(D)/模式(O)］＜位移＞：拾取点 P_1

指定第二个点或 ＜使用第一个点作为位移＞：拾取点 P_2

指定第二个点或［退出(E)/放弃(U)］＜退出＞：拾取点 P_3

指定第二个点或［退出(E)/放弃(U)］＜退出＞：拾取点 P_4

指定第二个点或［退出(E)/放弃(U)］＜退出＞：↙(按 Enter 键结束命令)

六、镜像 (Mirror)

功能：对称复制，并可按需要保留或删除原有的对象。

【例 3-10】 运用“镜像”命令把 图 3-13 (a) 修改为图 3-13 (b) 所示图形。

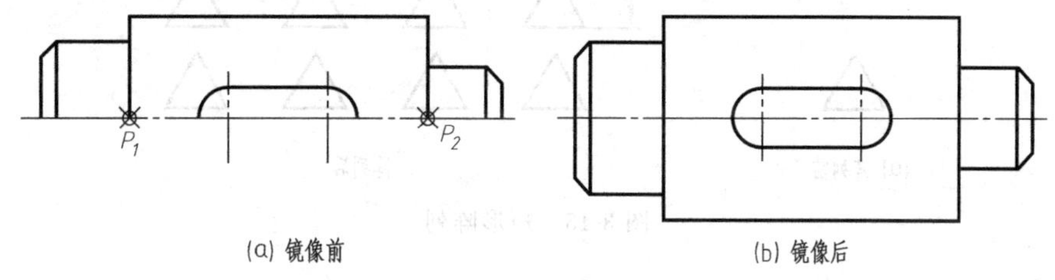

图 3-13 镜像

具体操作步骤如下：

命令：Mirror

选择对象：选择要镜像的对象［图 3-13(a)中的粗实线对象］

选择对象：↙(按 Enter 键结束选择)

指定镜像线的第一点：拾取点 P_1

指定镜像线的第二点：拾取点 P_2

要删除源对象吗？［是(Y)/否(N)］＜N＞：↙(按 Enter 键结束命令)

七、偏移 (Offset)

功能：创建同心圆、平行线和平行曲线。

【例 3-11】 利用“偏移”命令，将图 3-14 (a) 修改为图 3-14 (b) 所示图形。

具体操作步骤如下：

命令：Offset

当前设置：删除源＝否 图层＝源 OFFSET-GAPTYPE＝0

指定偏移距离或［通过(T)/删除(E)/图层(L)］＜4.0＞：5(或输入 T，采用指定通过点的方式偏移)

选择要偏移的对象，或［退出(E)/放弃(U)］＜退出＞：选择对象 A

指定要偏移的那一侧上的点，或［退出(E)/多个(M)/放弃(U)］＜退出＞：在圆 A 的外侧指定点，得圆 B。

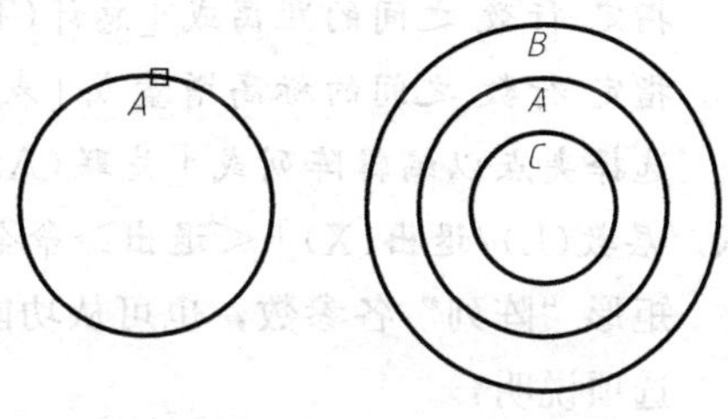

图 3-14 偏移

选择要偏移的对象,或［退出(E)/放弃(U)］＜退出＞：选择对象 A

指定要偏移的那一侧上的点,或［退出(E)/多个(M)/放弃(U)］＜退出＞：在圆 A 的内侧指定点,得圆 C。

选择要偏移的对象,或［退出(E)/放弃(U)］＜退出＞：↙(按 Enter 键结束命令)

八、阵列 (Array)

功能：把选定的图形对象按矩形或环形的方式进行多重复制。

【例 3-12】 利用“阵列”命令，将图 3-15 (a) 修改为图 3-15 (b) 所示图形。

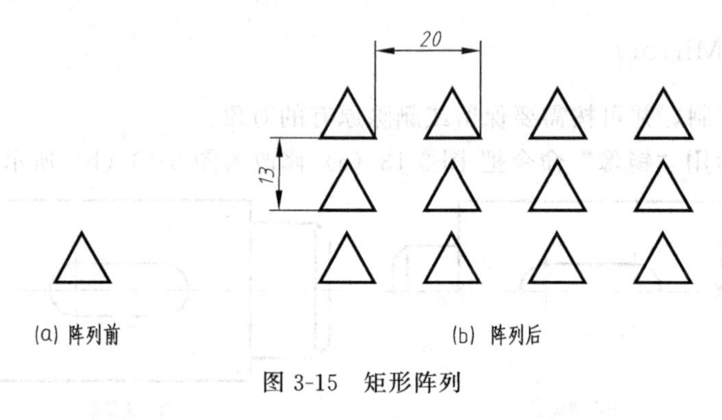

图 3-15 矩形阵列

具体操作步骤如下：

命令：_arrayrect(输入“矩形阵列”命令)

选择对象：(选择要阵列的图形对象)

选择对象：↙(按 Enter 键结束选择)

类型 = 矩形 关联 = 否

选择夹点以编辑阵列或［关联(AS)/基点(B)/计数(COU)/间距(S)/列数(COL)/行数(R)/层数(L)/退出(X)］＜退出＞：col↙(设置列数)

输入列数数或［表达式(E)］＜4＞：↙(默认列数的缺省值 4)

指定列数之间的距离或［总计(T)/表达式(E)］＜15.6＞：20↙(输入列距 20)

选择夹点以编辑阵列或［关联(AS)/基点(B)/计数(COU)/间距(S)/列数(COL)/行数(R)/层数(L)/退出(X)］＜退出＞：r↙(设置行数)

输入行数数或［表达式(E)］＜3＞：↙(默认行数的缺省值 3)

指定 行数 之间的距离或［总计(T)/表达式(E)］＜13.5＞：13↙(输入行距 13)

指定 行数 之间的标高增量或［表达式(E)］＜0＞：↙

选择夹点以编辑阵列或［关联(AS)/基点(B)/计数(COU)/间距(S)/列数(COL)/行数(R)/层数(L)/退出(X)］＜退出＞命令：↙(按 Enter 键结束选择)

矩形“阵列”各参数，也可从功能区中进行设置，如图 3-16 所示。

选项说明：

关联 (AS)：选中该选项，用于设置阵型所生成的对象与源对象是否具有关联。关联阵列的优点是，以后可轻松进行修改。对于非关联性阵列，在用户退出 ARRAY 命令后，非关联阵列将成为独立的对象；即修改源对象，则阵列的对象是不会改变的。

计数 (COU)：指定行数和列数，并且用户可以在移动光标的时候观察动态结果。

默认 插入 注释 参数化 视图 管理 输出 附加模块 A360 精选应用 BIM 360 Performance 阵列创建

类型	列		行		层级		特性	关闭
矩形	列数:	4	行数:	3	级别:	1	关联 基点	关闭阵列
	介于:	20	介于:	13	介于:	1		
	总计:	60	总计:	26	总计:	1		

图 3-16 功能区的矩形“阵列”

间距（S）：指定行距和列距，在移动光标时用户可以动态观察结果。

列数（COL）：设置阵列中的列数。

行数（R）：设置阵列中的行数。

层数（L）：用于指定三维阵列中的层数和层间距。

说明：复制的个数为包含自身的项目总数。当输入的距离为正值，向右、向上阵列；当输入的距离为负值，向左、向下阵列。

环形阵列如图 3-17 所示，当进行环形“阵列”，生成如图 3-17（b）所示图形时，选择阵列对象和拾取阵列中心点后，需对“项目数量”和项目“填充角度”（环形阵型的分布角度）进行设置，也可在环形“阵列”功能区进行设置，如图 3-18 所示。

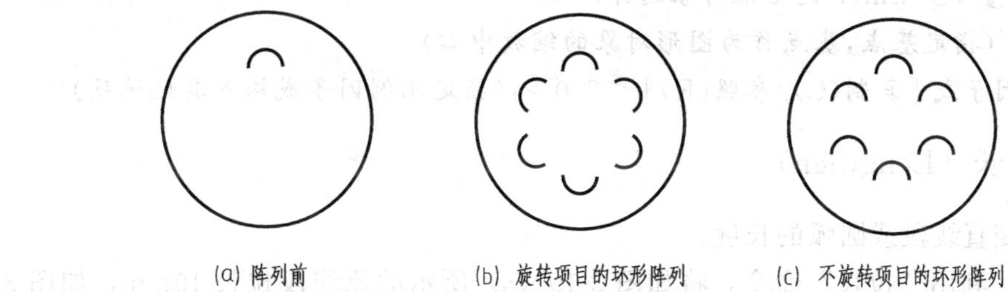

(a) 阵列前 (b) 旋转项目的环形阵列 (c) 不旋转项目的环形阵列

图 3-17 环形阵列

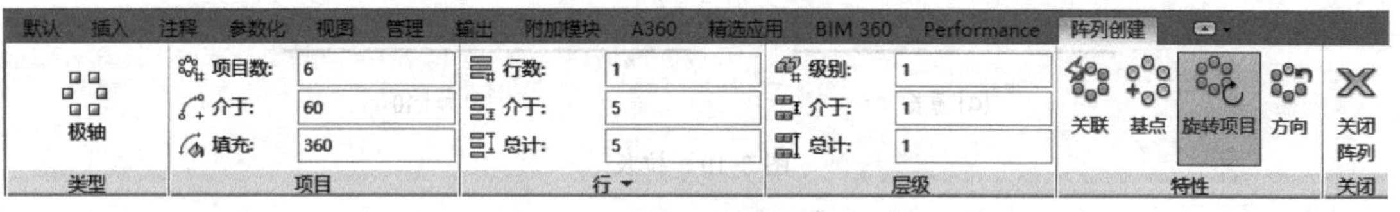

图 3-18 功能区的环形“阵列”

说明：“旋转项目（T）”用于确定阵列对象在环形阵列过程中是否绕自身的基点旋转。

九、移动（Move）

功能：把选定的图形对象移动到新的位置。

命令与提示：

命令：Move

选择对象：(选择要移动的对象)

选择对象：↙(按 Enter 键结束对象选择)

指定基点或[位移(D)]<位移>：(指定基点)

指定第二个点或<使用第一个点作为位移>：(指定位移终点)

十、旋转（Rotate）

功能：使图形对象绕给定点旋转一定角度。默认设置输入的角度为正时，逆时针方向旋转；角度为负时，顺时针方向旋转。

命令与提示：

命令：Rotate

UCS 当前的正角方向： ANGDIR＝逆时针 ANGBASE＝0

选择对象：(选择要旋转的对象)

选择对象：↙(按 Enter 键结束对象选择)

指定基点：(指定旋转基点，基点表示对象的旋转中心)

指定旋转角度，或［复制(C)/参照(R)］＜23＞：(指定一个角度后↙或输入 R)

十一、缩放（Scale）

功能：把选定的图形对象按一定的比例放大或缩小。

命令与提示：

命令：Scale

选择对象：(选择要缩放的图形对象)

选择对象：↙(按 Enter 键结束对象选择)

指定基点：(指定基点，基点作为图形对象的缩放中心)

指定比例因子或［复制(C)/参照(R)］＜2.0＞：(指定比例因子或输入其他选项)

十二、拉长（Lengthen）

功能：改变直线段或圆弧的长度。

【例 3-13】 利用“拉长”命令，将如图 3-19（a）所示的原线段拉长 10mm，如图 3-19（b）所示。

(a) 原长　　(b) 加长10

图 3-19 拉长

命令：Lengthen

选择对象或［增量(DE)/百分数(P)/全部(T)/动态(DY)］：de↙

输入长度增量或［角度(A)］＜5.0＞：10↙

选择要修改的对象或［放弃(U)］：选择对象(把拾取框移至需加长或缩短的线段的一端并拾取它)

选择要修改的对象或［放弃(U)］：↙(按 Enter 键结束命令)

选项说明：

① 增量（DE）：给出一个定值作为对象的增长或缩短量，或者改变圆弧的圆心角使圆弧加长或缩短。输入正值表示加长，输入负值表示缩短。

② 百分数（P）：表示通过指定直线段改变后的长度占原长度的百分比来改变直线段的长度，或者通过指定改变后的圆弧角度占原圆弧角度的百分比来改变圆弧的角度。

③ 全部（T）：表示通过重新设置对象的总长度或包含角度来改变线长或弧长。

④ 动态（DY）：用户将拾取框移至需改变长度的线段一端并拾取一点，将打开动态拖动模式，系统以拖动的方式带动对象一个端点移动，而另一端点保持固定不动。

十三、打断（Break）

功能：部分删除对象或把对象拆分为两部分。

命令与提示：

命令：Break 选择对象：(在被选取对象上拾取一点，同时该点作为第一个断点)

指定第二个打断点 或 [第一点(F)]：(指定第二个断点或键入“F”回车重新确定第一断点)

说明：当被拾取对象为圆时，AutoCAD 按逆时针方向删除圆上第一断点到第二断点之间的部分，将圆转换成圆弧。

十四、倒角（Chamfer）

功能：在两条不平行的直线间生成倒角。

命令与提示：

命令：Chamfer

(“修剪”模式) 当前倒角距离 1 = 0，距离 2 = 0

选择第一条直线或 [放弃(U)/多段线(P)/距离(D)/角度(A)/修剪(T)/方式(E)/多个(M)]：d↙(修改倒角距离或输入其他选项)

指定第一个倒角距离 <0>：4↙(输入第一个倒角距离)

指定第二个倒角距离 <4>：↙(输入第二个倒角距离)

选择第一条直线或 [放弃(U)/多段线(P)/距离(D)/角度(A)/修剪(T)/方式(E)/多个(M)]：(选取第一个对象)

选择第二条直线，或按住 Shift 键选择要应用角点的直线：(选取第二个对象结束命令)

十五、圆角（Fillet）

功能：用圆弧平滑连接两个对象。

命令与提示：

命令：Fillet

当前设置：模式 = 修剪，半径 = 12

选择第一个对象或 [放弃(U)/多段线(P)/半径(R)/修剪(T)/多个(M)]：r↙(修改圆角半径或输入其他选项)

指定圆角半径 <12>：10↙(输入新的圆角半径)

选择第一个对象或 [放弃(U)/多段线(P)/半径(R)/修剪(T)/多个(M)]：(选择用圆角相连的第一个对象)

选择第二个对象，或按住 Shift 键选择要应用角点的对象：(选择与圆角相连的第二个对象)

说明：“倒角”、“圆角”在设定“修剪”模式下，当指定两个倒角距离或圆角半径为零时，可以使两相交或可能相交的直线段自动修齐或延伸至相交处。

十六、分解（Explode）

功能：把复合的图形对象分解为基本的对象，如矩形可被分解为四条直线段。可以分解的对象有：矩形、正多边形、多段线、标注、块和填充图案等。

命令与提示：

命令：Explode

选择对象：（选择要分解的对象）

选择对象：↙（按 Enter 键结束命令）

十七、特性（Properties）

功能：用于修改图形对象的特性。

实体的特性包括基本特性和几何特性。基本特性指实体的图层、颜色、线型、线型比例、线宽等。几何特性指确定几何形状和位置的有关尺寸（圆的几何特性包括圆心坐标、半径、直径、周长和面积等）。

当选中对象，输入“特性”命令后，弹出“特性”窗口。当选择一个对象后，窗口内将列出该对象的全部特性及当前设置；若选择同一类型的多个对象，则“特性”窗口列出了这些对象的共同特性及当前设置。在“特性”窗口内，修改所选对象的特性时，可以直接在属性栏中输入新值、从属性栏的下拉列表中选择一个值，或使用“拾取点”按钮修改坐标值。

十八、特性匹配（Matchprop）

功能：把指定对象（源对象）的特性赋予其他对象（目标对象）。使目标对象与源对象具有相同的特性。

可拷贝的特性分为基本特性和特殊特性。基本特性指图层、颜色、线型；特殊特性指文字、标注、图案填充等。

命令与提示：

命令：Matchprop（或 Painter）

选择源对象：（选择要复制其特性的对象）

当前活动设置： 颜色 图层 线型 线型比例 线宽 厚度 打印样式 标注 文字 填充图案 多段线 视口 表格材质 阴影显示 多重引线

选择目标对象或［设置(S)］：（输入 s 或选择一个或多个目标对象）

选择目标对象或［设置(S)］：↙（按 Enter 键结束命令）

操作时应注意：先选源对象，后选目标（全部或部分特性需要改动）对象。

第四节 作图辅助功能

一、显示控制功能

在使用 AutoCAD 绘图时，经常需要对当前图形进行缩放、平移等操作，以便于灵活地观察图形的整体效果或局部效果。显示控制命令只改变图形在屏幕上的视觉效果，并不改变图形的实际大小。

显示控制命令均在“视图”下拉菜单中、“标准”工具栏中，如图 3-20 所示。调用显示控制命令的方法主要有以下三种：在“标准”工具栏中调用；通过“视图”下拉菜单调用；在命令行键入 Zoom、Pan 命令。

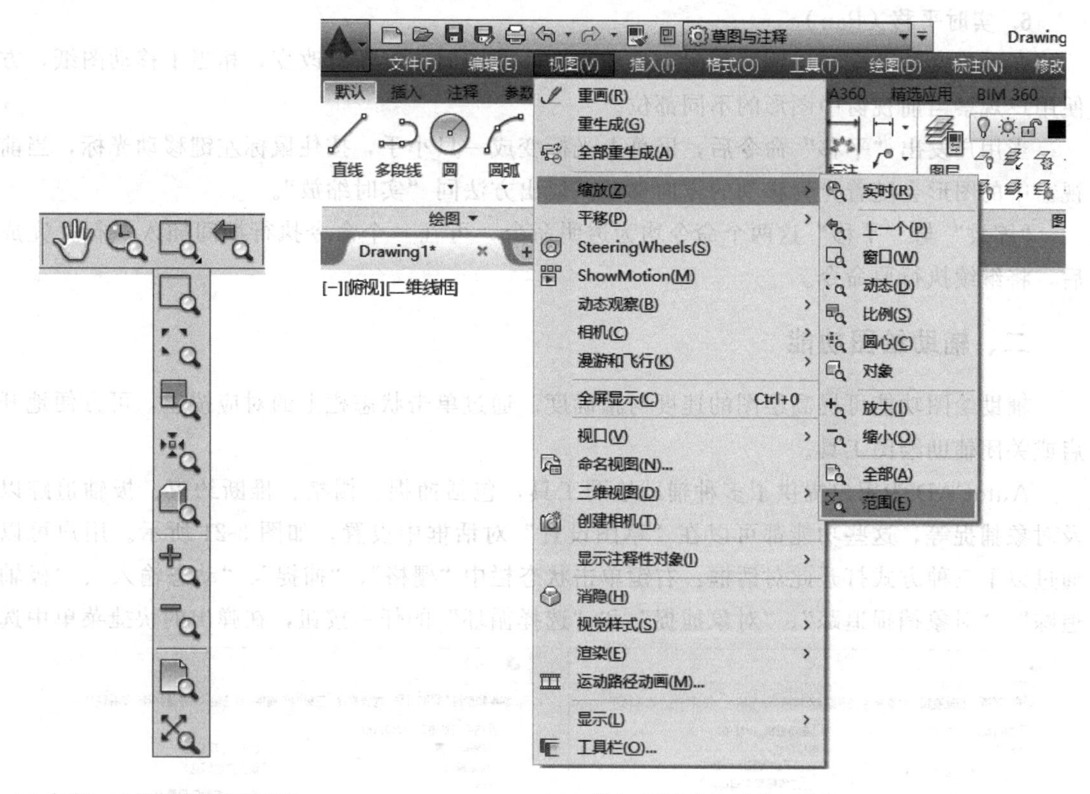

(a)“标准”工具栏控制图形显示的图标　　(b)“视图”下拉菜单中“缩放”子菜单

图 3-20　控制图形显示的工具栏及下拉菜单栏

1. “实时（R）” 缩放

执行此命令时，屏幕上出现实时缩放光标，向下移动，图形显示缩小，向上移动，图形显示放大。按 Esc 键或 Enter 键可退出缩放命令；也可单击鼠标右键，弹出一个快捷菜单，移动箭头指向“退出”并单击鼠标左键，可退出该模式。

2. “窗口（W）” 缩放

通过在屏幕上拾取两个对角点来确定一个新的显示窗口，窗口内的区域被放大至充满整个绘图区。虽然图形的视觉尺寸放大或缩小，但图形的实际尺寸不变，方便用户观察、修改图中的小区域。

3. “全部（A）” 缩放

用于在绘图区范围内全屏显示图形界限或全部对象。

如果各图形对象没有超出“Limits”命令设置的图形界限，按当前图形界限显示整个图形，如果图形超出了界限范围，则按当前图形使用的最大范围满屏幕显示。

4. “范围（E）” 缩放

可以在屏幕上尽最大可能地显示所有图形对象。与全部缩放模式不同的是：范围缩放使用的显示边界只是图形范围而不是图形界限。

5. 缩放“上一个（P）”

用于显示当前视图的前一视图状态。缩放“上一个（P）”与“窗口（W）”缩放命令往往配合使用。

6. 实时平移（Pan）

在不改变图形缩放比例的情况下移动全图，使图面位置任意改变，相当于移动图纸，方便用户观察当前视窗中图形的不同部位。

当用户发出“平移”命令后，屏幕上光标变成一只小手，按住鼠标左键移动光标，当前视窗中的图形会随着光标移动的方向移动。退出方法同“实时缩放”。

“缩放”与“平移”这两个命令均为透明命令，可在一个命令执行期间插入执行，完成后，将继续执行原命令。

二、辅助绘图功能

辅助绘图功能可提高绘图的速度与精确度。通过单击状态栏上的对应按钮，可方便地开启或关闭辅助绘图工具。

AutoCAD 为用户提供了多种辅助绘图工具，包括捕捉、栅格、推断约束、极轴追踪以及对象捕捉等，这些功能都可以在“草图设置”对话框中设置，如图 3-21 所示。用户可以通过以下三种方式打开此对话框：右键单击状态栏中“栅格”、“捕捉”、“动态输入”、“极轴追踪”、“对象捕捉追踪”、“对象捕捉”和“选择循环”的任一按钮，在弹出的快捷菜单中选

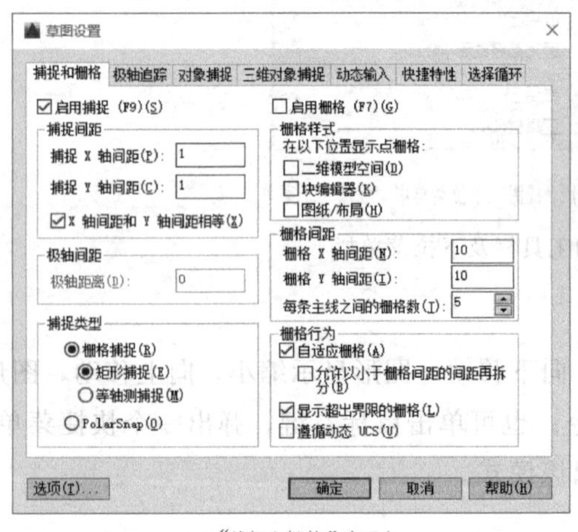

(a)“捕捉和栅格”选项卡

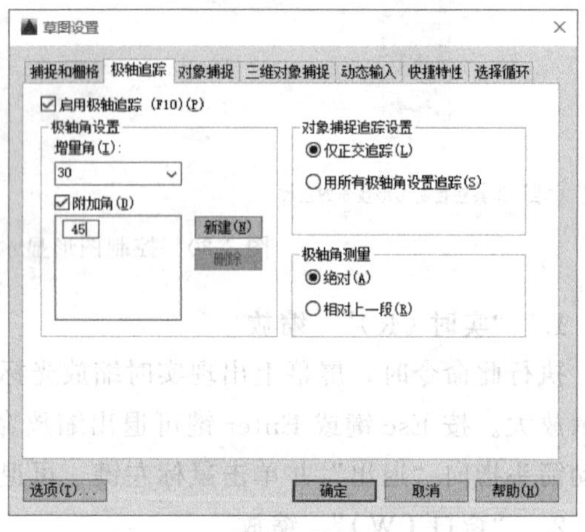

(b)“极轴追踪”选项卡

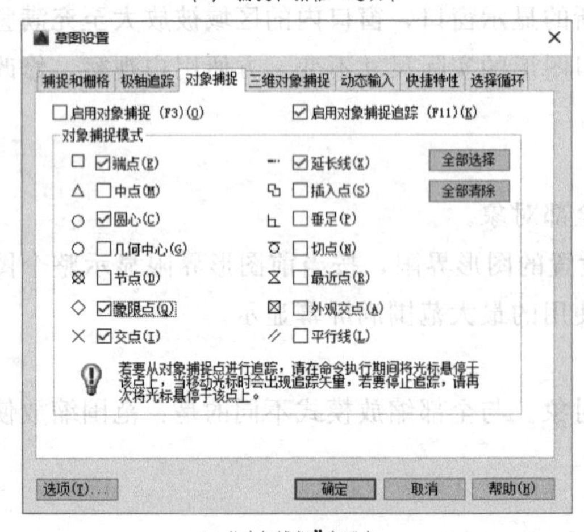

(c)“对象捕捉”选项卡

图 3-21 “草图设置”对话框

取“设置”选项；选取“工具”下拉菜单中“绘图设置”选项；在命令行输入 Dsettings 或 Ddrmodes 命令。

1. 捕捉（Snap）

捕捉用于控制光标移动的最小步长。

在“捕捉和栅格”选项卡，“捕捉类型”区设置为“栅格捕捉”中的“矩形捕捉”样式，“捕捉间距”区间距数值设置为 1，并将捕捉模式打开，如图 3-21（a）所示。则在绘图区，用鼠标拾取点沿 X 方向和 Y 方向的坐标值都是 1 的整数倍。

2. 栅格（Grid）

栅格是在屏幕上显示的固定间距的点状图案，类似徒手绘制草图的方格纸。栅格仅在图形界限内显示．以帮助看清图形的边界、提供直观的距离和位置参照，但是栅格点并不能被打印输出。在“捕捉和栅格”选项卡中，可以根据需要打开或关闭栅格显示，还可以随时修改栅格的间距。

3. 正交（Ortho）

在该模式下，用户用鼠标只能绘制当前 X 轴或 Y 轴方向的平行线。

4. 极轴追踪

极轴追踪也称角度追踪，是沿设定的角度来追踪特征点。

追踪的角度可以在“极轴追踪”选项卡中的“极轴角设置”区进行设置：“增量角（I）”用于设置极轴追踪对齐路径的极轴角度增量；“附加角（D)”用于设置极轴的附加角度。

附加角和增量角不同，在极轴追踪中会捕捉增量角及其整数倍角度，并且会捕捉附加角设定的角度，但不一定捕捉附加角的整数倍角度。如图 3-21（b）所示，设定增量角为 30°，附加角为 45°，则自动捕捉的角度为 0°、30°、45°、60°、90°、120°、150°、180°、210°、240°、270°、300°及 330°，不会自动捕捉的角度为 135°、225°、315°。

5. 对象捕捉（Osnap）

运用 AutoCAD 的“对象捕捉”功能可以快速、准确地捕捉到对象上的特殊点或与对象相关的点，从而保证绘图的精确度。

（1）设置一次运行捕捉模式

在命令运行期间选择的捕捉模式即为一次运行捕捉模式，捕捉功能的有效性仅有一次，常用调用方法有以下两种：

①“对象捕捉”工具栏。

② 快捷菜单：按住 Shift 键或 Ctrl 键时单击鼠标右键。

对象捕捉工具栏中各种捕捉项的名称和功能如表 3-1 所示。

表 3-1 对象捕捉工具及功能

名称	图标	功能
临时追踪点		创建对象捕捉所使用的临时点
捕捉自		用于设置一个参照点以便定位。在使用该选项时，可以指定一个临时点，然后根据该临时点确定其他点的位置。该模式一般与其他捕捉模式一起使用
捕捉到端点		捕捉到线段或圆弧等对象的最近端点
捕捉到中点		捕捉到线段或圆弧等对象的中点

续表

名称	图标	功能
捕捉到交点		捕捉到线段、圆、圆弧等对象的交点
捕捉到外观交点		捕捉到延长线相交的两个对象的交点
捕捉到延长线		捕捉到直线或圆弧的延长线上的点
捕捉到圆心		捕捉到圆或圆弧的圆心
捕捉到象限点		捕捉到圆或圆弧的象限点
捕捉到切点		在圆或圆弧上捕捉一点，该点与前一点形成的直线段与圆或圆弧相切
捕捉到垂足		捕捉到垂直于线、圆或圆弧的点
捕捉到平行线		捕捉到与指定线平行的线上的点，用于绘制平行线
捕捉到插入点		捕捉块、图形、文字或属性的插入点
捕捉到节点		捕捉到节点对象
捕捉到最近点		捕捉离拾取点最近的线段、圆、圆弧或点等对象上的点
无捕捉		关闭对象捕捉模式
对象捕捉设置		设置自动捕捉模式

调用“对象捕捉”功能捕捉某一定点时，应尽量将光标靠近捕捉位置，系统将自动锁住捕捉点。

(2) 设置长期运行捕捉模式

当连续使用某种或几种捕捉方式去捕捉一系列的点时，要预先设定自动捕捉类型，且把这种捕捉模式设置为长期运行模式。在需要定位时，系统会自动运行该模式去捕捉，即将光标移动到对象上时，系统自动捕捉到对象上所有符合条件的特征点，并显示相应的标记，直到关闭该功能为止。

如图 3-21 (c) 所示，在“对象捕捉”选项卡的“对象捕捉模式”区设置长期运行捕捉模式。启用对象捕捉设置后，当系统提示确定一点时，只要用户选择了某一对象，光标会自动定位到满足自动捕捉模式所确定的点上，而不需像临时目标捕捉那样再选择或输入捕捉方式。

6. 对象捕捉追踪

利用“对象捕捉追踪”功能，用户可以根据对象捕捉点（如端点、中点或交点）的正交方向和极轴方向进行追踪，从而准确捕捉处于对齐路径上的点或两对齐路径的交点。

操作时注意：要使用“对象捕捉追踪”功能，必须先启用“对象捕捉”功能。

7. 显示/隐藏线宽

该选项用于在绘图区设置显示或隐藏绘图对象的线宽。

8. 全屏显示

该选项用于隐藏 AutoCAD 窗口中的标题栏、功能区和选项板等界面元素，使 AutoCAD 的绘图窗口全屏显示。

第五节 创建样板文件

利用 AutoCAD 在屏幕上绘图，要设置单位精度，根据所画图形大小选择合适的幅面，并设置图层以确定图线的颜色及其线型、线宽，以及设置文字样式、尺寸样式等，这些内容构成了一个初始的绘图环境。这些设置的菜单位置均在“格式”下拉菜单中。

用户将各种常用设置作为样板保存，在下次绘制新图形时调用样板文件，则样板图中的设置可以全部使用，无需重新设置。样板图不仅减少绘图中的重复工作，而且统一了图纸的格式，使图形的管理更加规范。

一、新建图形文件

新建一个图形文件，系统自动选择预置的公制样板 acadiso.dwt。它的图形界限为 420X297 绘图单位，带有一个 0 层图层，以及各个系统变量的初始值。

二、图形单位设置

在绘图之前，可应用 AutoCAD 提供的“图形单位”对话框对长度、角度的测量单位和精度进行设置。

命令：Units↙

则弹出“图形单位”对话框，设置长度的小数精度为小数点后一位（0.0），角度的十进制度数精度为整数（0），如图 3-22 所示。

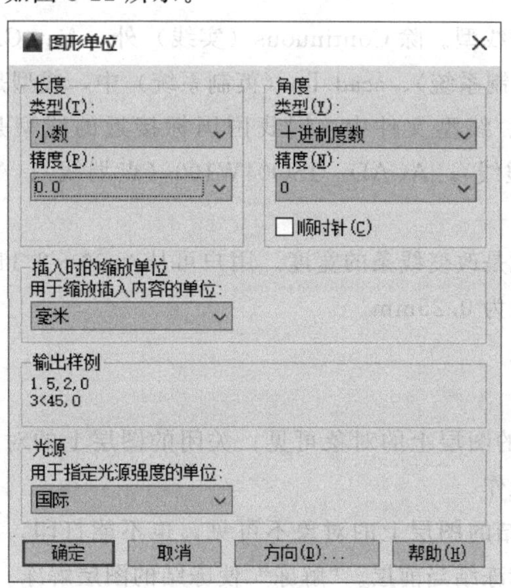

图 3-22 “图形单位”对话框

三、绘图区域的设置

“图形界限（Limits）”命令用来设置绘图区域大小和控制边界检查。

如根据A4图纸幅面，用Limits命令设置绘图边界。

命令：Limits↙

新设置模型空间界限：

指定左下角点或［开(ON)/关(OFF)］＜0.0,0.0＞：↙

指定右上角点＜420.0,297.0＞：210,297↙

若选用了On↙，则打开了控制边界检查功能，超出界限的点的坐标将被拒绝接受。“关”表示关闭图形界限检查，可以在界限之外绘制，缺省设置为“关”。

四、建立图层

图层就像没有厚度的透明纸，各层之间的坐标基点完全对齐。绘图时，将具有相同特性（颜色、线型、线宽）的图形对象绘制在相应的图层上，这样在绘制或修改图形对象时，只需要确定它的几何参数和所在的图层，不但方便图形的绘制和修改，而且节省了绘图工作量与存储空间。

1. 图层的特性与状态

(1) 图层的特性

每个图层都有自己的特性，如名称、颜色、线型、线宽等。

① 每个图层只有一个层名，层名应具有一定的意义，便于记忆。

② 颜色是指所绘对象的颜色，每一图层只能设置一种颜色。有两种逻辑颜色ByLayer（随层）和ByBlock（随块）。随层指所绘对象的颜色为其所在图层的颜色。如果将当前色设置为“随块”，则使用7号颜色（白色或者黑色）创建对象；将块插入到图形中时，它采用当前层的颜色设置。

③ 线型与线宽。

一个图层上设置一种线型。除Continuous（实线）外，AutoCAD提供的线型都存放在线型文件acadiso.lin（公制系统）、acad.lin（英制系统）中，线型是以mm为单位定义线型中长、短划及间隔大小。线型文件中，同我国国标接近的线型是：Continuous（实线）；ACAD_ISO02W100（虚线）；ACAD_ISO04W100（点划线）；ACAD_ISO05W100（双点划线）。

线宽的设置实际上就是改变线条的宽度。用户可从0.00～2.11mm共24种固定线宽中选择线宽值，缺省线宽值为0.25mm。

(2) 图层的状态

图层有下列状态：

“打开/关闭”：打开的图层上的对象可见；关闭的图层上的对象不可见，且不能打印。关闭的图层经打开才能操作。

“冻结/解冻”：被冻结的图层上的对象不可见，也不能打印，冻结图层后可加快缩放、平移等命令的执行，不能冻结当前层。“解冻”使冻结的图层解冻。

“锁定/解锁”：锁定图层上的对象可见但不能修改。“解锁”给锁定图层解锁。

2. 图层设置

（1）命令格式

①“图层”工具栏上的“图层特性管理器”图标。

②“格式”下拉菜单上的“图层”选项。

③ 命令：Layer。

（2）新建图层与修改图层的特性

启动“图层”命令后，弹出如图 3-23 所示的“图层特性管理器”对话框。

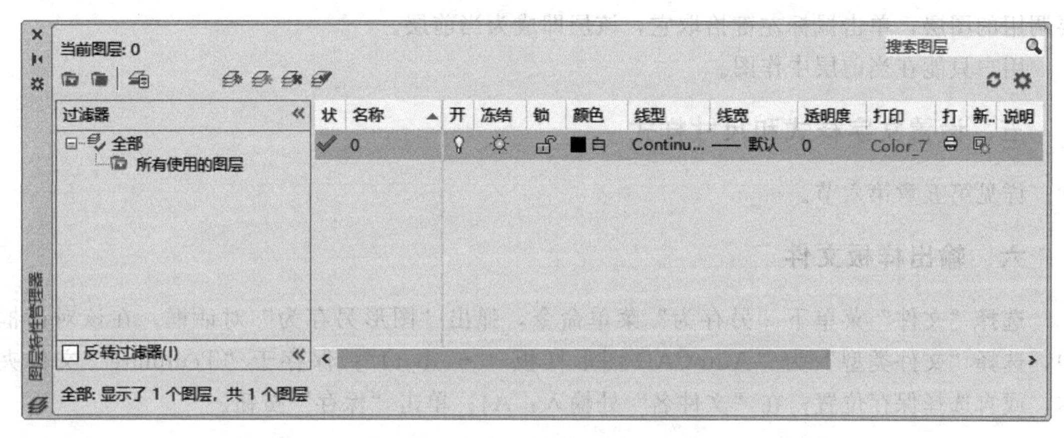

图 3-23 “图层特性管理器”对话框

单击“新建”按钮，AutoCAD 会自动生成新图层，同时可立即对它进行编辑。新图层上的状态、颜色、线型和线宽继承选定层上的状态、颜色、线型和线宽。在新建的图层一行中单击对应的颜色、线型、线宽项，将分别弹出“选择颜色”、“选择线型”、“选择线宽”对话框，供用户确定新图层的特性。

当要修改图层名时，在选定图层上单击其图层名即可修改；要修改图层颜色时，单击颜色小方框，便弹出“选择颜色”对话框，选择所需颜色后，单击“确定”按钮，返回“图层特性管理器”对话框；若要修改图层线型，单击图层上的线型名，便弹出“选择线型”对话框，对话框中的“已加载的线型”列表框中显示了默认的和已装入线型，当列表框中无用户需要的线型时，单击“加载”按钮，出现“加载与重载线型”对话框，在“可用线型”列表框中拾取所需装入的线型，再单击“确定”按钮，线型即被装入，并显示在“选择线型”对话框中；若要修改线宽，单击要设置的图层的线宽，便弹出“线宽”对话框，在此对话框中选择需要的线宽，单击“确定”按钮，返回“图层特性管理器”对话框。

根据 CAD 制图标准，设置表 3-2 所列的图层。

表 3-2 样板图中图层的设置

图层名	颜色	线型	线宽/mm
1 粗实线	绿色	Continuous	0.5
2 细实线	白色	Continuous	0.25
3 虚线	黄色	Acad_iso02w100	0.25
4 点画线	红色	Acad_iso04w100	0.25
5 标注	白色	Continuous	0.25

续表

图层名	颜色	线型	线宽/mm
6 剖面符号	白色	Continuous	0.25
7 文本	白色	Continuous	0.25
8 细双点画线	品红色	Acad_iso05w100	0.25

3. 设置当图层

单击“图层”工具栏中“层列表”一栏，即显示已设置好的图层，移动光标箭头对准需要调用的图层，单击鼠标左键拾取它，该层即成为当前层。

用户只能在当前层中作图。

五、设置文字样式和尺寸样式

详见第五章第六节。

六、输出样板文件

选择“文件”菜单下“另存为”菜单命令，弹出“图形另存为”对话框。在该对话框中，选择“文件类型”为“AutoCAD 图形样板（*.dwt)”；保存于“Template”文件夹内，或自选择保存位置；在“文件名”处输入：A4；单击“保存”按钮。

第四章 立体的投影

工程制图中，通常把棱柱、棱锥、圆柱、圆锥、球、圆环等组成机件的基本几何体，称为基本体。表面都是平面的立体称为平面立体，表面是曲面或曲面与平面的立体称为曲面立体。如图 4-1 所示机件。

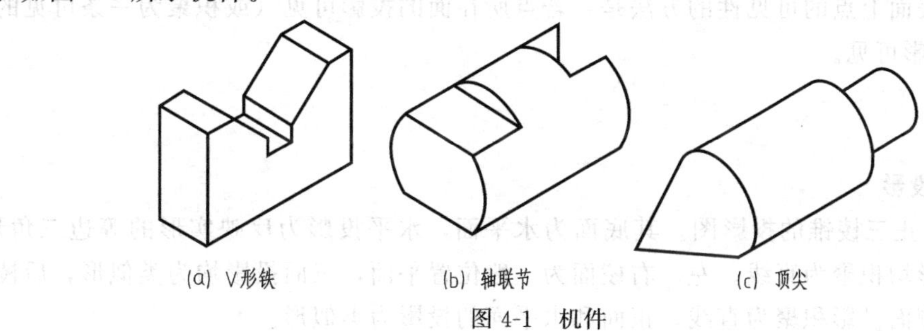

(a) V形铁　(b) 轴联节　(c) 顶尖

图 4-1　机件

第一节　平面立体

一、棱柱

1. 棱柱的投影

图 4-2 为一正六棱柱的立体图和投影图。其上、下底面为水平面，水平投影为反映实形

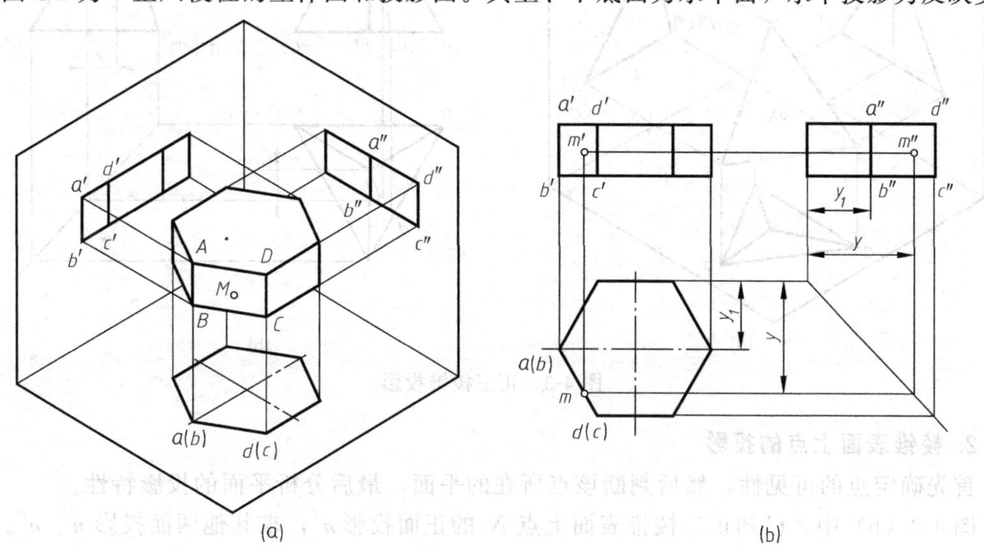

(a)　(b)

图 4-2　正六棱柱投影

的正六边形，正面和侧面投影均积聚为一条直线。六个侧面中，前后侧面为正平面，正面投影反映实形，水平投影和侧面投影积聚为直线；其余四个侧面为铅垂面，水平投影积聚为直线，正面和侧面投影为类似形。

画棱柱投影图时，先画棱柱三面投影的中心线、对称线，然后作反映棱柱形状特征（反映特征面实形）的视图，最后画另两面视图。注意水平投影与侧面投影之间必须符合宽度相等和前后对应的关系，如图 4-2（b）所示的后棱面与左、右棱线间的宽度 y_1。

2. 棱柱表面上点的投影

根据点的可见性判断所在平面，并分析该平面的投影特性。

图 4-2（b）中，已知棱柱表面上点 M 的正面投影 m'，求其他两面投影 m、m''。

因 m'点可见，故 M 点在棱面 $ABCD$ 上，如图 4-2（a）所示。该棱面的水平投影积聚为直线，故 M 点的水平投影 m 在该直线上，再由 m、m'求得侧面投影 m''（m'、m''均可见）。

判断立体表面上点的可见性的方法是：若点所在面的投影可见（或积聚为一条可见的实线），则点的投影可见。

二、棱锥

1. 棱锥的投影

图 4-3 为一正三棱锥的投影图。其底面为水平面，水平投影为反映实形的等边三角形，正面和侧面投影均积聚为直线。左、右棱面为一般位置平面，三面投影均为类似形，后棱面为一侧垂面，侧面投影积聚为直线，正面和水平面的投影为类似形。

棱线的投影，请读者自行分析。

画棱锥投影图时，先画底面反映实形的投影，后画积聚性投影，再画锥顶点 S 投影，然后连接各棱线即可。

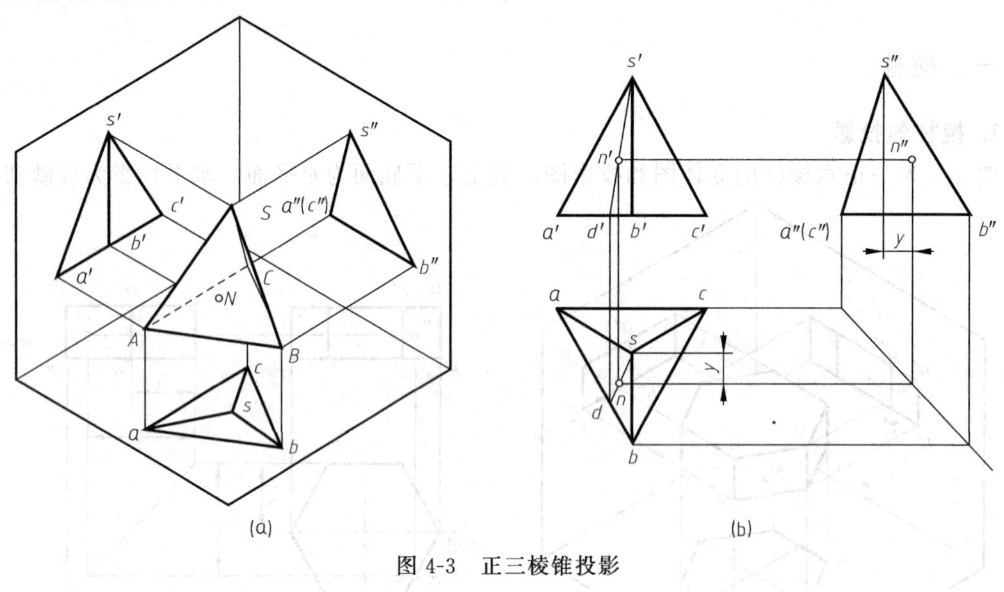

图 4-3　正三棱锥投影

2. 棱锥表面上点的投影

首先确定点的可见性，然后判断该点所在的平面，最后分析平面的投影特性。

图 4-3（b）中，已知正三棱锥表面上点 N 的正面投影 n'，求其他两面投影 n、n''。

因为 n'可见，故点 N 在棱面△SAB 上。过点 s'、n'作辅助线 $s'd'$，过 n'作垂线交 sd

于n，由n'、n求得n''，因点n、n''所在的面可见，故n、n''可见。

第二节 曲面立体

常见的曲面立体为回转体，回转面由一线段绕轴线旋转而成。运动的线称为母线，曲面上任一位置的母线称为素线。工程中常见的曲面立体有圆柱、圆锥、球、圆环等。

一、圆柱

圆柱表面由圆柱曲面和上、下底面圆组成。圆柱曲面由与轴线平行的一直线（母线）绕其轴线回旋而成。

1. 圆柱的投影

图 4-4 为圆柱的投影。圆柱轴线为铅垂线（圆柱面上所有素线都是铅垂线），上、下底面圆为水平面，水平投影反映实形，圆柱正面和侧面投影的两矩形分别是圆柱面可见部分与不可见部分的分界线投影。如正面投影是圆柱最左、最右两条素线的投影，也是可见的前半圆柱面和不可见的后半圆柱面的分界线，也称为转向轮廓素线。

作图时，先画各视图的对称中心线、轴线，然后画投影为圆的视图，再按投影关系画出其他两视图。

2. 圆柱表面上点的投影

圆柱表面上点的投影，利用圆柱面投影的积聚性求得。图 4-4 中，已知圆柱表面上点M的投影的正面投影m'，求其他两面投影。由m'的不可见性判断，M点在后半圆柱面上，又圆柱面水平投影有积聚性，故m在水平投影圆上，如图 4-4（b）所示，再根据m、m'求出m''。因M点在左半个圆柱面上，该面侧面投影可见，故m''可见。注意求点时利用宽度相等，如图 4-4 水平投影、侧面投影中的宽度y。

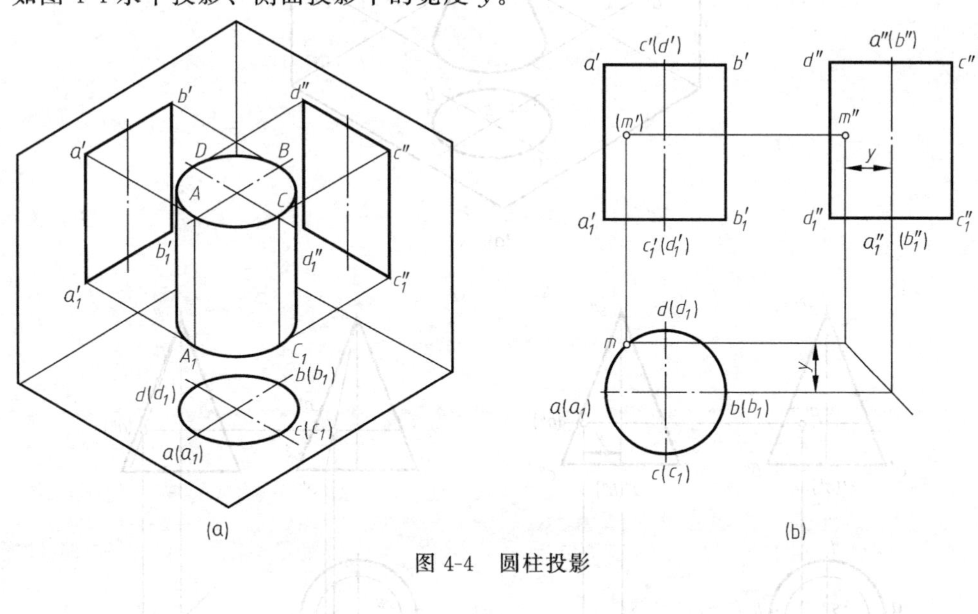

图 4-4 圆柱投影

二、圆锥

圆锥表面由圆锥曲面和底面圆所围成。圆锥曲面是由一条与轴线相交的直母线，绕其轴线回转而成。

1. 圆锥的投影

图 4-5 所示为圆锥投影，当圆锥轴线为铅垂线时，圆锥底面为水平面，其水平投影为反映底面实形的圆，正面和侧面投影积聚为直线。圆锥面的正面和侧面投影为不同方向的转向轮廓线。作图时，先画各视图轴线、对称中心线，然后画圆锥底面的水平投影圆及底面圆的正面和侧面投影，最后画出锥顶 S 投影及各转向轮廓线投影，如图 4-5（b）所示。

2. 圆锥表面上点的投影

图 4-5 中，已知圆锥表面上点 N 的正面投影 n'，求其他两面投影。由 n' 的可见性判断，点 n 在前半圆锥上。具体求作方法有两种。

（1）纬圆法

如图 4-5（b）所示，以过点 N 垂直于轴线的纬圆为辅助线。该圆的正面和侧面投影积聚为直线，水平投影为与锥底面圆的同心圆。点 N 的投影在辅助圆的同面投影上，由 n' 求得 n、n''，点 N 在圆锥前半部分的右侧，因此点 n 可见，点 n'' 不可见。

（2）素线法

如图 4-5（c）所示，过锥顶 s' 和点 n' 作辅助素线 $s'e'$，求出 SE 的其他两面投影，然后用在线上求点的投影方法在 se、$s''e''$ 分别求出 n、n''，其中 n 可见，n'' 不可见。

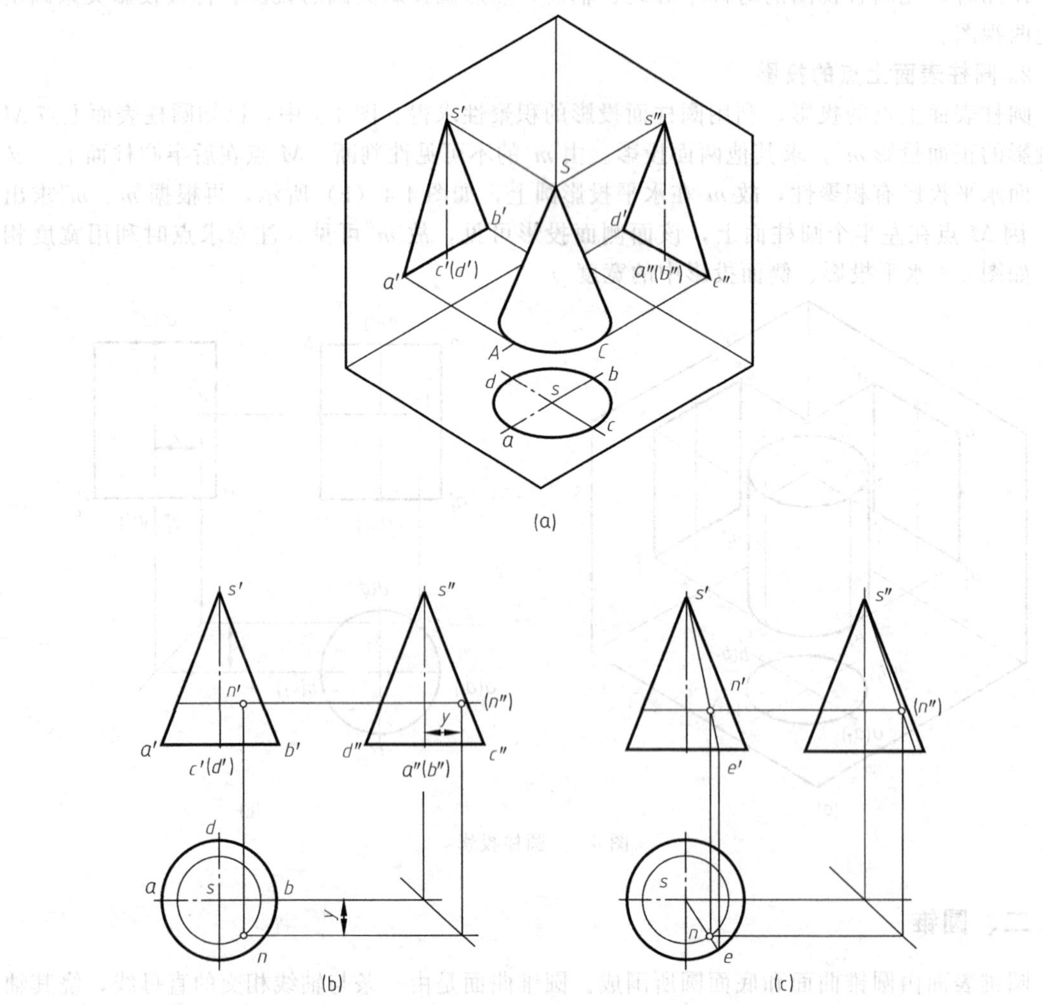

图 4-5 圆锥投影

三、球

球面可看作一条圆母线绕其直径回转而成。

1. 球的投影

球的三面投影都是与球等直径的圆，它们分别表示球面三个投影的转向轮廓线，如图4-6所示。正面投影线的a'表示前半球面与后半球面的分界线，其水平和侧面投影a、a''分别与水平方向和垂直方向的点画线重合。水平、侧面投影图中的圆b、c''读者可自行分析。

2. 球面上点的投影

在球表面上求点的投影，可采用辅助圆法，先作辅助圆的投影，再求辅助圆上点的投影。

如图4-6（b）所示，已知球面上点M的正投影m'，求其他两面投影。由m'的可见性判断，点M在球面的前半部分。过点M作平行于水平面的辅助圆，其正面投影为$1'2'$，水平投影为直径等于$1'2'$的圆，点m在该圆上，由m、m'可求出m''，其中m不可见，m''可见。

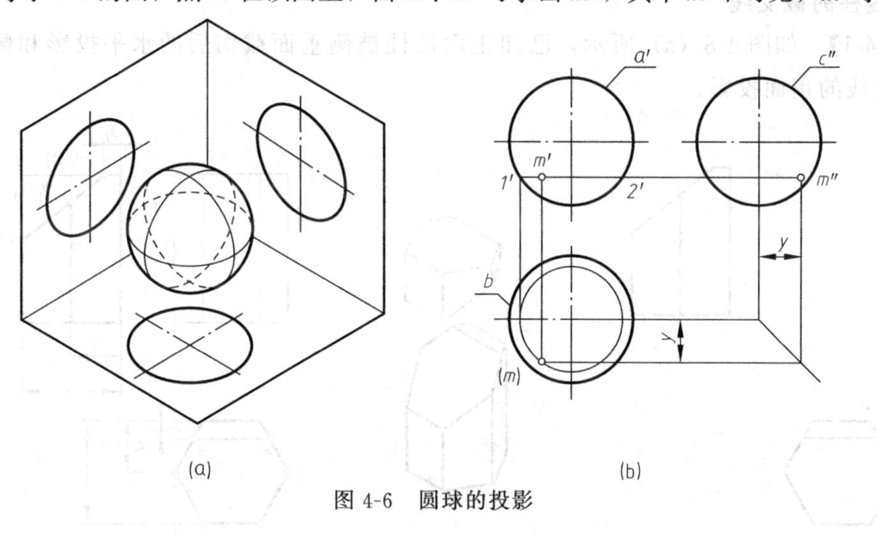

图4-6　圆球的投影

四、圆环

圆环由环面组成，可认为是一圆母线绕与圆平面共面但不过圆心的轴线旋转而成，如图4-7所示。

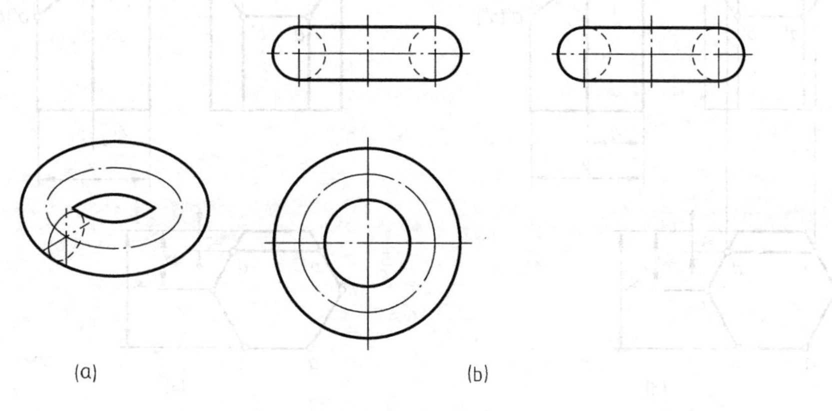

图4-7　圆环的投影

图 4-7（b）中，水平投影中两同心圆，分别是圆环上最大和最小纬圆的水平投影。正面投影中的两圆是平行于正面的最左、最右两素线圆的投影；上、下两条水平线是外环面和内环面分界处对正面转向线的投影。侧面投影读者自行分析。

第三节 截 交 线

基本体被平面截断后的形体称为截断体，该平面称为截平面。截平面与立体表面的交线称为截交线，截交线是截断体表面与截平面的共有线，截交线上的点也是它们的共有点。

一、平面立体的截交线

平面立体的截交线是封闭的平面多边形，其顶点是平面立体的棱线（或底边）与截平面的交点，边是平面立体与截平面的交线。

1. 棱柱的截交线

【例 4-1】 如图 4-8（a）所示，已知正六棱柱被侧垂面截切后的水平投影和侧面投影，作出截交线的正面投影。

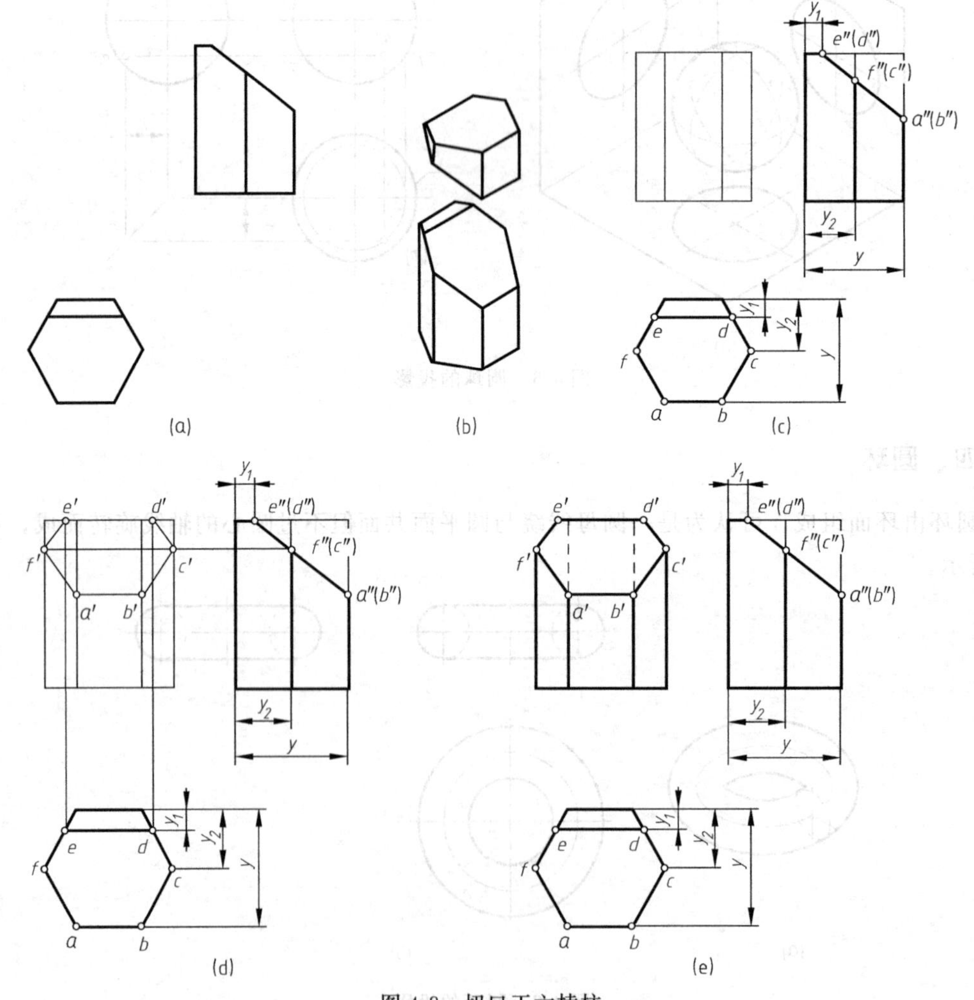

图 4-8 切口正六棱柱

分析：六棱柱被侧垂面切去一角，截断面为六边形的侧垂面，侧面投影积聚为一条斜线，反映切口的位置，正面和水平面投影为六边形的类似形，如图 4-8（b）、（c）所示。

作图如下。

① 画出完整正六棱柱正面投影。根据侧面投影和水平投影宽相等及前后对应关系确定缺口六边形的各顶点，如图 4-8（c）所示。

② 利用点的投影特性，求出六边形各顶点的正面投影，并顺次连接，如图 4-8（d）所示。

③ 判断被切去棱线并擦除多余线段，补全不可见棱线投影，加深，如图 4-8（e）所示。

2. 棱锥的截交线

【例 4-2】 如图 4-9（a）所示，已知正三棱锥被正垂面截切后的正面投影，作出截切后的水平投影和侧面投影。

分析：正面投影图中可知截平面与三个侧面相交，则截交线形状为三角形。因截平面为正垂面，故截交线的正面投影积聚为直线，水平投影、侧面投影均为类似的三角形。

作图如下。

① 在正面投影图中确定截平面三角形的顶点 1′、2′及 3′；利用点在直线上的从属性及高平齐的投影规律，求做出点的侧面投影 1″、2″及 3″；再根据点的投影规律，求做出点的水平投影 1、2 及 3，如图 4-9（b）所示。

② 侧面投影图中顺次连接 1″、2″及 3″点，水平投影图中顺次连接 1、2 及 3 点，求作出截交线的投影，未截切部分的轮廓线描粗加深，去除多余线条，完成作图，如图 4-9（c）所示。

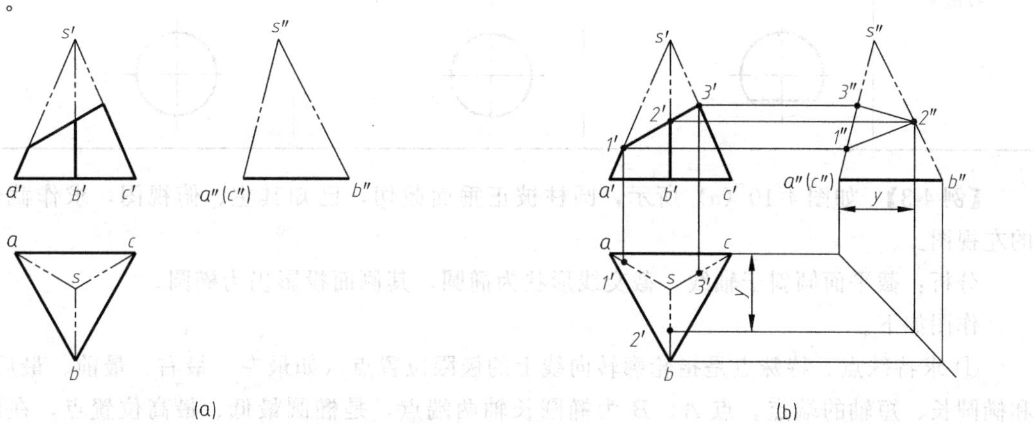

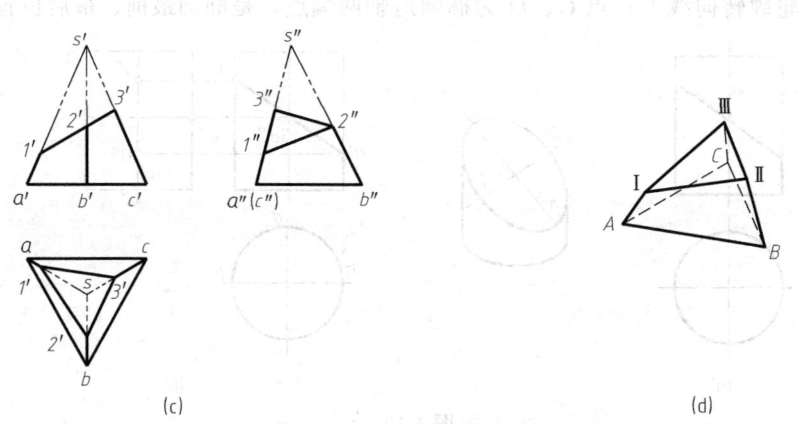

图 4-9　正三棱锥的截交线

二、曲面立体的截交线

曲面立体的截交线通常是平面曲线，特殊情况下是直线。

求曲面立体的截交线实质是求回转体表面和截平面的共有点。

1. 圆柱截交线

根据截平面与圆柱轴线相对位置的不同，截交线有三种情况，见表 4-1。

表 4-1 圆柱截交线

截平面位置	平行于轴线	垂直于轴线	倾斜于轴线
截交线形状	矩形	圆	椭圆
轴测图			
投影图			

【例 4-3】 如图 4-10（a）所示，圆柱被正垂面截切，已知其主、俯视图，求作截切后的左视图。

分析：截平面倾斜于轴线，截交线形状为椭圆，其侧面投影仍为椭圆。

作图如下。

① 求特殊点。特殊点是指轮廓转向线上的极限位置点（如最左、最右、最前、最后等）和椭圆长、短轴的端点。点 A、B 为椭圆长轴两端点，是椭圆最低、最高位置点，在圆柱最左、最右两轮廓转向线上；点 C、D 为椭圆短轴两端点，是椭圆最前、最后位置点，在圆

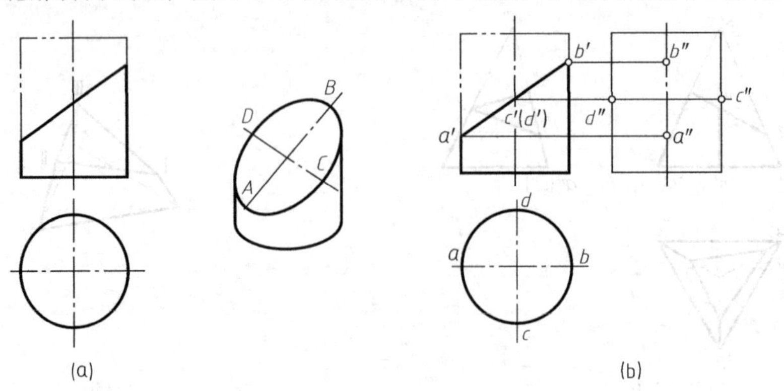

图 4-10

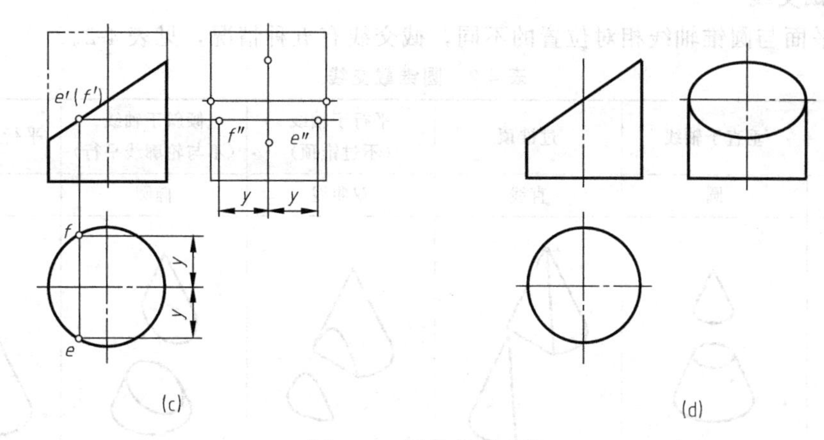

图 4-10　圆柱的截交线

柱最前、最后两轮廓转向线上［图 4-10（b）所示］。根据已知正面、水平面四个特殊点的投影，可求出其侧面投影［图 4-10（b）所示］。

② 求一般点。为使作图更准确，还需作出一定数量的一般点。图 4-10（c）是 E、F 点的作图方法。

③ 用光滑曲线连接侧面投影各点，画出椭圆，如图 4-10（d）所示。

【例 4-4】 如图 4-11（a）所示，已知圆柱上部开槽的正面、水平投影，作出其侧面投影。

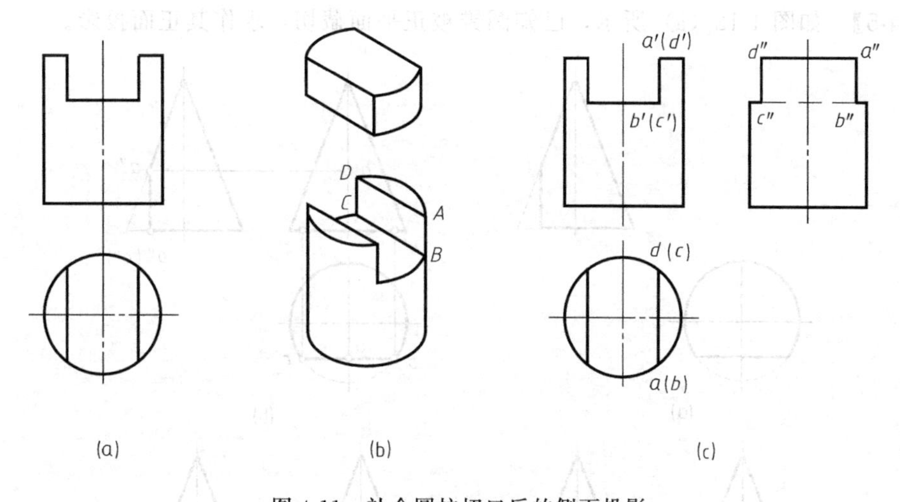

图 4-11　补全圆柱切口后的侧面投影

分析：圆柱被平行和垂直于轴线的组合平面截切，其截交线分别为圆弧与直线的组合和矩形，侧面投影分别为积聚性直线和反映实形的矩形。

作图如下。

① 先画完整的圆柱侧面投影，利用已知视图确定矩形截交线 $ABCD$ 各顶点位置。

② 根据截交线 $ABCD$ 的正面、水平面投影，作出各顶点侧面投影。

③ 顺次连接各顶点作出截交线 $ABCD$ 侧面投影。$b''c''$因被圆柱左侧面挡住应画虚线。

2. 圆锥截交线

根据截平面与圆锥轴线相对位置的不同，截交线有五种情况，见表 4-2。

表 4-2 圆锥截交线

截平面位置	垂直于轴线	过锥顶	平行于轴线（不过锥顶）	倾斜于轴线（不与轮廓线平行）	平行于轮廓素线
截交线形状	圆	直线	双曲线	椭圆	抛物线
轴测图					
投影图					

【例 4-5】 如图 4-12（a）所示，已知圆锥被正平面截切，求作其正面投影。

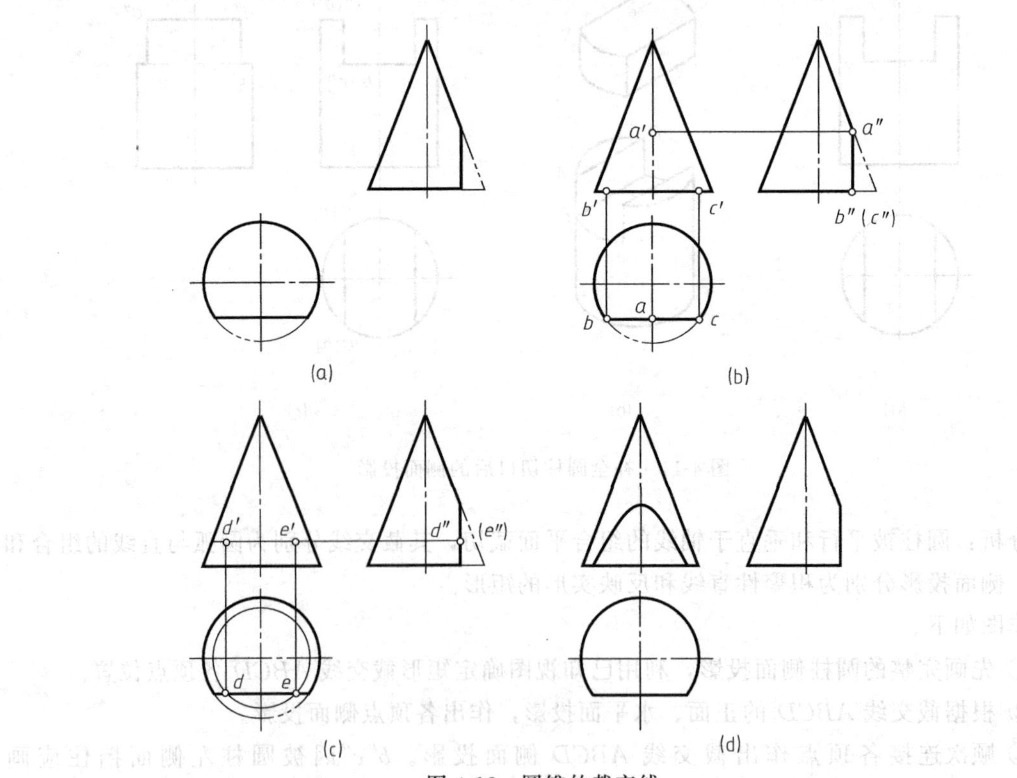

图 4-12 圆锥的截交线

分析：截平面平行于轴线，截交线形状为双曲线加直线。其正面投影反映实形。

作图如下［图 4-12（b）、(c)、(d)］。

① 求特殊点。根据已知视图，确定双曲线的最高点 A，最左、最右点 B、C 的三面投影。

② 求一般点。在截交线的侧面投影上任取点 D、E，利用纬圆法求圆锥表面点的投影。

③ 依次光滑连接各点，作出截交线正面投影。

3. 球的截交线

任何位置的平面截切球，其截交线都是圆。当截平面与投影面平行时，在该投影面的投影为反映实形的圆，其他两面投影积聚为直线，长度均为交线圆的直径，如图 4-13 所示。当截平面与投影面垂直时，在该投影面的投影积聚为倾斜直线，其他两面投影为椭圆，如图 4-14 所示。

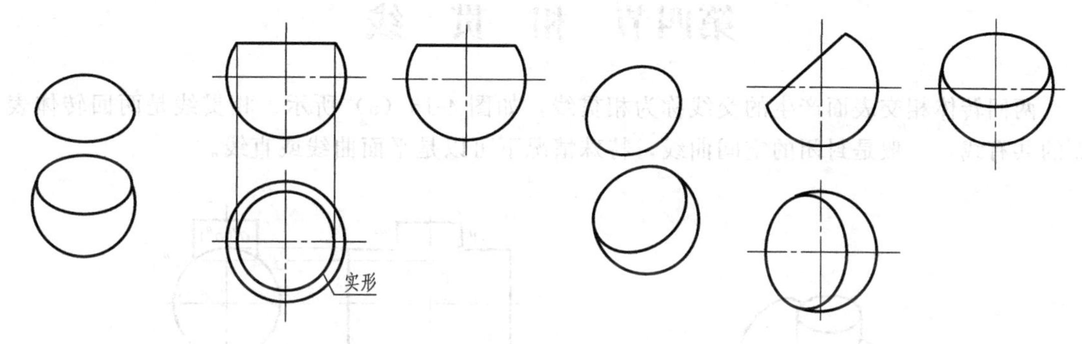

图 4-13 截平面为投影面平行面时球的截交线　　图 4-14 截平面为投影面垂直面时球的截交线

【例 4-6】 如图 4-15 所示，已知半球开槽的正面投影，求作其水平投影和侧面投影。

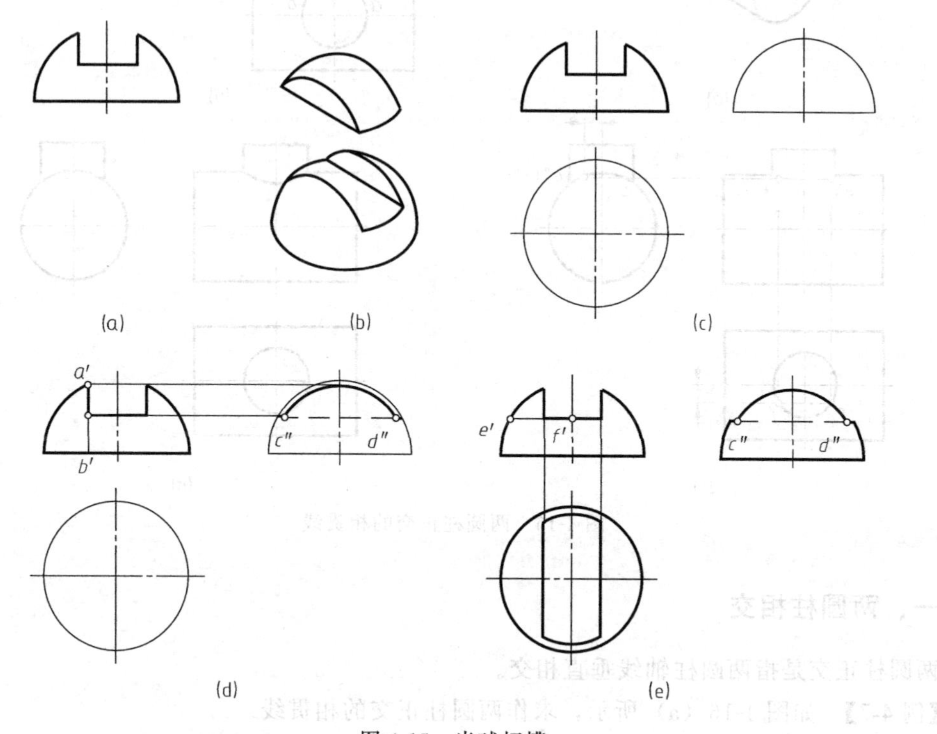

图 4-15 半球切槽

分析：半球被两对称的侧平面和一水平面截切。两侧平面与球的截交线均为一条平行于侧面的圆弧和正垂线的组合，侧面投影反映实形且重合，水平面投影积聚为直线。水平面与球的截交线为两段水平圆弧与两条正垂线的组合，水平面投影反映实形，侧面投影积聚为直线。

作图如下。

① 画出完整半球水平面、侧面投影。以 $a'b'$ 为半径作出侧平面截交线圆弧，与水平面的侧面投影交于 $c''d''$，$c''d''$ 因被半球左侧面挡住应画虚线，而未挡住部分画实线，如图 4-15（d）所示。

② 以 $e'f'$ 为半径作出水平面截交线圆弧，与两侧平面投影相交，画出完整截交线，如图 4-15（e）所示。

第四节 相 贯 线

两回转体相交表面产生的交线称为相贯线，如图 4-16（a）所示。相贯线是两回转体表面的共有线，一般是封闭的空间曲线，特殊情况下可以是平面曲线或直线。

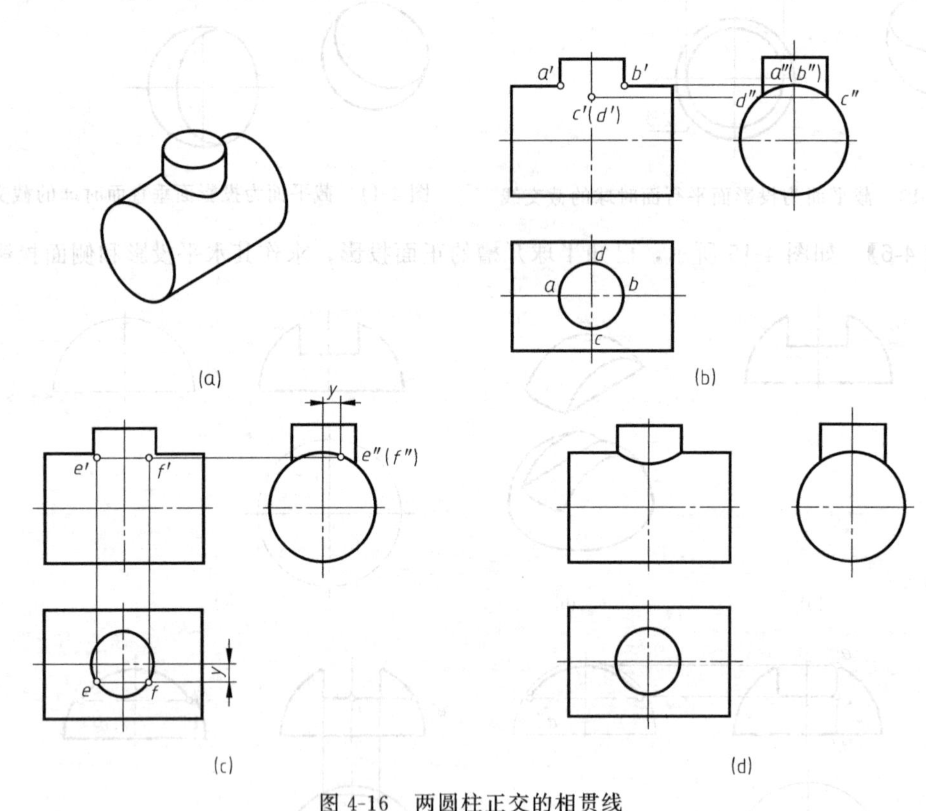

图 4-16 两圆柱正交的相贯线

一、两圆柱相交

两圆柱正交是指两圆柱轴线垂直相交。

【例 4-7】 如图 4-16（a）所示，求作两圆柱正交的相贯线。

分析：由图 4-16（a）可知，直立小圆柱的水平投影具有积聚性，相贯线水平投影与小圆柱面投影相重合为圆；水平大圆柱的侧面投影具有积聚性，相贯线侧面投影与水平大圆柱投影重合，为一段圆弧。相贯线正面投影需要求作。

作图如下。

① 求特殊点。如图 4-16（b）中的点 A、B 为相贯线上最左、最右（最高）位置的点，在圆柱最左、最右两轮廓转向线上；点 C、D 为相贯线上最前、最后（最低）位置的点，在圆柱最前、最后两轮廓转向线上。先确定点 A、B、C、D 的水平投影 a、b、c、d 及侧面投影 a''、b''、c''、d''，然后求出正面投影 a'、b'、c'、d'。

② 求一般点。在相贯线的已知投影（如侧面投影）中任取点 $e''(f'')$，利用“宽相等”作出其水平投影，然后再求正面投影［图 4-16（c）］。

③ 依次光滑连接各点，作出相贯线正面投影［图 4-16（d）］。

相贯线的近似画法：当两正交圆柱的直径相差较大，可采用近似画法，即用圆弧代替空间曲线。圆弧半径等于大圆柱半径，其圆心位于小圆柱轴线上，如图 4-17 所示。

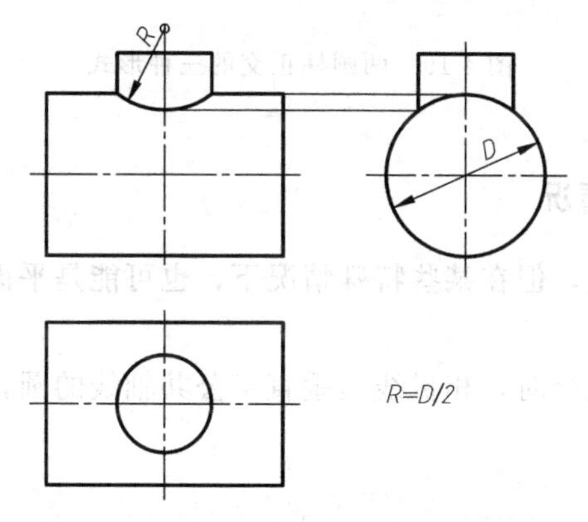

图 4-17　两圆柱正交相贯线的近似画法

两圆柱正交，当两圆柱直径大小相对变化时，相贯线形状、弯曲趋向也随着变化，如图 4-18 所示。

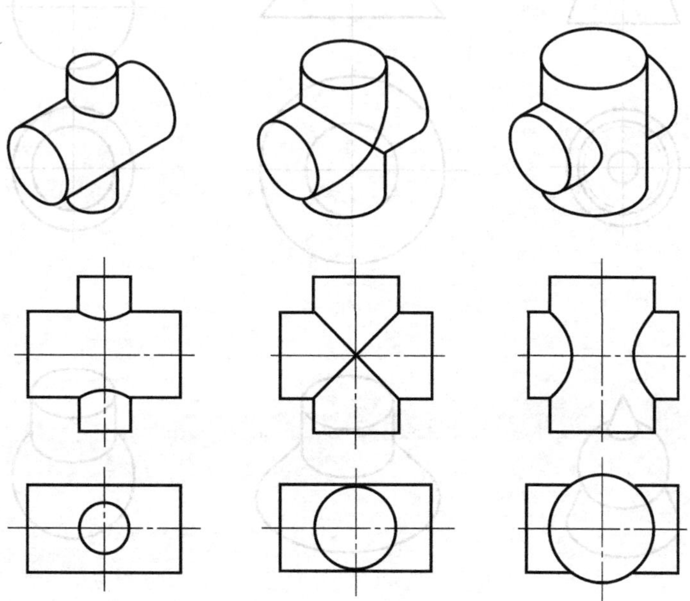

图 4-18　两圆柱正交相贯线的变化

两轴线垂直相交的圆柱相贯，其相贯线一般有三种形式，如图 4-19 所示。

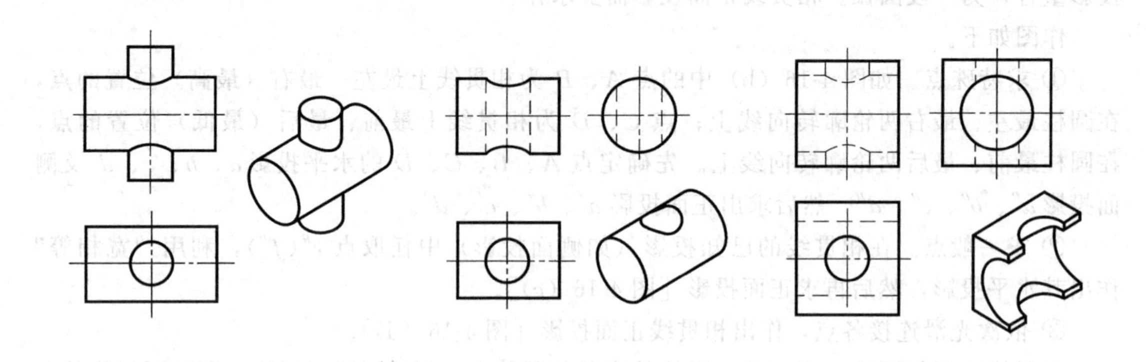

(a) 两圆柱外表面相交
(b) 外圆柱面与内圆柱面相交
(c) 两圆柱内表面相交

图 4-19 两圆柱正交的三种形式

二、相贯线的特殊情况

相贯线一般为空间曲线，但在某些特殊情况下，也可能是平面曲线或直线。

1. 相贯线为圆

相交两回转体的轴线重合时，相贯线是垂直于公共轴线的圆，如图 4-20 所示。

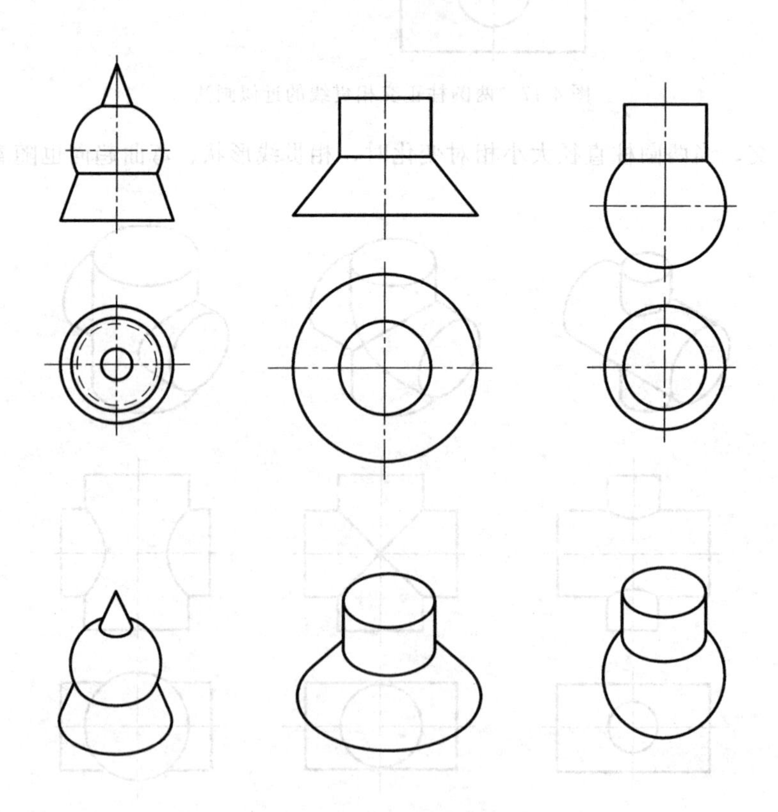

图 4-20 相贯线为圆

2. 相贯线为椭圆

两回转体轴线相交，且两回转体的回转面能公切于一个球面时，相贯线为两形状大小相同且相交的椭圆，如图 4-21 所示。这些椭圆所在平面垂直于正面投影面，所以正面投影集聚为直线。

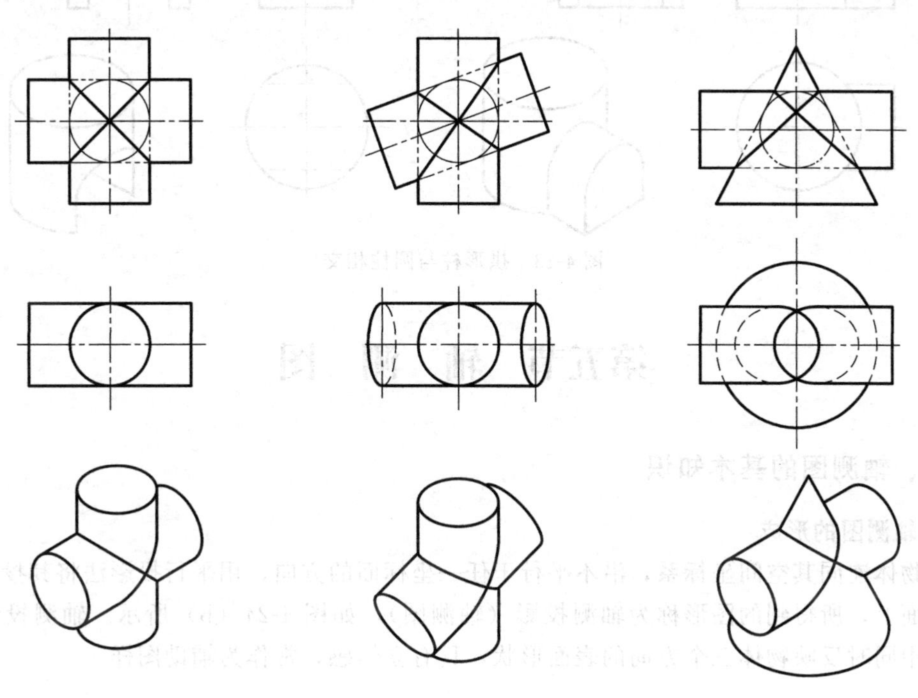

图 4-21 相贯线为椭圆

3. 相贯线为直线

相交两圆柱轴线平行时，相贯线是两行直线如图 4-22（a）所示，两圆锥共顶点时，相贯线是两相交直线，如图 4-22（b）所示。

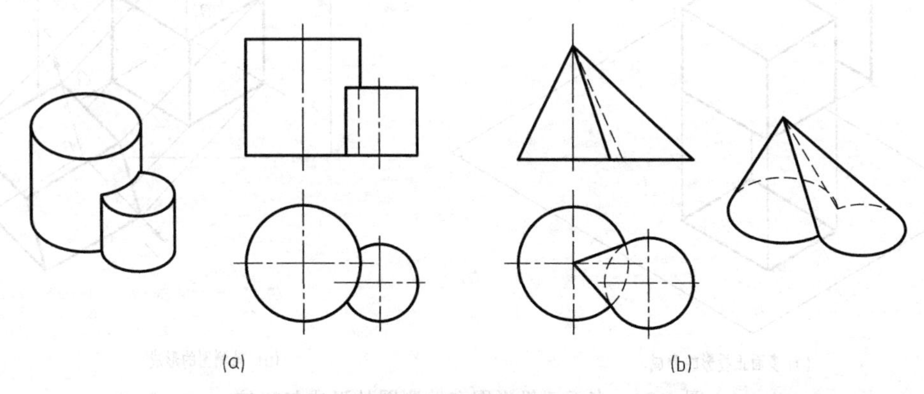

图 4-22 相贯线为直线

三、拱形柱与圆柱相贯

拱形柱与圆柱相交是常见的机件结构，它既有回转体相交，又有平面体与回转体相交，如图 4-23 所示。

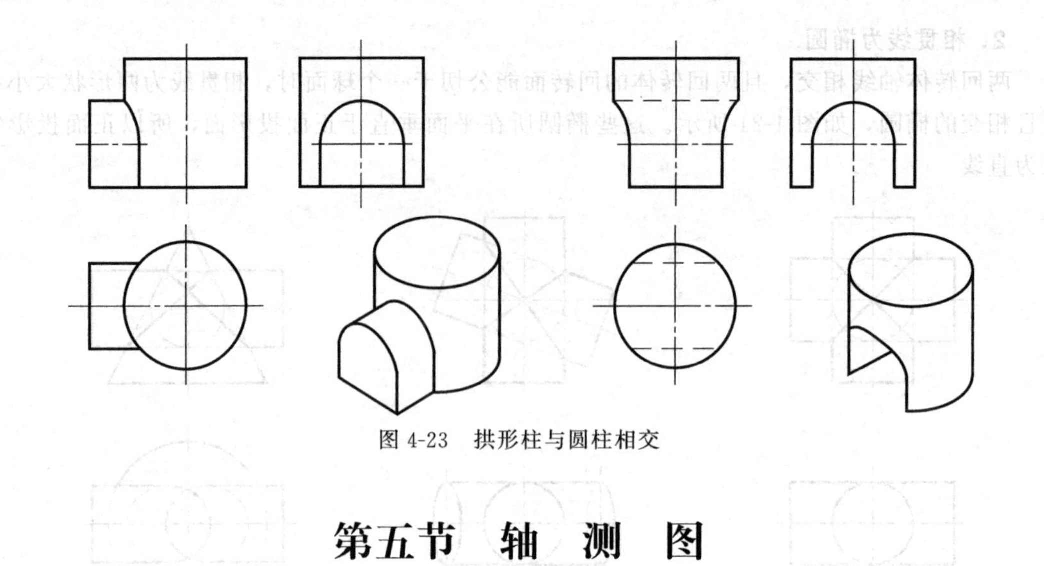

图 4-23 拱形柱与圆柱相交

第五节 轴 测 图

一、轴测图的基本知识

1. 轴测图的形成

将物体连同其空间坐标系，沿不平行于任一坐标面的方向，用平行投影法将其投射到单一投影面上，所得到的图形称为轴测投影（轴测图），如图 4-24（b）所示。轴测投影在一个图形中同时反映物体三个方向的表面形状，具有立体感，常作为辅助图样。

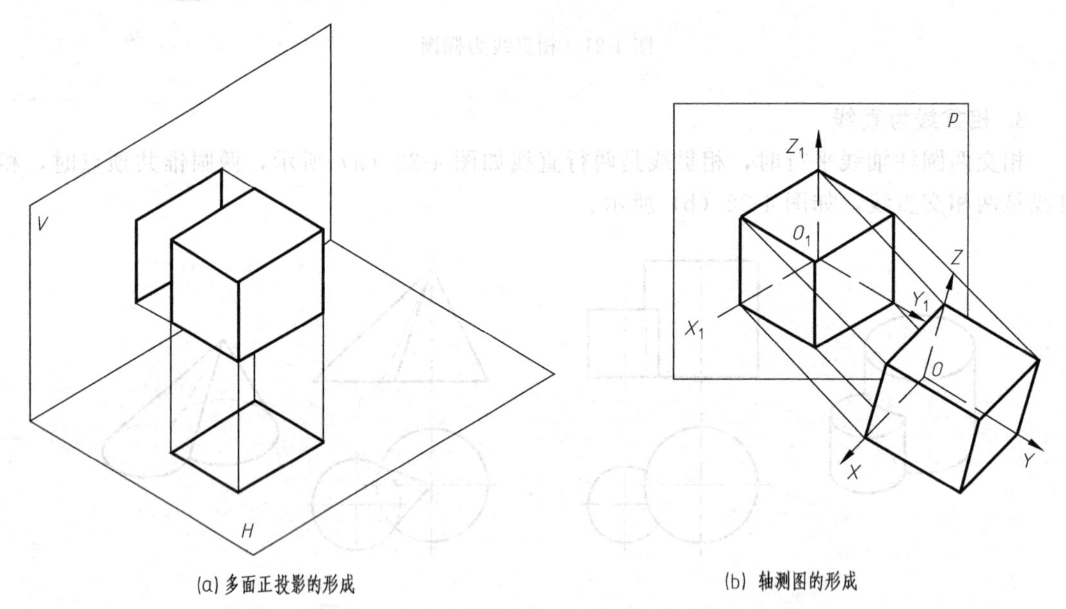

(a) 多面正投影的形成　　(b) 轴测图的形成

图 4-24 多面正投影图和轴测图的形成与比较

2. 轴测投影的基本概念

① 轴测投影面：单一投影面，如图 4-24（b）中的 P 面。

② 轴测轴：空间直角坐标系 OX、OY、OZ 在轴测投影面上的投影 O_1X_1、O_1Y_1、O_1Z_1 称为轴测轴。

③ 轴间角：两轴测轴之间的夹角，称为轴间角，分别为 $\angle X_1O_1Y_1$、$\angle X_1O_1Z_1$、$\angle Y_1O_1Z_1$。

④ 轴向伸缩系数：沿轴测轴方向的线段长度与物体上沿坐标轴方向的对应线段长度之比，称为轴向伸缩系数。即：

$$p=O_1X_1/OX \quad q=O_1Y_1/OY \quad r=O_1Z_1/OZ$$

3. 轴测图的投影特性

① 平行性：物体上相互平行的线段，其轴测投影也相互平行；平行于坐标轴的线段（轴向线段），其轴测投影必定平行于对应的轴测轴。

② 定比性：轴向线段与其对应的轴测轴具有相同的轴向伸缩系数。

二、正等轴测图

当投射线垂直于轴测投影面且三个坐标轴与轴测投影面的倾斜角度相等时，得到的轴测图为正等轴测图。

1. 轴间角和轴向伸缩系数

正等轴测图的轴间角均为 120°，轴向伸缩系数 $p=q=r=0.82$，为作图方便，取 $p=q=r=1$。一般将 O_1Z_1 轴画成铅垂方向，而 O_1X_1、O_1Y_1 与水平方向夹角为 30°，如图 4-25 所示。

2. 平面立体的正等轴测图

（1）坐标法

根据点的坐标，确定物体表面各点的轴测投影，然后顺次连接各点，从而画出物体的轴测图。坐标法是画物体轴测图的基本方法。

【例 4-8】 如图 4-26 所示，已知正五棱柱的两面投影，求作其正等轴测图。

① 分析形体，确定坐标轴。如图 4-26 所示，取顶面中心 O' 为原点，确定如图中所示的坐标轴。

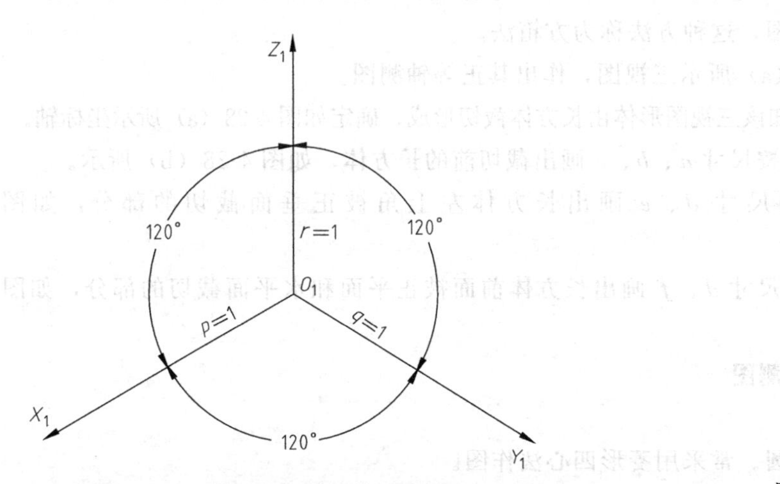

图 4-25 轴间角和轴向伸缩系数

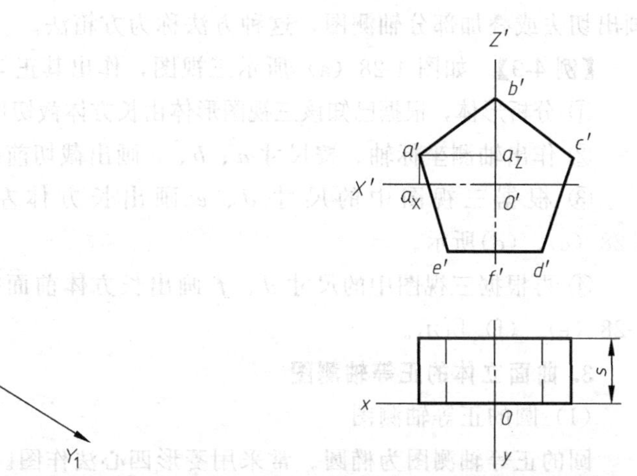

图 4-26 正五棱柱的两面投影

② 画出如图 4-27（a）所示的轴测轴，过 O_1 点在 X_1 轴上量取 $O_1a_{X1}=O'a_X$，过 O_1 点在 Z_1 轴上量取 $O_1a_{Z1}=O'a_Z$，确定点 a_{X1}、a_{Z1}；分别过 a_{X1}、a_{Z1} 作 Z_1、X_1 轴的平行线交于 a_1 点；同理作出 c_1 点。

③ 沿 Z_1 轴量取 $O_1b_1=b'O'$，$O_1f_1=O'f'$，确定点 b_1、f_1；过 f_1 点作平行于 X_1 轴

的线段 e_1d_1，使 $e_1d_1=e'd'$，得 e_1、d_1 两点，如图 4-27（b）所示。

④ 顺次连接五顶点，如图 4-27（c）所示。沿各顶点作 Y_1 轴平行线长度为 s，如图 4-27（d）所示。

⑤ 擦去多余线段，加深。作图结果如图 4-27（e）所示。

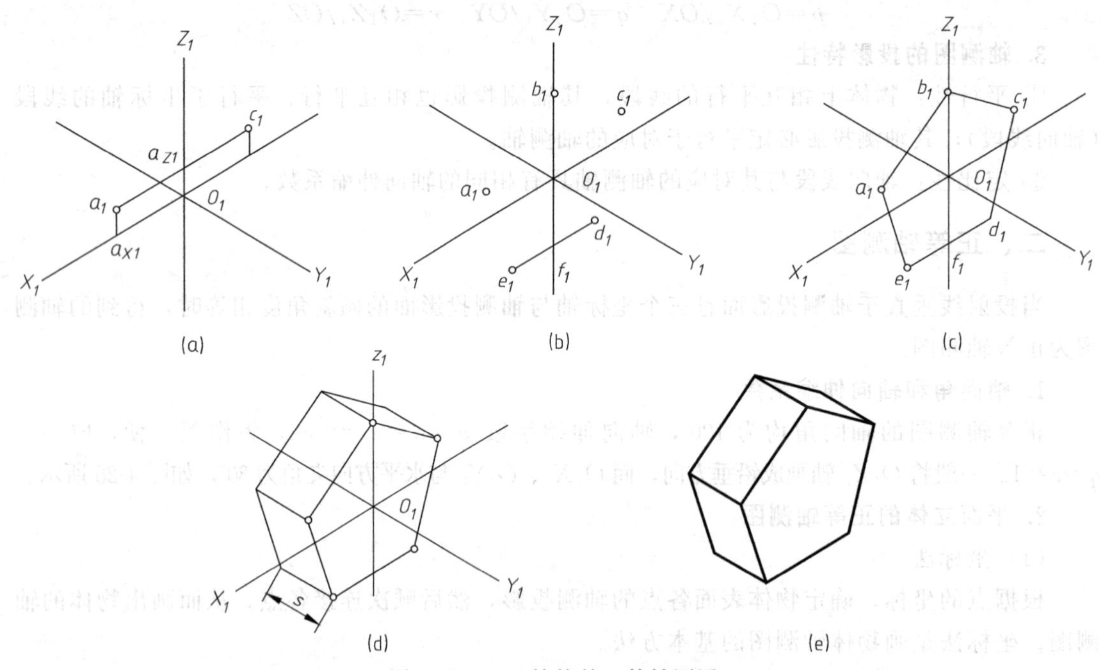

图 4-27 正五棱柱的正等轴测图

（2）方箱法

长方体经切割或叠加形成的形体，可先画出完整长方体轴测图，再用切割或叠加的方法画出切去或叠加部分轴测图，这种方法称为方箱法。

【例 4-9】 如图 4-28（a）所示三视图，作出其正等轴测图。

① 分析形体，根据已知该三视图形体由长方体截切形成，确定如图 4-28（a）所示坐标轴。

② 作出轴测坐标轴。按尺寸 a、b、c 画出截切前的长方体，如图 4-28（b）所示。

③ 根据三视图中的尺寸 d、e 画出长方体左上角被正垂面截切的部分，如图 4-28（c）、(d)所示。

④ 再根据三视图中的尺寸 d、f 画出长方体前面被正平面和水平面截切的部分，如图 4-28（e）、(f) 所示。

3. 曲面立体的正等轴测图

（1）圆的正等轴测图

圆的正等轴测图为椭圆。常采用菱形四心法作图。

【例 4-10】 如图 4-29（a）所示，已知半径为 R 的水平圆，作出其正等轴测图。

① 确定坐标轴，作出圆的外切正方形，如图 4-29（a）所示。

② 画出如图 4-29（b）所示的轴测轴，在 X_1 轴、Y_1 轴分别量取 $O_11_1=O1$、$O_12_1=O2$、$O_13_1=O3$、$O_14_1=O4$，过 1_1、2_1、3_1、4_1 点分别作 X_1 轴、Y_1 轴的平行线，得菱形 $a_1b_1c_1d_1$。

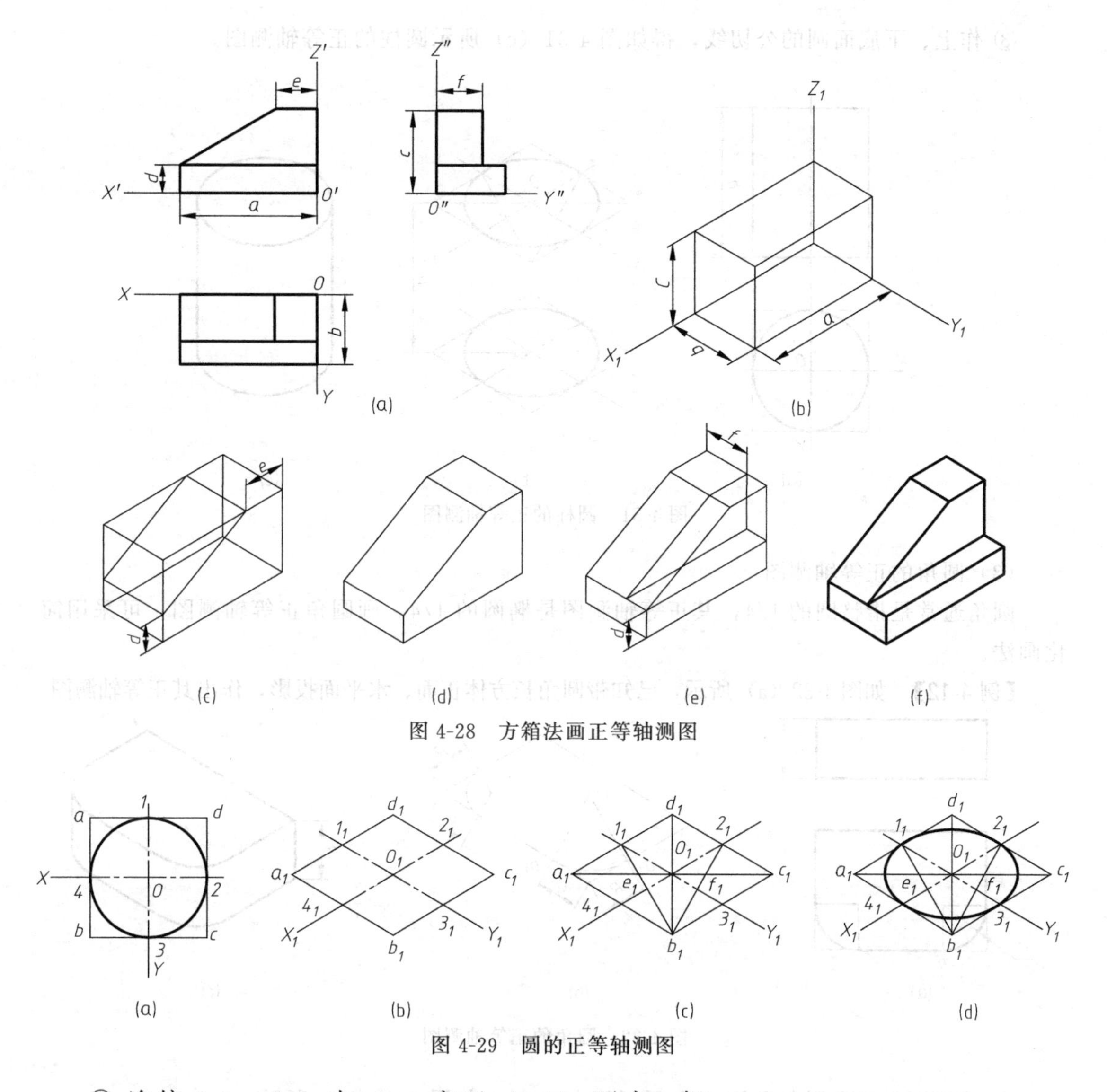

图 4-28 方箱法画正等轴测图

图 4-29 圆的正等轴测图

③ 连接 $b_1 1_1$、$b_1 2_1$ 与 $a_1 c_1$ 交于 e_1、f_1 两点，如图 4-29（c）所示。

④ 分别以 e_1、f_1 为圆心，$e_1 1_1$ 为半径画圆弧 $1_1 4_1$、$2_1 3_1$，再以 b_1、d_1 为圆心，$b_1 1_1$ 为半径画圆弧 $1_1 2_1$、$3_1 4_1$。这四段圆弧光滑连接所得图形，即为所求的近似椭圆，如图 4-29（d）所示。

图 4-30 所示为平行于三个不同坐标面的圆的正等轴测图。

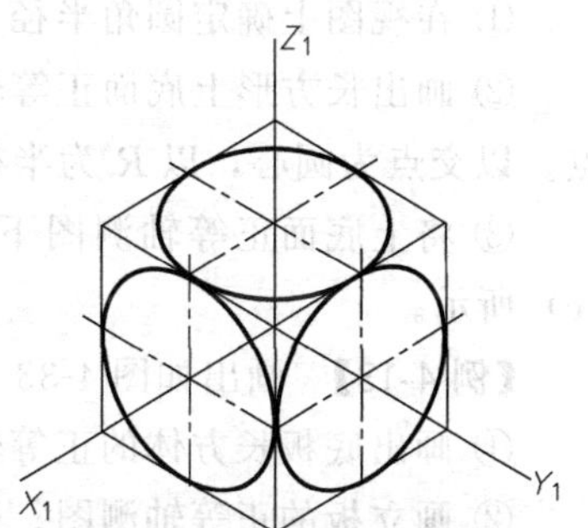

图 4-30 平行坐标面上圆的正等轴测图

（2）圆柱的正等轴测图

【例 4-11】 如图 4-31（a）所示，求作圆柱的正等轴测图。

① 确定坐标及原点，如图 4-31（a）所示。

② 画轴测轴，确定上、下底面圆中心，用菱形四心法作椭圆，如图 4-31（b）所示。

③ 作上、下底面圆的公切线，得如图 4-31（c）所示圆柱的正等轴测图。

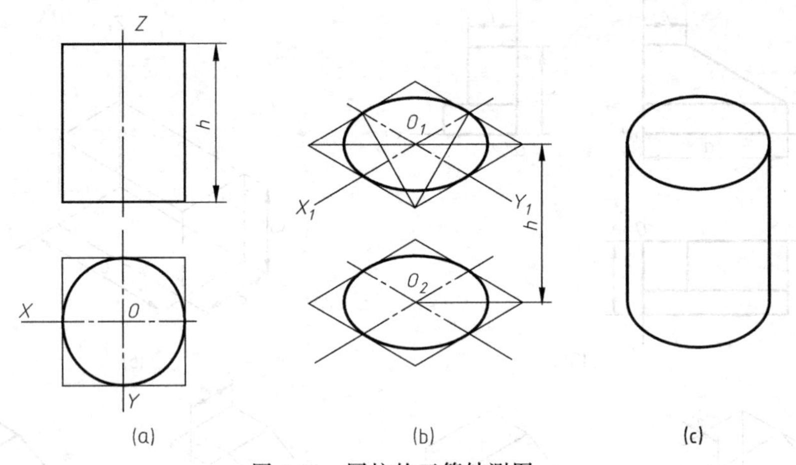

图 4-31 圆柱的正等轴测图

(3) 圆角的正等轴测图

圆角通常是指整圆的 1/4，其正等轴测图是椭圆的 1/4。画圆角正等轴测图，可采用简化画法。

【例 4-12】 如图 4-32（a）所示，已知带圆角长方体正面、水平面投影，作出其正等轴测图。

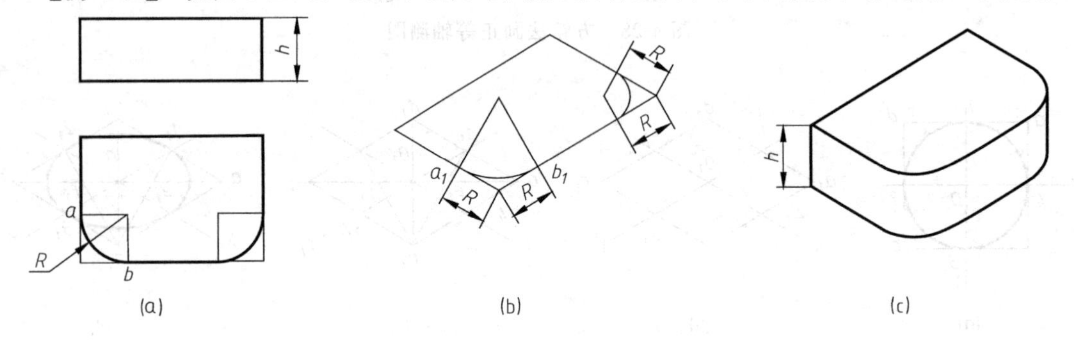

图 4-32 圆角的正等轴测图

① 在视图上确定圆角半径 R 和圆弧切点 a、b，如图 4-32（a）所示。

② 画出长方形上底面正等轴测图，确定切点 a_1、b_1，过 a_1、b_1 分别作该边垂线，得交点。以交点为圆心，以 R 为半径画弧，即为轴测图上的圆角，如图 4-32（b）所示。

③ 将上底面正等轴测图下移距离为 h，作出圆弧的公切线及其他轮廓线，如图 4-32（c）所示。

【例 4-13】 画出如图 4-33（a）所示组合体的正等轴测图。

① 画出底板长方体的正等轴测图，如图 4-33（b）所示。

② 画立板的正等轴测图。确定立板前面圆柱孔的圆心，先画出前孔的正等轴测图椭圆及顶部圆弧面的椭圆弧，再画出与其相切的直线，如图 4-33（c）所示。将圆心移到立板后端面，同理作出后端面的正等轴测图，在立板右上方作出两椭圆弧的公切线，完成立板的正等轴测图，如图 4-33（d）所示。

③ 画出底板的圆角及两圆孔的正等轴测图，如图 4-33（e）所示。

④ 擦去作图线，加深，作图结果如图 4-33（f）所示。

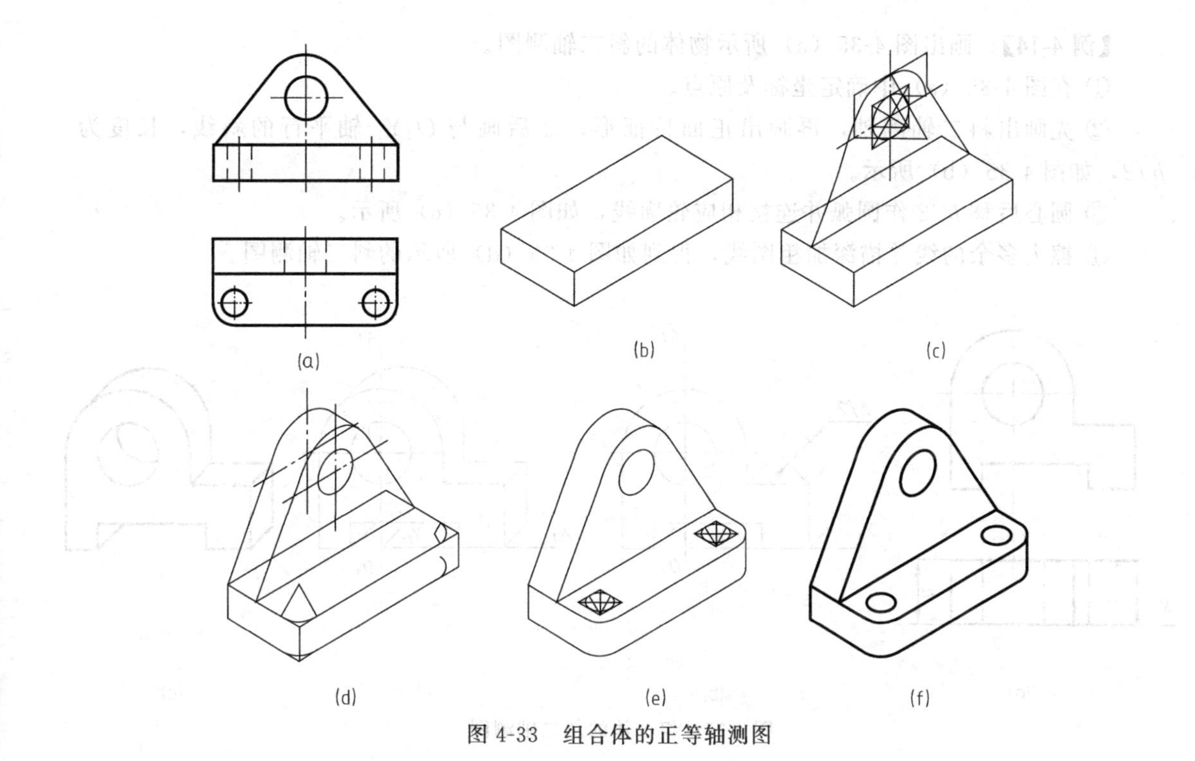

图 4-33　组合体的正等轴测图

三、斜二轴测图

轴测投影面与物体的某一个坐标面平行，用斜投影法在轴测投影面所得轴测图，称为斜二轴测图（斜二测），如图 4-34（a）所示。

1. 轴间角和轴向伸缩系数

斜二测的轴间角$\angle X_1O_1Y_1=\angle Y_1O_1Z_1=135°$，$\angle X_1O_1Z_1=90°$。轴向伸缩系数 $p=r=1$，$q=0.5$，如图 4-34（b）所示。

2. 斜二轴测图画法

通常物体在某一方向有圆或形状复杂时，绘制斜二测图较为简便。

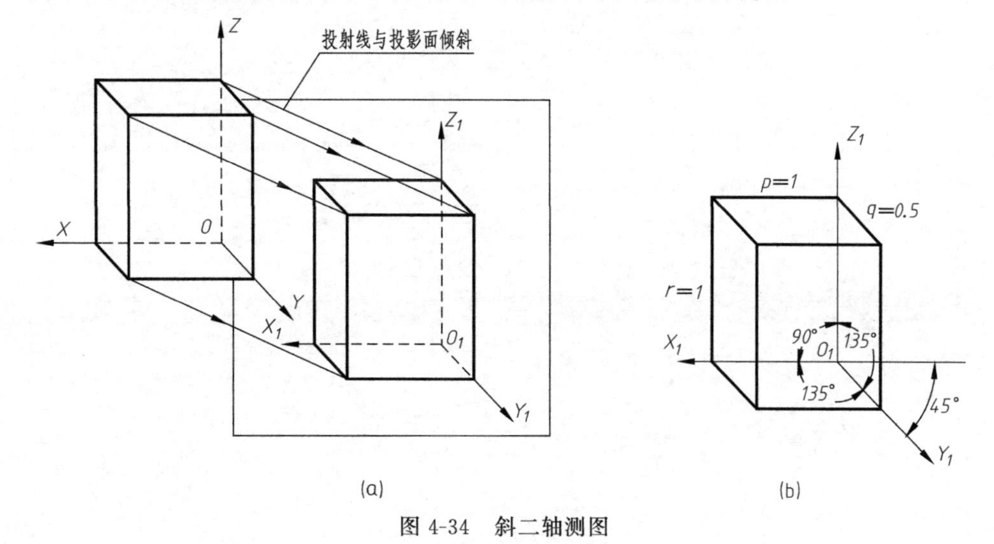

图 4-34　斜二轴测图

【例 4-14】 画出图 4-35（a）所示物体的斜二轴测图。

① 在图 4-35（a）中确定坐标及原点。

② 先画出斜二轴测轴，再画出正面特征形，然后画与 O_1Y_1 轴平行的斜线，长度为 $h/2$，如图 4-35（b）所示。

③ 圆心后移 $h/2$ 作圆弧并连接相应轮廓线，如图 4-35（c）所示。

④ 擦去多余的线并描深加粗图线，得到如图 4-35（d）所示的斜二轴测图。

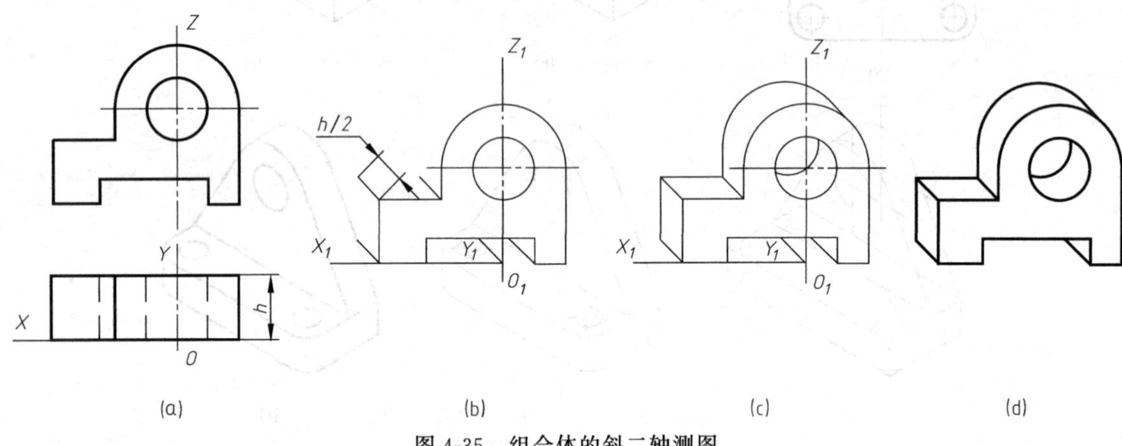

图 4-35 组合体的斜二轴测图

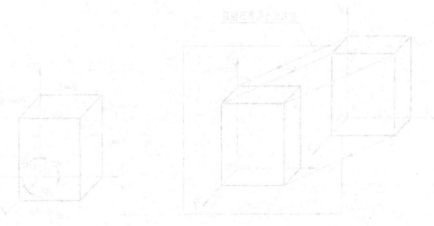

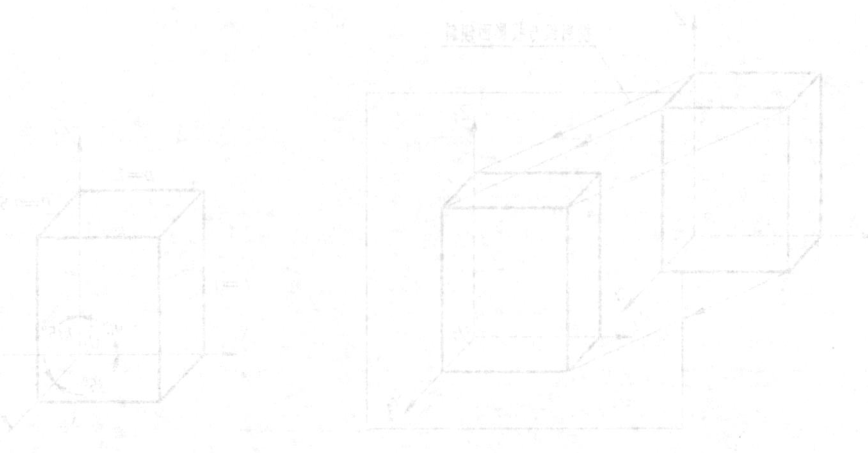

第五章 组合体的视图

有了点、线、面和基本形体的投影知识，就为讨论比较复杂的形体的画图和看图方法奠定了基础。本章侧重研究两个或两个以上基本形体的组合形式、画图和看图的方法以及尺寸标注的原则、方法等问题。

第一节 组合体的构成

一、组合体的概念

任何复杂的物体，从形体角度看，都可以看成是由一些基本形体按照一定的方式组合而成的。这些基本形体包括棱柱、棱锥、圆柱、圆锥、球和圆环等。由两个或两个以上的基本形体组成的物体称为组合体。

二、组合体的形成方式

组合体的形成方式可分为叠加和挖切两种基本方式，以及既有叠加又有挖切的综合方式，如图 5-1 所示。

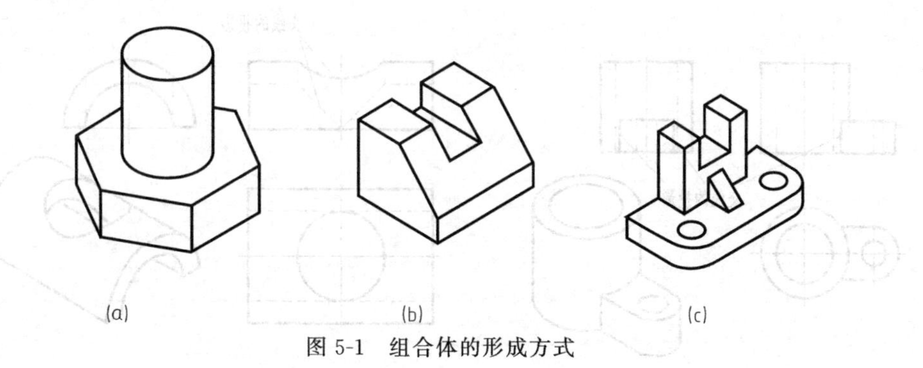

图 5-1 组合体的形成方式

1. 叠加

(1) 叠合

两个基本形体表面重合的叠加方式称为叠合。如图 5-2 所示，形体 1 与形体 2 上下叠合。

需要注意的是上、下两部分形体的表面有平齐和不平齐两种情况，平齐时，视图上两形体之间不画界线，如图 5-2 (a) 所示；不平齐时，视图上两形体之间必须画出界线，如图 5-2 (b) 所示。

(2) 相切

两个基本形体表面（平面与曲面或曲面与曲面）光滑过渡的叠加方式称为相切。相切叠加时，视图上两表面之间相切处不划分界线，如图 5-3（a）、（b）所示。

（3）相交

两基本体表面相交的叠加方式称为相交。相交叠加时，相交处会产生不同形式的交线，在视图中应画出这些交线的投影，如图 5-4（a）、（b）所示。

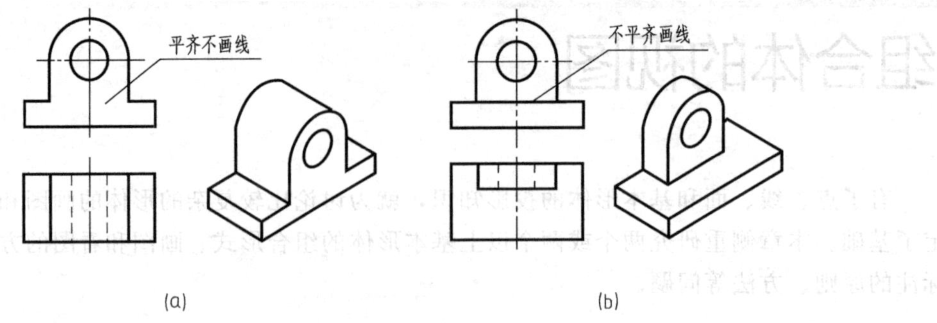

图 5-2 形体叠合

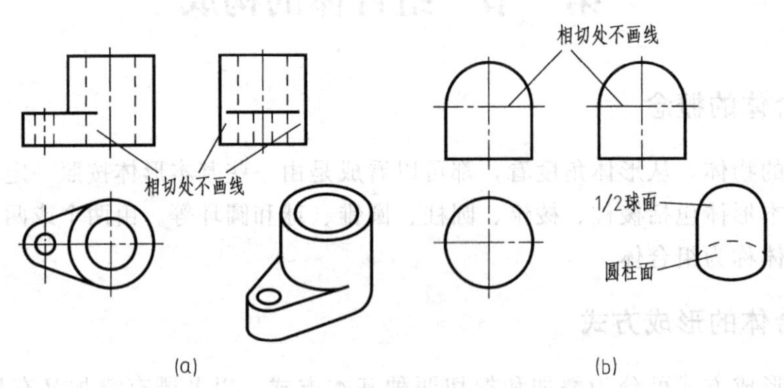

图 5-3 形体相切

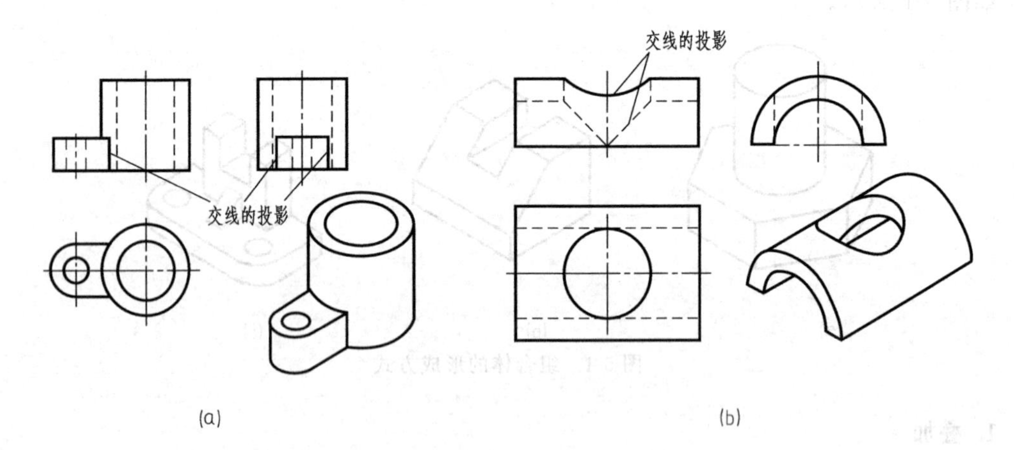

图 5-4 形体相交

2. 挖切

基本体经截切或挖孔而形成的组合体。画挖切式组合体时，注意多平面截切后产生的截交线形状，并抓住平面各投影的类似性特点，按三等规律正确表达组合体的三视图。如图 5-5 所示。

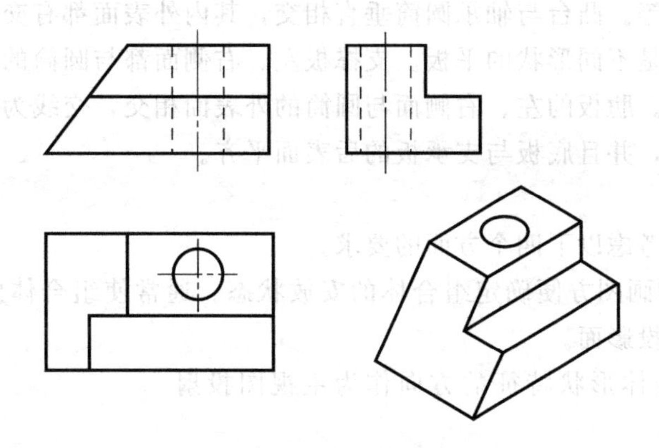

图 5-5 挖切式组合体的表达特点

三、形体分析法

所谓形体分析就是将组合体按其组成方式假想地分解成若干基本形体，分析各基本体的形状、它们之间的相对位置和表面间的关系，这种方法称为形体分析法。形体分析法是解决组合体画图、看图和标注尺寸问题的基本方法。

第二节 组合体三视图的画法

一、以叠加为主的组合体三视图的画法

画此类组合体的视图时通常采用形体分析法。

现以图 5-6 所示轴承座为例说明此类组合体的绘图过程。

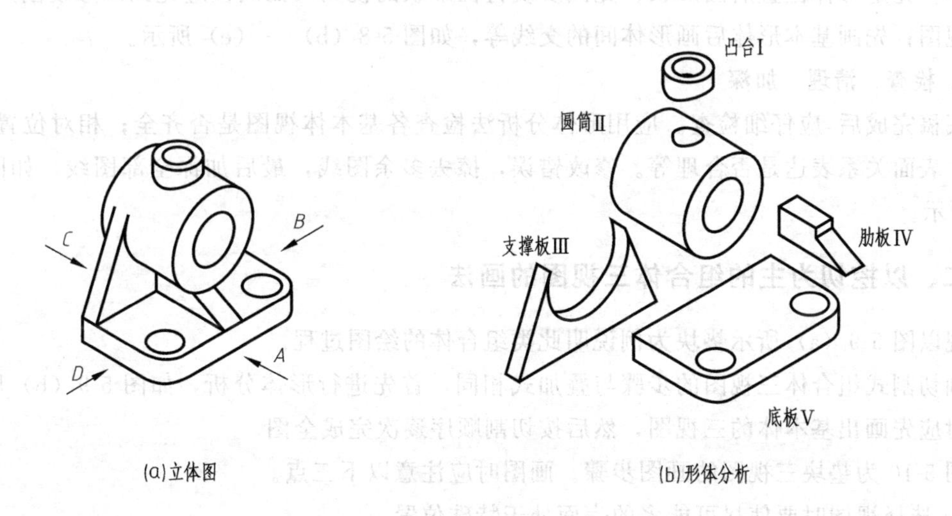

(a)立体图　　(b)形体分析

图 5-6 轴承座

1. 形体分析

应用形体分析法，可以把图 5-6 所示轴承座分解为五个部分：凸台Ⅰ、圆筒Ⅱ、支撑板

Ⅲ、肋板Ⅳ及底板Ⅴ等。凸台与轴承圆筒垂直相交，其内外表面都有交线——相贯线。支撑板、肋板和底板分别是不同形状的平板。支撑板左、右侧面都与圆筒的外表面相切，画图时应注意相切处不画线。肋板的左、右侧面与圆筒的外表面相交，交线为两条直线。底板、支撑板、肋板相互叠合，并且底板与支承板的后表面平齐。

2. 选主视图

选择主视图可以考虑以下四个方面的要求。

① 由形象稳定和画图方便确定组合体的安放状态。通常使组合体的底板朝下，主要表面（或轴线）平行于投影面。

② 以能反映组合体形状特征的方向作为主视图投射方向。

③ 使各视图中不可见轮廓线最少。

④ 尽量使画出的三视图长大于宽。

根据以上四点，在图 5-6 中所作 A、B、C、D 四个投射方向中，选择 A 方向所得视图作为主视图，恰好满足要求。所得主视图如图 5-7 所示。

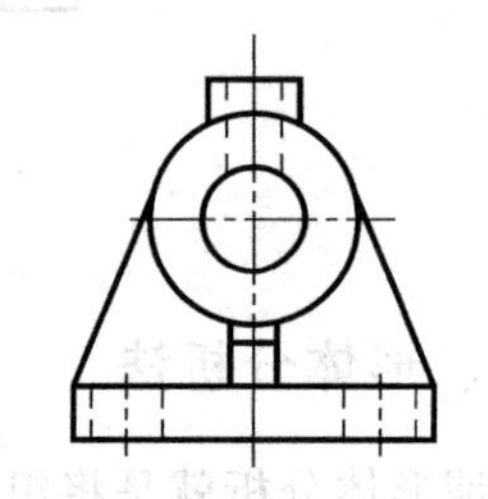

图 5-7 轴承座主视图

主视图确定后，俯视图和左视图的投影方向则随之确定。

3. 布置视图

布置视图就是根据各视图的最大轮廓尺寸和各视图间留有的间隙，在图纸上均匀地布置各视图的位置，画出各视图在两个方向上的基线，如图 5-8（a）所示。可以作为基线的一般是组合体的底面、端面、对称平面和回转体轴线等的投影。

4. 画底稿

细、轻、准、快地逐个画出各基本体的视图。画图的一般顺序是：先画主要形体后画次要形体；先定形体位置后画形状；先画反映特征形状的视图（如圆柱应先画圆形视图）后画其他视图；先画基本形体后画形体间的交线等，如图 5-8（b）～（e）所示。

5. 检查、清理、加深

底稿完成后，应仔细检查。应用形体分析法检查各基本体视图是否齐全；相对位置是否正确；表面关系表达是否合理等。修改错误，擦去多余图线，最后加深全部图线，如图 5-8（f）所示。

二、以挖切为主的组合体三视图的画法

现以图 5-9（a）所示垫块为例说明此类组合体的绘图过程。

画切割式组合体三视图的步骤与叠加式相同，首先进行形体分析，如图 5-9（b）所示。作图时应先画出基本体的三视图，然后按切割顺序逐次完成全图。

图 5-10 为垫块三视图的画图步骤。画图时应注意以下三点。

① 选择视图时要使尽可能多的表面处于特殊位置。

② 作图时应先画出截切面的积聚性投影，再根据切面与立体表面相交的情况画出其他投影。

③ 对于一般位置截切面，应注意其各投影的类似性。

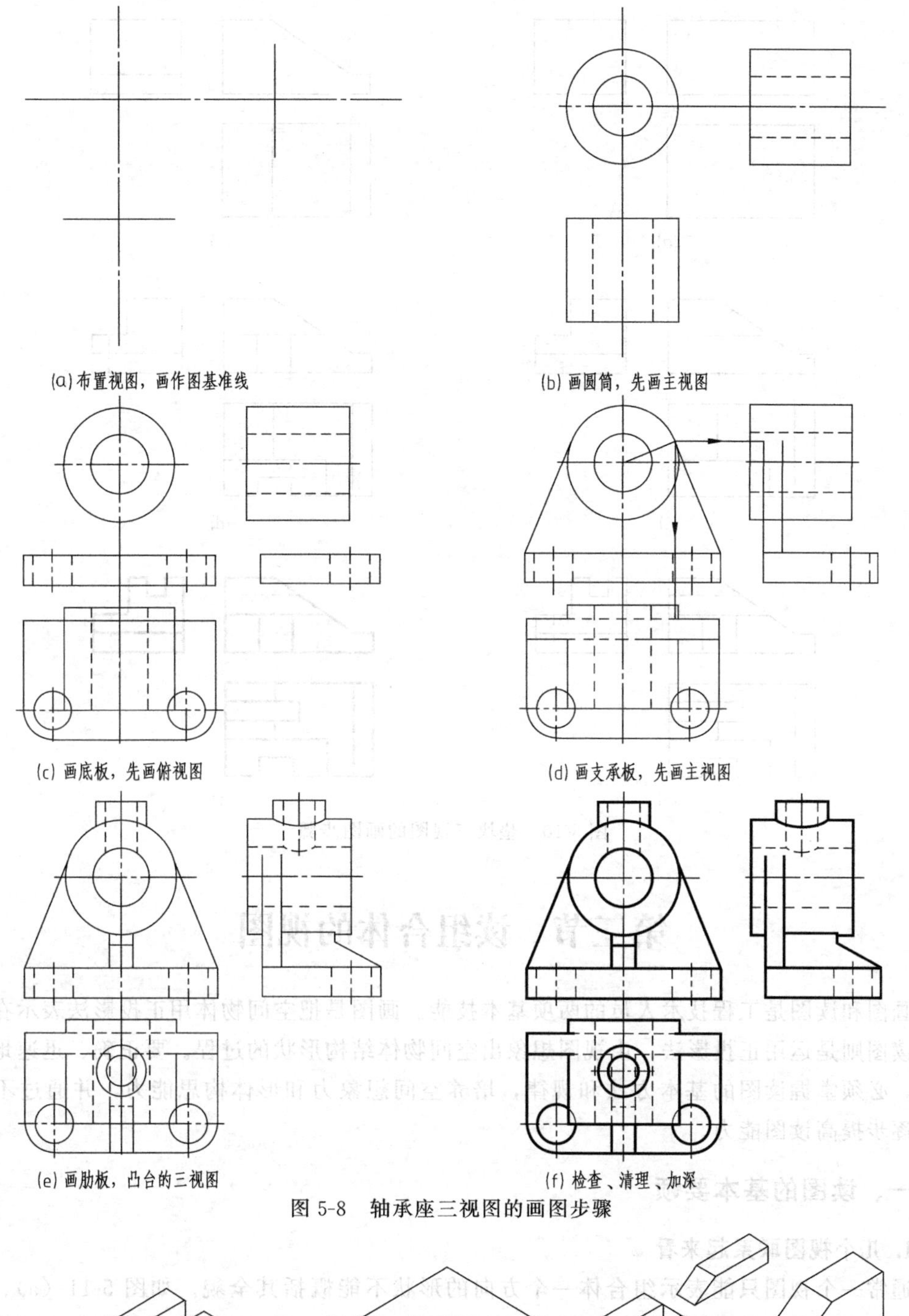

(a) 布置视图，画作图基准线
(b) 画圆筒，先画主视图
(c) 画底板，先画俯视图
(d) 画支承板，先画主视图
(e) 画肋板，凸台的三视图
(f) 检查、清理、加深

图 5-8 轴承座三视图的画图步骤

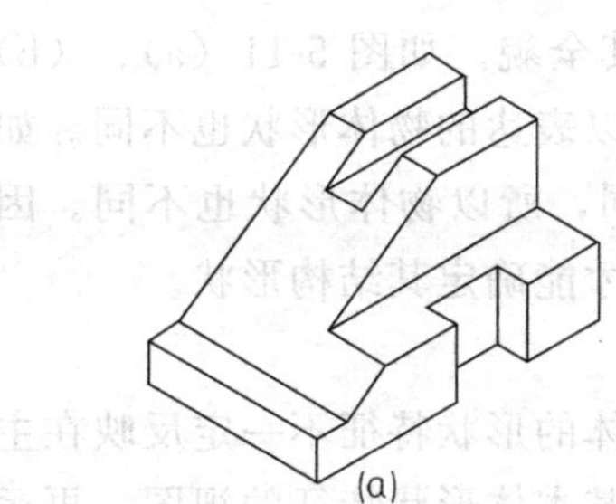
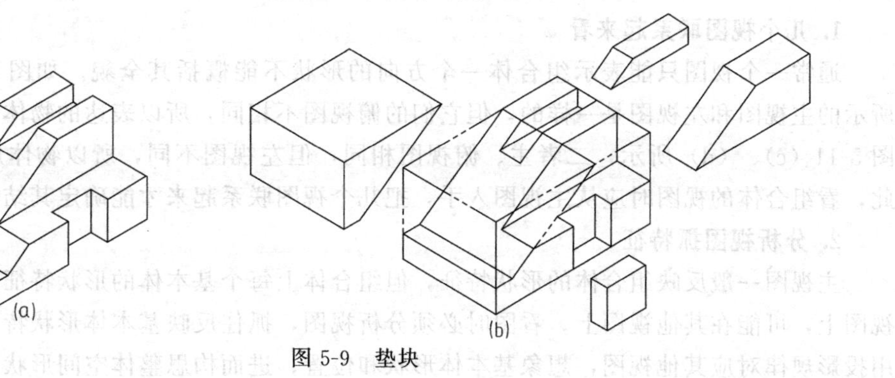

图 5-9 垫块

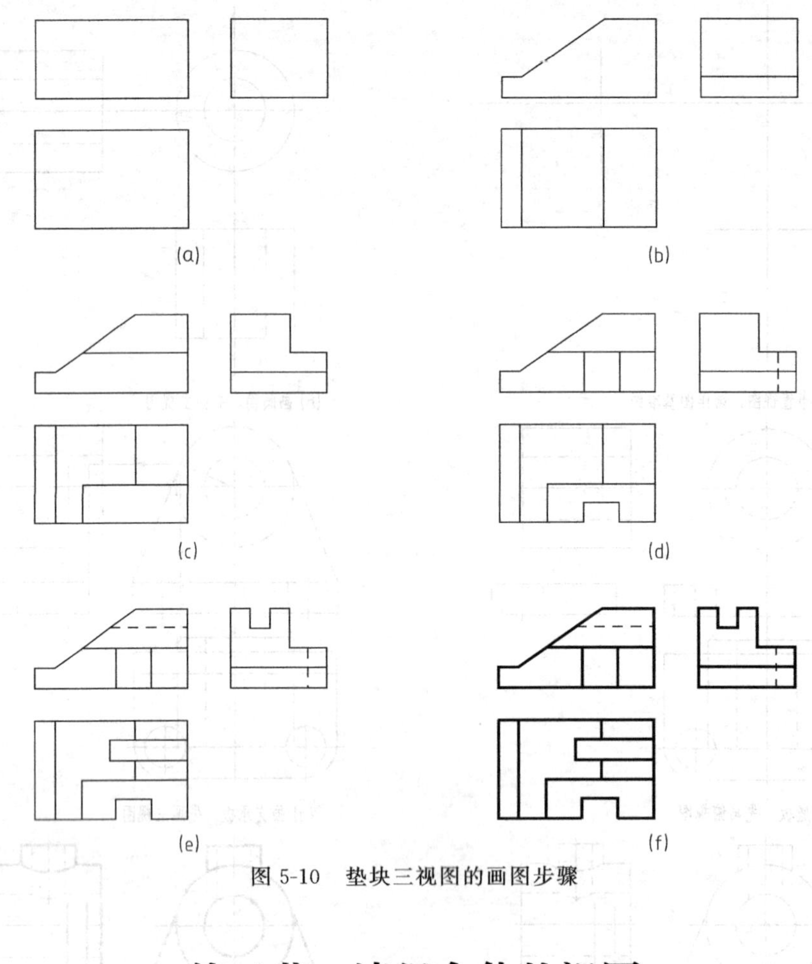

图 5-10 垫块三视图的画图步骤

第三节 读组合体的视图

画图和读图是工程技术人员的两项基本技能。画图是把空间物体用正投影法表示在图纸上。读图则是运用正投影法，由视图想象出空间物体结构形状的过程。要正确、迅速地读懂视图，必须掌握读图的基本方法和规律，培养空间想象力和形体构思能力，并通过不断实践，逐步提高读图能力。

一、读图的基本要领

1. 几个视图联系起来看

通常一个视图只能表示组合体一个方向的形状不能概括其全貌。如图 5-11 (a)、(b) 所示的主视图和左视图是一样的，但它们的俯视图不相同，所以表达的物体形状也不同。如图 5-11 (c)、(d) 所示，二者主、俯视图相同，但左视图不同，所以物体形状也不同。因此，看组合体的视图时应从主视图入手，把几个视图联系起来才能确定其结构形状。

2. 分析视图抓特征

主视图一般反映组合体的形状特征，但组合体上每个基本体的形状特征不一定反映在主视图上，可能在其他视图上。看图时必须分析视图，抓住反映基本体形状特征的视图，再运用投影规律对应其他视图，想象基本体形状和位置，进而构思整体空间形状。

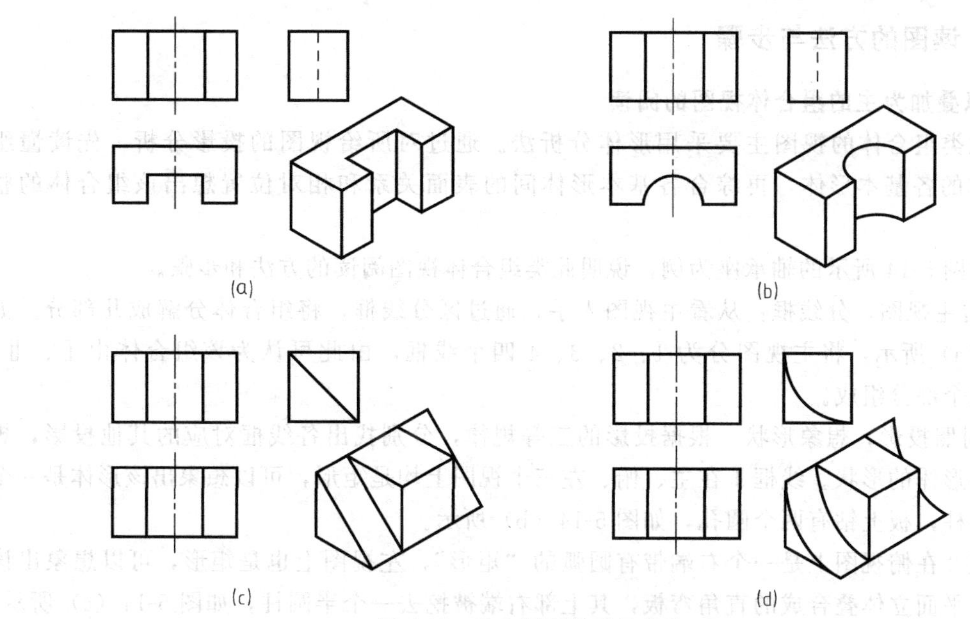

图 5-11　几个视图联系起来看

图 5-12 是环板的三视图。显然，俯视图为特征视图，反映了物体的主要轮廓和形状特征，结合主视图的高度，即可完全构思出其结构形状。

3. 了解线框和图线的含义

弄清视图中图线和线框的含义，是看图的基础。现以图 5-13 为例说明。

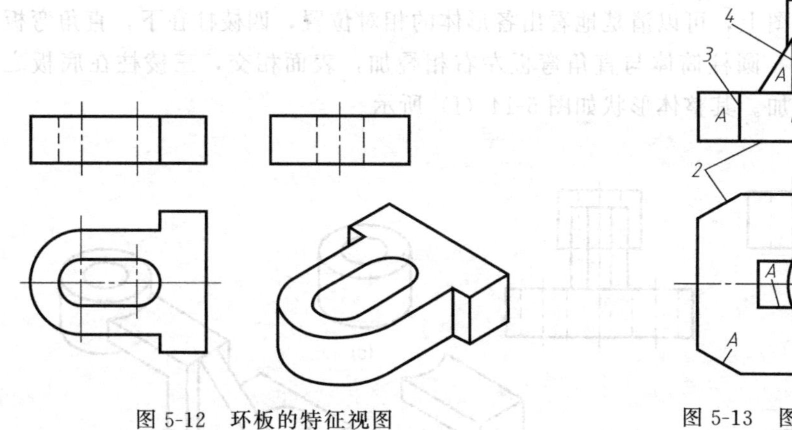

图 5-12　环板的特征视图　　　图 5-13　图线与线框的含义

视图中封闭线框的含义如下。

① 平面的投影：投影面平行面或倾斜面的投影，如图5-13中线框 A。

② 曲面的投影：圆柱面、锥面、球面的投影，如图 5-13 中线框 B。

③ 组合表面或孔、槽的投影：图 5-13 中线框 C 为平面与柱面相切的组合投影。

视图中每条线的含义如下。

① 平面或曲面的积聚性投影，如图 5-13 中图线 1、2。

② 平面与平面、平面与曲面、曲面与曲面交线的投影，如图 5-13 中图线 3、4。

③ 回转体转向轮廓线的投影，如图5-13 中图线 5。

二、读图的方法与步骤

1. 以叠加为主的组合体视图的阅读

读此类组合体的视图主要采用形体分析法。通过对所给视图的投影分析，先读懂组成组合体的各基本形体，再综合各基本形体间的表面关系和相对位置想出该组合体的整体形状。

现以图 5-14 所示的轴承座为例，说明此类组合体视图阅读的方法和步骤。

① 看主视图，分线框：从看主视图入手，通过区分线框，将组合体分解成几部分。如图 5-14（a）所示，将主视图分为 1、2、3、4 四个线框，由此可认为该组合体由Ⅰ、Ⅱ、Ⅲ、Ⅳ四个部分组成。

② 对照投影，想象形状：根据投影的三等规律，分别找出各线框对应的其他投影，想出各基本形体的形状。线框 1 在主、俯、左三个视图上均是矩形，可以想象出该形体是一个板状四棱柱，板上钻有两个圆孔，如图 5-14（b）所示。

线框 2 在俯视图上是一个右端带有圆弧的“矩形”，左视图上也是矩形，可以想象出该形体是由平面立体叠合成的直角弯板，其上部右端被挖去一个半圆柱，如图 5-14（c）所示。

线框 3 俯视图上对应两个同心圆，主、左两视图上都是矩形，因此为一个圆柱筒体，如图 5-14（d）所示。

线框 4（三角形）在俯、左两视图上均为矩形，因此是一板状三棱柱，如图 5-14（e）所示。

③ 定位置，想整体：在看懂个部分形体的基础上，综合分析各形体的组合方式和相对位置，想象出组合体的整体形状。

从轴承座的主、俯视图上，可以清楚地看出各形体的相对位置，四棱柱在下，直角弯板在其上、居中右立面平齐，圆柱筒体与直角弯板左右相叠加，表面相交，三棱柱在底板之上、居中、与弯板左右叠加。其整体形状如图 5-14（f）所示。

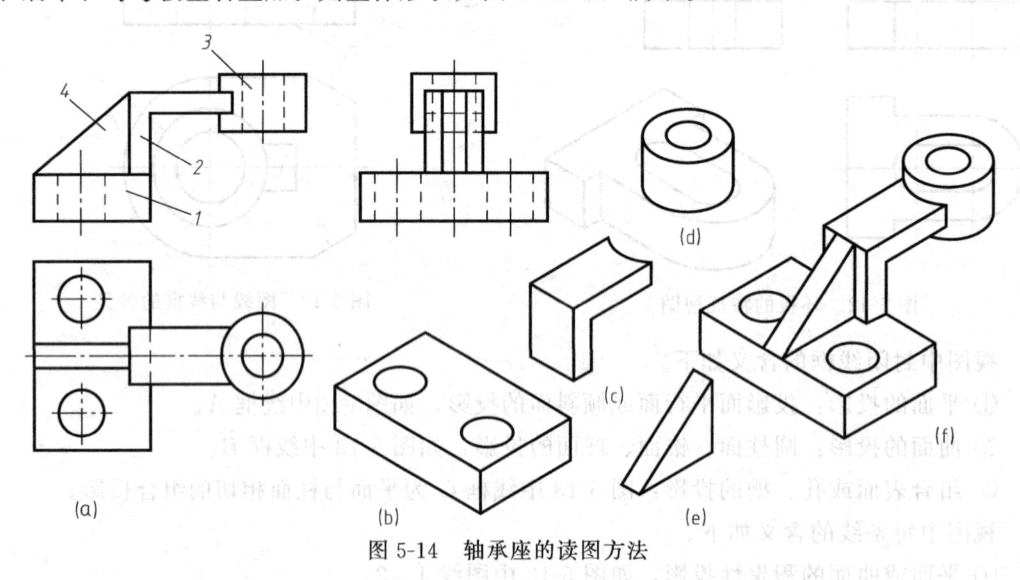

图 5-14 轴承座的读图方法

2. 以切割为主的组合体视图的阅读

此类组合体视图的阅读主要采用线面分析法，通过对投影，分出各表面的形状、相对位置以及面与面交线的特征，然后综合起来想出组合体的整体形状。

现以图 5-15 所示的压板为例，说明用线面分析法读图的步骤。

（1）初步确定物体的外形特征

分析图 5-15（a）可知，压块三视图的外形均是有缺口的矩形，可以初步认为该物体是由长方体切割而成，在其中间首先挖切一个阶梯圆柱通孔。

（2）确定切割面的形状和位置

由图 5-15（b）可知，在俯视图中有梯形线框 q，而在主视图中可找出与它“长对正”的斜线 q'，由此可见 Q 面是垂直于 V 面的梯形平面。长方体的左上角是由 Q 面切割而成，平面 Q 对 W 面和 H 面都处于倾斜位置，所以它们的侧面投影 q''和水平投影 q 是类似图形，不反映 Q 面的真实形状。

由图 5-15（c）可知，在主视图上有七边形线框 m'，而在俯视图中可找到与它“长对正”的斜线 m，由此可见 M 面是铅垂面。长方体的左端就是由前后两个铅垂面切割而成。

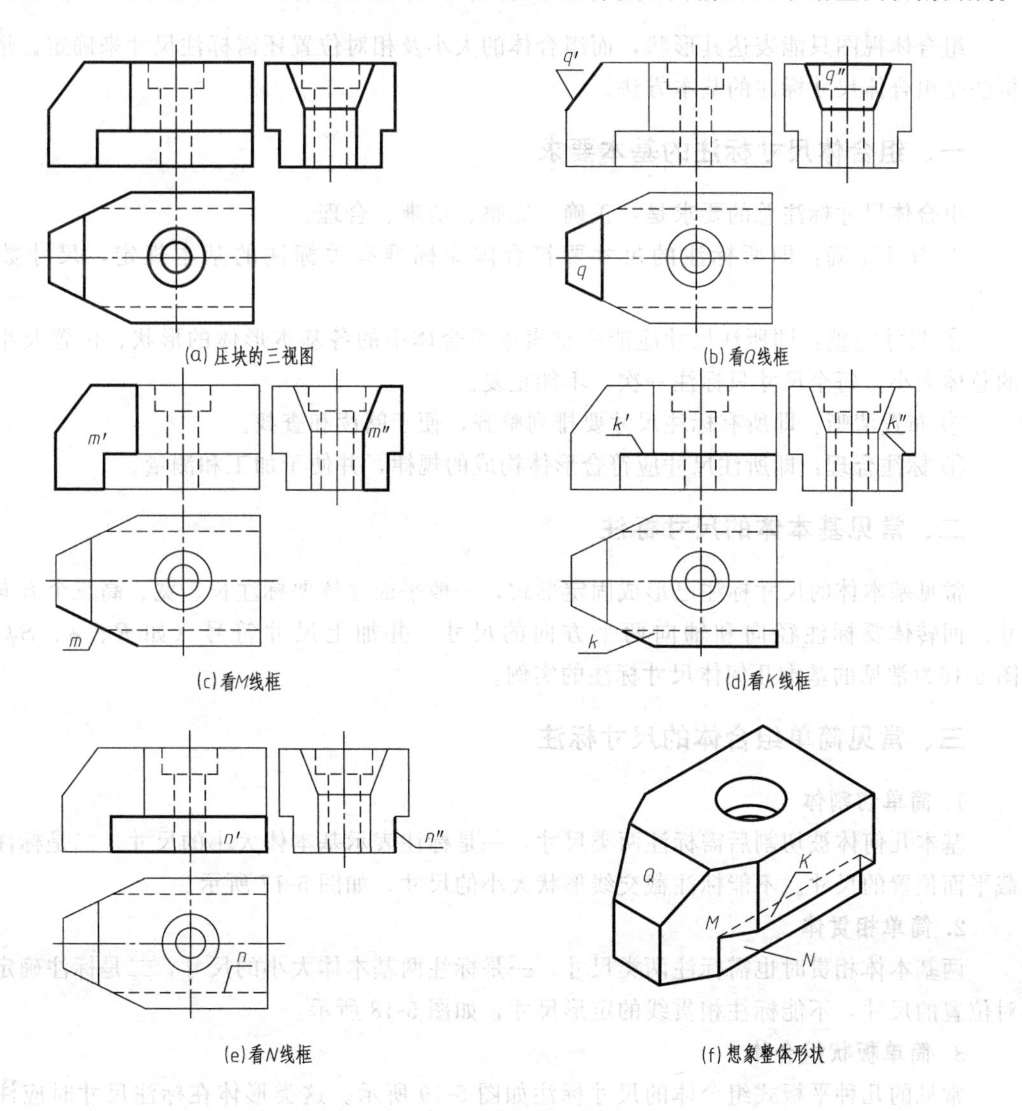

图 5-15　线面分析法读图

平面 M 对 V 面和 W 面都处于倾斜位置，因而侧面投影 m'' 也是类似的七边形线框。

由图 5-15（d）俯视图的四边形线框 k 入手，可找到 K 面的其他投影 k'、k''。由图 5-15（e）主视图上的长方形线框 n'入手，可找到 N 面的另两个投影 n、n''。分析投影可知，K 面为水平面、N 面为正平面，长方体的前后两侧下边，就是由这样两个平面切割而成。

（3）综合想象其整体形状

弄清楚各截切面的空间位置和形状后，根据基本形体形状、各截切面与基本形体的相对位置，并进一步分析视图中线、线框的含义，可以综合想象出整体形状，如图 5-15（f）所示。

第四节 组合体的尺寸标注

组合体视图只能表达其形状，而组合体的大小及相对位置还需标注尺寸来确定。形体分析法是组合体尺寸标注的基本方法。

一、组合体尺寸标注的基本要求

组合体尺寸标注总的要求是：正确、完整、清晰、合理。

① 标注正确：即所标注的尺寸要符合国家标准有关标注的基本规定，尺寸数字要准确。

② 尺寸完整：即所注尺寸应能完整表达组合体中的各基本形体的形状、位置及组合体的总体大小，每个尺寸只标注一次，不能重复。

③ 布置清晰：即所有标注尺寸要排列整齐，便于阅读和查找。

④ 标注合理：即所注尺寸应符合形体构成的规律，并便于加工和测量。

二、常见基本体的尺寸标注

常见基本体的尺寸标注已形成固定形式，一般平面立体要标注长、宽、高三个方向的尺寸；回转体要标注径向和轴向两个方向的尺寸，并加上尺寸符号（如 R、ϕ、$S\phi$ 等）。图 5-16为常见的基本几何体尺寸标注的实例。

三、常见简单组合体的尺寸标注

1. 简单切割体

基本几何体被切割后需标注两类尺寸，一是标注表示基本体大小的尺寸，二是标注确定截平面位置的尺寸。不能标注截交线形状大小的尺寸，如图 5-17 所示。

2. 简单相贯体

两基本体相贯时也需标注两类尺寸，一是标注两基本体大小的尺寸，二是标注确定其相对位置的尺寸，不能标注相贯线的定形尺寸，如图 5-18 所示。

3. 简单板状组合体

常见的几种平板式组合体的尺寸标注如图 5-19 所示。这类形体在标注尺寸时应注意避免重复性尺寸。

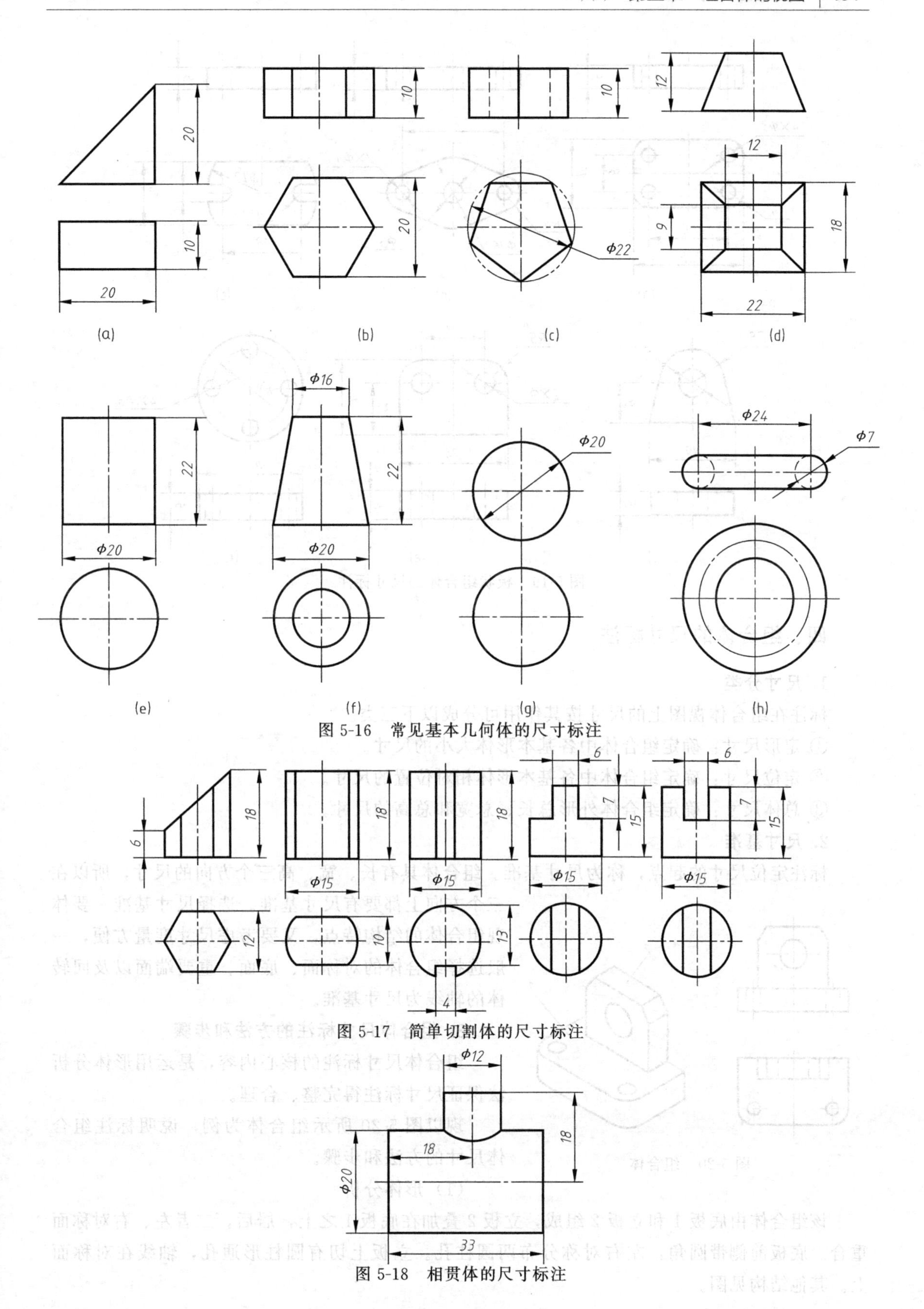

图 5-16 常见基本几何体的尺寸标注

图 5-17 简单切割体的尺寸标注

图 5-18 相贯体的尺寸标注

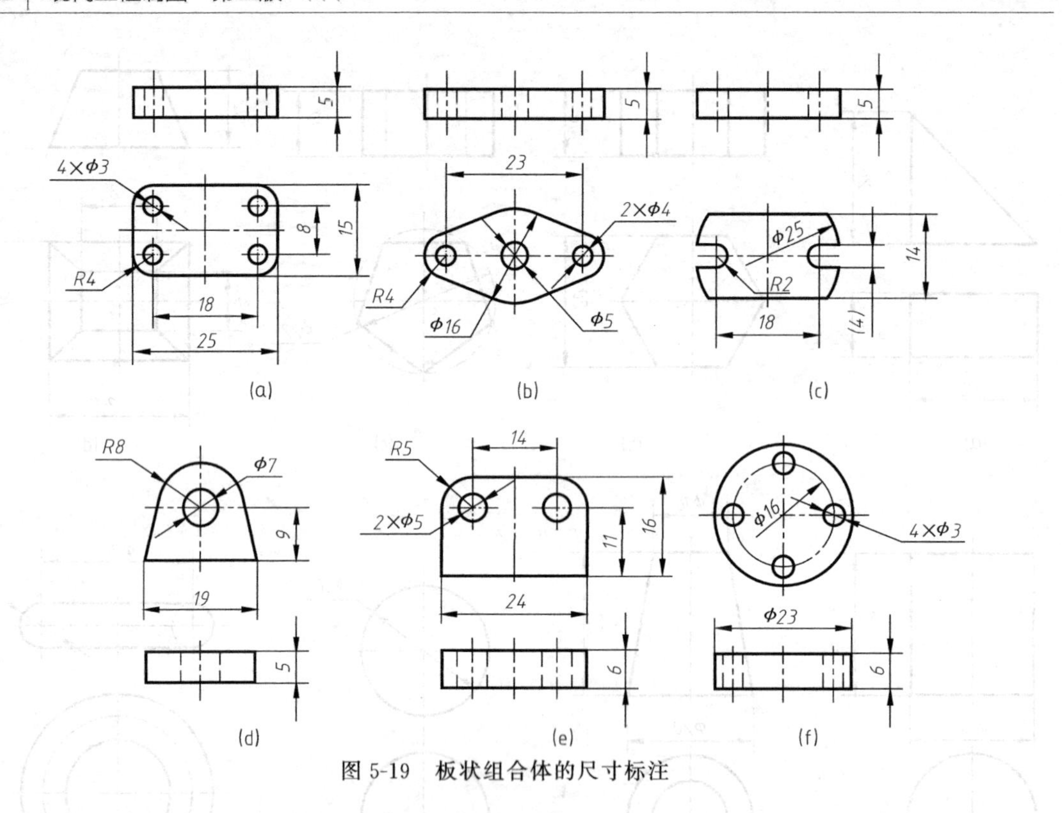

图 5-19　板状组合体的尺寸标注

四、组合体的尺寸标注

1. 尺寸分类

标注在组合体视图上的尺寸按其作用可分成以下三类。

① 定形尺寸：确定组合体中各基本形体大小的尺寸。

② 定位尺寸：确定组合体中各基本形体相对位置的尺寸。

③ 总体尺寸：确定组合体外形总长、总宽和总高的尺寸。

2. 尺寸基准

标注定位尺寸的起点，称为尺寸基准。组合体具有长、宽、高三个方向的尺寸，所以在三个方向上都要有尺寸基准。选择尺寸基准一要体现组合体的结构特点，又要考虑尺寸度量方便，一般选择组合体的对称面、底面、重要端面以及回转体的轴线为尺寸基准。

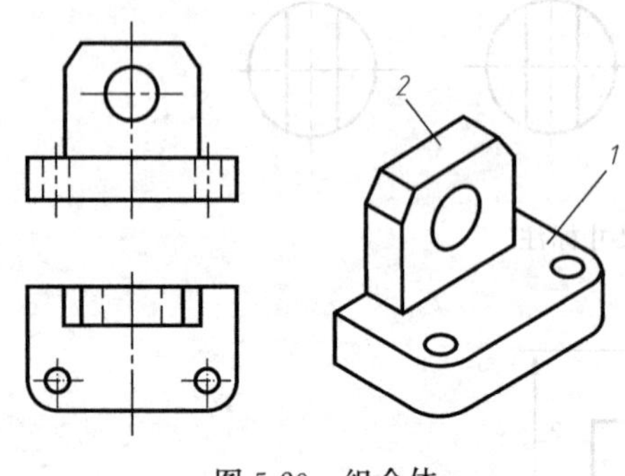

图 5-20　组合体

3. 组合体尺寸标注的方法和步骤

组合体尺寸标注的核心内容，是运用形体分析法保证尺寸标注得完整、合理。

现以图 5-20 所示组合体为例，说明标注组合体尺寸的方法和步骤。

（1）形体分析

该组合体由底板 1 和立板 2 组成，立板 2 叠加在底板 1 之上，居后，二者左、右对称面重合。底板前侧带圆角，左右对称分布两圆柱孔。立板上切有圆柱形通孔，轴线在对称面上。其他结构见图。

（2）选定尺寸基准

按照尺寸基准选择要求，该组合体的尺寸基准选择如图 5-21（a）所示。

（3）标注定形尺寸

按形体分析的思想，依次标出底板、立板的定形尺寸，图 5-21（b）所示。

（4）标注定位尺寸

如图 5-21（c）所示，标注立板定位尺寸：12、12、3；标注底板定位尺寸：18、11。

（5）调整并标注总体尺寸

所谓总体尺寸即为组合体的总长、总宽和总高。标注总体尺寸时应注意：避免尺寸重复；避免形成封闭尺寸链；当物体端部为回转面时，在该方向上不标注总体尺寸。由图 5-21（c）可以看出，高度方向上立板的定形尺寸 13 加底板的定形尺寸 5 与总高尺寸相等，产生封闭尺寸链，所以应将尺寸 13 去掉，然后标注总体尺寸 18。总长 25、总宽 15 与底板定形相同不再重复标注。标注完整后的尺寸情况如图 5-21（d）所示。

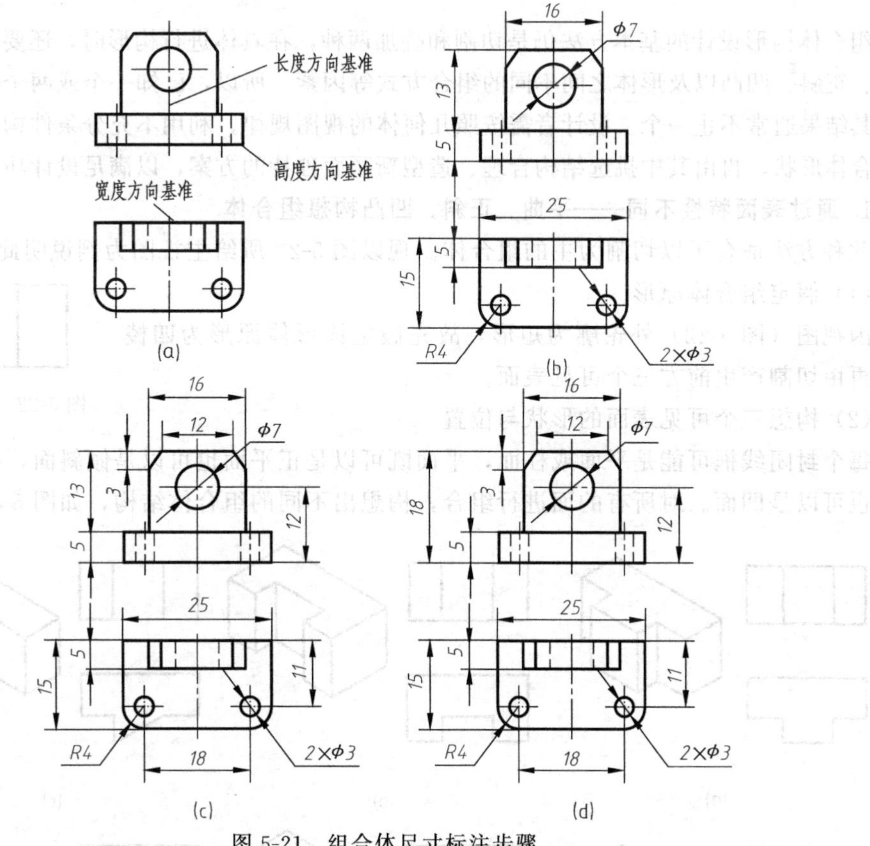

图 5-21 组合体尺寸标注步骤

4. 组合体尺寸标注的注意事项

① 定形尺寸应尽量标注在反映形体特征较明显的视图上。

② 同一基本形体相关联的定形尺寸与定位尺寸要尽量集中标注。

③ 尺寸平行排列时，应使小尺寸在内，大尺寸在外，避免尺寸线与不相干的尺寸界线相交。

④ 圆柱、圆锥的直径尺寸，一般注在非圆视图上，圆弧的半径尺寸则要注在投影为圆弧的视图上。

⑤ 尽量不在虚线上标注尺寸。

⑥ 当组合体某一方向的末端为回转体时，在该方向上不标注总体尺寸，只标注该回转体的定形和定位尺寸。

第五节 组合体的构形设计

所谓构形设计是根据已知条件或要求，构思物体的结构、形状和大小，并表达成图形的过程。本节主要讨论组合体的构形设计。

组合体的构形设计把空间想象、形体构思和视图表达三者结合起来，这不仅能促进空间想象能力、绘图设计能力的提高，更能有助于创造性思维和创新能力的开发。

本节简要介绍在给出一个视图的前提下，进行组合体构形设计的方法和思路。

一、组合体构形设计的方法

组合体构形设计的基本方法仍是切割和叠加两种，在具体进行构形时，还要考虑到表面的平曲、正斜、凹凸以及形体之间不同的组合方式等因素。所以，已知一个或两个视图构思组合体，其结果通常不止一个。设计者需按照几何体的视图规律，利用不充分条件构思出尽可能多的组合体形状，再由其中挑选结构合理、造型新颖而独特的方案，以满足设计功能的要求。

1. 通过表面特性不同——平曲、正斜、凹凸构想组合体

此种方法适合于以切割为主的组合体。现以图 5-22 所给主视图为例说明此方法的运用。

(1) 假定组合体原形

因视图（图 5-22）外轮廓为矩形，故先假定该形体原形为四棱柱，再由切割产生前方三个可见表面。

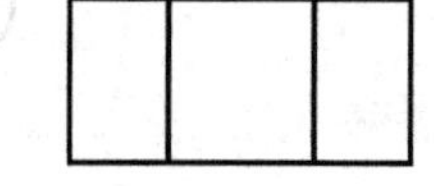

图 5-22 已知主视图

(2) 构想三个可见表面的形状与位置

每个封闭线框可能是平面或柱面，平面既可以是正平面也可以是倾斜面，柱面既可以是凸面也可以是凹面。对所有的面进行组合，构想出不同的组合体结构，如图 5-23 所示。

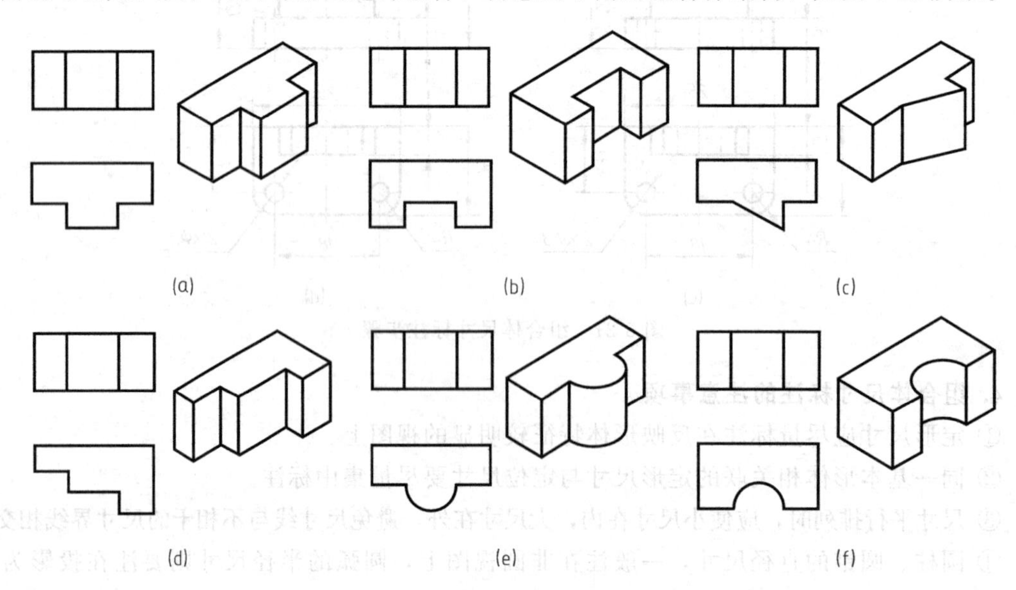

图 5-23 通过表面特性不同构想组合体

无论是组合体原形的假定，还是通过对表面进行凹凸、正斜、平曲的变换联想，必须遵循由简而繁、由易而难的原则进行，让思路逐渐打开。

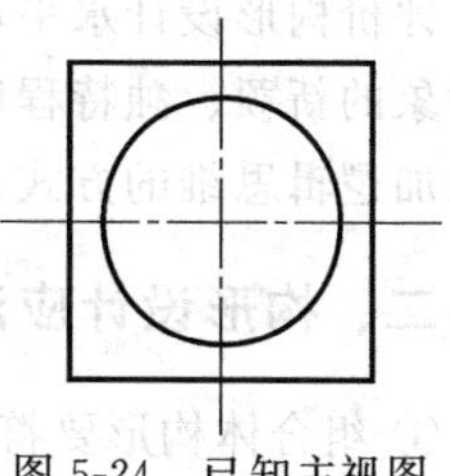

图 5-24　已知主视图

2. 通过基本体和它们之间组合方式的变换构想组合体

现以图 5-24 所给主视图为例说明此方法的运用。

① 构想形成组合体的原体种类。视图中矩形线框对应的可能是圆柱或四棱柱，圆形线框对应的可能是圆柱、圆锥或半圆球。

② 假设矩形线框表达的原形体为四棱柱，分别与其他形体叠加或挖切构成组合体，如图 5-25 所示。

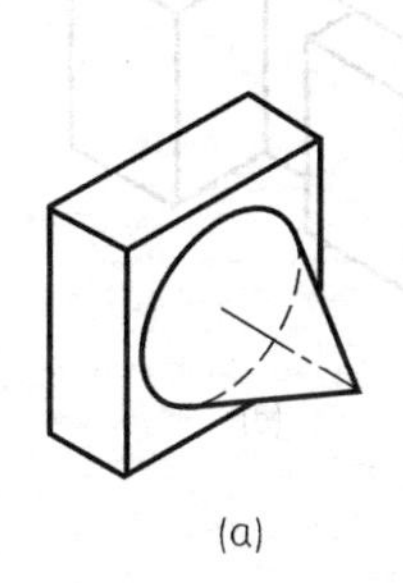

(a)

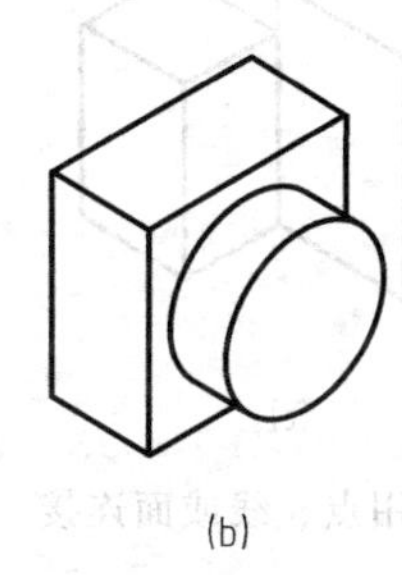

(b)

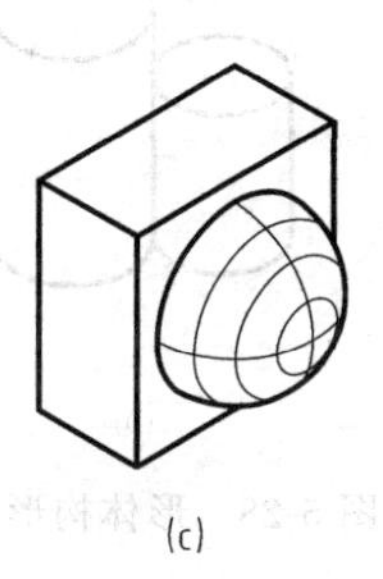

(c)

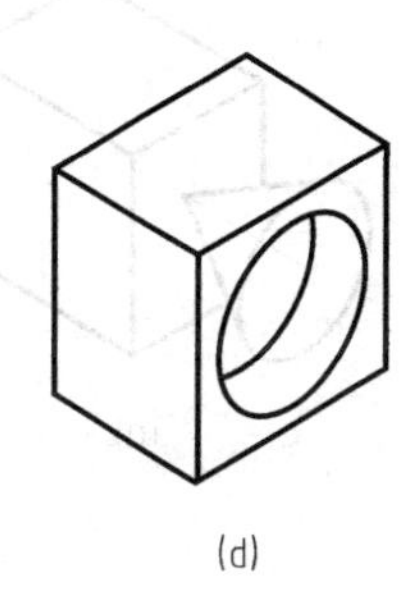

(d)

图 5-25　通过基本体及其组合方式的不同构想组合体

满足所给主视图要求的组合体肯定远不止以上种类，例如，将后方的四棱主体变换为圆柱体，或改变前方回转体的尺寸等，又可实现多种组合。其余形式读者可自行分析。

3. 构形设计举例

以图 5-26（a）所示形体作为俯视图设计组合体。构形结果如图 5-26（b）、(c)、(d) 所示。

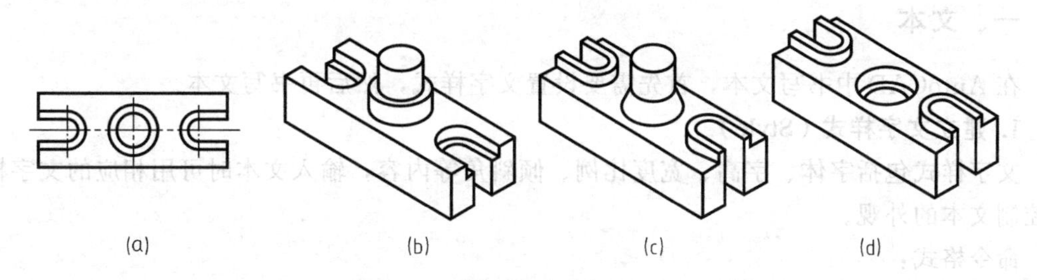

(a)　(b)　(c)　(d)

图 5-26　构形设计举例（一）

以图 5-27（a）所示形体作为俯视图设计组合体。构形设计如图 5-27（b）、(c)、(d) 所示。

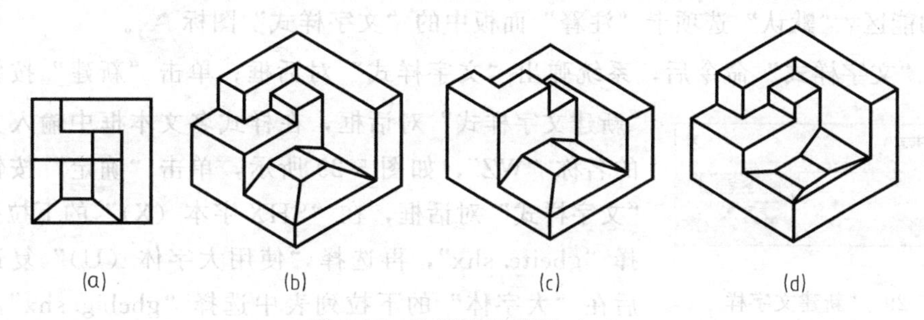

(a)　(b)　(c)　(d)

图 5-27　构形设计举例（二）

评价构形设计水平可从三个方面判断：构思出对象的种类、构思出对象的数量和构思出的对象的新颖、独特程度。要构思出更多结构新颖、独特而实用的形体，必须综合运用空间思维加逻辑思维的方式，多看、多想、多练。

二、构形设计应注意的问题

① 组合体构形要符合工程实际，形体与形体之间不能以点或线连接，如图 5-28 所示。

② 一般采用平面或回转曲面造型，没有特殊需要不用其他曲面，以便于绘图、标注尺寸和加工制作。

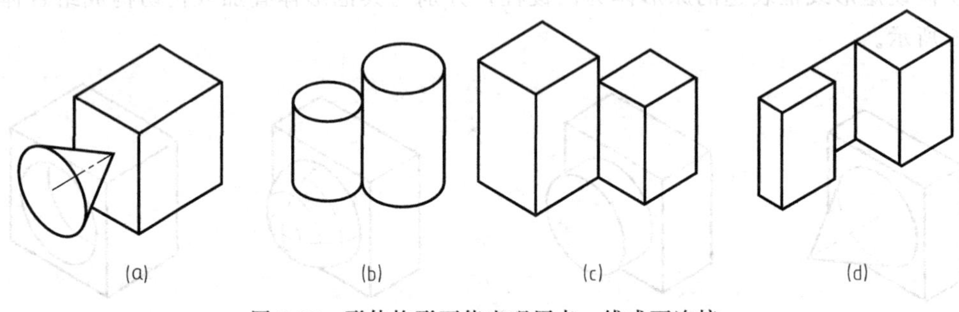

图 5-28 形体构形不能出现用点、线或面连接

第六节 AutoCAD 的文本与尺寸标注

在工程图中，设计人员常利用文字进行说明或提供扼要的注释。尺寸是工程图中的另一项重要内容，它描述设计对象各组成部分的大小和相对位置关系，是实际生产的重要依据。

一、文本

在 AutoCAD 中书写文本，首先需要设置文字样式，然后再书写文本。

1. 建立文字样式（Style）

文字样式包括字体、字高、宽度比例、倾斜角等内容，输入文本时可用相应的文字样式来控制文本的外观。

命令格式：

① 工具栏：“文字”工具栏上的“文字样式”图标 。

② 菜单栏：“格式”下拉菜单上的“文字样式”选项。

③ 功能区：“默认”选项卡“注释”面板中的“文字样式”图标 。

执行“文字样式”命令后，系统弹出“文字样式”对话框；单击“新建”按钮，弹出“新建文字样式”对话框，在样式名文本框中输入文字样式的名称“WZ”，如图 5-29 所示，单击“确定”按钮；返回“文字样式”对话框，在“SHX 字本（X）”的下拉列表中选择“gbeitc. shx”，再选择“使用大字体（U）”复选框，然后在“大字体”的下拉列表中选择“gbcbig. shx”，其余采用默认设置，如图 5-30 所示，最后单击“应用”按钮，退

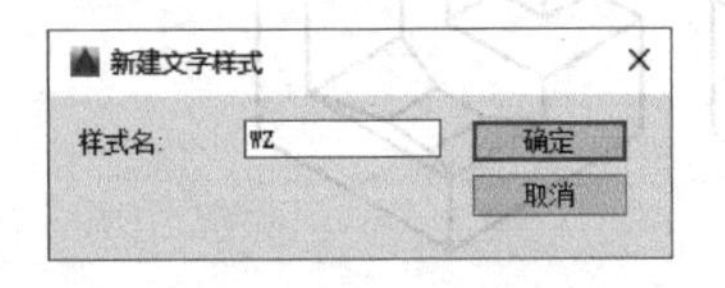

图 5-29 “新建文字样式”对话框

出“文字样式”对话框。

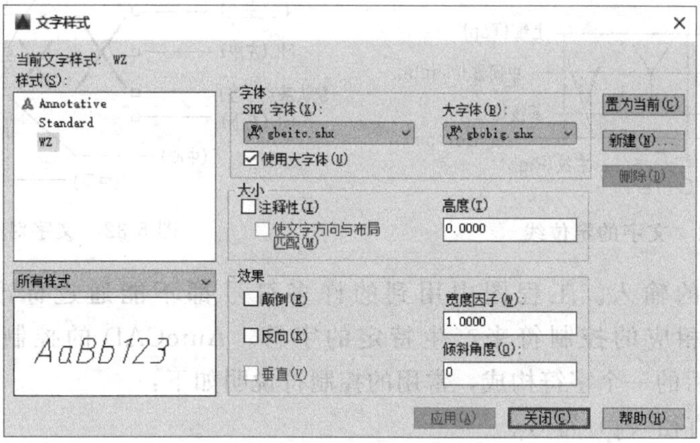

图 5-30 “文字样式”对话框

说明：AutoCAD 提供了符合国标的字体文件。在工程图中，中文字体采用“gbcbig. shx”，该字体文件包含了仿宋体字，斜体西文字体（字母、数字）采用“gbeitc. shx”。

“高度”文本框中输入 0，每次使用该样式输入文字时，AutoCAD 都将提示输入文字高度。如果在“高度”文本框中输入了大于 0 的文字高度数值，AutoCAD 将按此高度书写文字。

2. 单行文字（Text 或 Dtext）

输入命令后，系统提示：

当前文字样式：“WZ” 文字高度：2.5000 注释性：否 对正：左

指定文字的起点或［对正(J)/样式(S)］：(指定第一个字符的插入点)

指定高度＜2.5000＞：

指定文字的旋转角度＜0＞：

说明：

① 单行文字的对齐方式。发出 Dtext 命令后，系统提示用户输入文本的插入点，默认情况下文本是左对齐的，即指定的插入点是文字的默认基点。对于单行文字，系统提供了多种对齐选项。如果要改变单行文字的对齐方式，就使用“对正（J）”选项。

指定文字的起点或［对正(J)/样式(S)］：j↙

输入选项［左(L)/中心(C)/右(R)/对齐(A)/中间(M)/布满(F)/左上(TL)/中上(TC)/右上(TR)/左中(ML)/正中(MC)/右中(MR)/左下(BL)/中下(BC)/右下(BR)］：(通过各选项设立文字的插入点)

各选项参照如图 5-31 所示的各线交点来定位，不同对齐方式的显示效果如图 5-32 所示。其中：

中心（C）：从基线的水平中心对齐文字。

中间（M）：文字在基线的水平中点和指定高度的垂直中点上对齐。

正中（MC）：在文字的中央水平和垂直居中对齐文字。

“正中（MC）”选项使用大写字母高度的中点，而“中间（M）”选项使用的是所有文字在内的高度中点。

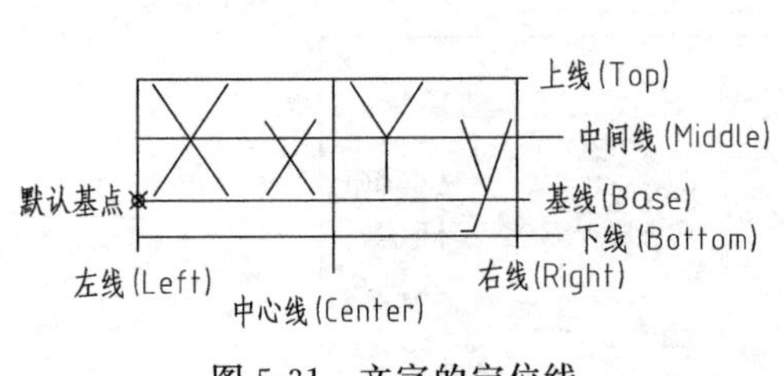

图 5-31 文字的定位线

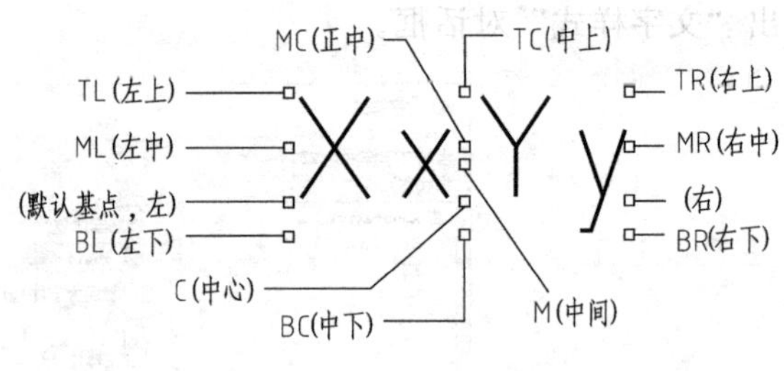

图 5-32 文字对齐方式

② 特殊字符的输入。工程图中用到的许多符号都不能通过标准键盘直接输入，AutoCAD提供了相应的控制符来产生特定的字符。AutoCAD的控制符由两个百分号（%%）及紧接其后的一个字符构成，常用的控制符说明如下：

%%c：书写直径（φ）符号。

%%p：书写公差（±）符号。

%%d：书写度（°）符号。

%%%：书写百分号（%）。

③ Dtext命令在屏幕上显示键入的文字，每行文字都是独立的对象。Dtext执行期间，如果在图形中选择了另一点，光标将移动到该点处，可以从该点处继续输入文字。输入文字时，按Enter键结束此行文字，开始下一行。在一个空行上按Enter键则结束创建文字的操作。

3. 多行文字（Mtext）

用Mtext命令生成的文字段落称为多行文字，所有的文字构成一个单独的对象，即多行文字可作为一个整体而进行编辑和修改。“多行文字”命令用于输入内容较长、格式比较复杂的文字段。

键入Mtext（T或MT）并按Enter键后，按照命令行提示指定用来放置多行文字的边框的对角点后，在功能区会打开“文字编辑器”选项卡和将弹出多行文字输入框，这两部分组成了“多行文字编辑器”，如图5-33所示。

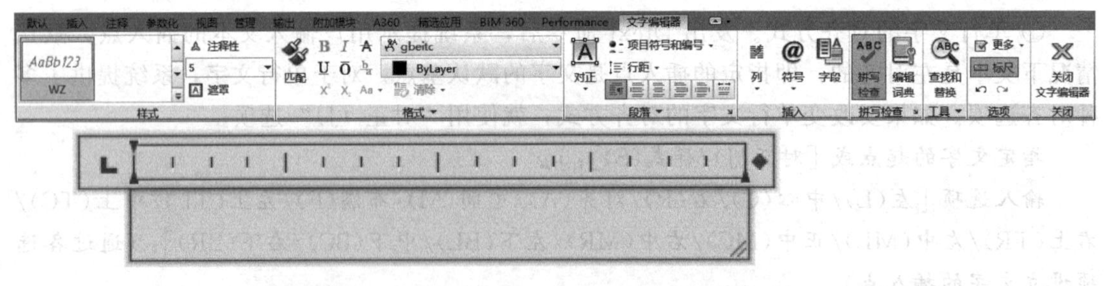

图 5-33 “文字编辑器”选项卡和多行文字输入框

说明：

① 用户在多行文字输入框中，可方便地输入文字，可以设置多行文字中单个字符或某一部分文字的属性（包括文本的字体、倾斜角度和高度等），还可设置文字的对齐方式。

② 用户可在“文字编辑器”选项卡中对前面创建的“文字”样式中的字体、字高等进行重新设置，也可以改变已输入文本的文字特性。

“多行文字”命令要比“单行文字”命令使用起来方便很多，因为它提供了为文字添加上划线、下划线、编号以及文字的多项外观控制功能，还可以方便、快捷地在段落文字中添加各种特殊符号。

4. 编辑文字

编辑文字的方法比较简便。可以对输入的文字双击鼠标左键，或者在输入的文字上右击，在弹出的快捷菜单中选择“编辑文字”命令，便可编辑用户选取的“单行文字”或“多行文字”对象。

也可以用“特性”命令编辑文字，不但可以修改文字内容，还可以修改文字的其他特性（如文字样式、文字对齐方式、字高等）以及改变文字所在图层和颜色。

二、尺寸标注

标注命令在“标注”工具栏、“标注”菜单、功能区的“默认”选项卡的“注释”面板中，“标注”工具栏如图 5-34 所示。

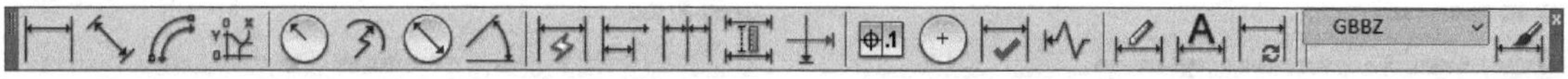

图 5-34 “标注”工具栏

1. 建立尺寸标注样式

标注样式可以控制标注的格式和外观，为使尺寸标注样式符合国家标准规定，在尺寸标注前，首先要设置尺寸标注样式。通过对话框形式建立尺寸标注样式的操作方法较方便、直观。

命令：Dimstyle（或 Ddim）

调用命令后，弹出“标注样式管理器”对话框。

（1）对尺寸标注进行全局设置

单击“新建”按钮，在“新样式名”一栏中输入自定义的样式名（如“GBBZ”），单击“新建”按钮，弹出“创建新标注样式”对话框，在“新样式名（N）”文本框中输入新样式名后，单击“继续”按钮，进入“新建标注样式”对话框。以系统缺省的标注样式“ISO-25”为基础，分别进入“线”、“符号和箭头”、“文字”、“主单位”选项卡，按图 5-35（a）～（d）修改对话框中个别选项的相应值，完成标注样式的全局设置。

（2）设置标注的子样式

在“标注样式管理器”对话框中单击“新建”按钮，弹出“创建新标注样式”对话框，以“GBBZ”为基础样式，单击“用于”一栏右边的翻页箭头，拉出“尺寸标注类型”列表，依次选取各子样式，单击“继续”按钮进入“新建标注样式”对话框，设置自己的子样式：

“线性”和“引线和公差”子样式：完全继承全局设置；

“角度”子样式：在“文字”选项卡中，在“文字位置”区中，选取“垂直”选项为“居中”，在“文字对齐”区中选中“水平”选项，如图 5-36 所示；

“半径”和“直径”子样式：在“文字”选项卡中，选取“文字对齐”区中的“ISO 标准”选项，在“调整”选项卡中，选取“调整选项”区中的“文字”选项。

在图 5-37 所示“标注样式管理器”对话框中，选中新样式“GBBZ”，单击“置为当前”按钮后关闭该对话框，“GBBZ”即成为当前标注样式。

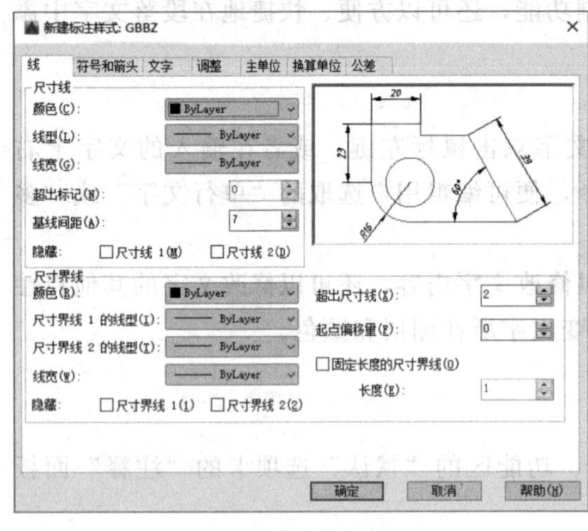

(a)“线”选项卡

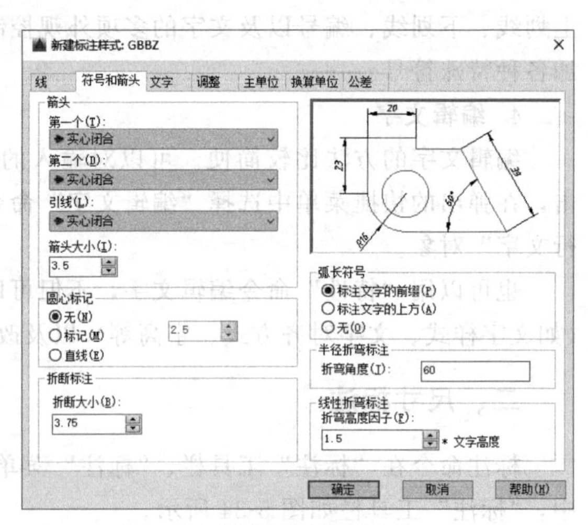

(b)“符号和箭头”选项卡

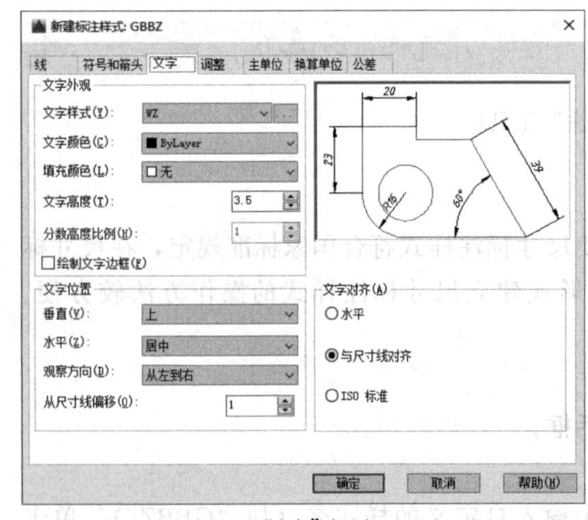

(c)“文字”选项卡

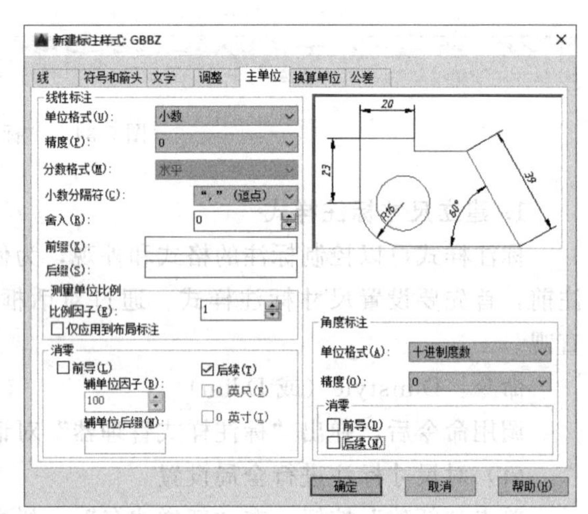

(d)“主单位”选项卡

图 5-35 标注样式的全局设置

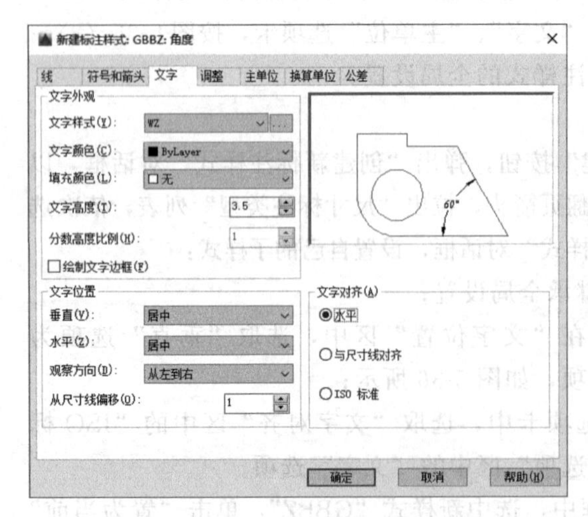

图 5-36 “角度”子样式的设置

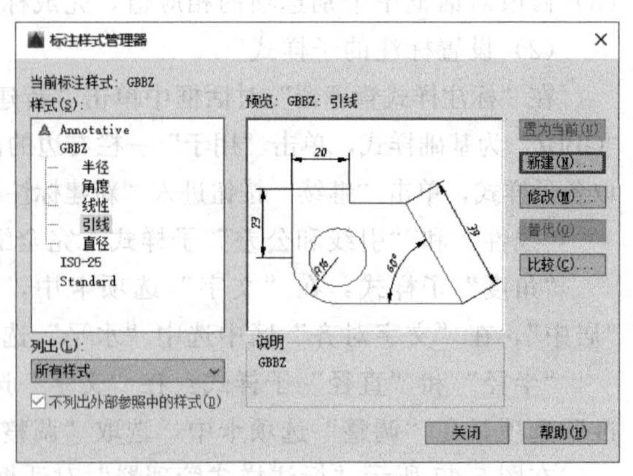

图 5-37 “标注样式管理器”对话框

操作时注意：当较多地用线性尺寸标注直径时，宜新建一个尺寸标注样式，以已建立的“GBBZ”标注样式为基础，进行如下设置：在“主单位”选项卡的“线性标注”区的“前缀”输入框中，键入直径符号的代码“%%c”。

2. 尺寸标注命令及标注方法

设置好尺寸标注样式后，即可采用设置好的尺寸标注样式进行尺寸标注，AutoCAD提供了一系列尺寸标注命令，其输入方式及操作方法如表5-1所示。

表5-1 尺寸标注命令

名称	图标	说　明	图例
线性尺寸标注(Dimlinear)		用于标注水平、垂直和指定角度的线性尺寸 命令提示： 指定第一条尺寸界线原点或＜选择对象＞：(拾取尺寸界线起点。也可直接回车，选择标注对象) 指定第二条尺寸界线原点：(拾取尺寸界线终点) 指定尺寸线位置或［多行文字(M)/文字(T)/角度(A)/水平(H)/垂直(V)/旋转(R)］：(指定尺寸线位置或输入其他选项) 标注文字＝30	
对齐尺寸标注(Dimaligned)		用于标注倾斜对象的真实长度，对齐尺寸的尺寸线平行于倾斜的标注对象。如果用户是选择两个点来创建对齐尺寸，则尺寸线与两点的连线平行 其命令提示与操作方法与线性标注相同	
半径尺寸标注(Dimradius)		用于标注圆或圆弧的半径尺寸，系统自动在标注文字前加“R”符号 命令提示： 选择圆弧或圆：(拾取对象) 标注文字＝12 指定尺寸线位置或［多行文字(M)/文字(T)/角度(A)］：(指定尺寸线位置)	
直径尺寸标注(Dimdiameter)		用于标注圆或圆弧的直径尺寸，系统自动在标注文字前加“ϕ”符号 其命令提示与操作方法与半径标注相同 若选用T选项，以单行文字方式输入标注文字时，则重新输入的尺寸文本前加%%c	
角度尺寸标注(Dimangular)		用于标注直线间的夹角、一段圆弧的中心角，也可根据已知的三个点来标注角度 命令提示：(拾取对象) 选择圆弧、圆、直线或＜指定顶点＞：(拾取对象) 选择第二条直线： 指定标注弧线位置或［多行文字(M)/文字(T)/角度(A)/象限点(Q)］：(选择尺寸线位置) 标注文字＝120	
基线尺寸标注(Dimbaseline)		用于标注并联尺寸，把上一个或所选标注的第二条尺寸界线作为新尺寸标注的第一条尺寸界线来标注尺寸 命令提示： 指定第二条尺寸界线原点或［放弃(U)/选择(S)］＜选择＞：(拾取一点，以确定下一尺寸的第二条尺寸界线的起始点。) 标注文字＝22 指定第二条尺寸界线原点或［放弃(U)/选择(S)］＜选择＞：(系统重复该提示，按Esc键结束此命令。)	

续表

名称	图标	说明	图例
连续尺寸标注(Dimcontinue)		用于标注串联尺寸，指以上一个尺寸的第二条尺寸界线作为它的第一条尺寸界线的尺寸 命令提示： 指定第二条尺寸界线原点或［放弃(U)/选择(S)］<选择>：(拾取一点，以确定下一尺寸的第二条尺寸界线的起始点。) 标注文字=12 指定第二条尺寸界线原点或［放弃(U)/选择(S)］<选择>：(系统重复该提示，按 Esc 键结束此命令。)	9 12

说明：

① 使用尺寸标注命令前，通常预设“端点”、“圆心”等对象捕捉点，便于标注尺寸时命令行提示“指定尺寸界线原点”能更快地捕捉到这些特殊点。

② 使用“基线尺寸标注”和“连续尺寸标注”这两个命令前要先完成一个线性标注，然后才能使用它们。

③ 标注尺寸的同时，图层中会自动出现“Defpoints”图层。

3. 尺寸编辑（Dimedit）

(1) 编辑标注

更改标注文字的位置、转角或文字内容。

命令与提示：

命令：Dimedit(或 Ded)

输入标注编辑类型［默认(H)/新建(N)/旋转(R)/倾斜(O)］<默认>：

选项说明：

默认（H）：按默认位置及方向放置尺寸数字。

新建（N）：更改现有的标注文字的内容。

旋转（R）：可将尺寸文字旋转成与水平方向成一定的角度。

倾斜（O）：可改变线性标注尺寸的两条尺寸界线的倾斜角度。

(2) 编辑标注文字（dimtedit）

用于改变文字相对于尺寸线的位置和角度。

命令与提示：

命令：Dimtedit(或 Dimted)

选择标注：(选择要修改的尺寸对象)

为标注文字指定新位置或［左对齐(L)/右对齐(R)/居中(C)/默认(H)/角度(A)］：

选项说明：

左对齐（L)/右对齐（R)：将尺寸文字移至靠近左尺寸界线或右尺寸界线的位置。

居中（C)：使标注文字置于尺寸线中间。

默认（H)：将尺寸文字按默认位置放置。

角度（A)：旋转尺寸文字与水平方向成一定的角度。

(3) 更新（Dimstyle）

把已标注的尺寸按当前尺寸标注样式所定义的尺寸变量进行更新。

4. 标注尺寸的步骤

① 设置尺寸标注样式；

② 将名为“标注”的图层设置为当前层；

③ 选择所需的标注样式设置如“GBBZ”为当前标注样式；

④ 使用标注命令标注尺寸；

⑤ 如有需要，编辑尺寸使其符合国家标准；

⑥ 重复③～⑤步，直至完成全部可以使用标注命令标注的尺寸。

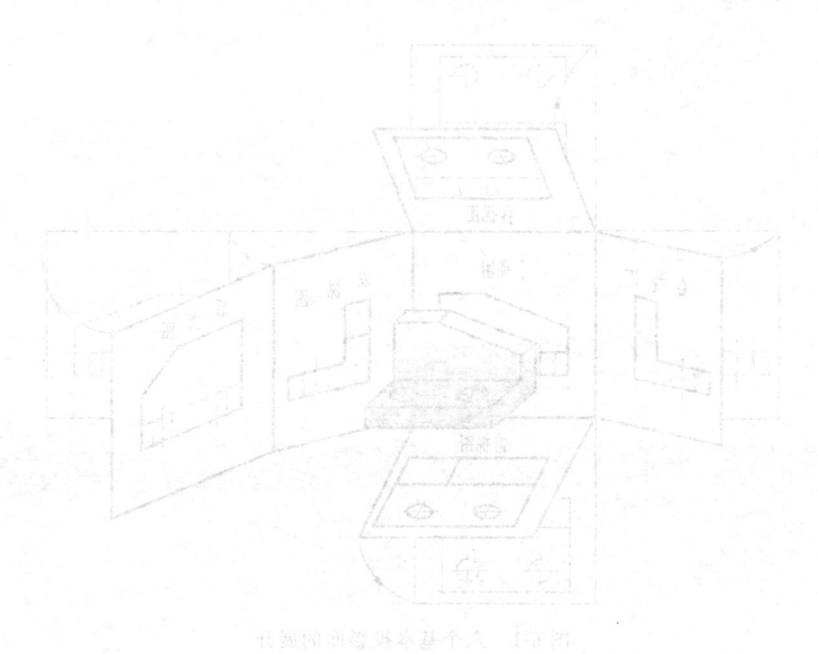

机件的表达方法

在工程实际中，机件的结构形状多种多样，对于复杂机件，仅用三个视图往往不能表达清楚它们的内外结构形状。为了准确、完整、清晰地表达机件的结构形状，国家标准《技术制图》和《机械制图》中规定了机件的各种表达方法，如视图、剖视图、断面图、局部放大图、简化画法和其他规定画法等。本章着重介绍这样一些常用的图样画法。

第一节　视　　图

视图用来表达机件的外部形状。视图一般只画机件的可见部分，必要时才画其不可见部分。根据国家标准的规定，视图有基本视图、向视图、局部视图和斜视图。

一、基本视图

对于形状比较复杂的机件，用两个或三个视图还不能完整、清晰地表达它们的内外结构形状时，可根据国标规定，在原有三个投影面的基础上，再在机件的左、前、上方各增加一个投影面，组成一个正六面体，这六个投影面称为基本投影面。机件向六个基本投影面投射所得的视图，称为基本视图，如图 6-1 所示。

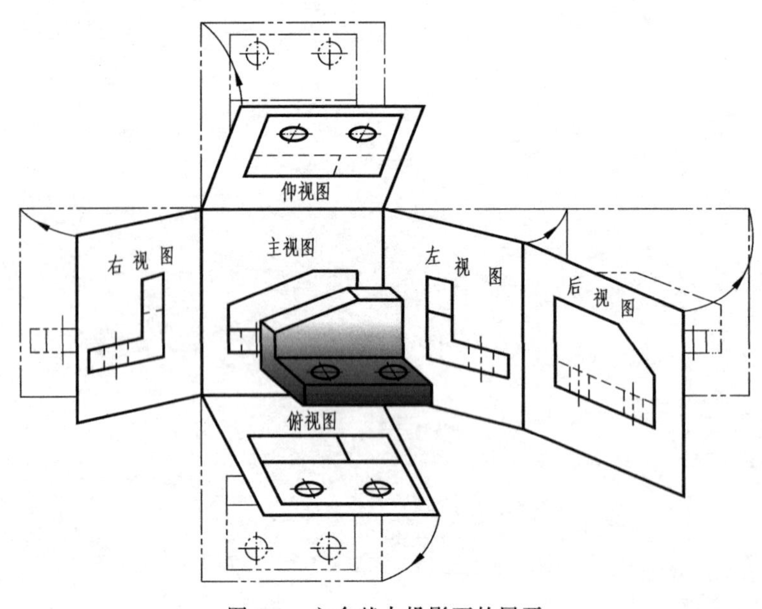

图 6-1　六个基本投影面的展开

除了前面介绍的主视图、俯视图和左视图外，由右向左投射，得到右视图；由下向上投射，得到仰视图；由后向前投射，得到后视图。六个投影面的展开方法如图 6-1 所示，展开后六个基本视图的配置关系如图 6-2 所示。在同一图样内，六个基本视图按规定位置配置时，一律不标注视图的名称。

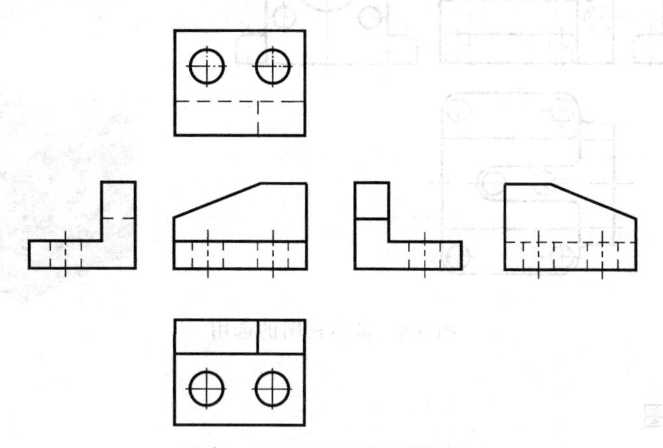

图 6-2 六个基本视图的配置

六个基本视图之间仍然符合长对正、高平齐、宽相等的投影规律。六个基本视图也反映了机件的上下、左右和前后的位置关系。应注意的是，左、右、俯、仰四个视图靠近主视图的一侧表示机件的后面，远离主视图的一侧表示机件的前面。

二、向视图

在实际绘图时，为使各视图在图样中布局合理，国家标准规定了向视图，即可以自由配置的视图。

当基本视图不能按投影关系而自由配置时，在向视图的上方标注“×”(“×”为大写拉丁字母)，在相应的视图附近用箭头指明投影方向，并注上相同的字母。如图 6-3 所示。

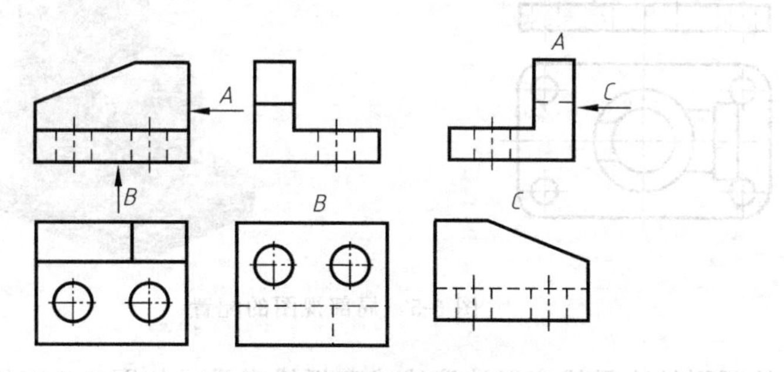

图 6-3 向视图的配置

向视图是基本视图的另一种表现形式，它们的主要差别只是视图的配置发生了变化。所以，在向视图中表示投射方向的箭头应尽可能配置在主视图上，而绘制以向视图方式表达的后视图时，应将投射箭头配置在左视图或右视图上。

考虑到看图方便，并能完整清晰表达机件各部分形状的前提下，视图的数量尽可能少，如图 6-4 中采用四个视图，在主视图中用虚线画出表达阀体内部结构及各个孔的不可见投影，由于将这四个视图联系起来阅读，就能完整、清晰地表达阀体的内外结构形状，所以在其他视图中的不可见投影应省略。

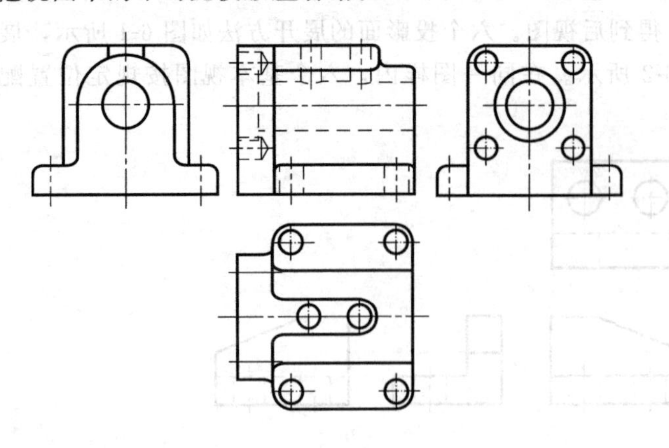

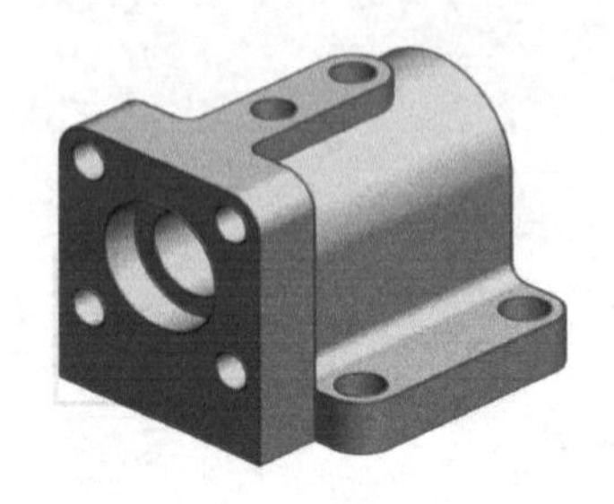

图 6-4 基本视图的选用

三、局部视图

将机件的某一部分向基本投影面投射所得的视图称为局部视图。

局部视图是将现有视图中未表达清楚的机件的某一部分向基本投影面投射，它是基本视图的一部分。

局部视图可按向视图的形式配置和标注，如图 6-5 中的局部视图 A；当局部视图按投影关系配置，中间又没有其他图形时，可省略标注，如图 6-5 中表达带圆角凸缘形状的局部视图。

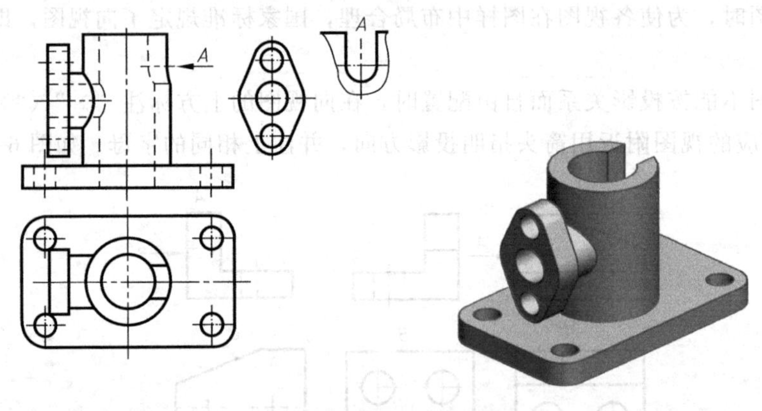

图 6-5 局部视图的配置

局部视图的断裂处边界线应以波浪线或双折线表示，如图 6-5 中的局部视图 A；当所表示的局部结构是完整的，且外形轮廓线又是封闭的，波浪线可省略不画，如图 6-5 中表达凸缘形状的局部视图。

四、斜视图

将机件向不平行于任何基本投影面的平面投射所得的视图称为斜视图。

当机件某部分与基本投影面倾斜，在基本视图上不反映该结构实形时，可假想增设一个与倾斜部分平行而垂直于基本投影面的辅助投影面，将倾斜部分向该投影面投射。斜视图用来表达倾斜部分的真实形状。如图 6-6（a）中的斜视图 B，表达了支座倾斜板的真实形状。

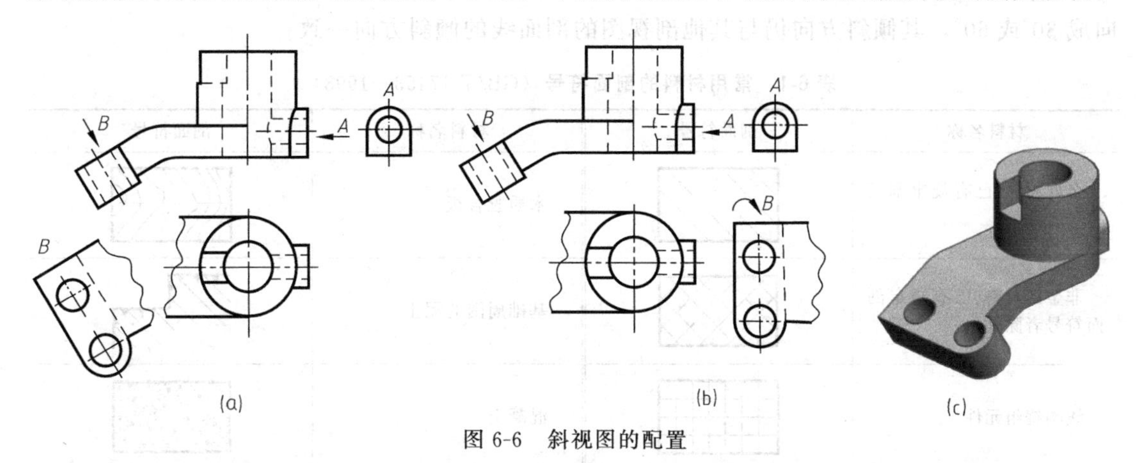

图 6-6 斜视图的配置

斜视图可按向视图的形式配置和标注；为绘图简便、看图方便，在不致引起误解时，允许将图形旋转放正画出，旋转角度小于 90°，标注形式为“×⌒”或“⌒×”，旋转符号的箭头指向应与图形的旋转方向相同，如图 6-6（b）中旋转配置的斜视图 B。

断裂处的表示方法：断裂边界线应以波浪线或双折线表示。

第二节 剖 视 图

当机件的内部结构较复杂时，用虚线表示不同层次的内部结构的投影，既影响图形的清晰，又给读图和尺寸标注带来不便。为清晰地表达机件的内部结构形状，国家标准规定了剖视图的画法。

一、剖视图概念

1. 剖视图

假想用剖切面剖开机件，将处在观察者和剖切面之间的部分移去，将其余部分向投影面投射，所得的图形称为剖视图，简称剖视。

2. 剖视图的画法

画剖视图的方法和步骤如下。

（1）确定剖切面位置

剖切面一般与投影面平行，并通过内部孔、槽的轴线或对称平面。必要时可采用柱面剖切。

（2）画剖视图

将观察者和剖切面之间的部分移去，将其余部分向投影面投射，用粗实线画出机件被剖切后的截断面的轮廓线和位于剖切面后的可见轮廓线。

（3）画剖面符号

在剖切平面与机件实体相接触的部分画剖面符号，剖面符号反映所填区域的材料，表 6-1 列出了常用材料的剖面符号。金属材料的剖面符号特称为剖面线，为一组与水平方向成 45°、间隔相等的细实线，倾斜方向向左或向右均可。同一机件的各个剖面区域，剖面线的方向应一致、间隔应相等。

当剖视图中的主要轮廓线与水平方向成45°时，该剖视图的剖面线方向应画成与水平方向成30°或60°，其倾斜方向仍与其他剖视图的剖面线的倾斜方向一致。

表 6-1 常用材料的剖面符号（GB/T 17453—1998）

材料名称		剖面符号	材料名称	剖面符号
金属材料(已有规定剖面符号者除外)			木质胶合板	
非金属材料(已有规定剖面符号者除外)			基础周围的泥土	
线圈绕组元件			混凝土	
转子、电枢、变压器和电抗器等的叠钢片			钢筋混凝土	
型砂、填沙、粉末冶金、砂轮、陶瓷刀片、硬质合金刀片等			砖	
玻璃及供观察用的其他透明材料			格网(筛网、过滤网)	
木材	纵剖面		液体	
	横剖面			

(4) 标注

在相应视图上，用剖切符号表示剖切面的起、止、转折位置，用箭头指明投影方向，并注上大写拉丁字母；在相应剖视图上方，用相同的字母标注剖视图的名称“×—×”。剖切符号的线宽约（1～1.5）d（d 为粗实线的宽度），长约5mm。

当剖视图按投影关系配置，中间又无其他图形隔开时，可省略箭头。

当单一的剖切平面通过机件的对称平面，且剖视图按投影关系配置，中间又无其他图形隔开时，可省略标注，如图6-7中的剖视图省略了标注。

3. 画剖视图时应注意的问题

① 剖切是假想的作图过程，因此，除剖视图外，其他视图仍需按完整机件的形状画出。

② 画剖视图是为了表达机件的内部结构，所以应使剖切平面尽可能通过较多内部结构的对称平面或轴线，并平行于剖视图所在的投影面。

③ 为了增加图形的清晰性，剖视图中一般不画虚线，即在剖视图中已表达清楚的机件内部结构，在其他视图中就不必画出表示其内部结构的虚线。但若画出少量的虚线能减少视图的数量时，也可画出必要的虚线，如图6-8所示。

④ 机件在剖切面后面的可见轮廓线应全部画出，不应遗漏，如图6-9所示。

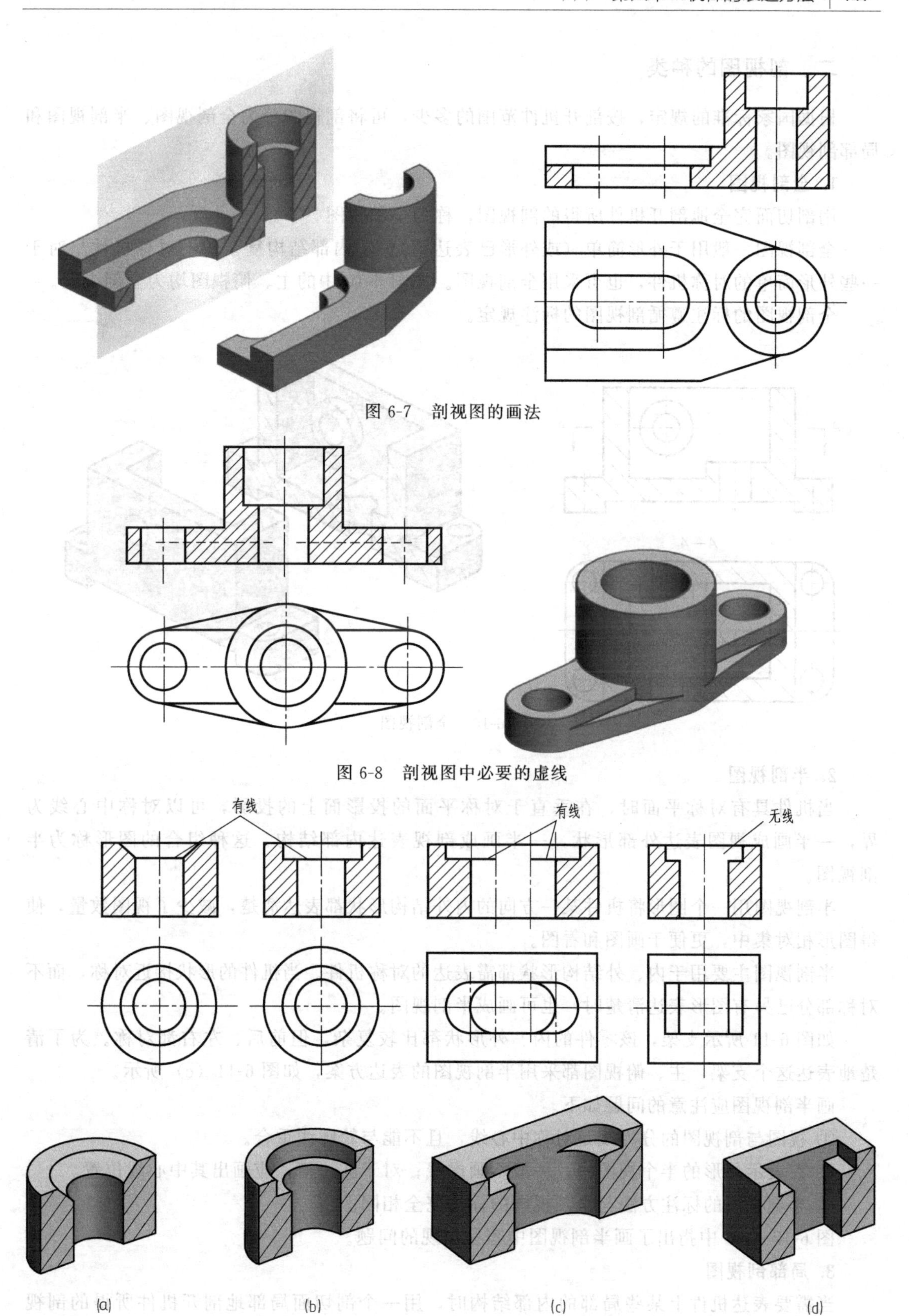

图 6-7 剖视图的画法

图 6-8 剖视图中必要的虚线

图 6-9 要画出剖切平面后面可见结构的投影

二、剖视图的种类

根据国家标准的规定，按剖开机件范围的多少，可将剖视图分为全剖视图、半剖视图和局部剖视图。

1. 全剖视图

用剖切面完全地剖开机件所得的剖视图，称为全剖视图。

全剖视图一般用于外形简单（或外形已表达清楚）、内部结构复杂的不对称机件。对于一些外形简单的对称机件，也可采用全剖视图。如图 6-10 中的主、俯视图均为全剖视图。

全剖视图的标注遵循剖视图的标注规定。

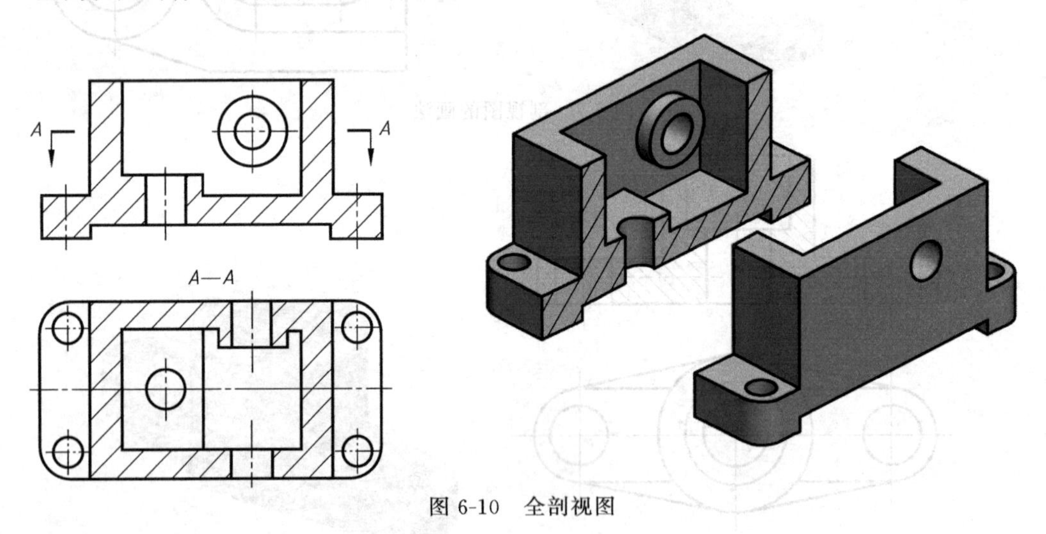

图 6-10　全剖视图

2. 半剖视图

当机件具有对称平面时，在垂直于对称平面的投影面上的投影，可以对称中心线为界，一半画成视图表达外部形状，一半画成剖视表达内部结构，这种组合的图形称为半剖视图。

半剖视图用一个图形将机件某一方向的内外结构形状都表达清楚，减少了视图数量，使得图形相对集中，更便于画图和看图。

半剖视图主要用于内、外结构形状都需表达的对称机件。当机件的形状接近对称，而不对称部分已另有图形表达清楚时，也可画成半剖视图。

如图 6-11 所示支架，该零件的内、外形状都比较复杂，但前后、左右都对称。为了清楚地表达这个支架，主、俯视图都采用半剖视图的表达方案，如图 6-11（c）所示。

画半剖视图应注意的问题如下。

① 视图与剖视图的分界线是对称中心线，且不能与轮廓线重合。

② 在表示外形的半个视图中，一般不画虚线；对于孔、槽，应画出其中心线位置。

③ 半剖视图的标注方法与全剖视图的标注完全相同。

图 6-12（a）中指出了画半剖视图中容易出现的问题。

3. 局部剖视图

当需要表达机件上某些局部的内部结构时，用一个剖切面局部地剖开机件所得的剖视图，称为局部剖视图。

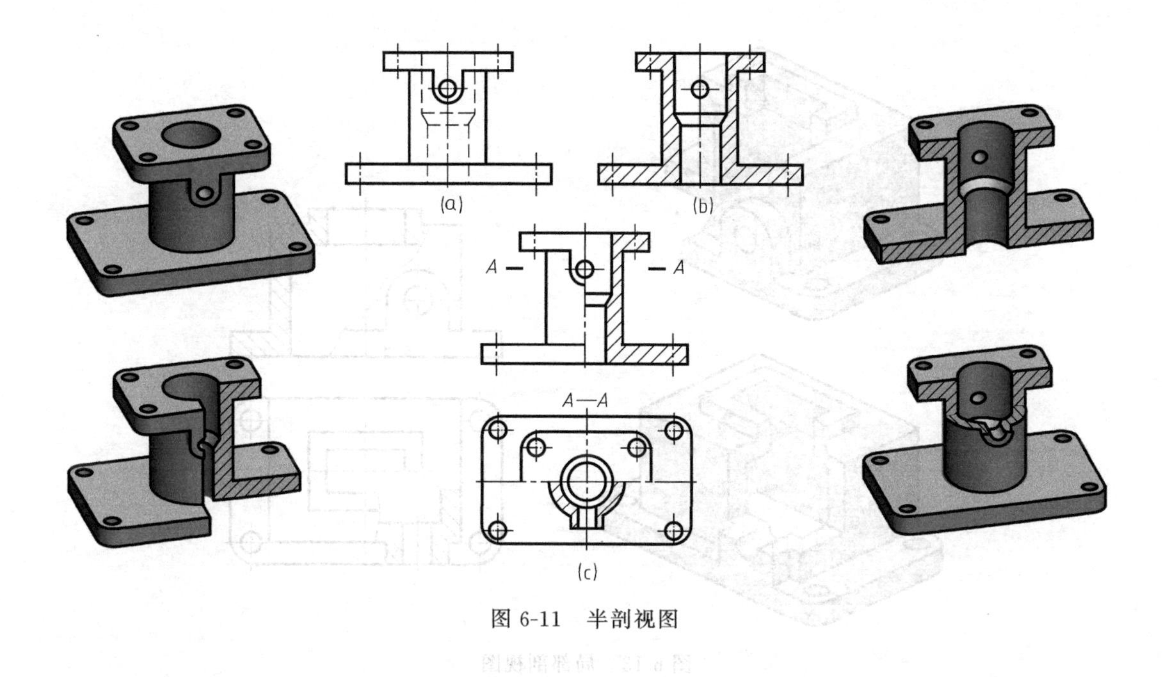

图 6-11 半剖视图

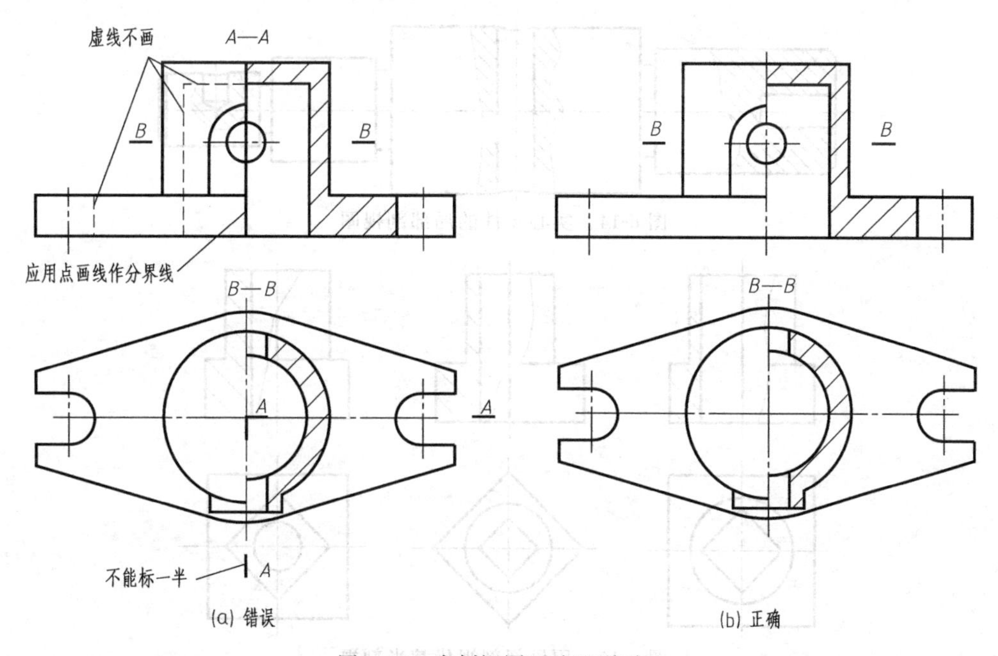

图 6-12 半剖视图画法正误对比

(1) 局部剖视图的适用范围

① 需要同时表达不对称机件的外部形状和内部结构，如图 6-13 所示。

② 表达实心机件上小孔和槽的内部结构，如图 6-14 所示。

③ 机件的对称中心线与轮廓线重合而不宜采用半剖视图，如图 6-15 所示。

(2) 画局部剖视图时应注意的问题

① 视图部分与剖视部分以波浪线为界，波浪线应画在机件的实体上。波浪线不能超出图形的轮廓线外或通过中空（孔、槽等空洞）部分；也不能与轮廓线重合或在其延长线上，

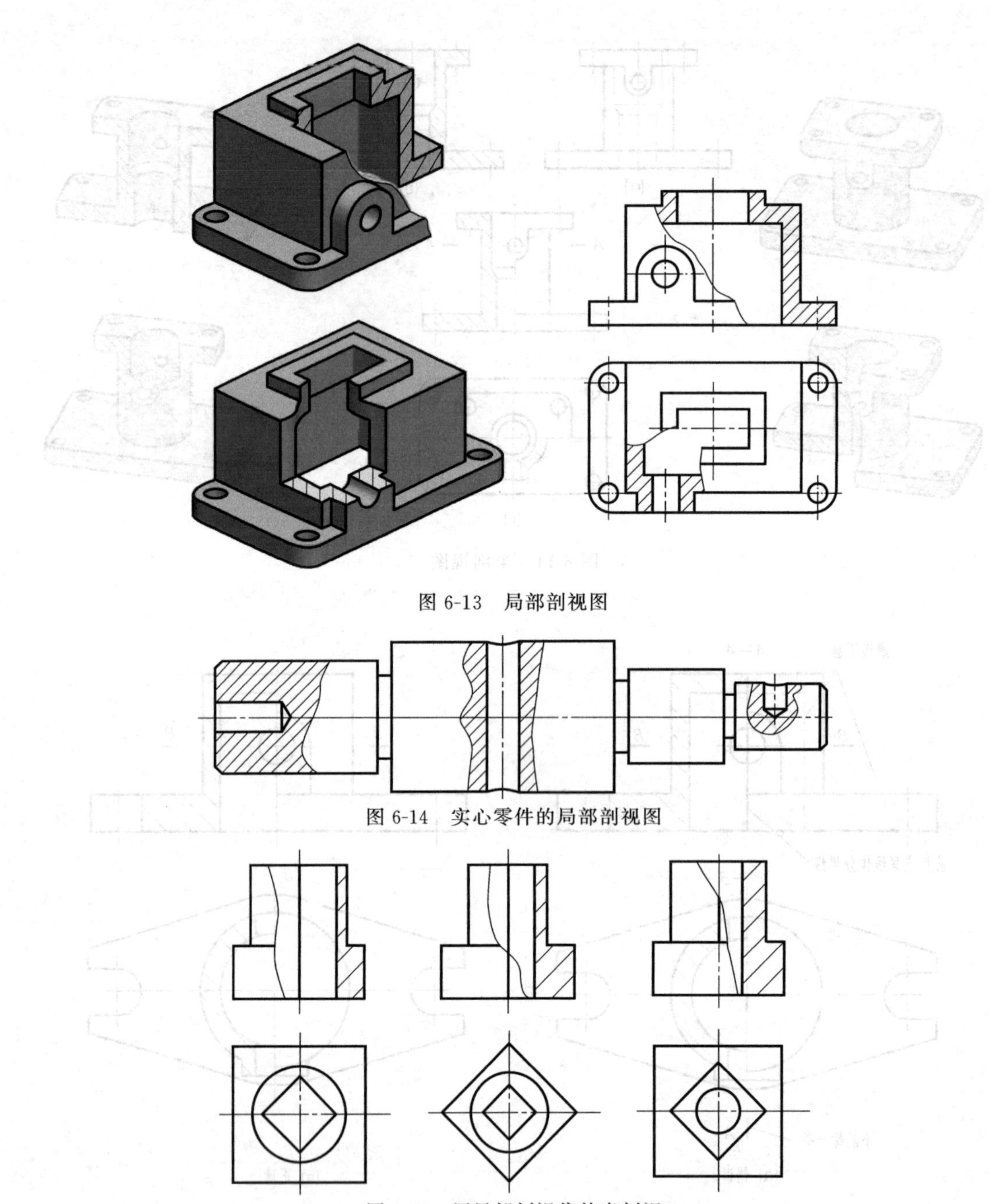
图 6-13 局部剖视图

图 6-14 实心零件的局部剖视图

图 6-15 用局部剖视代替半剖视

以免引起误解，如图 6-16 所示。

② 局部剖是一种灵活、便捷的表达方法。但在一个视图中，不宜过多地选用局部剖视，以免使图形零乱，给读图造成困难。

局部剖的标注同全剖视图，当剖切位置明显时，可不标注。

三、剖切面的种类和剖切方法

画剖视图时，常要根据机件的结构特点，选用不同的剖切面和剖切方法，以使机件的结

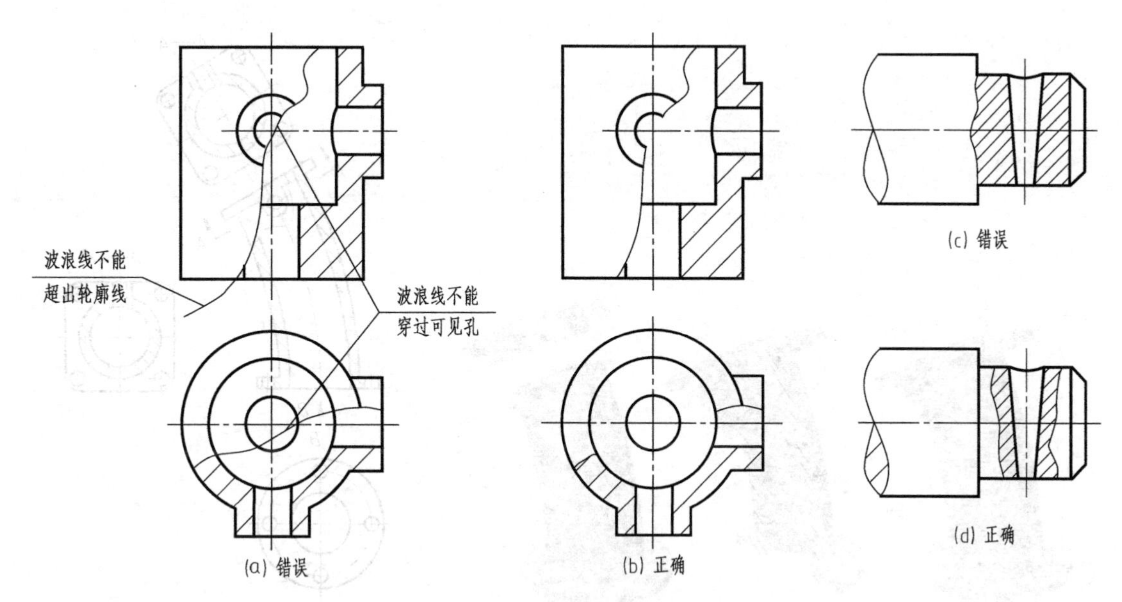

图 6-16 波浪线画法正误对比

构形状得到充分展现。根据国家标准的规定，常见的剖切面有如下几种形式。

1. 单一剖切面

仅用一个剖切面剖开机件，这是最为常见的剖切方式。

(1) 用平行于某一基本投影面的剖切平面剖切

本节前述的全剖视图、半剖视图与局部剖视图等，均为用一个平行于某一基本投影面的剖切平面剖开机件所得的剖视图。

(2) 用不平行于任何基本投影面的剖切平面剖切

用不平行于任何基本投影面的剖切平面剖开机件，再将该倾斜结构投射到与剖切平面平行的投影面上所得的剖视图，称为斜剖。

图 6-17 中的剖视图是单一斜剖切面剖切机件所产生的全剖视图，充分表达了弯管上倾斜部分顶板的凸缘、凸台和通孔的实形。

斜剖适用于表达机件内部的倾斜结构。

斜剖一定要标注，斜剖视图可按投影关系配置，在不致引起误解时，允许将倾斜的图形旋转至水平或垂直位置，但旋转角度必须小于 90°，标注形式为“×—×↶”。

2. 几个平行的剖切面

如图 6-18 所示的机件，各孔的轴线分布在几个相互平行的平面内，若只用一个剖切平面显然不可能把不同结构的孔表达出来，为此，必须用几个相互平行的剖切平面剖开机件。

用几个平行的剖切平面剖开机件的方法称为阶梯剖。

阶梯剖适用于机件上某些内部结构（回转体的孔、槽等）需要同时清晰地表达出来，而它们的轴线又不处在同一个剖切平面上。

画阶梯剖时应注意的问题如下。

① 剖切平面转折处不应与轮廓线重合。

② 应把几个平行的剖切平面作为一个剖切平面处理，两个剖切平面的转折处应为直角，不应画出剖切平面转折处的投影。

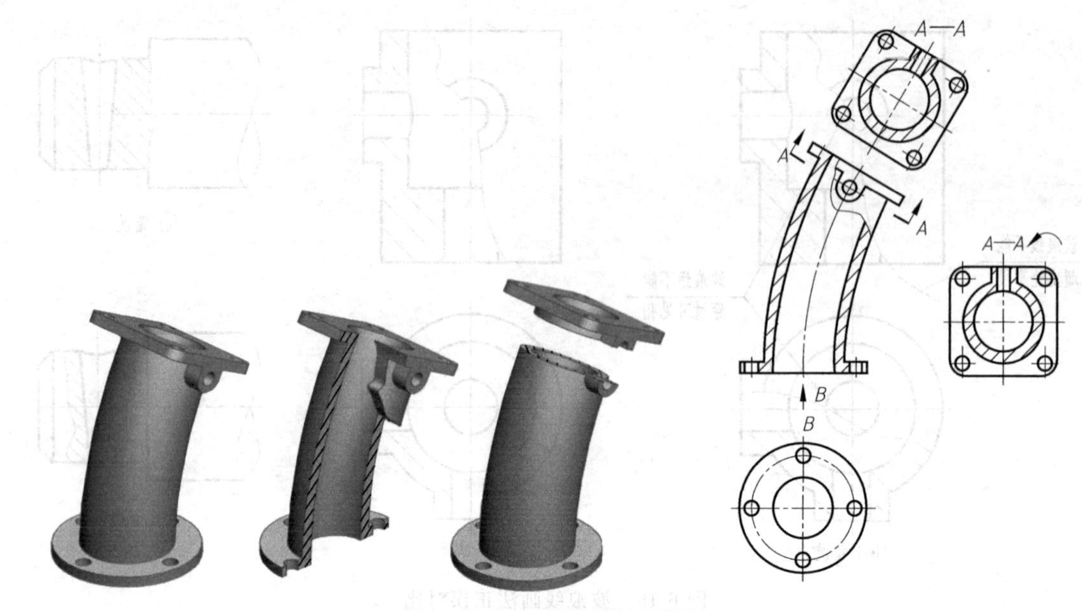

图 6-17 用倾斜的剖切面剖切

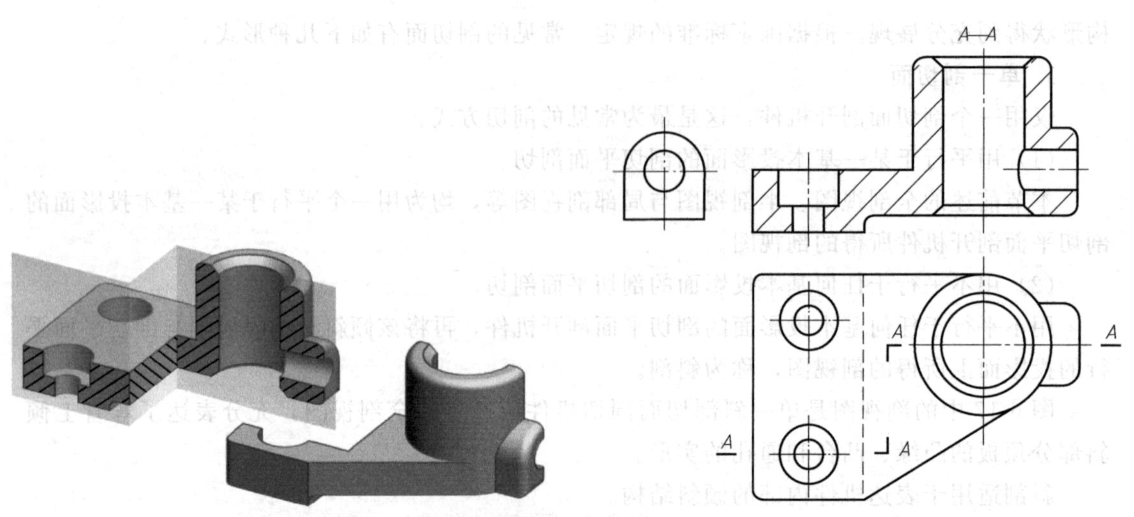

图 6-18 两平行的剖切面剖切

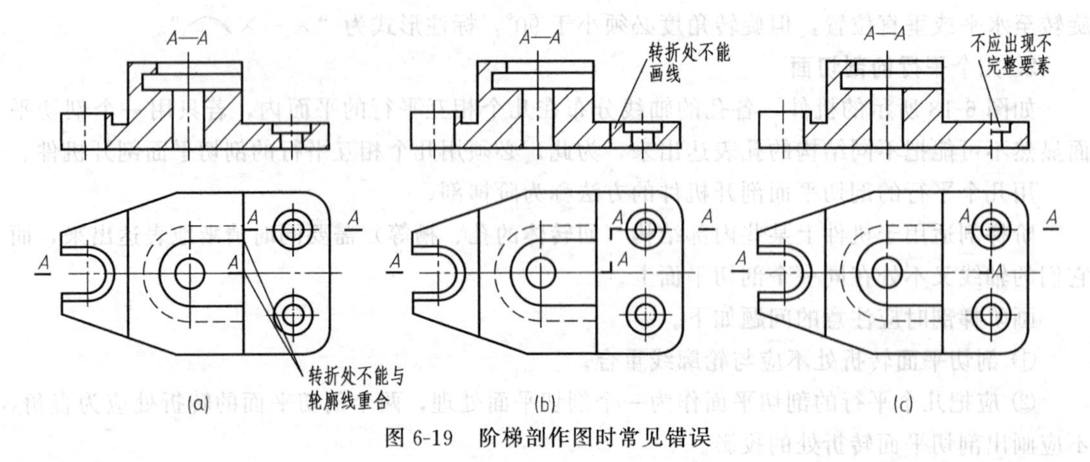

图 6-19 阶梯剖作图时常见错误

③ 选择剖切位置要合理，不应出现不完整的结构要素。在图 6-19 中，指出了画阶梯剖时容易出现的错误。当两个结构要素在图形中具有公共对称中心线或轴线时，可以以对称中心线或轴线为界，各画一半，如图 6-20 所示。

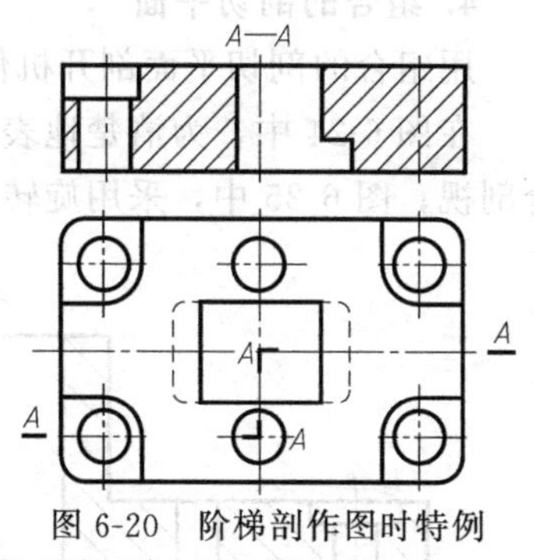

图 6-20 阶梯剖作图时特例

④ 阶梯剖要标注。当剖视图按投影关系配置，中间无其他图形隔开时，可省略箭头；当剖切面的转折处因位置有限，在不致引起误解的情形下，可以省略字母。

3. 几个相交的剖切面

用几个相交的剖切平面（交线垂直于某一基本投影面）剖开机件的方法称为旋转剖，如图 6-21 所示。

画此类剖视图时，应将被剖切平面剖开的倾斜剖分旋转到与选定的基本投影面平行，再向该投影面投射，即“先剖、后旋转、再投射”。

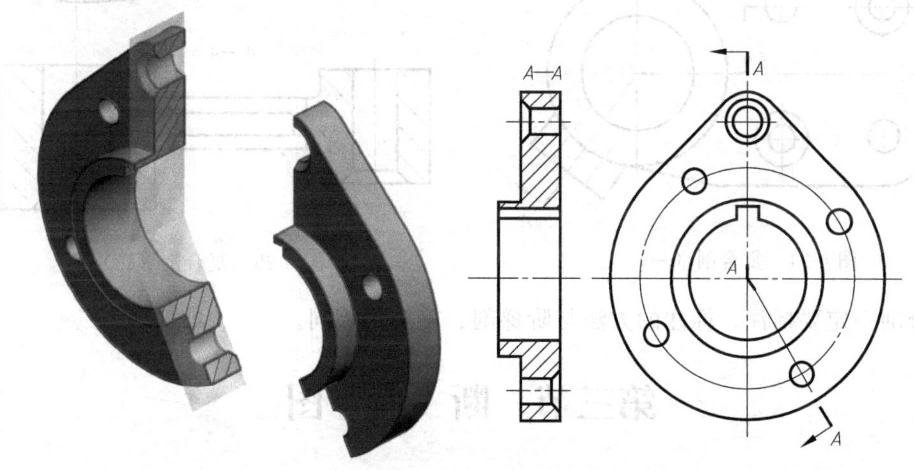

图 6-21 两相交的剖切面剖切

旋转剖适用于盘盖类零件和具有明显回转轴线的机件。画旋转剖时应注意的问题如下。

① 两剖切平面的交线应与机件的回转轴线重合。

② 在剖切平面后（未被剖切）的其他结构要素，一般仍按原来的位置投射，如图 6-22 所示摇杆中小孔在俯视图中的投影。

③ 当剖切后产生不完整结构要素时，应将这部分结构按不剖绘制，如图 6-23 中的臂。

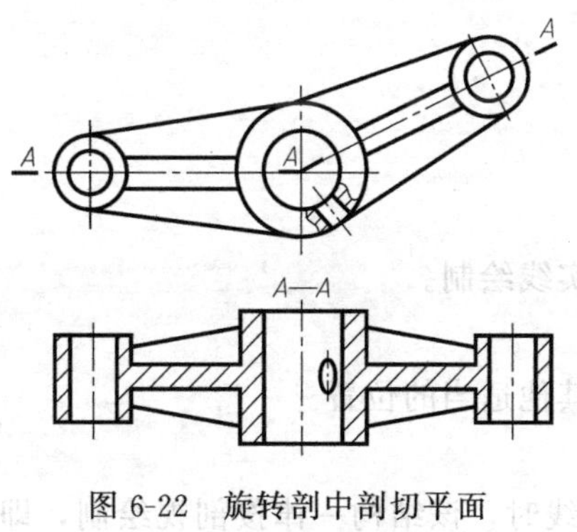

图 6-22 旋转剖中剖切平面后的结构要素的画法

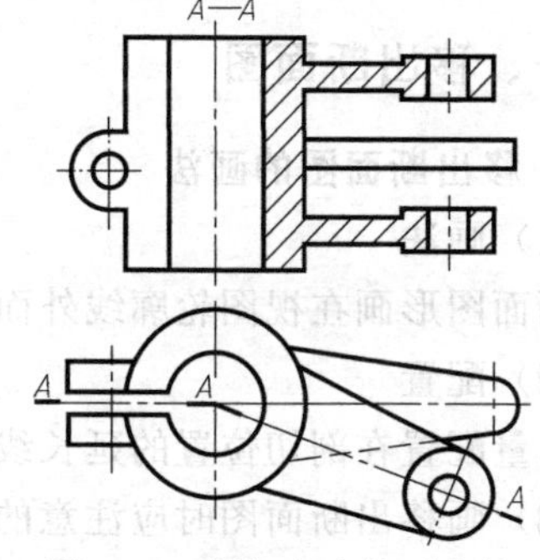

图 6-23 剖切产生的不完整结构的画法

④ 旋转剖要标注，标注方法同阶梯剖。

4. 组合的剖切平面

用组合的剖切平面剖开机件的方法称为复合剖。

在图 6-24 中，为清楚地表达机件上不同形状和位置孔的结构，采用了阶梯和旋转的组合剖视；图 6-25 中，采用旋转柱面组合剖视的表达方法。

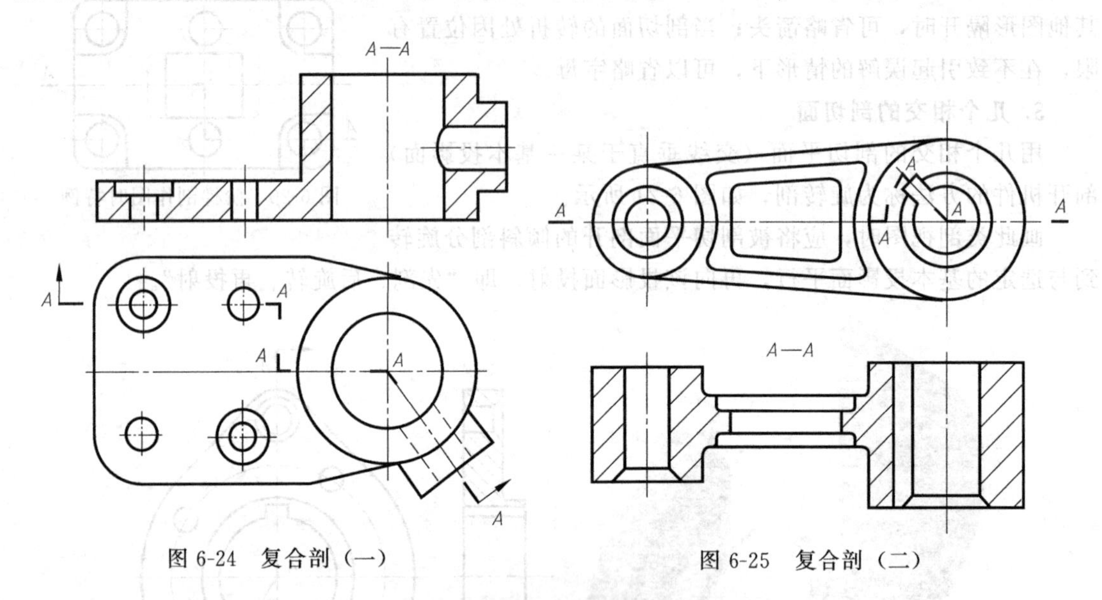

图 6-24 复合剖（一）　　图 6-25 复合剖（二）

复合剖一定要标注，标注的方法与阶梯剖、旋转剖相同。

第三节 断 面 图

假想用剖切面将机件的某处切断，仅画出剖切面与机件接触部分的图形，称为断面图。

断面图与剖视图的区别是：断面图仅画出断面的形状，用于与视图配合表达某些特定结构；剖视图除画出断面的形状外，还要画出剖切平面后面的可见轮廓线的投影，如图 6-26 所示。

断面图主要用于表达机件某处的切断面形状，如轴或杆上的槽或孔的深度及机件上的肋、轮辐等结构的断面形状。为了反映机件结构的实形，剖切平面一般应垂直于机件的轮廓线或主要轴线。

断面图分为移出断面图和重合断面图两种。

一、移出断面图

1. 移出断面图的画法

（1）画法

断面图形画在视图轮廓线外面。其轮廓线用粗实线绘制。

（2）配置

尽量配置在剖切位置的延长线上，也可配置在其他适当的位置。

（3）画移出断面图时应注意的问题

① 当剖切平面通过回转面形成的孔或凹坑的轴线时，该结构一律按剖视绘制，即将孔、凹坑的轮廓线画成封闭的图形，如图 6-27 所示。

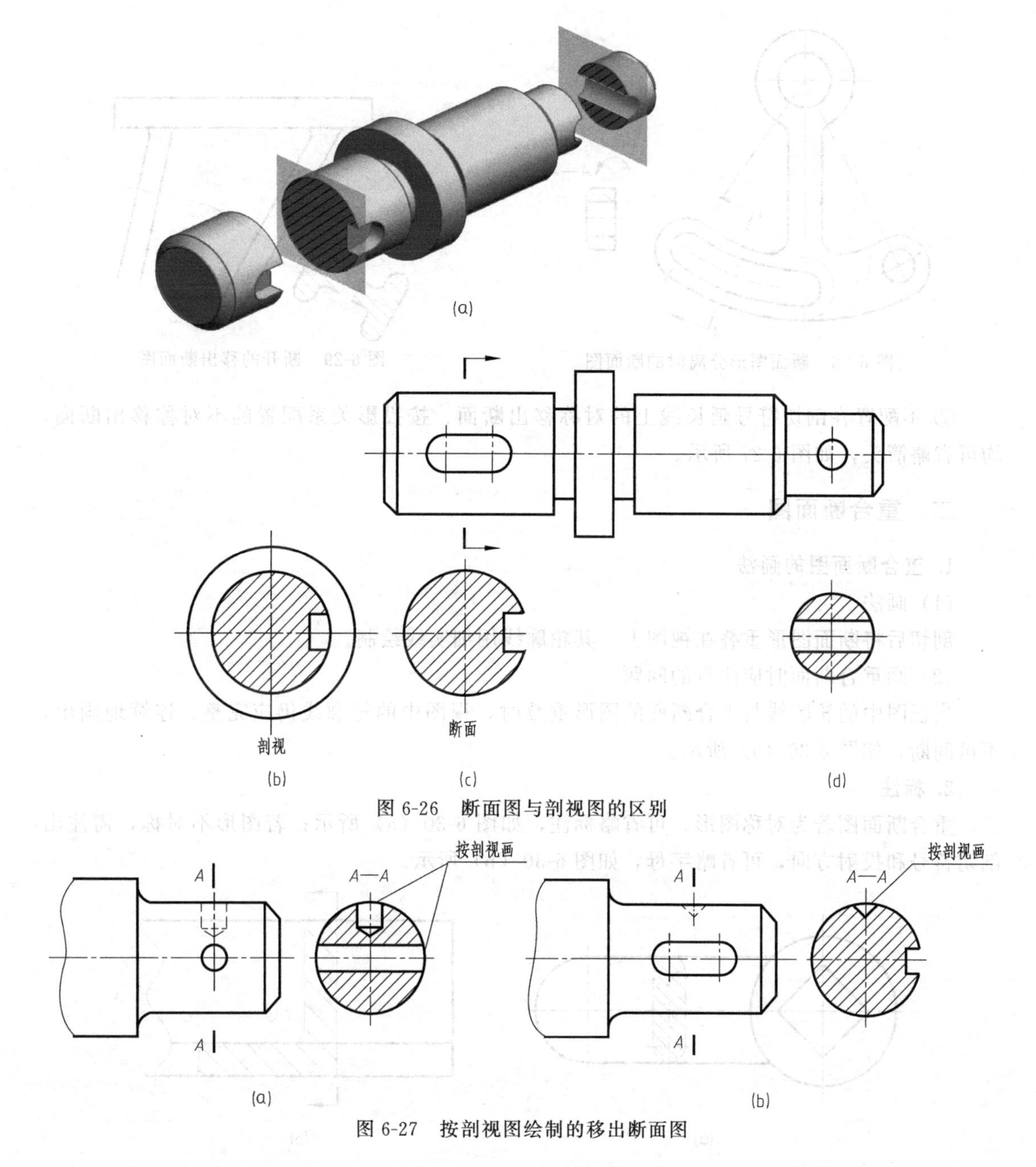

图 6-26 断面图与剖视图的区别

图 6-27 按剖视图绘制的移出断面图

② 当剖切平面通过非圆孔会导致出现完全分离的两个断面时，这些结构也按剖视图绘制，如图 6-28 所示。

③ 为了正确表达断面实形，剖切平面要垂直于被剖切部分的主要轮廓线。由两个或多个相交的平面剖切所得的移出断面图，中间一般应断开，如图 6-29 所示。

2. 标注

移出断面图一般用剖切符号表示剖切位置，用箭头表示投影方向，用字母表示断面图名称。

① 当断面图配置在剖切位置的延长线上，如果断面图是对称的，可省略标注，如图6-26（d）所示；若不对称，则需标注剖切位置和投影方向，可省略字母，如图 6-26（c）所示。

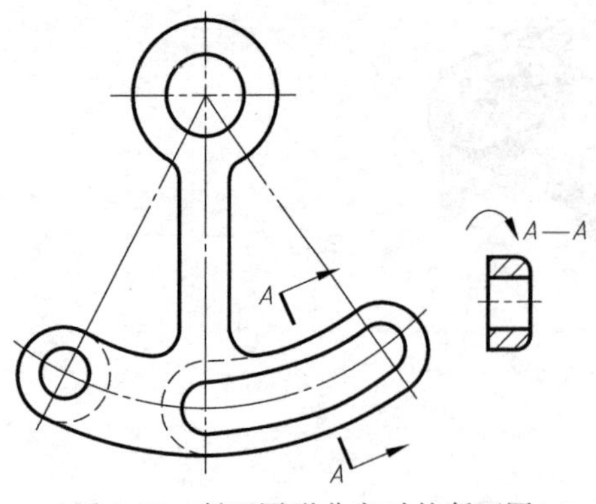

图 6-28 断面图形分离时的断面图

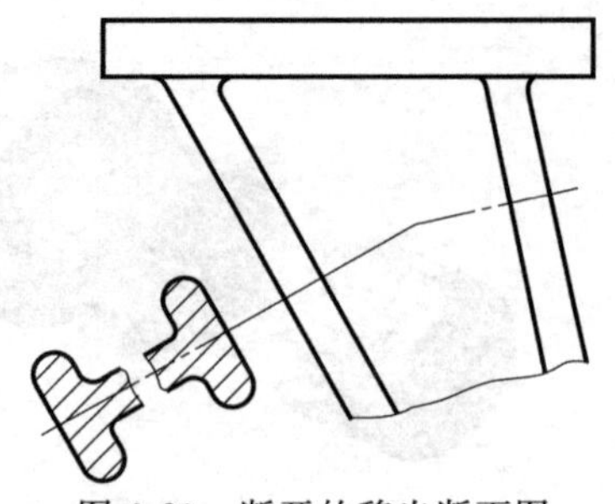

图 6-29 断开的移出断面图

② 不配置在剖切符号延长线上的对称移出断面、按投影关系配置的不对称移出断面，均可省略箭头，如图 6-27 所示。

二、重合断面图

1. 重合断面图的画法

(1) 画法

剖切后将断面图形重叠在视图上。其轮廓线用细实线绘制。

(2) 画重合断面时应注意的问题

当视图中的轮廓线与重合断面的图形重叠时，视图中的轮廓线仍应完整、连续地画出，不可间断，如图 6-30 (a) 所示。

2. 标注

重合断面图若为对称图形，可省略标注，如图 6-30 (a) 所示；若图形不对称，需注出剖切符号和投射方向，可省略字母，如图 6-30 (b) 所示。

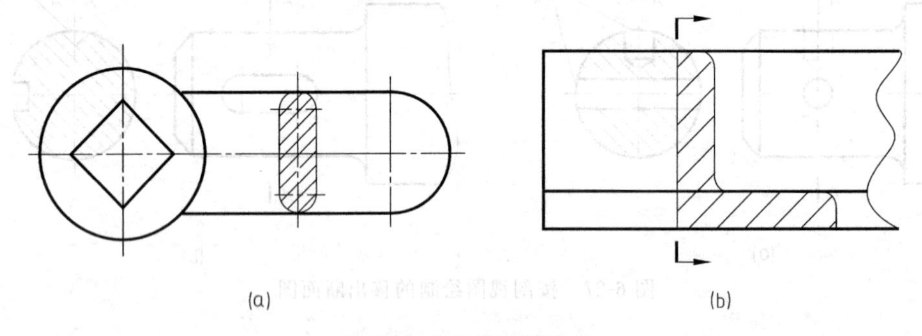

图 6-30 重合断面图画法

移出断面图与重合断面图的主要区别是位置和断面轮廓线线型的不同。重合断面图是重叠画在视图上，使图形紧凑，为不影响图形的清晰程度，多用于断面图形较简单的情况。移出断面图因其不影响图形清晰程度，故应用较广。

第四节 其他表达方法

为使图形清晰和画图简便，国家标准规定了局部放大图的画法和一些简化画法。

一、局部放大图

机件上的某些细小结构，在视图上由于图形过小而不能清楚表达，或难于标注尺寸时，可用大于原图所采用比例画出细小结构的图形，称为局部放大图。局部放大图的标注：细实线圈出被放大的部位，用指引线注上罗马数字，在局部放大图上方用分数形式注出相应的罗马数字和采用的比例。当机件上仅有一处被放大部位时，只要用细实线圈出被放大部位，不需编号；当同一机件有两处或两处以上被放大部分时，要用罗马数字依次给每一个放大部位标明编号，如图 6-31 所示。

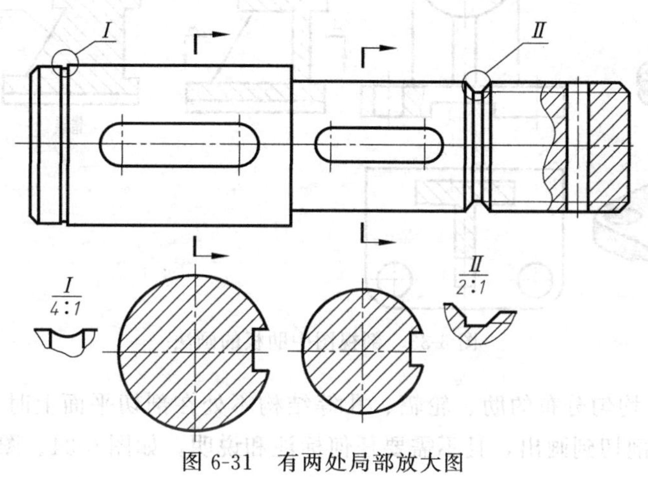

图 6-31 有两处局部放大图

根据所表达机件的结构形状，局部放大图可以画成视图、剖视图或断面图，与被放大部位原图所采用的表达方法无关。必要时可用几个局部放大图来表达同一个被放大部位的结构，如图 6-32 所示。

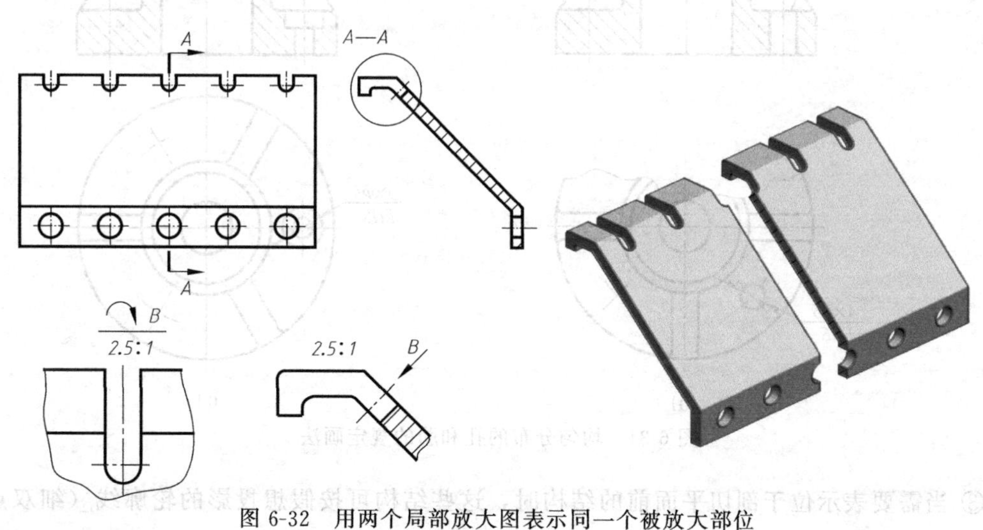

图 6-32 用两个局部放大图表示同一个被放大部位

二、简化画法

1. 剖视图的简化画法

① 国家标准规定，对于机件的肋、轮辐和薄壁等，若剖切平面通过其轴线或对称平面

时，这些结构不画剖面符号，而用粗实线将其与邻接部分分开；但当剖切平面垂直于上述结构的轴线或对称平面时（即在反映厚度的剖视图上），要画出剖面符号。

如图 6-33 所示的轴承座，当左视图全剖时，因剖切平面通过中间肋板的纵向对称平面，所以在肋的范围内不画剖面符号，但肋板与上部的圆筒、后面的支承板、下部的底板之间的分界处均用粗实线绘制。

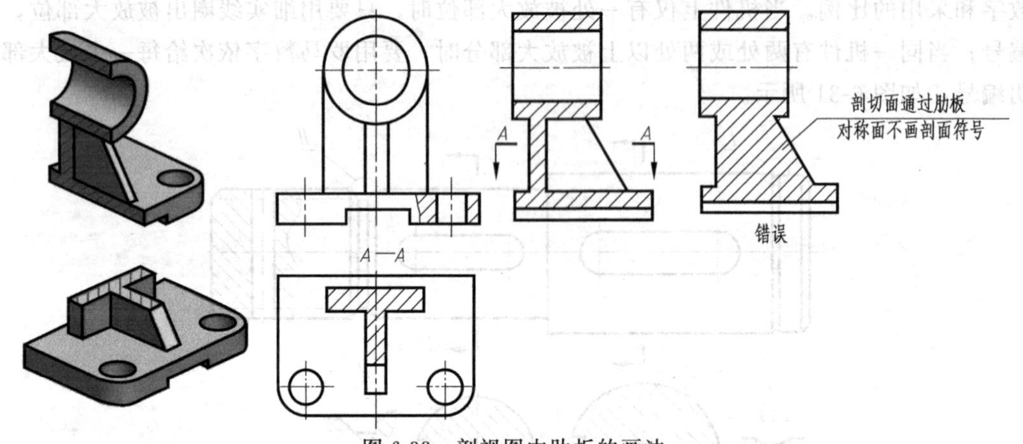

图 6-33 剖视图中肋板的画法

② 当回转体上均匀分布的肋、轮辐、孔等结构不处在剖切平面上时，可将这些结构旋转至剖切平面上按剖切到画出，且不需要任何标注和说明，如图 6-34、图 6-35 所示。

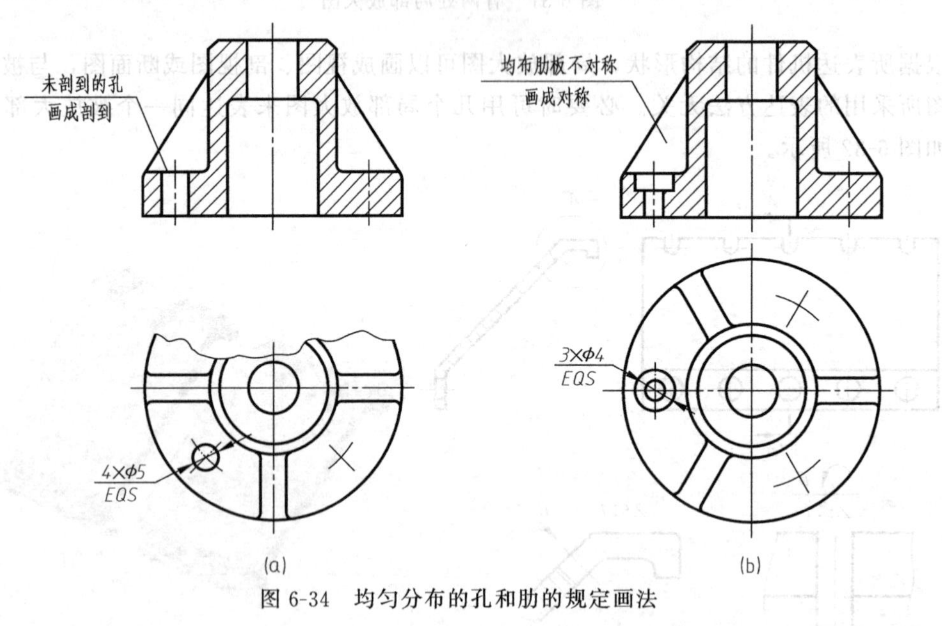

图 6-34 均匀分布的孔和肋的规定画法

③ 当需要表示位于剖切平面前的结构时，这些结构可按假想投影的轮廓线（细双点画线）绘制，如图 6-36 所示。

④ 剖中剖的画法。如有需要，允许在剖视图中再作一次局部剖，采用这种表达方法时，二者的剖面线同方向、同间隔，但要错开，并用引出线标注局部剖视图的名称，如图 6-37 所示。

2. 断开画法

当较长机件（如轴、杆、型材、连杆等）沿长度方向的形状一致或按一定规律变化时，可断开后缩短绘制，断裂处的边界线可采用波浪线、双折线或双点画线绘制，但必须按原来实际长度标注尺寸。如图 6-38、图 6-39 所示。

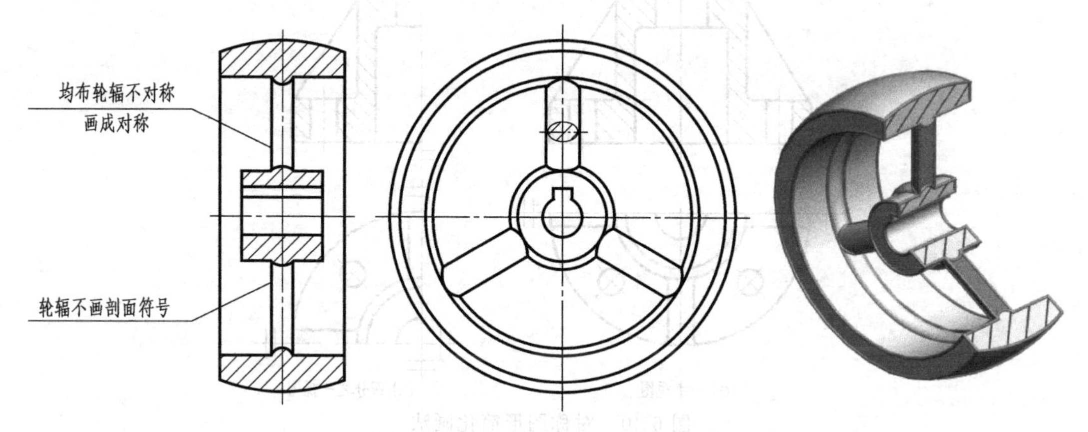

图 6-35　均匀分布轮辐的规定画法

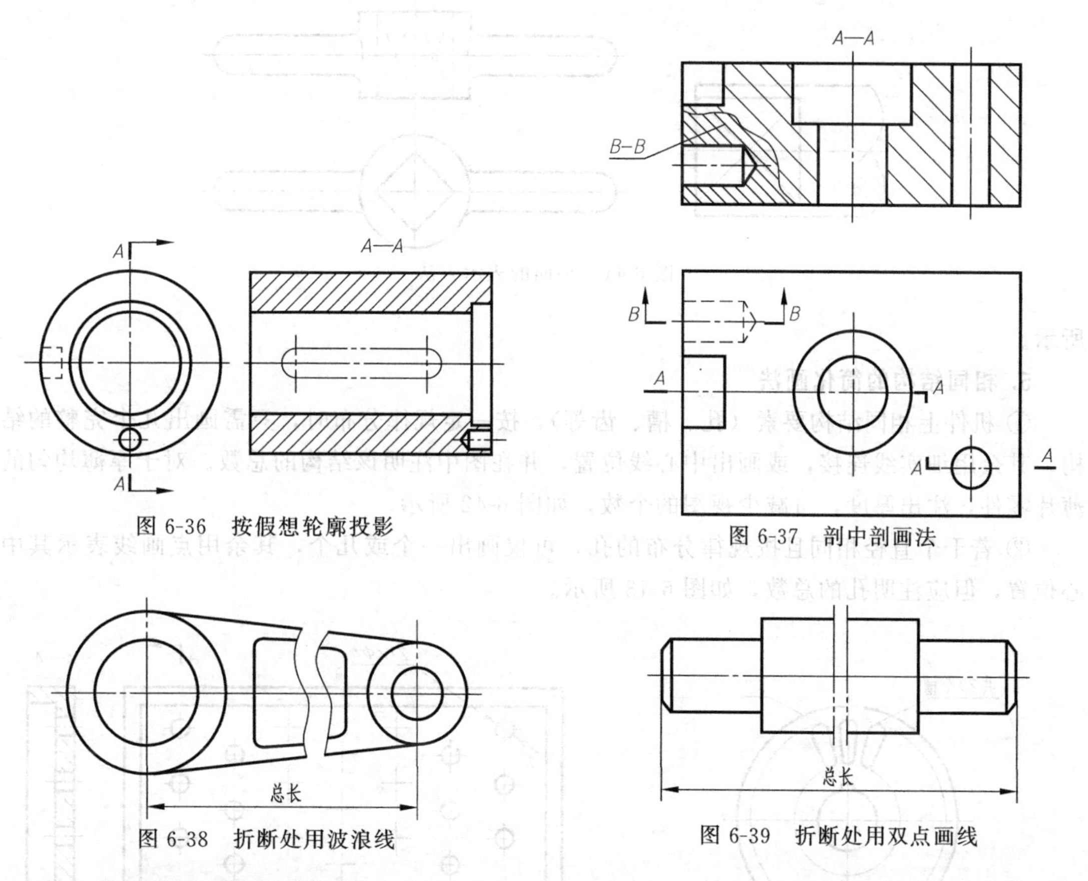

图 6-36　按假想轮廓投影

图 6-37　剖中剖画法

图 6-38　折断处用波浪线

图 6-39　折断处用双点画线

3. 对称机件的简化画法

在不致引起误解时，对称机件的视图可画一半或四分之一，但应在对称中心线的两端画出对称符号（两条与其垂直的细实线），如图 6-34（a）可也表示为图 6-40（a）或（b）的形式。

4. 平面的表示方法

当图形不能充分地表达平面时，可用平面符号（相交的两细实线）表示，如图 6-41

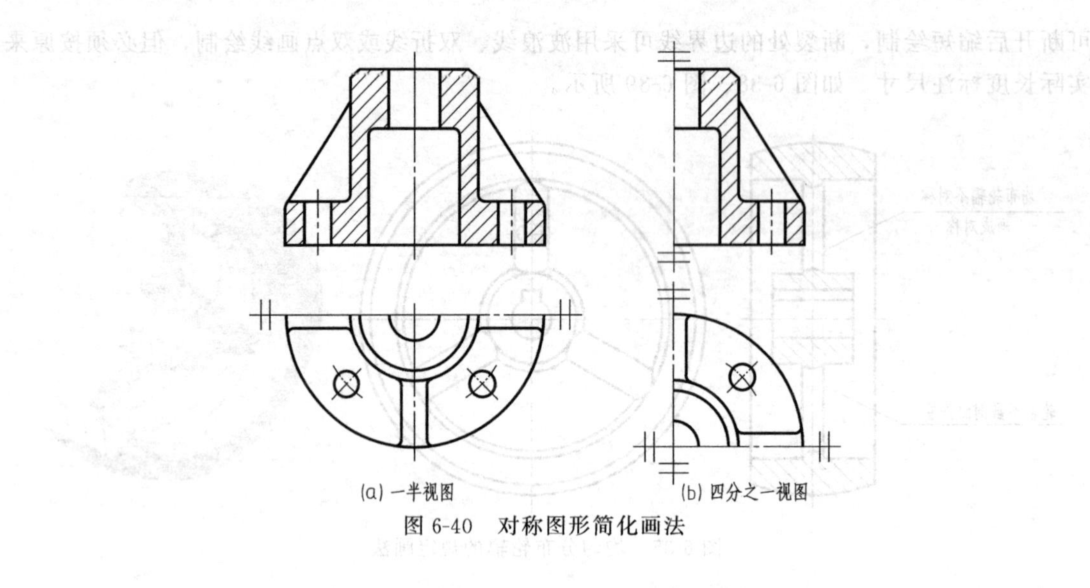

图 6-40 对称图形简化画法

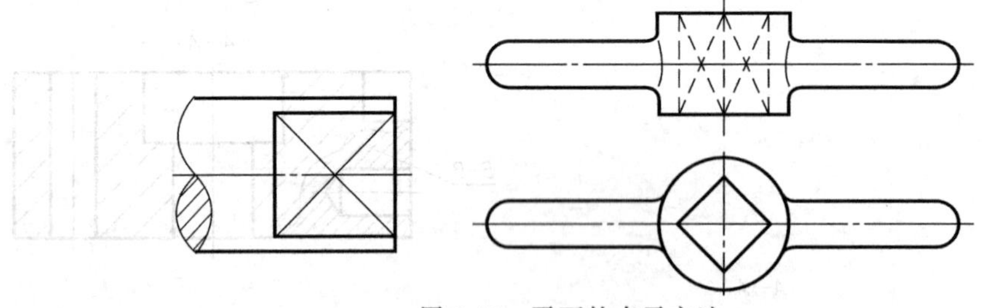

图 6-41 平面的表示方法

所示。

5. 相同结构的简化画法

① 机件上相同结构要素（孔、槽、齿等），按一定规律分布时，只需画出几个完整的结构，其余用细实线连接，或画出中心线位置，并在图中注明该结构的总数。对于厚薄均匀的薄片零件，注出厚度，可减少视图的个数，如图 6-42 所示。

② 若干个直径相同且按规律分布的孔，可仅画出一个或几个，其余用点画线表示其中心位置，但应注明孔的总数，如图 6-43 所示。

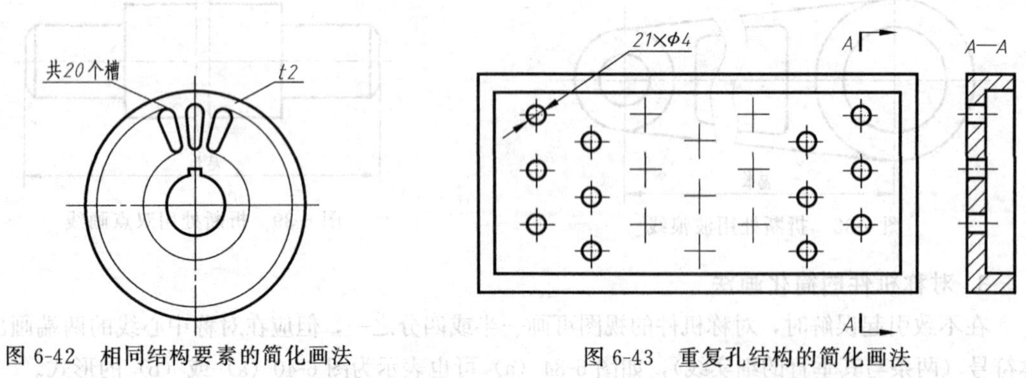

图 6-42 相同结构要素的简化画法　　图 6-43 重复孔结构的简化画法

③ 滚花部分或网状物的画法。滚花、槽沟等结构应用粗实线在轮廓线附近示意地画出一部分，如图 6-44 所示。但也可用简化表示法，不画出这些网状物，只需按规定标注。

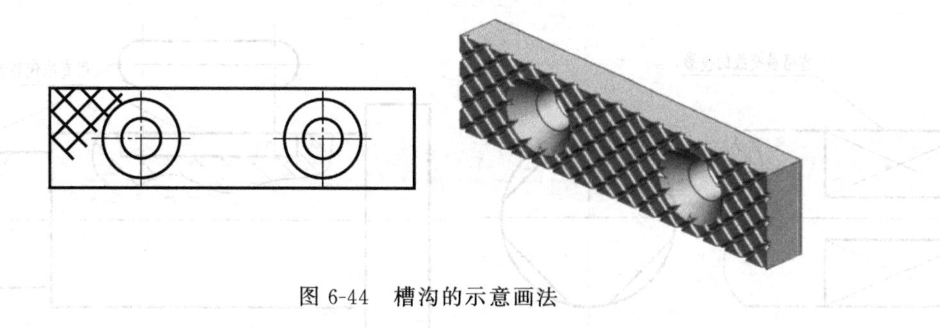

图 6-44　槽沟的示意画法

6. 机件投影的简化画法

① 圆柱形法兰和类似零件上均匀分布的孔，可按图 6-45 所示的方法绘制。

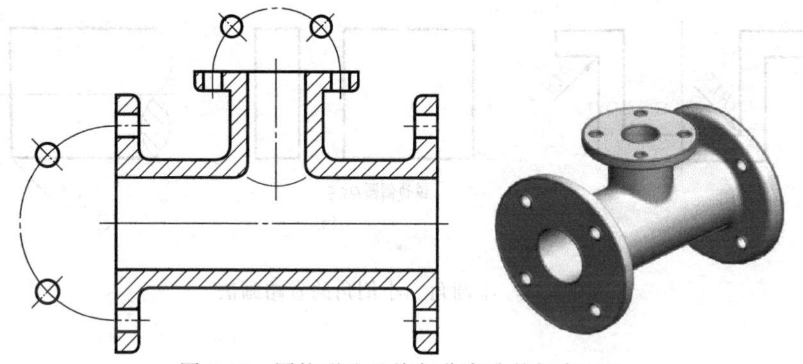

图 6-45　圆柱形法兰均匀分布孔的规定画法

② 机件上与投影面倾角小于或等于 30°的圆或圆弧，其投影可用圆或圆弧代替，而不必画成椭圆，如图 6-46 所示。

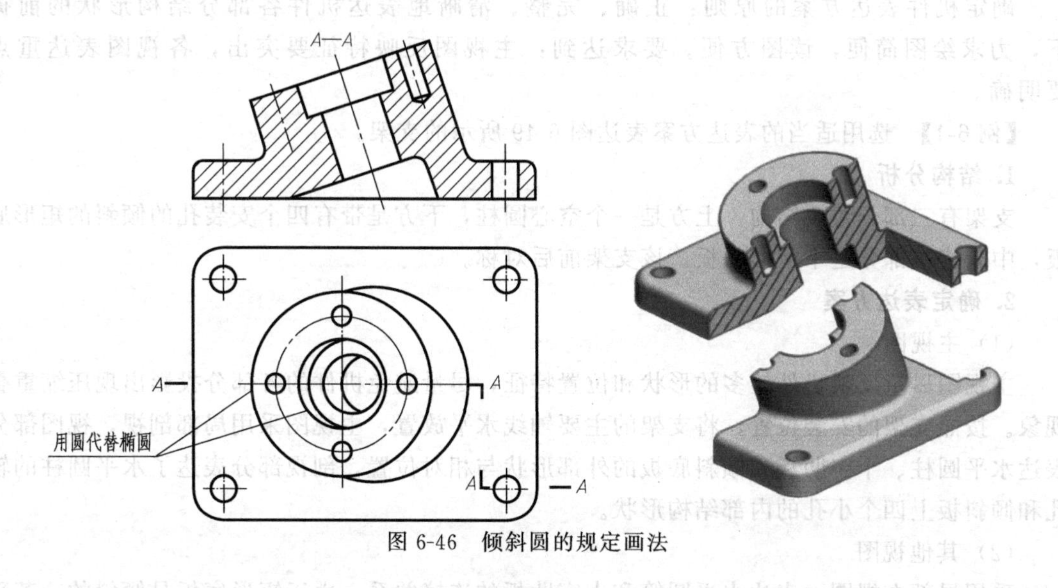

图 6-46　倾斜圆的规定画法

③ 机件上的较小结构，如截交线、相贯线等，在一个图形已表达清楚时，其他图形可简化画出，如图 6-47 所示。

④ 小倒角、小圆角的省略画法。在不致引起误解时，零件图中的小圆角、锐边的小倒圆或 45°小倒角允许省略不画，但必须注明尺寸或在技术要求中加以说明，如图 6-48 所示。

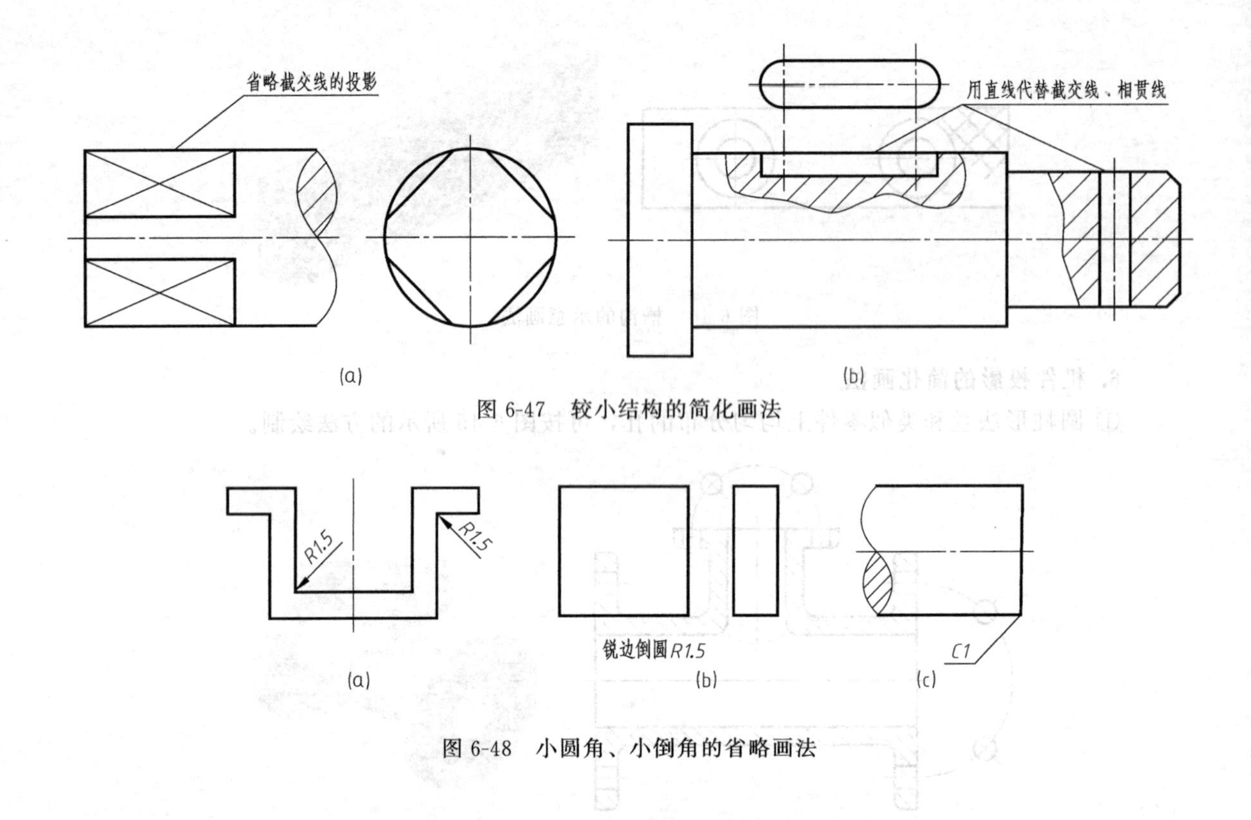

图 6-47 较小结构的简化画法

图 6-48 小圆角、小倒角的省略画法

第五节 综合表达分析

确定机件表达方案的原则：正确、完整、清晰地表达机件各部分结构形状的前提下，力求绘图简便，读图方便。要求达到：主视图反映特征要突出，各视图表达重点要明确。

【例 6-1】 选用适当的表达方案表达图 6-49 所示的支架。

1. 结构分析

支架有三部分主要结构：上方是一个空心圆柱，下方是带有四个安装孔的倾斜的矩形底板，中间连接部分是十字形肋板。该支架前后对称。

2. 确定表达方案

(1) 主视图

主视图尽量反映机件较多的形状和位置特征，尽量避免机件的各部分投影出现压缩重叠现象。按照支架的安装位置，将支架的主要轴线水平放置，主视图采用局部剖视，视图部分表达水平圆柱、十字肋板和倾斜底板的外部形状与相对位置，剖视部分表达了水平圆柱的轴孔和倾斜板上四个小孔的内部结构形状。

(2) 其他视图

采用局部左视图，表达水平圆筒和十字肋板的连接关系。由于矩形底板是倾斜的，若采用左、俯视图表达，其投影均不反映实形，故采用斜视图表达倾斜板的实形和小孔的分布情况。用移出断面表达十字肋板的断面形状。

上述四个视图互为补充而表达内容不重复，最后确定的表达方案如图 6-50 所示。

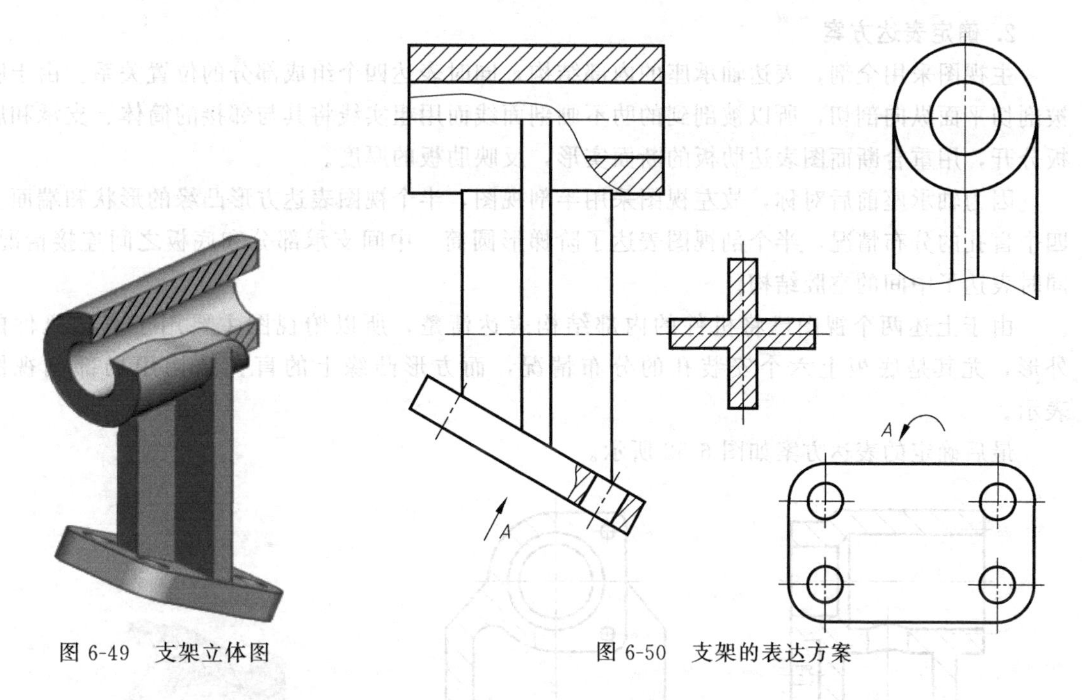

图 6-49 支架立体图　　图 6-50 支架的表达方案

【例 6-2】 选用适当的表达方案表达图 6-51 所示的轴承座。

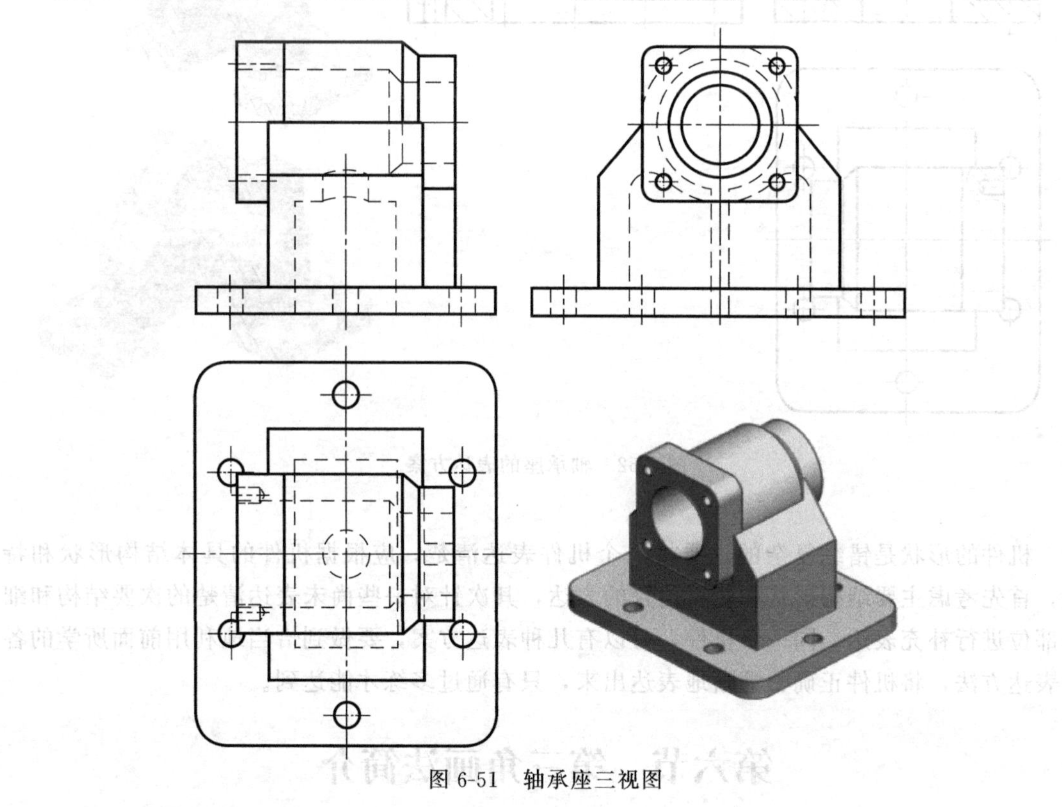

图 6-51 轴承座三视图

1. 结构分析

用形体分析法分析轴承座，可知它由阶梯形圆筒、方形凸缘、长方形底板和薄壁方形支承等四部分组成，该机件前后对称。

2. 确定表达方案

主视图采用全剖，表达轴承座的内部结构，同时表达四个组成部分的位置关系。由于肋被剖切平面纵向剖切，所以被剖到的肋不画剖面线而用粗实线将其与邻接的筒体、支承和底板分开，用重合断面图表达肋板的断面实形，反映肋板的厚度。

因为轴承座前后对称，故左视图采用半剖视图，半个视图表达方形凸缘的形状和端面上四个盲孔的分布情况，半个剖视图表达了阶梯形圆筒、中间支承部分和底板之间连接情况，同时表达了中间的空腔结构。

由于上述两个视图已将机件的内部结构表达清楚，所以俯视图主要用于表达机件的外形，尤其是底板上六个安装孔的分布情况，而方形凸缘上的盲孔结构用局部剖视图表示。

最后确定的表达方案如图 6-52 所示。

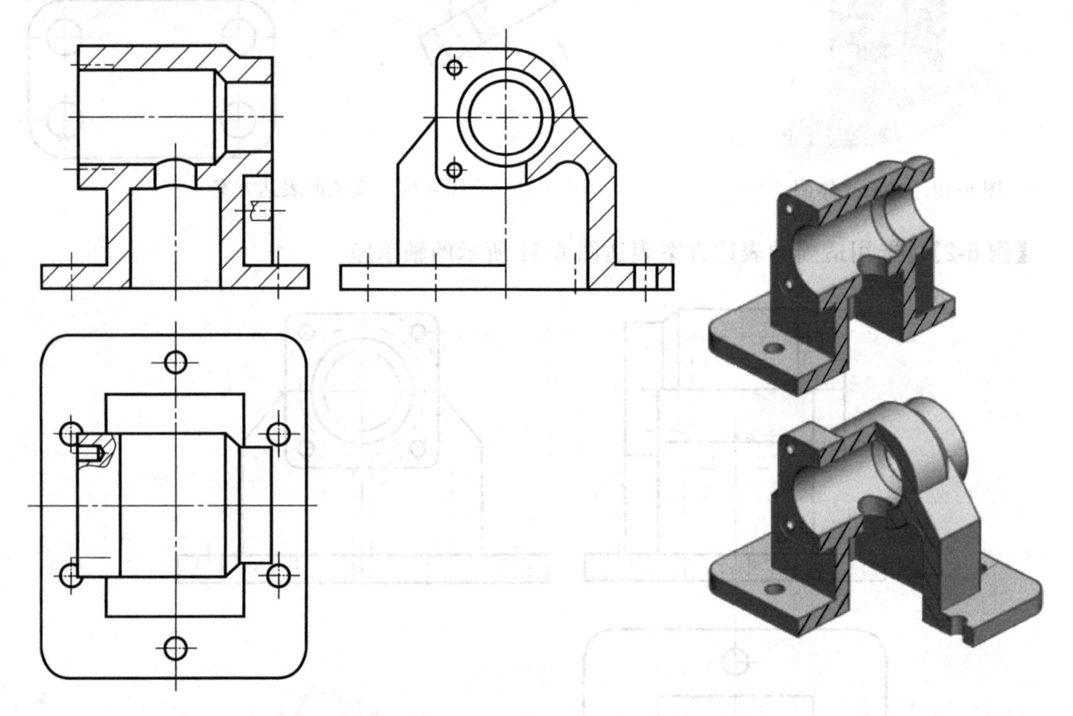

图 6-52 轴承座的表达方案

机件的形状是错综复杂的，要将一个机件表达清楚，应根据机件的具体结构形状和特点，首先考虑主要结构形状和相对位置的表达，其次针对一些尚未表达清楚的次要结构和细小部位进行补充表达。同一个机件，可以有几种表达方案，要做到恰当地利用前面所学的各种表达方法，将机件正确、清晰地表达出来，只有通过多练才能达到。

第六节 第三角画法简介

根据国家标准规定，我国的技术图样主要采用第一角画法绘制，而美国、英国、日本等国家采用的是第三角画法。随着国际技术交流和国际贸易的日益增长，今后工作中可能会遇到阅读第三角画法的图样，因此要了解一些第三角画法的知识。

一、第三角画法的视图形成

如图 6-53 所示的两个互相垂直相交的投影面，将空间分成Ⅰ、Ⅱ、Ⅲ、Ⅳ四个分角。

第一角画法，是将物体置于第一分角内，使物体处在观察者与投影面之间，以“人—物—面”的位置关系进行投射。第三角画法，是将物体置于第三分角内，使投影面处于观察者与物体之间，以“人—面—物”的位置关系进行投射。

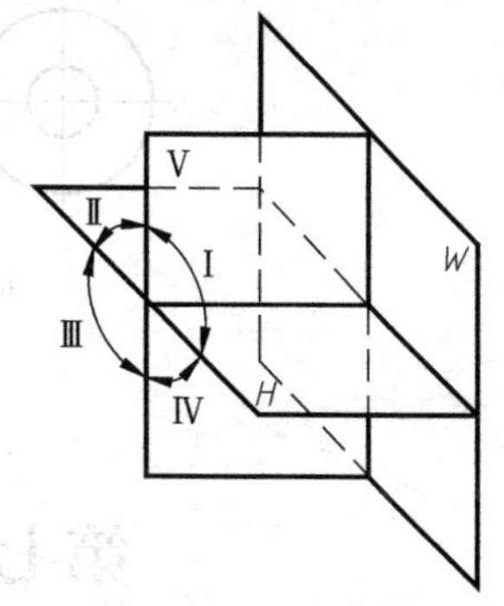

图 6-53 四个分角

第三角画法，是把投影面假想成透明的，投影时就如同隔着“玻璃”看物体，将物体的轮廓形状印在物体前面的投影面上。在上投影面上形成的由上向下投射所得的图形称为顶视图；在前投影面上形成的由前向后投射所得的图形称为前视图；在右投影面上形成的由右向左投射所得的图形称为右视图。然后按图 6-54（a）所示将三个视图展开：前立面保持不动，将顶面与右侧面分别绕它们与前立面的交线向上、向右旋转 90°，使三个投影面处于同一个平面上，便得到物体的三视图。三视图的配置如图 6-54（b）所示。

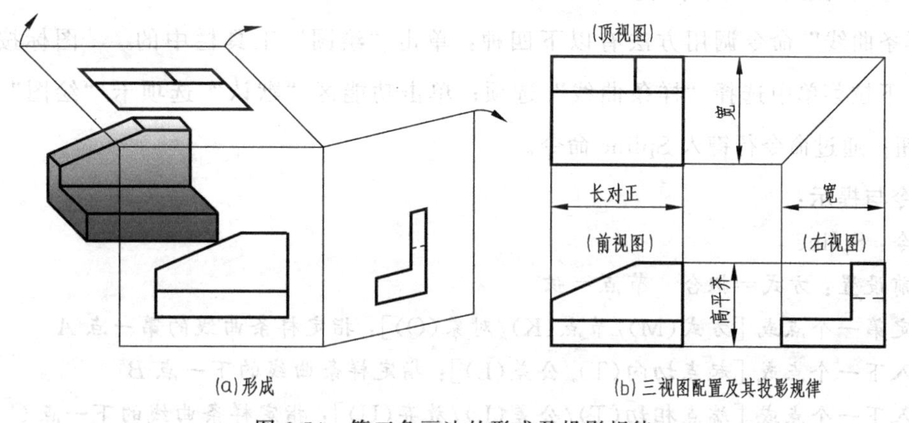

(a)形成 (b)三视图配置及其投影规律

图 6-54 第三角画法的形成及投影规律

二、第三角画法与第一角画法的比较

第三角画法与第一角画法都是采用正投影法，因此都符合正投影法的投影规律。与第一角画法相似，采用第三角画法的三视图有下述的投影规律：前、顶视图长对正；前、右视图高平齐；顶、右视图宽相等，如图 6-54（b）所示。

两种画法的方位关系是：上下、左右方位关系的判别方法是一样的，但前后方位关系正好相反。在第三角画法中，顶、右视图靠近前视图的一侧，表示物体的前面；远离前视图的一侧，表示物体的后面。

三、第三角画法的标识

国际标准 ISO 规定，可以采用第一角画法，也可以采用第三角画法。按国家标准规定，当采用第三角画法时，必须在图样中画出第三角画法的识别符号；当采用第一角画法时，在图样中一般不画出第一角画法的识别符号，必要时，也可画出。第三角画法和第一角画法的识别符号如图 6-55 所示。

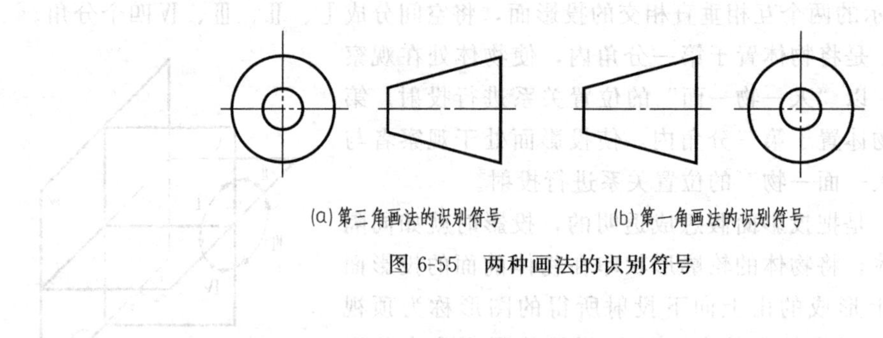

(a) 第三角画法的识别符号　　(b) 第一角画法的识别符号

图 6-55　两种画法的识别符号

第七节　用 AutoCAD 绘制机件图

一、样条曲线（Spline）

功能：把用户给定的控制点按照一定的公差拟合为一条光滑曲线。主要用于绘制不规则的曲线，如机械图样中局部剖视图的波浪线。

“样条曲线”命令调用方法有以下四种：单击“绘图”工具栏中的图标按钮；在“绘图”下拉菜单中选择“样条曲线”选项；单击功能区“默认”选项卡“绘图”面板的按钮；通过命令行键入 Spline 命令。

命令与提示：

命令：Spline

当前设置：方式＝拟合　节点＝弦

指定第一个点或［方式(M)/节点(K)/对象(O)］：指定样条曲线的第一点 *A*

输入下一个点或［起点切向(T)/公差(L)］：指定样条曲线的下一点 *B*

输入下一个点或［端点相切(T)/公差(L)/放弃(U)］：指定样条曲线的下一点 *C*

输入下一个点或［端点相切(T)/公差(L)/放弃(U)/闭合(C)］：指定样条曲线的下一点 *D*

输入下一个点或［端点相切(T)/公差(L)/放弃(U)/闭合(C)］：指定样条曲线的下一点 *E*

输入下一个点或［端点相切(T)/公差(L)/放弃(U)/闭合(C)］：↙（按 Enter 键结束命令）

指定的切线方向不同，产生的样条曲线不同。如果不指定起始点、终点处切线方向，系统将计算缺省切向，生成如图 6-56 所示的样条曲线。

选项说明：

① 对象（O）：选择该命令选项，将 Pedit 命令的“样条曲线(S)”选项建立的近似样条曲线（二维或三维的二次或三次样条拟合多段线）转换成真正的样条曲线。

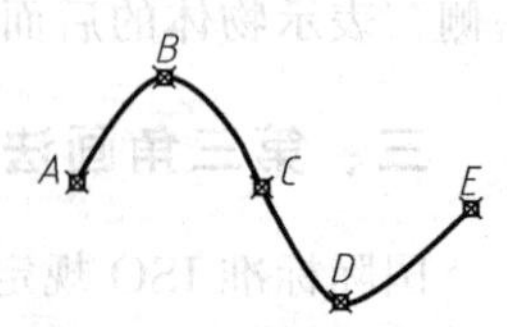

图 6-56　绘制样条曲线

② 闭合（C）：选择该命令选项，将最后一点定义为与第一点一

致并使它在连接处相切，这样可以闭合样条曲线。

③ 拟合公差（F）：选择该命令选项，修改拟合当前样条曲线的公差。即样条曲线与输入点之间所能允许的最大偏移距离。默认值为0，样条曲线将严格地通过拟合点。该公差值越大，则样条曲线偏离拟合点越远。

二、图案填充（Bhatch）

在绘制图形时，常需将某一图案填充到某一区域。“图案填充”命令调用方法有以下四种：单击“绘图”工具栏中的图标按钮；在“绘图”下拉菜单中选择“图案填充”选项；单击功能区“默认”选项卡“绘图”面板的按钮；在命令行键入 Bhatch（或 Hatch）命令。

功能：将选定的阴影图案填充到指定的区域内，并能自动识别填充边界。

1.“图案填充创建”选项卡的选项含义

执行 Bhatch 命令，系统弹出如图 6-57 所示“图案填充创建”选项卡。在“图案填充创建”选项卡中，常用选项和按钮含义如下：

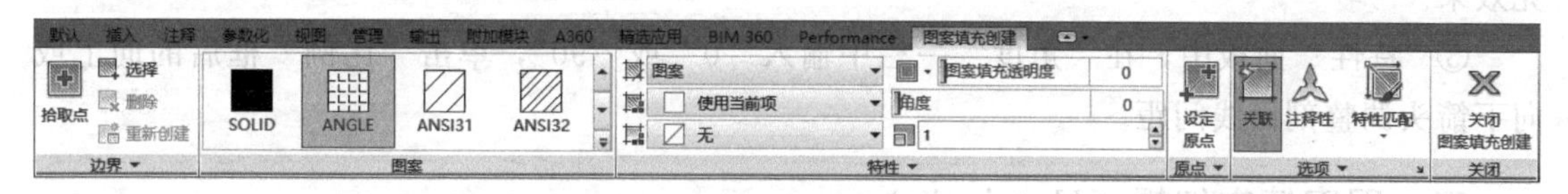

图 6-57 “图案填充创建”选项卡

（1）“边界”面板

“边界”面板用于选择定义填充边界的方式。

① 拾取点：通过选择由一个或多个对象形成的封闭区域内的点，确定图案填充边界。

② 选择边界对象：指定基于构成封闭区域的选定对象，确定图案填充边界。

③ 删除边界对象：从边界定义中删除之前添加的任何对象。

（2）“图案”面板

“图案”面板内显示了几种常用的填充图案，单击“图案”面板右端的上下键，可以选择其他的填充图案。金属材料的剖面线图案为 ANSI31。

（3）“特性”面板

“特性”面板显示了当前填充图案的特性，如填充的图案类型，图案的填充颜色，图案填充的背景色，图案填充的透明度、角度、比例等。

“角度”：用于设置填充图案相对于当前 X 轴的旋转角度。若选用图案 ANSI31，设置该值为 0°时，剖面线倾角为 45°；设置该值为 90°时，剖面线倾角为 135°。

“比例”：用于设置填充图案时的填充比例，以保证剖面线有适当的疏密程度。比例值越大，剖面线越稀疏。

（4）“原点”面板

“原点”面板设置填充图案生成的起始位置。在某些图案填充需要与图案填充边界上的一点对齐时使用。

“使用当前原点”：系统默认使用当前 UCS 的原点（0，0）为图案填充原点。

“指定原点”：系统提供了五种选择原点的方案，由绘图者指定图案填充的原点。

(5)“选项”面板

“关联”：在选择该按钮后，AutoCAD 会将填充的剖面线与图形的边界作为一个图形对象，即图案与填充边界关联，则修改边界，并保证图形边界封闭时，图案将自动更新以适应新边界。

“特性匹配”：单击该按钮，系统将要求用户选择某一个已绘制的填充图案，并将其类型及属性设置为当前图案类型及属性。

“允许的间隙”：设定将对象用作图案填充边界时可以忽略的最大间隙。默认值为 0，此值指定对象必须是封闭区域而没有间隙。

2. 图案填充的步骤

① 调用命令后，弹出“图案填充创建”选项卡，选取“图案”面板中的“ANSI31”图案。

② 单击“边界”面板的“拾取点”按钮，当用户将光标放于要填充图案的封闭区域内拾取一点，系统将自动搜索最小的封闭区域，被选中区域将以封闭醒目形式出现，并显示填充效果。

③“特性”面板中，在“角度”一栏中输入“0”或“90”，单击“比例”框后的向上或向下箭头调整剖面线间距。

三、图案填充编辑（Hatchedit）

功能：用于对已有的图案进行修改，包括图案类型、图案特性参数及属性等。

“图案填充编辑”命令调用方法有以下五种：单击“修改 II”工具栏中的图标按钮；在“修改”下拉菜单中选择“对象”菜单项的“图案填充”选项；功能区“默认”选项卡“修改”面板的按钮；通过命令行键入 Hatchedit 命令，快捷方法是直接双击填充的图案。

执行“图案填充编辑”命令，按照提示选择要编辑的图案填充对象后，AutoCAD 将弹出“图案填充编辑器”选项卡。该选项卡中的选项与前面介绍的“图案填充创建”选项卡中的选项完全相同，这里不再重复介绍。

四、用 AutoCAD 绘制机件图绘制机件图的方法和步骤

① 创建或调用样板文件。

② 选用适当的表达方案表达机件。

③ 布图，绘制作图基准线：布图时，要考虑尺寸标注的空间，以控制每个视图位置。

④ 绘制机件的各个视图：利用“对象捕捉追踪”功能作图，以保证主、俯视图间长对正，主、左视图间高平齐。

⑤ 绘制剖面线。

⑥ 标注尺寸。

⑦ 存盘，结束操作。

第七章 标准件与常用件

在各种机械设备和仪器仪表中，广泛用到螺栓、螺母、螺钉、垫圈、键和销等零件。为了设计、制造和使用方便，它们的结构、尺寸、技术要求及在图样中的画法、标记等均予以标准化，这些零件统称为标准件。有些零件虽不属于标准件，但它们的结构、尺寸及画法部分地实现了标准化，如齿轮、弹簧等，这样的零件统称为常用件。

本章主要介绍这些标准件、常用件的结构、画法和标记方法。

第一节　螺纹的画法及标注

在圆柱（或圆锥）表面上，沿着螺旋线所形成的具有规定牙型的连续凸起和沟槽，称为螺纹。在圆柱（或圆锥）外表面上形成的螺纹称为外螺纹，在圆柱（或圆锥）内表面上形成的螺纹称为内螺纹。

一、螺纹的基本要素

螺纹的基本要素包括牙型、直径、螺距、导程、线数和旋向，只有基本要素都相同的外螺纹和内螺纹才能相互旋合。

（1）牙型

在通过螺纹轴线剖面上的螺纹轮廓形状称为牙型。常见的螺纹牙型有三角形、梯形、锯齿形和矩形等多种。螺纹的牙型不同，其用途也不同。常用标准螺纹的分类、牙型、用途见表 7-1。

表 7-1　常用标准螺纹的分类、牙型及用途

螺纹类别与标准编号			特征代号	牙型放大图	说明
连接螺纹	普通螺纹（粗牙、细牙） GB/T 197—2003		M	60°	是最常用的连接螺纹，一般连接多用粗牙。在相同的大径下，细牙螺纹的螺距较粗牙小，切深较浅，多用于薄壁或紧密连接的零件
	55°密封管螺纹 GB/T 7306—2000	圆锥外螺纹	R_1	55°	具有密封性，连接形式有两种 ① 圆锥内螺纹 R_c 与圆锥外螺纹 R_1 连接 ②圆柱内螺纹 R_p 与圆锥外螺纹 R_2 连接 适用于管子、管接头、旋塞、阀门等
			R_2		
		圆锥内螺纹	R_c		
		圆柱内螺纹	R_p		
	55°非密封管螺纹 GB/T 7307—2001		G	55°	螺纹本身不具有密封性，内外螺纹都是圆柱管螺纹。若要求密封可在密封面间添加密封物。适用于管接头、旋塞、阀门等
	60°密封管螺纹 GB/T 12716—2002	圆锥管螺纹（内、外）	NPT	60°	螺纹副本身具有密封性，内、外螺纹可组成两种密封配合形式 ①圆锥内螺纹与圆锥外螺纹配合 ②圆柱内螺纹与圆锥外螺纹配合 适用于管子、阀门、管接头、旋塞等
		圆柱内螺纹	NPSC		

续表

螺纹类别与标准编号		特征代号	牙型放大图	说明
传动螺纹	梯形螺纹 GB/T 5796.4—1986	Tr	30°	用于传递运动和动力，各种机床上的丝杠多采用这种螺纹
	锯齿形螺纹 GB/T 13576—1992	B	3° 30°	只能传递单向动力，例如螺旋压力机的传动丝杠就采用这种螺纹

（2）直径

螺纹的直径有大径、小径和中径之分。如图 7-1 所示。与外螺纹牙顶或内螺纹牙底相重合的假想圆柱面的直径称为大径，用 d（外螺纹）或 D（内螺纹）表示；与外螺纹牙底或内螺纹牙顶相重合的假想圆柱面的直径称为小径，用 d_1（外螺纹）或 D_1（内螺纹）表示；在大径与小径之间有一假想圆柱面，其母线通过牙型上沟槽和凸起宽度相等的地方，此圆柱面的直径称为中径，母线称为中径线，用 d_2（外螺纹）或 D_2（内螺纹）表示直径。螺纹的大径又称为公称直径。

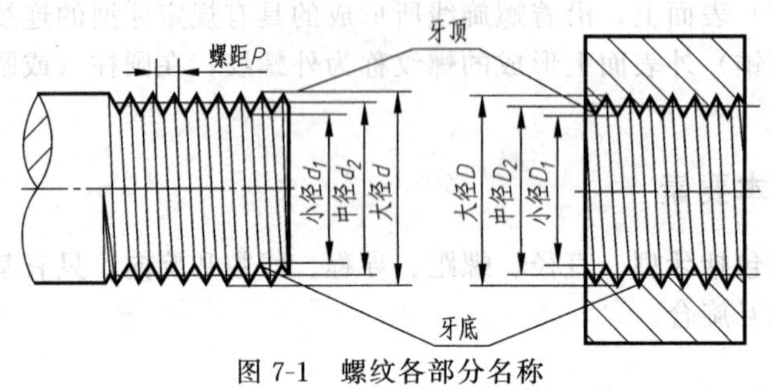

图 7-1 螺纹各部分名称

（3）线数（n）

形成螺纹的螺旋线条数称为螺纹的线数。螺纹有单线和多线之分。沿一条螺旋线形成的螺纹，称为单线螺纹；沿两条或两条以上螺旋线（轴向等距分布）所形成的螺纹称为多线螺纹，常见多线螺纹为双线螺纹，如图 7-2 所示。

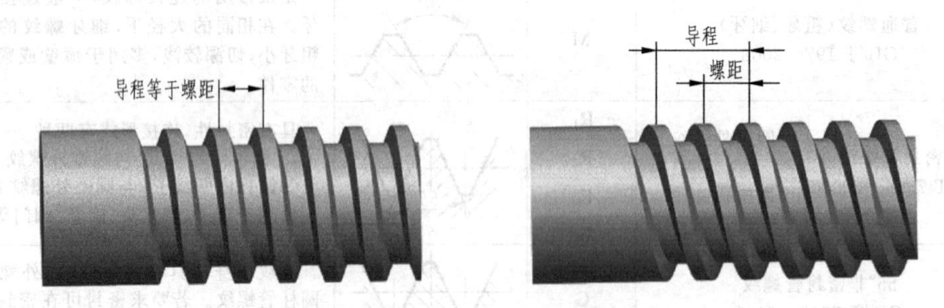

图 7-2 单线螺纹和双线螺纹

（4）螺距 P 和导程 P_h

螺纹上相邻两牙在中径线上对应两点间的轴向距离称为螺距，用 P 表示；同一条螺旋线上相邻两牙在中径线上对应两点间的轴向距离称为导程，用 P_h 表示，如图 7-2 所示。螺距与导程的关系为：$P_h=nP$。单线螺纹 $n=1$，所以 $P_h=P$。

（5）旋向

螺纹有左旋和右旋之分。内、外螺纹旋合时，顺时针旋转旋入的螺纹为右旋螺纹；逆时针旋转旋入的螺纹为左旋螺纹。左、右旋螺纹的判断方法如图 7-3 所示。工程上常用的是右旋螺纹。

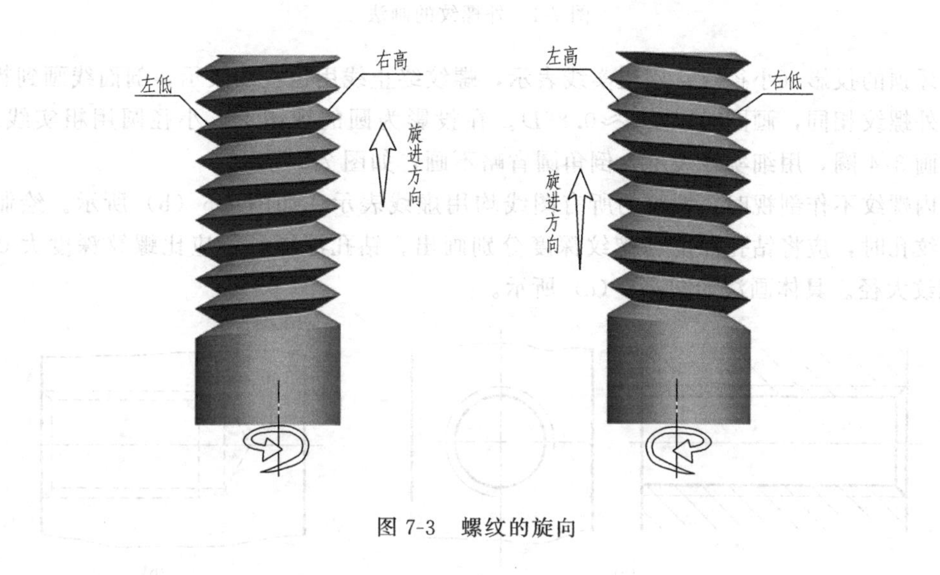

图 7-3 螺纹的旋向

内、外螺纹在以上要素全部相同时，才可旋合在一起。国家标准对上述五项基本要素中的牙型、公称直径和螺距做了统一规定。

二、螺纹的分类

① 按螺纹要素标准程度，分为标准螺纹、特殊螺纹和非标准螺纹三类。牙型、直径和螺距都符合标准的螺纹称为标准螺纹；只有牙型符合标准的螺纹称为特殊螺纹；牙型不符合标准的螺纹称为非标准螺纹。

② 螺纹按用途不同，分为连接螺纹和传动螺纹。普通螺纹为常用的连接螺纹，梯形螺纹为常见的传动螺纹，详见表 7-1。

三、螺纹的规定画法

绘制螺纹的真实投影十分复杂，为了简化作图，国家标准（GB/T 4495.1—1995）对螺纹的画法作了统一规定，且不论螺纹牙型如何，其画法均相同。

1. 外螺纹的规定画法

在投影为非圆的视图上，螺纹牙顶的投影（大径线）用粗实线表示，牙底的投影（小径线）用细实线表示，螺纹终止线用粗实线表示。有倒角时，小径线应画入倒角内。画图时小径尺寸可近似取 $d_1\approx0.85d$。在投影为圆的视图上，螺纹大径圆用粗实线表示，小径圆画 3/4 圈，用细实线表示，倒角圆省略不画，如图 7-4（a）所示。当外螺纹需作剖视时，其画法如图 7-4（b）所示。

2. 内螺纹的画法

内螺纹常用剖视图表示。在投影为非圆的视图上，螺纹牙底的投影（大径线）用细实线

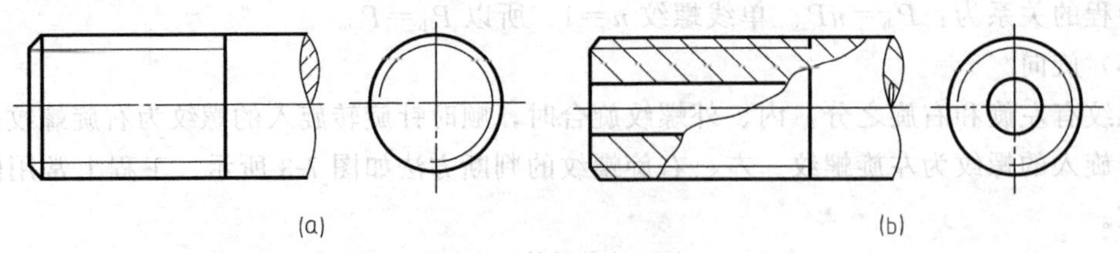

图 7-4 外螺纹的画法

表示，牙顶的投影（小径线）用粗实线表示，螺纹终止线用粗实线表示，剖面线画到粗实线处。与外螺纹相同，画图时取 $D_1 \approx 0.85D$。在投影为圆的视图上，小径圆用粗实线表示，大径圆画 3/4 圈，用细实线表示，倒角圆省略不画，如图 7-5 所示。

当内螺纹不作剖视时，螺纹的所有图线均用虚线表示，如图 7-5（b）所示。绘制不穿通的螺纹孔时，应将钻孔深度与螺纹深度分别画出。钻孔深度一般应比螺纹深度大 $0.5D$，D 为螺纹大径。具体画法如图 7-5（c）所示。

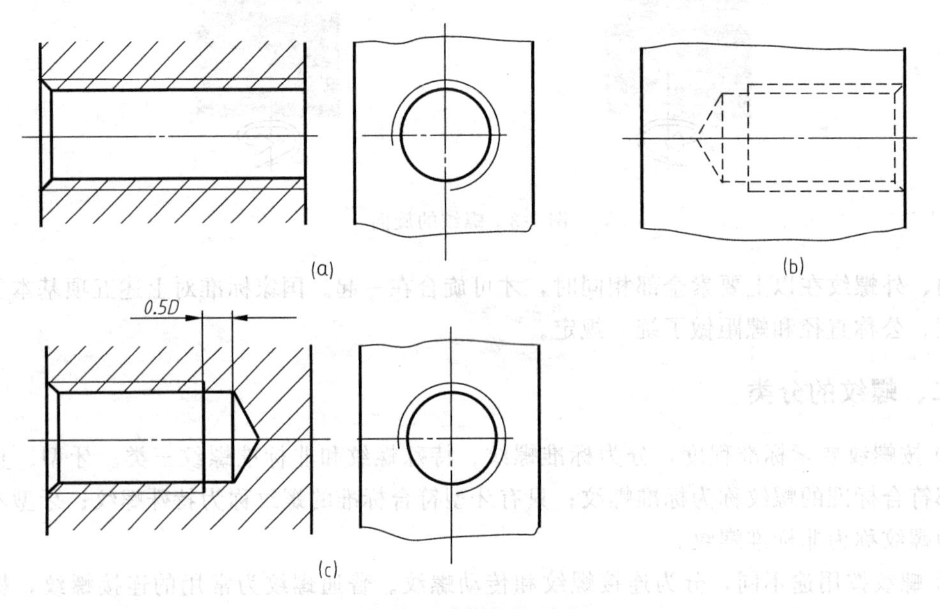

图 7-5 内螺纹的画法

3. 内、外螺纹连接的画法

螺纹连接常用剖视图表示。剖视图上，内、外螺纹的旋合部分按外螺纹画法绘制，其余部分按各自的规定画法表示；实心螺杆通过轴线剖切时按不剖处理，如图 7-6（a）所示。如果螺杆为空心，则需按剖视处理，如图7-6（b）所示。

画图时须注意：因为只有牙型、大径、小径、螺距及旋向都相同的螺纹才能旋合在一起，所以螺纹连接图中，内、外螺纹的大径线、小径线必须分别对齐。

4. 其他规定画法

由于工艺的原因，在螺纹末端形成的、切深渐浅的螺纹牙称为螺尾。螺尾部分一般不必画出，当需要表示时，该部分用与轴线成 30°的细实线画出，如图 7-7（a）所示。另外还规定，两螺孔相交或螺孔与光孔相交时，只在小径线上画出相贯线，如图 7-7（b）、（c）所示。

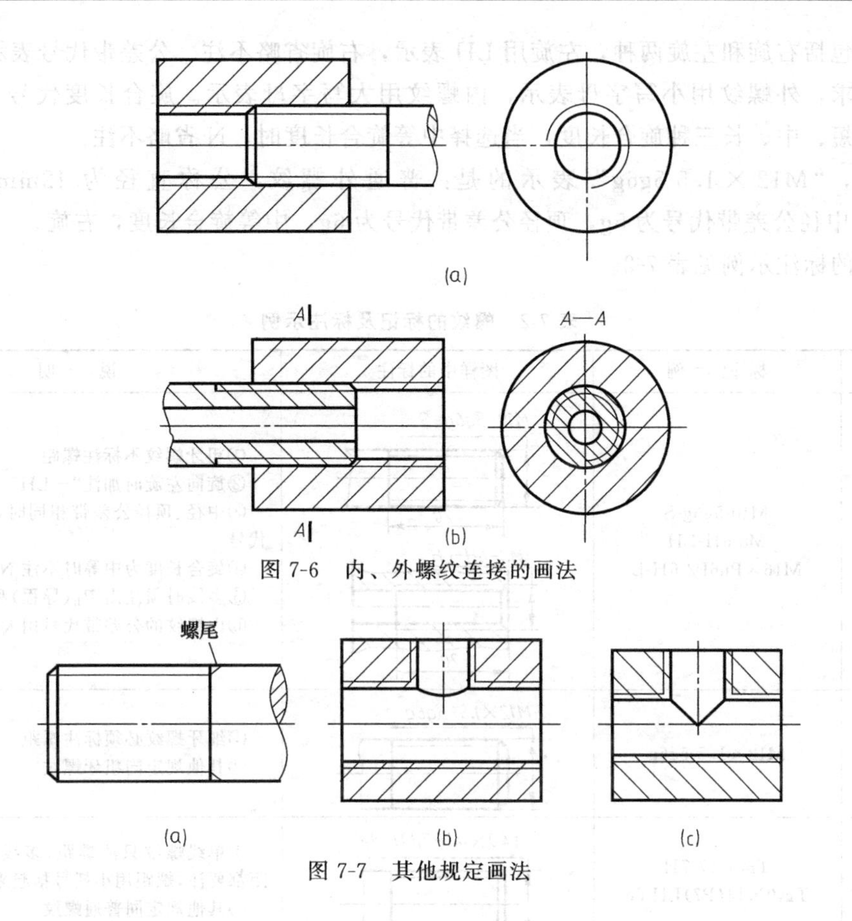

图 7-6 内、外螺纹连接的画法

图 7-7 其他规定画法

四、螺纹的标注

因为各种螺纹的画法相同，螺纹的要素和加工精度无法在图中表示出来，所以必须通过统一的规定标记来说明。

1. 普通螺纹的标记格式

多线普通螺纹：

特征代号 公称直径 × P_h 导程 P 螺距 － 中径公差带代号 顶径公差带代号 － 旋合长度代号 － 旋向代号

单线普通螺纹：

特征代号 公称直径 × 螺距 － 中径公差带代号 顶径公差带代号 － 旋合长度代号 － 旋向代号

2. 管螺纹的标记格式

特征代号 尺寸代号 公差等级代号 － 旋向

3. 梯形螺纹的标记格式

多线梯形螺纹：

特征代号 公称直径 × 导程（P 螺距）旋向代号 － 中径公差带代号 － 旋合长度代号

单线梯形螺纹：

特征代号 公称直径 × 螺距 旋向代号 － 中径公差带代号 － 旋合长度代号

旋向包括右旋和左旋两种，左旋用 LH 表示，右旋省略不注。公差带代号表示螺纹的加工精度要求，外螺纹用小写字母表示，内螺纹用大写字母表示。旋合长度代号 S、N、L，分别代表短、中、长三种旋合长度，当选择中等旋合长度时，N 省略不注。

例如，“M12 × 1.5-5g6g” 表示的是：普通外螺纹，公称直径为 12mm，螺距为 1.5mm，中径公差带代号为 5g，顶径公差带代号为 6g，中等旋合长度，右旋。

螺纹的标注示例见表 7-2。

表 7-2　螺纹的标记及标注示例

螺纹种类		标记示例	图样中的标注	说　　明
普通螺纹	粗牙	M10-5g6g-S M8-6H-LH M16×Ph6P2-6H-L	M10-5g6g-S 20 M8-6H-LH 20	①粗牙螺纹不标注螺距 ②旋向左旋时加注“－LH” ③中径、顶径公差带相同时，只标注一个代号 ④旋合长度为中等时不注 N ⑤多线时须注出 P_h(导程)和 P(螺距) ⑥内螺纹的公差带代号用大写字母表示
	细牙	M12×1.5-5g6g	M12×1.5-5g6g	①细牙螺纹必须标注螺距 ②其他规定同粗牙螺纹
梯形螺纹		Tr40×7-7H Tr40×14(P7)LH-8e	Tr40×14(P7)LH-8e	①单线螺纹只注螺距，多线螺纹导程螺距都要注，螺距用小括号括起来 ②其他规定同普通螺纹
锯齿形螺纹		B40×14(P7)-7A	B40×14(p7)-7A	锯齿形螺纹的标注方法同梯形螺纹
管螺纹	非密封管螺纹	G3/4A G1/2-LH	G3/4A	①管螺纹特征代号后的数字是管子的尺寸代号，不是公称直径。作图时须据此查取螺纹的大径 ②管螺纹标记一律注在引出线上(不能以尺寸方式注出)，引出线应由大径线引出 ③非密封管螺纹外螺纹公差等级分为 A、B 两个等级，需标出。其余管螺纹均只有一个公差等级，在图上不标注
	密封管螺纹	NPT6 NPSC3/4 R_p1 $R_1 1/2$-LH $R_2 1/2$ Rc1/2	NPSC3/4 NPT3/4 $R_2 1/2$ Rc1/2	

第二节　螺纹紧固件

螺纹紧固件是指通过螺纹旋合起到紧固、连接作用的主要零件和辅助零件。

常用的螺纹紧固件有螺栓、双头螺柱、螺钉、螺母和垫圈。这类零件一般都是标准件，它们的结构尺寸和标记均可从相应的标准中查出。标准件不需要画零件图，只在画装配图时出现，因此这里只讲紧固件连接的画法。

紧固件的尺寸均可从相应国家标准中查出，但为了绘图简便和提高效率，紧固件一般采用比例画法绘制。所谓比例画法就是以紧固件上螺纹的公称直径（d、D）为基准，其余各部分的结构尺寸均按与公称直径成一定比例关系绘制。螺栓、螺母和垫圈的比例画法见图7-8所示。

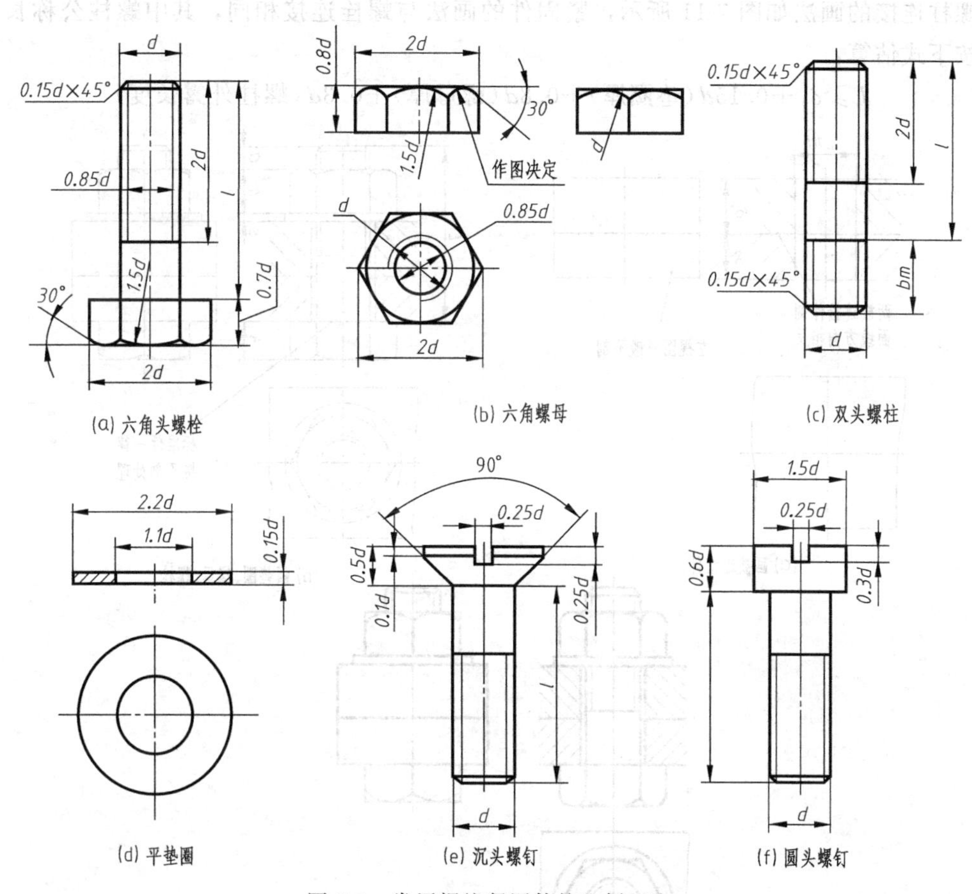

图7-8 常用螺纹紧固件的比例画法

1. 螺栓连接

螺栓连接常用于当被连接的两零件厚度（δ_1、δ_2）不大，且允许钻成通孔的情况。螺栓连接的紧固件有螺栓、螺母和垫圈。螺栓连接的画法如图7-9所示，其中螺栓的长度L可先按下式估算：

$$L \geqslant \delta_1 + \delta_2 + 0.15d(\text{垫圈厚}) + 0.8d(\text{螺母厚}) + 0.3d(\text{螺栓外露长度})$$

然后根据估算的L值，查表选取与之相近的标准数值L画入图中。

在装配图中，螺栓、螺母也可采用简化画法绘制（省略所有倒角），如图7-10所示。

画螺栓连接的装配图时应注意：

① 两零件接触表面只画一条线，凡不接触的相邻表面，无论间隙大小，都画两条线；

② 剖视图中，相邻两零件的剖面线应不同（方向相反或间隔不等），但同一零件在各个

视图中的剖面线应完全相同；

③ 装配图中，若剖切平面通过螺纹紧固件的轴线，则这些紧固件按不剖绘制。

2. 双头螺柱连接

双头螺柱连接用于被连接件之一较厚或不宜钻成通孔的情况。双头螺柱的一端旋入较厚零件的螺纹孔中，称为旋入端；双头螺柱的另一端穿过较薄零件的通孔与螺母旋合，称为紧固端。

双头螺柱旋入端的长度 b_m 根据螺孔材料的不同而不同，见表 7-3。

螺柱连接的画法如图 7-11 所示，紧固件的画法与螺栓连接相同，其中螺柱公称长度 L 可先按下式估算：

$$L \geqslant \delta_1 + 0.15d(\text{垫圈厚}) + 0.8d(\text{螺母厚}) + 0.3d(\text{螺柱外露长度})$$

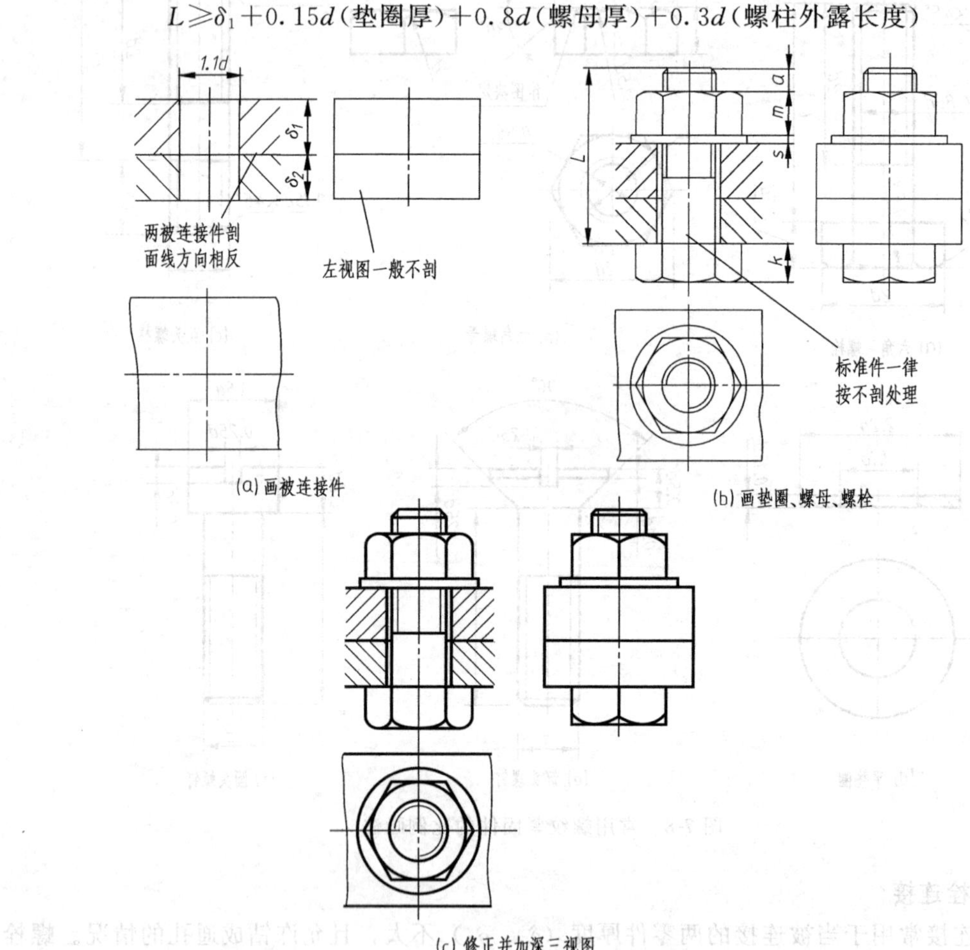

(a) 画被连接件

(b) 画垫圈、螺母、螺栓

(c) 修正并加深三视图

图 7-9 螺栓连接的画图步骤

表 7-3 螺柱旋入端长度及标准编号

螺孔件材料	旋入端长度 b_m	标准编号
钢、青铜、硬铝	d	GB/T 897—1988
铸铁	$1.25d$	GB/T 898—1988
铝合金	$1.5d$	GB/T 899—1988
铝	$2d$	GB/T 900—1988

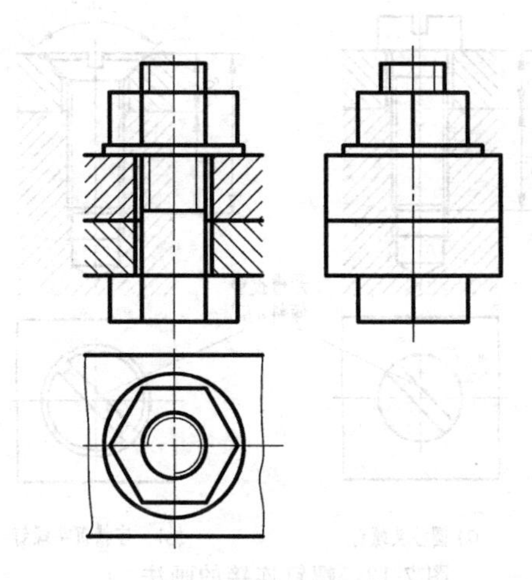

图 7-10 螺栓连接的简化画法

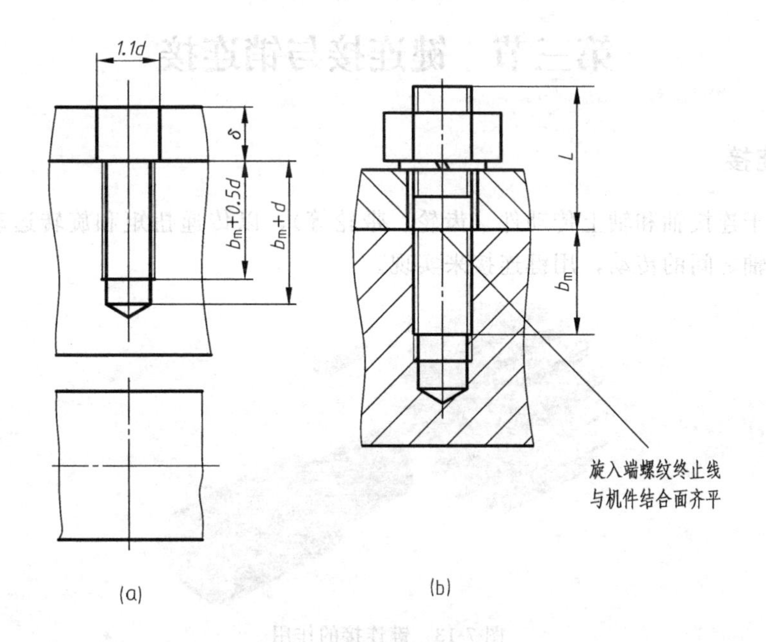

图 7-11 螺柱连接的简化画法

然后根据估算的数值，查表选取与之相近的标准值 L 画入图中。

画螺柱连接的装配图时应注意：螺柱的旋入端应全部拧入机件的螺纹孔，即旋入端的螺纹终止线与机件结合面齐平，如图 7-11（b）所示。

3. 螺钉连接

螺钉连接多用于受力不大且不经常拆装的零件连接。被连接件之一加工成通孔，另一被连接件一般加工成不通的螺纹孔。

螺钉根据头部形状不同可分为开槽圆头螺钉、十字槽盘头螺钉、开槽沉头螺钉和内六角圆柱头螺钉。常见螺钉连接的画法如图 7-12 所示。其他种类螺钉连接的区别在于头部，读者可通过查阅标准获得。

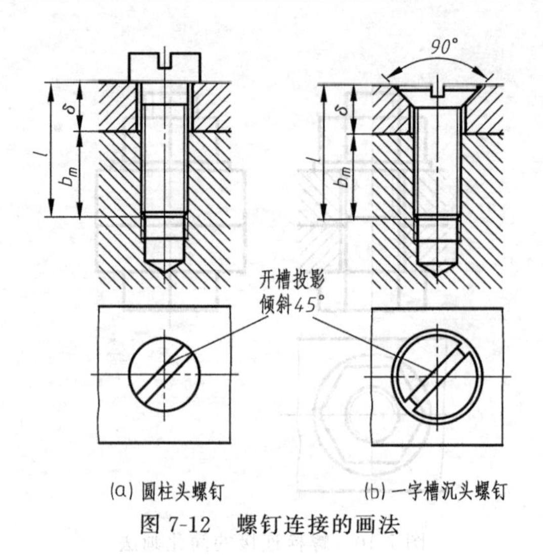

(a) 圆柱头螺钉 (b) 一字槽沉头螺钉

图 7-12 螺钉连接的画法

第三节 键连接与销连接

一、键连接

键主要用于连接轴和轴上传动件（齿轮、带轮等），以传递扭矩和旋转运动。如图 7-13 所示，齿轮与轴之间的传动，用键连接来实现。

图 7-13 键连接的作用

1. 键的形式及标记

常用的键有普通平键、半圆键和钩头楔键三种。普通平键又有 A 型、B 型和 C 型三种。各种键均是标准件，它们的形式和规定标记如表 7-4 所示。

2. 键连接的画法

(1) 普通平键连接的画法

键的两侧面为工作面，连接时键的两侧面与键槽两侧面相互接触，没有间隙，故只画一条线；键的底面与轴键槽的底面相接触，也画一条线；键的顶面为非工作面，与轮毂键槽顶面之间留有间隙，所以画两条线，如图 7-14 所示。

(2) 半圆键连接的画法

半圆键具有自动调位的优点，常用于轻载和锥形轴的连接。半圆键的连接与普通平键相似，其画法如图 7-15 所示。

表 7-4　常用键的形式及标记

名称及形式	图　例	标记示例
普通平键 (GB/T 1096—2003) 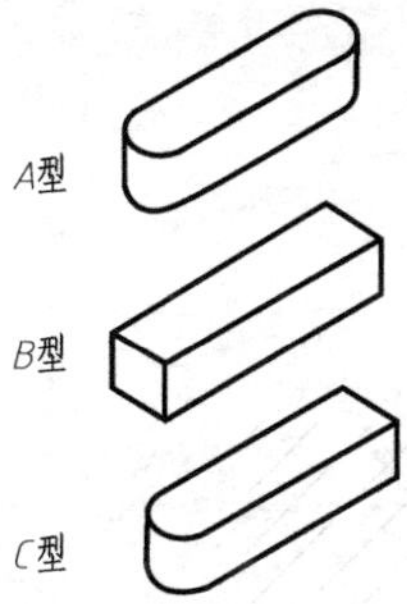 A型 B型 C型	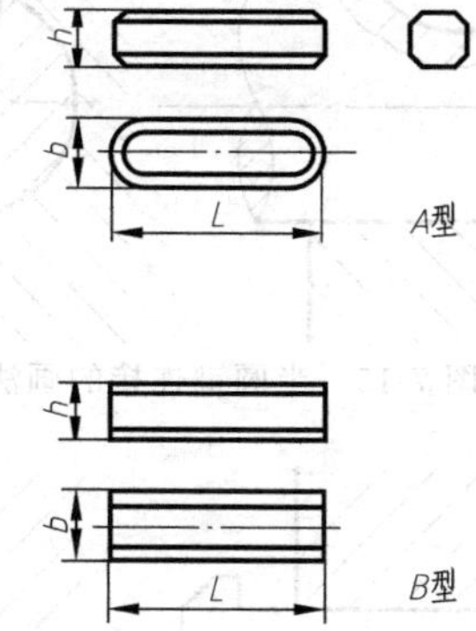 A型 B型	GB/T 1096　键　$b \times h \times L$ GB/T 1096　键 B　$b \times h \times L$
半圆键 (GB/T 1099.1—2003) 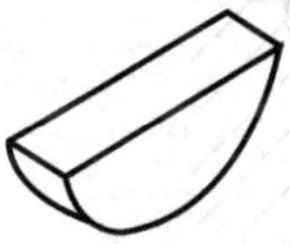	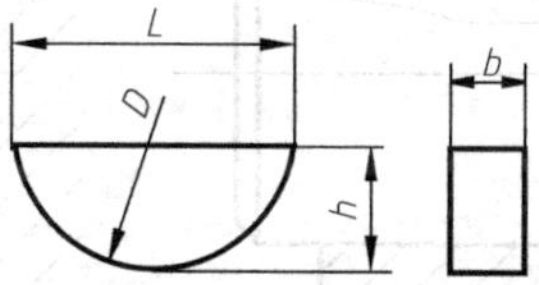	GB/T 1099.1　键 $b \times h \times D$
钩头楔键 (GB/T 1565—2003) 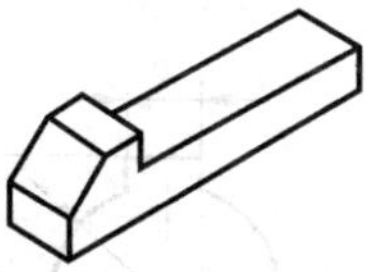	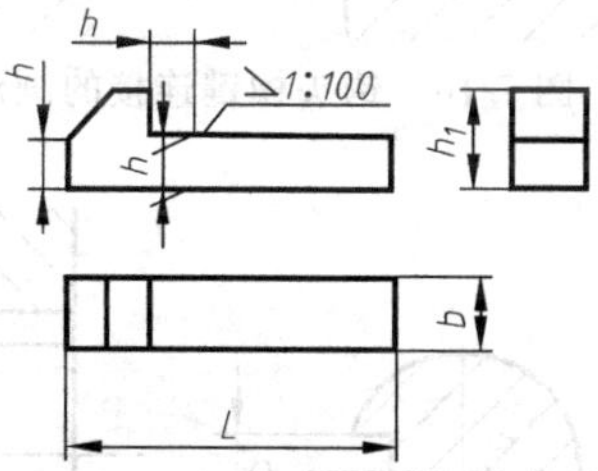	GB/T　1565　键　$b \times h \times L$

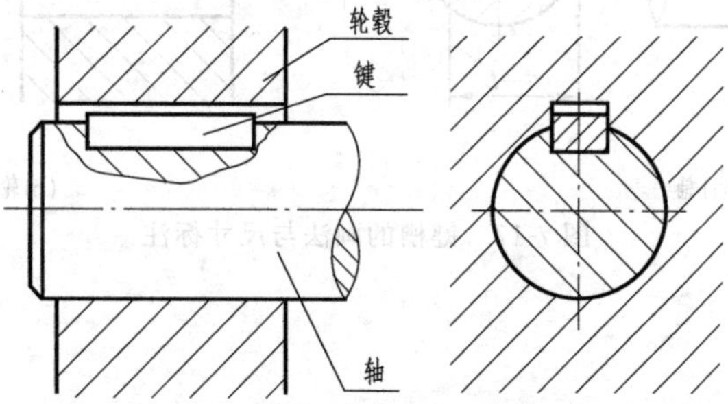

图 7-14　普通平键连接的画法

(3) 钩头楔键连接的画法

钩头楔键的上底面有 1∶100 的斜度，装配时将键沿轴向打入键槽内，靠上、下底面在轴和轮毂键槽之间接触挤压的摩擦力进行连接，故键的上、下底面是工作面，两侧面为非工作表面。其连接的画法如图 7-16 所示。

3. 轴和轮毂上键槽的画法与尺寸标注

键槽的形式和尺寸，也随键的标准化而有相应的标准。键槽和键的尺寸可根据被连接的轴径在标准中查得。键长（轴上键槽长）L 应小于或等于轮毂的长度并取标准值。键槽的画法与尺寸标注如图 7-17 所示。

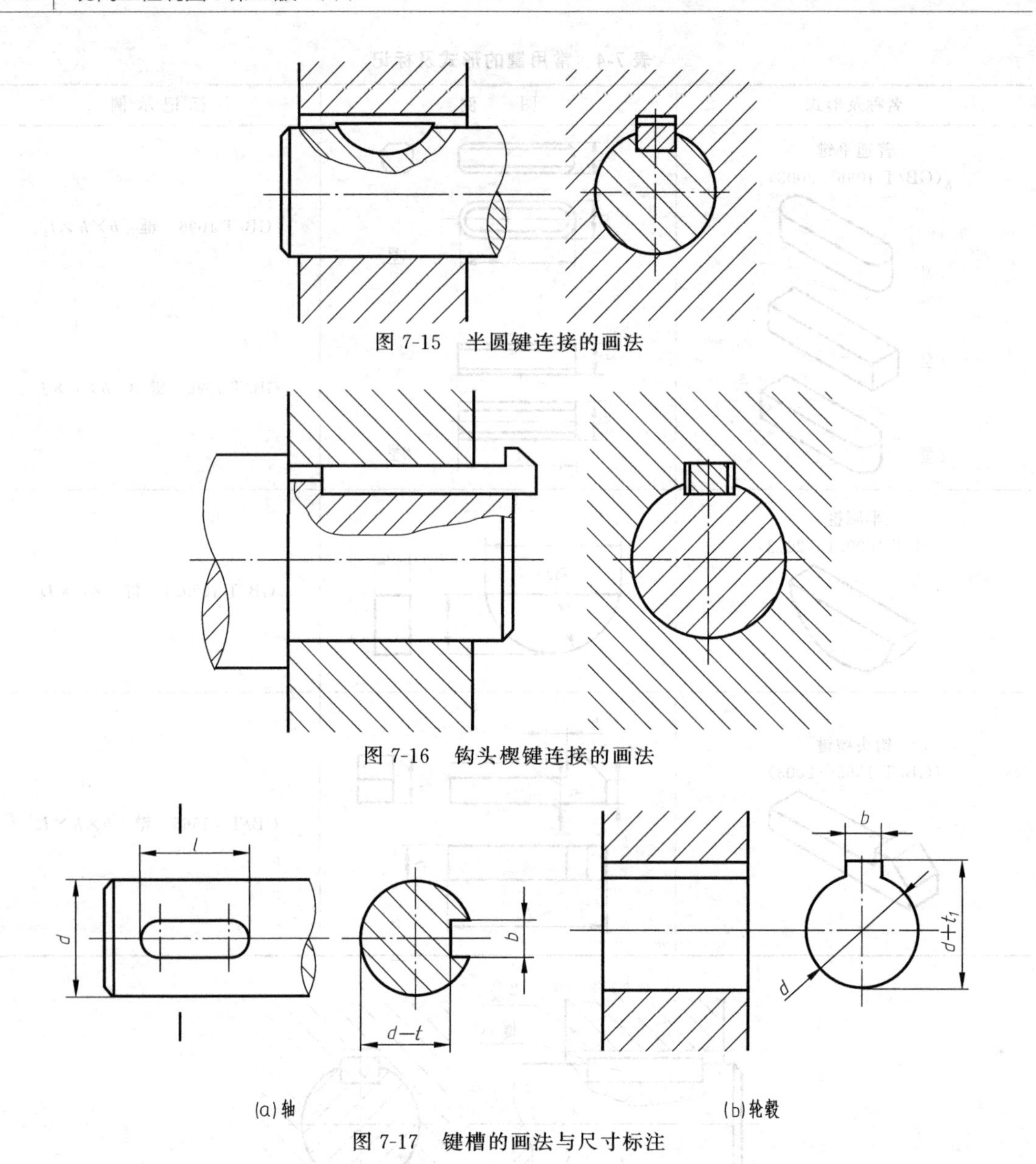

图 7-15 半圆键连接的画法

图 7-16 钩头楔键连接的画法

图 7-17 键槽的画法与尺寸标注

二、销连接

销是标准件，在装配中起定位、固定或连接作用。常用的销有圆柱销、圆锥销和开口销等，它们的形式、标准、标记及画法示例见表 7-5。

表 7-5 销的种类、标记及连接的画法

名称与标准	图 例	标 记 示 例
圆柱销 (GB/T 119.1—2000)	l d	

续表

名称与标准	图　例	标记示例
圆锥销 (GB/T 117—2000)	d　l	
开口销 (GB/T 91—1986)	l　d	

第四节　直齿圆柱齿轮

齿轮是机械设备中常见的传动零件，用以传递运动和动力、改变运动速度或旋转方向。齿轮种类很多，常见的齿轮传动有圆柱齿轮传动、圆锥齿轮传动和蜗轮蜗杆传动三种形式，如图 7-18 所示。

(a) 圆柱齿轮传动　(b) 圆锥齿轮传动　(c) 蜗轮蜗杆传动

图 7-18　齿轮传动类型

本节主要介绍具有渐开线齿形的标准直齿圆柱齿轮（图 7-19）的有关知识与规定画法。

1. 标准直齿圆柱齿轮各部分名称和尺寸关系

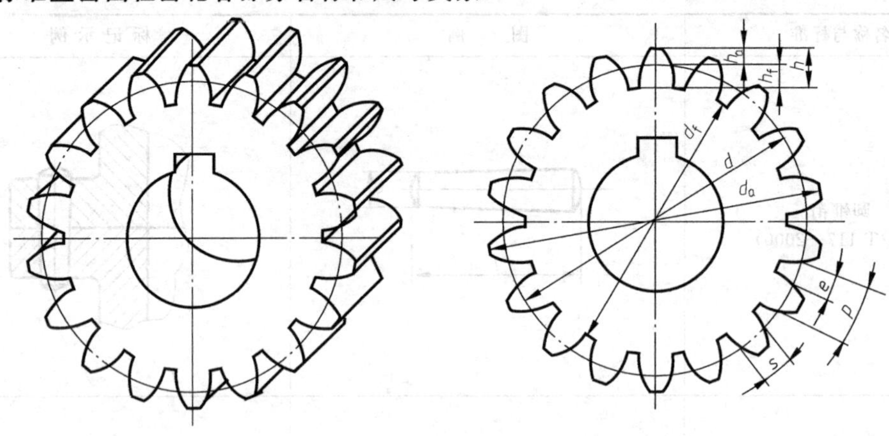

图 7-19　标准直齿圆柱齿轮尺寸及参数

（1）齿顶圆

通过轮齿顶部的圆，其直径用 d_a 表示。

（2）齿根圆

通过轮齿根部的圆，其直径用 d_f 表示。

（3）分度圆

在齿顶圆和齿根圆之间的一个假想圆，在此圆上，齿厚 s 与槽宽 e 相等，其直径用 d 表示。

（4）齿高

轮齿在齿顶圆和齿根圆之间的径向距离，用 h 表示。齿顶圆与分度圆之间的径向距离称为齿顶高，用 h_a 表示。分度圆与齿根圆之间的径向距离称为齿根高，用 h_f 表示。$h=h_a+h_f$。

（5）齿距、齿厚、槽宽

在分度圆上相邻两齿对应点之间的弧长称为齿距，用 p 表示。在分度圆上一个轮齿齿廓间的弧长称为齿厚，用 s 表示，一个齿槽齿廓间的弧长称为槽宽，用 e 表示。对于标准齿轮，$s=e$，$p=s+e$。

（6）模数

若齿轮的齿数为 z，则分度圆的周长 $=zp=\pi d$。

由此得：　　$d=zp/\pi$

令　　$m=p/\pi$

则　　$d=mz$

m 称为模数，单位是 mm。模数是齿轮设计的重要参数，为了便于设计和加工，已将模数标准化，模数标准值见表 7-6。

表 7-6　渐开线圆柱齿轮标准模数（GB/T 1357—1987）　　mm

第一系列	1　1.25　1.5　2　2.5　3　4　5　6　8　10　12　16　20　25　32　40　50
第二系列	1.75　2.25　2.75　(3.25)　3.5　(3.75)　4.5　5.5　(6.5)　7　9　(11)　14　18　22　28　36　45

注：优先选用第一系列，其次选用第二系列，括号内的数值尽可能不用。

2. 直齿圆柱齿轮的参数计算

已知模数 m 和齿数 z，标准齿轮的其他参数可按表 7-7 所示公式计算。

3. 单个齿轮的画法

对于单个齿轮，一般用两个视图表达。在平行于齿轮轴线的投影面上的视图可以画成视图、全剖视图或半剖视图。在外形视图中，齿轮的齿顶圆和齿顶线用粗实线表示；分度圆和分度线用细点画线表示；齿根圆和齿根线用细实线表示，或省略不画。在剖视图中，齿根线必须用粗实线表示，齿顶线与齿根线之间的区域表示轮齿部分，按不剖处理。如图 7-20 所示。

表 7-7 标准直齿圆柱齿轮的参数计算公式

名　称	符　号	计 算 公 式	举例：$m=2,z=29$
齿距	P	$P=\pi m$	$P=6.28$
齿顶高	h_a	$h_a=m$	$h_a=2$
齿根高	h_f	$h_f=1.25m$	$h_f=2.5$
齿高	h	$h=2.25m$	$h=4.5$
分度圆直径	d	$d=mz$	$d=58$
齿顶圆直径	d_a	$d_a=(z+2)m$	$d_a=62$
齿根圆直径	d_f	$d_f=(z-2.5)m$	$d_f=53$
中心距	a	$a=m(z_1+z_2)/2$	

注意：在非圆视图上，齿轮的分度线必须超出轮廓线 3～5mm；在齿轮的零件图上一般不标注齿根圆直径。

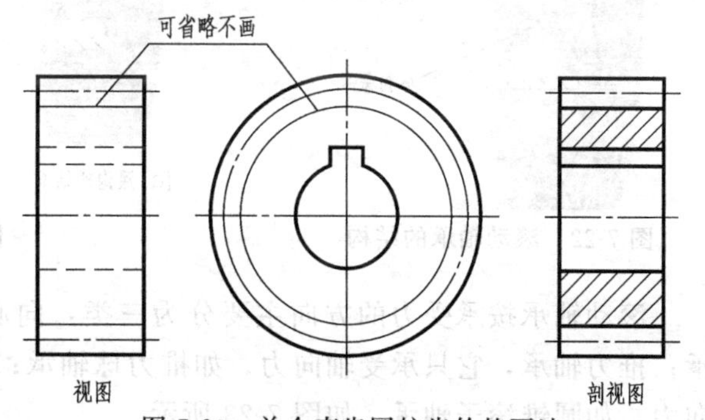

图 7-20 单个直齿圆柱齿轮的画法

4. 直齿圆柱齿轮啮合的画法

两标准齿轮相互啮合时，它们的分度圆处于相切位置，此时分度圆又称节圆。表达两个啮合齿轮，一般采用两个视图，如图 7-21 所示。

在投影为圆的视图上，两齿轮的节圆成相切关系，齿顶圆有两种画法：一是将两齿顶圆用粗实线完整画出，如图 7-21（b）所示；另一种是两个齿顶圆只画到相交处，重叠部分不画，如图 7-21（c）所示。齿根圆表达与单个齿轮规定相同。

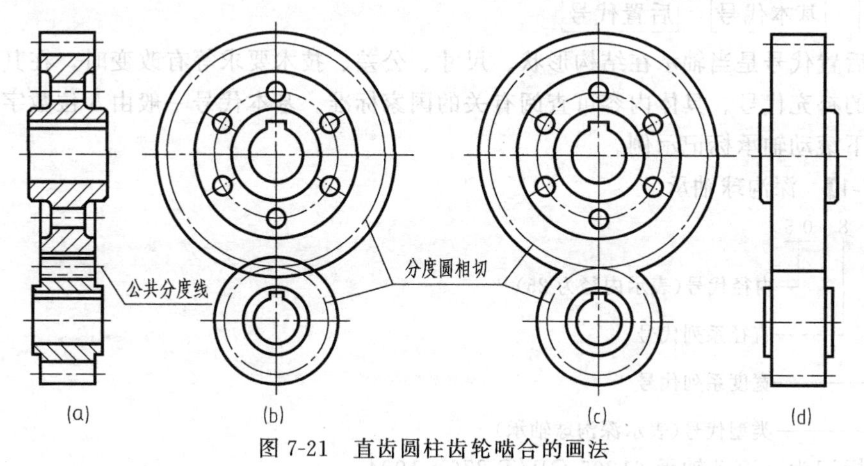

图 7-21 直齿圆柱齿轮啮合的画法

在非圆视图上，采用剖视图时，规定将啮合区内一个齿轮的轮齿用粗实线表达，另一个齿轮的轮齿被遮挡的部分用虚线画出，如图 7-21（a）所示。若采用外形视图表达齿轮啮合，啮合区齿顶、齿根线均不画，只在节线位置画一条粗实线，如图 7-21（d）所示。

第五节 滚动轴承

轴承有滚动轴承和滑动轴承两种，其作用是支撑轴旋转和承受轴上的载荷。由于滚动轴承具有结构紧凑、摩擦力小等优点，被广泛应用于各种机械、仪表和设备中。滚动轴承是标准组件，设计中不必画零件图，只要在装配图中按规定画法画出即可。

1. 滚动轴承的结构和分类

滚动轴承的种类很多，但结构大体相同，一般是由内圈、外圈、滚动体和保持架四部分组成，如图 7-22 所示。

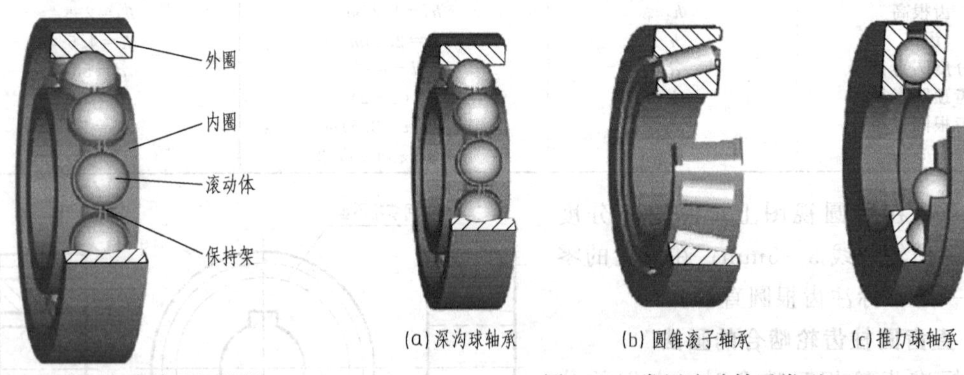

图 7-22 滚动轴承的结构

图 7-23 常用滚动轴承类型

滚动轴承按承受力的方向主要分为三类：向心轴承，它主要承受径向力，如深沟球轴承；推力轴承，它只承受轴向力，如推力球轴承；向心推力轴承，它可同时承受径向力和轴向力，如圆锥滚子轴承。如图 7-23 所示。

2. 滚动轴承的代号和标记（GB/T 272—1993）

滚动轴承的代号是由字母加数字组成的，用以表示其结构、尺寸、公差等级、技术性能等内容。一般用途的滚动轴承代号由基本代号、前置代号和后置代号构成，其排列形式为：

前置代号	基本代号	后置代号

前、后置代号是当轴承在结构形状、尺寸、公差、技术要求等有改变时，在其基本代号左右添加的补充代号。具体内容可查阅有关的国家标准。基本代号一般由 5 位数字组成，其含义见如下滚动轴承标记示例。

【例 7-1】 深沟球轴承

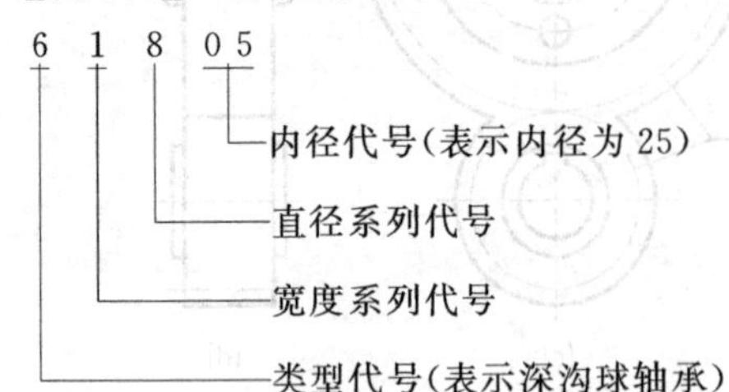

规定标记为：滚动轴承 61805 GB/T 276—1994

【例 7-2】 圆锥滚子轴承

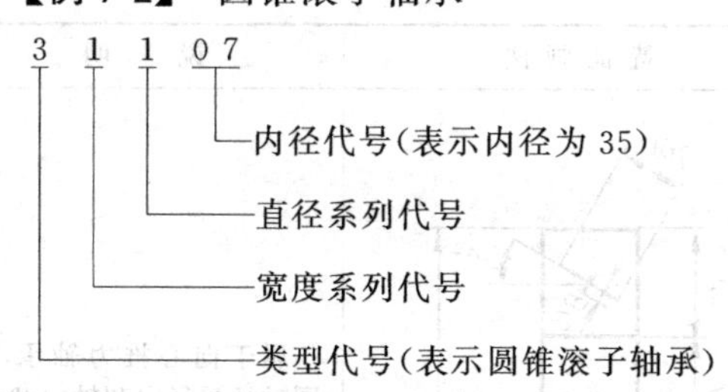

规定标记为：滚动轴承 31107 GB/T 4663—1994

在轴承基本代号中，表示内径代号的两位数字在 04～99 范围内，该数字乘 5 即为轴承内径尺寸，代号 00、01、02、03 分别表示轴承内径 d=10mm、12mm、15mm、17mm。

滚动轴承的类型代号用阿拉伯数字或大写字母表示，见表 7-8。

表 7-8 滚动轴承的类型代号

代 号	轴承类型	代 号	轴承类型
0	双列角接触球轴承	7	角接触球轴承
1	调心球轴承	8	推力圆柱滚子轴承
2	调心滚子轴承和推力调心滚子轴承	N	圆柱滚子轴承（双列或多列用字母 NN 表示）
3	圆锥滚子轴承		
4	双列深沟球轴承	U	外球面球轴承
5	推力球轴承	QJ	四点接触球轴承
6	深沟球轴承		

轴承的尺寸系列代号包括宽度系列代号和直径系列代号，它的主要作用是区别内径相同而宽度和外径不同的轴承，具体代号及含义需查阅相关标准。

3. 滚动轴承的画法

滚动轴承是标准件，不必画零件图。在装配图中的滚动轴承一般采用规定画法或特征画法绘制，在传动系统简图中用图示符号表示，见表 7-9。

表 7-9 轴承的规定画法和特征画法（摘自 GB/T 4459.7—1998）

类型及标准号	规定画法	特征画法	说 明
深沟球轴承（60000 型）GB/T 276—1994	B, B/2, A/2, A, D, d, A/2, 60°	B, 2B/3, A, B/6, d, D	属于向心轴承，主要承受径向载荷

续表

类型及标准号	规定画法	特征画法	说明
圆锥滚子轴承 （30000 型） GB/T 297—1994			属于向心推力轴承，可同时承受径向和轴向载荷
推力球轴承 （51000 型） GB/T 301—1995			属于推力轴承，只承受轴向载荷

第六节 弹簧

弹簧是一种储存能量的零件，可用来减振、夹紧、储能和测力等。

弹簧的种类很多，常见的弹簧有螺旋弹簧、板弹簧、涡卷弹簧和碟形弹簧；其中螺旋弹簧又分为压缩弹簧、拉伸弹簧和扭力弹簧，如图 7-24 所示。

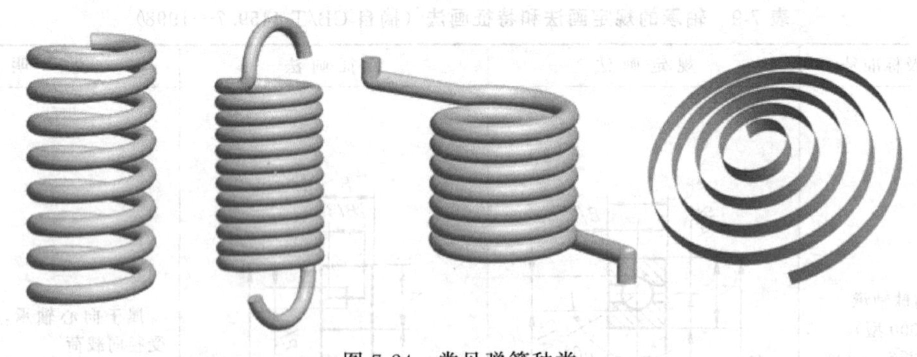

图 7-24 常见弹簧种类

本节主要介绍圆柱螺旋压缩弹簧的有关知识和规定画法。

1. 圆柱螺旋压缩弹簧各部分的名称和尺寸计算

簧丝直径 d：制造弹簧的钢丝的直径。

弹簧外径 D：弹簧的最大直径。

弹簧内径 D_1：弹簧的最小直径。

$$D_1 = D - 2d$$

弹簧中径 D_2：弹簧的平均直径。

$$D_2 = (D + D_1)/2 = D - d$$

有效圈数 n：参加工作并变形的圈数。

支撑圈数 n_2：为使弹簧端面受力均匀，放置平稳，制造时将弹簧两端并紧、磨平起支撑作用，故称为支撑圈。支撑圈有 1.5 圈、2 圈和 2.5 圈三种，2.5 圈应用最多。

弹簧总圈数 n_1：弹簧的有效圈数与支撑圈数之和为总圈数。

$$n_1 = n + n_2$$

节距 t：有效圈相邻两圈的轴向距离。

自由高度 H_0：弹簧在没有外力作用下的高度。

$$H_0 = nt + (n_2 - 0.5)d$$

展开长度 L：绕制弹簧时所需的钢丝的长度。

$$L \approx n_1\sqrt{(\pi D_2)^2 + t^2}$$

旋向：螺旋弹簧有右旋和左旋两种。

2. 圆柱螺旋压缩弹簧的规定画法

① 在平行于弹簧轴线的投影面上，各圈的轮廓画成直线。有效圈数在 4 圈以上的弹簧，中间各圈可省略不画，用通过钢丝剖面中心的细点画线连接起来即可，并可以适当缩短图形长度，如图 7-25 所示。

② 两端并紧磨平弹簧，无论支撑圈数多少，一般均按 2.5 圈画出，必要时也可按实际结构绘制。

③ 螺旋弹簧均可画成右旋，旋向（左旋或右旋）需在“技术要求”中注出。

弹簧的表达方法有视图、剖视和示意画法，如图 7-25 所示。

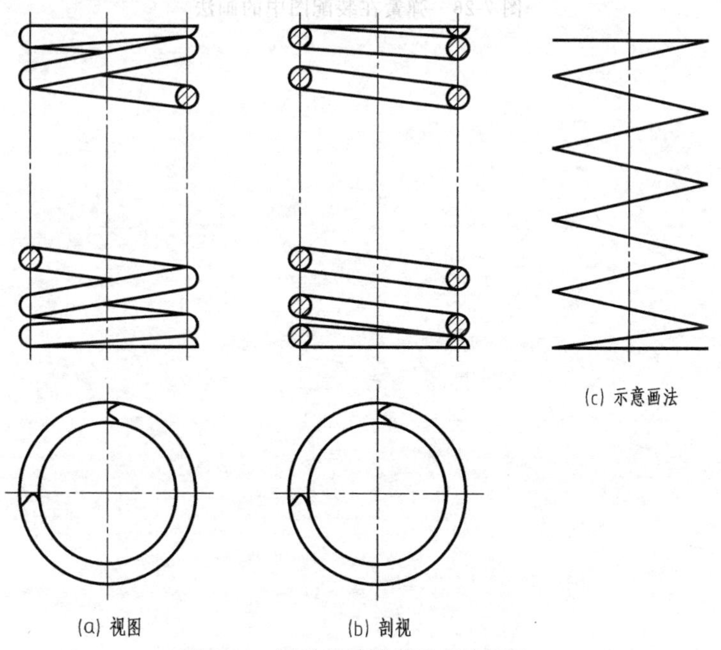

图 7-25 圆柱螺旋弹簧的规定画法

3. 弹簧在装配图中的画法

① 在装配图中，作剖视时被弹簧挡住的结构一般不画出，可见部分应画到弹簧的外径或中径，如图 7-26（a）中箭头所示。

② 在装配图中，弹簧钢丝直径等于或小于 2mm 时，剖面可用涂黑表示；也可用示意图表示，如图 7-26（b）所示。

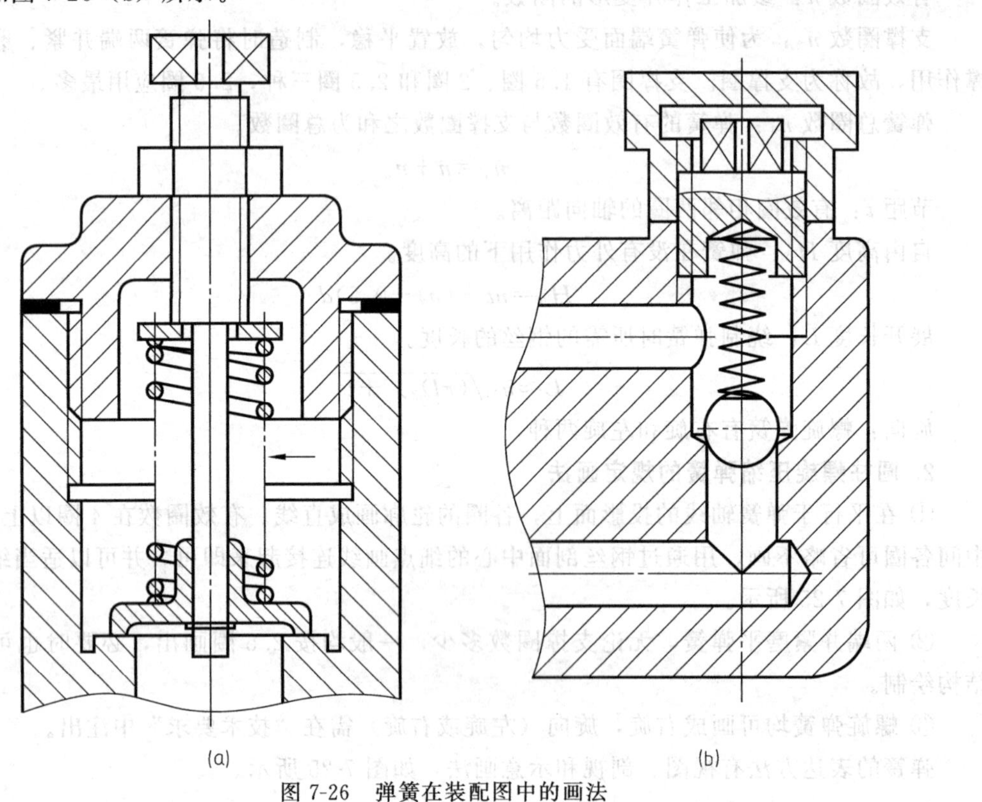

(a) (b)

图 7-26 弹簧在装配图中的画法

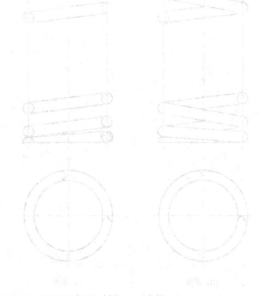

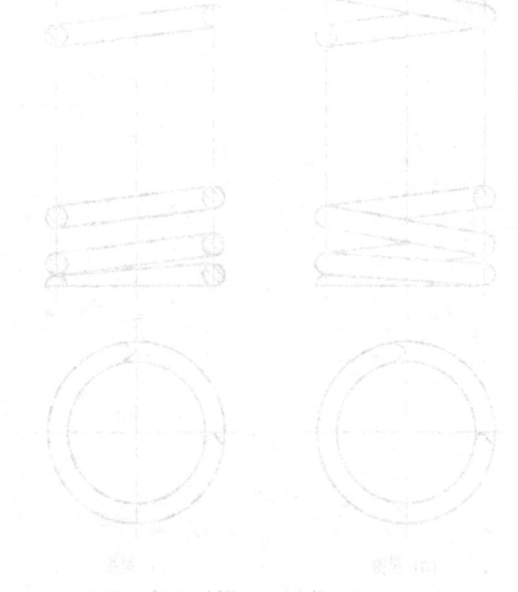

第八章 零件图

任何机器或部件都是由若干个零件按要求装配而成的。零件是组成机器的最小单元，零件的结构形状和加工要求由零件在机器中的功用确定。本章主要介绍零件图的有关内容及绘制与阅读方法。

第一节　零件图的作用和内容

用来表达零件的结构形状、大小和技术要求的图样称为零件图。零件图是设计部门提交生产部门的重要技术文件，表达了设计者的意图和机器对零件的要求，是制造和检验零件的依据。

图 8-1 所示为球阀装配体中阀芯的零件图，可以看出，一张完整的零件图应包括以下内容。

① 一组图形：用必要的视图、剖视图、断面图等表达方法正确、完整、清晰表达零件的内外结构和形状。

② 完整的尺寸：正确、完整、清晰、合理地标注制造和检验零件所需的全部尺寸。

③ 必要的技术要求：标注或说明零件在制造、检验和材质处理方面应达到的要求，如表面结构、尺寸公差、形状和位置公差、热处理等。

④ 标题栏：说明零件的名称、材料、数量、比例、图号，及设计、制图、审核人员的签名等。

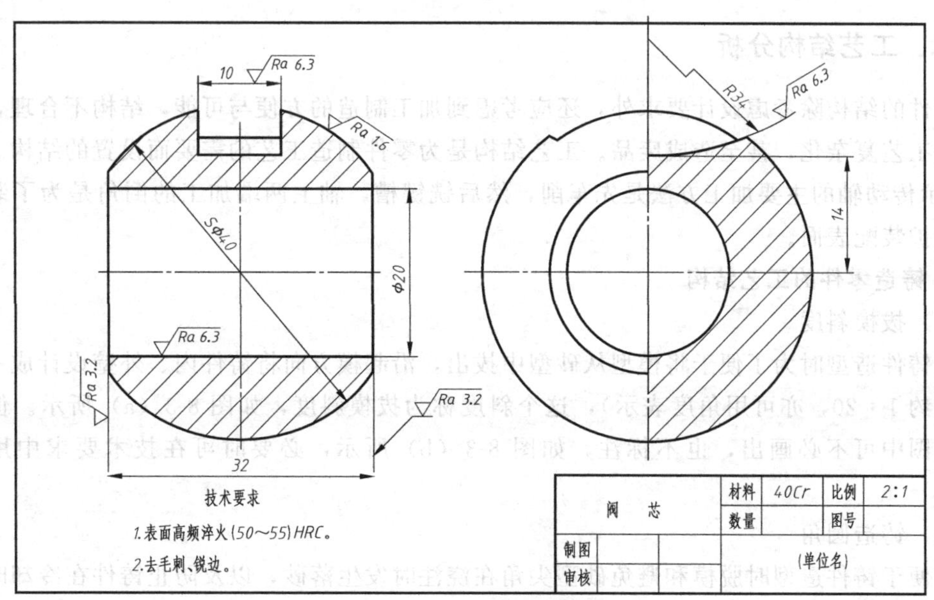

图 8-1　阀芯零件图

第二节 零件的结构分析

机械零件具有设计结构和工艺结构，每一结构都有一定的功用。零件的设计结构一般取决于该零件在装配体中的功用及与相邻零件的装配关系，工艺结构取决于该零件的加工和装配要求。

一、设计结构分析

设计结构是按设计要求所决定的零件的主体结构，它在机器或部件中起着支撑、容纳、传动、连接、配合、定位、密封、防松等功能。由于零件的功用决定零件的结构，每一个零件都是由几个功能结构巧妙结合而成的。

如图 8-2 所示传动轴是某减速器中的零件，将其安装在两个滚动轴承中，主要功能是用来支承齿轮并传递扭矩，还要求与外部设备连接。它的轴颈起配合支撑作用，键槽起连接齿轮的作用，轴肩用于齿轮和轴承等零件的轴向定位。

零件的结构不仅需要满足功用要求，还要轻便、美观、经济、实用等。

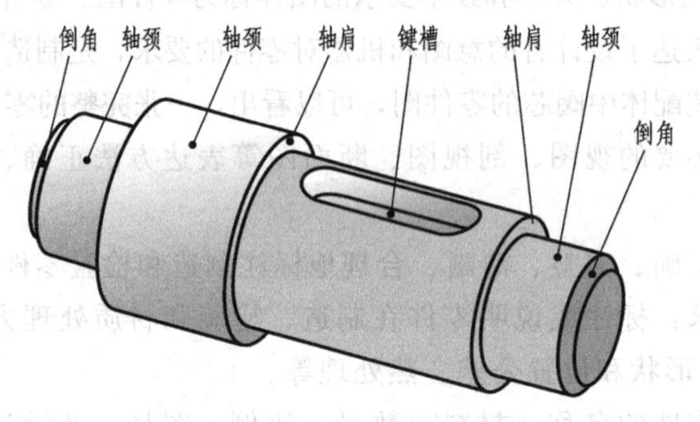

图 8-2　传动轴结构分析

二、工艺结构分析

零件的结构除考虑设计要求外，还应考虑到加工制造的方便与可能，结构不合理，常会使制造工艺复杂化，甚至造成废品。工艺结构是为零件制造工艺的需要而设置的结构。如图 8-2 所示传动轴的主要加工方法是先车削，然后铣键槽，轴上两端加工的倒角是为了装配方便，保护装配表面。

1. 铸造零件的工艺结构

(1) 拔模斜度

在铸件造型时为了便于将模型从砂型中拔出，沿起模方向将铸件内、外壁设计成一定的斜度（约 1∶20，亦可用角度表示），这个斜度称为拔模斜度，如图 8-3（a）所示。但这种斜度在图中可不必画出，也不标注，如图 8-3（b）所示，必要时可在技术要求中用文字说明。

(2) 铸造圆角

为便于铸件造型时脱模和避免砂型尖角在浇注时发生落砂，以及防止铸件在冷却时出现裂纹、缩孔，往往在铸件转角处做成圆角，这种圆角称为铸造圆角。

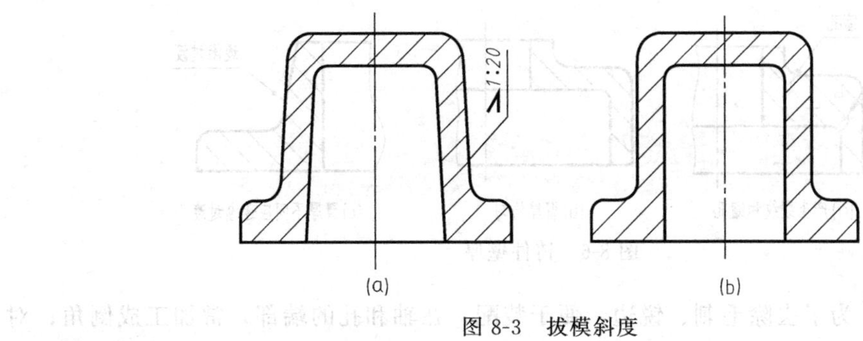

图 8-3 拔模斜度

画图时应注意毛坯面的转角处都应有圆角，其尺寸可在技术要求中集中标注，如“未注铸造圆角 $R3$”。

铸件经加工后，部分铸造圆角消失，形成尖角或加工成倒角，如图 8-4 所示。

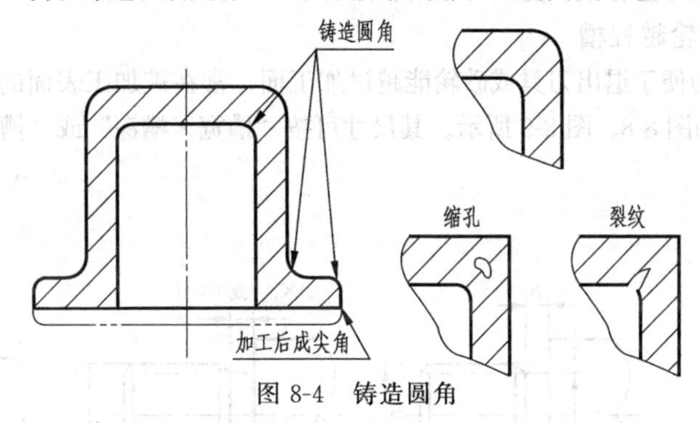

图 8-4 铸造圆角

由于铸件圆角的存在，使零件两表面的交线不明显了，为了看图和区分不同的表面仍然要用细实线画出理论上的交线来，但交线两端空出不与轮廓线的圆角接触，这种交线称为过渡线。两圆柱正交时过渡线的画法如图 8-5 所示。

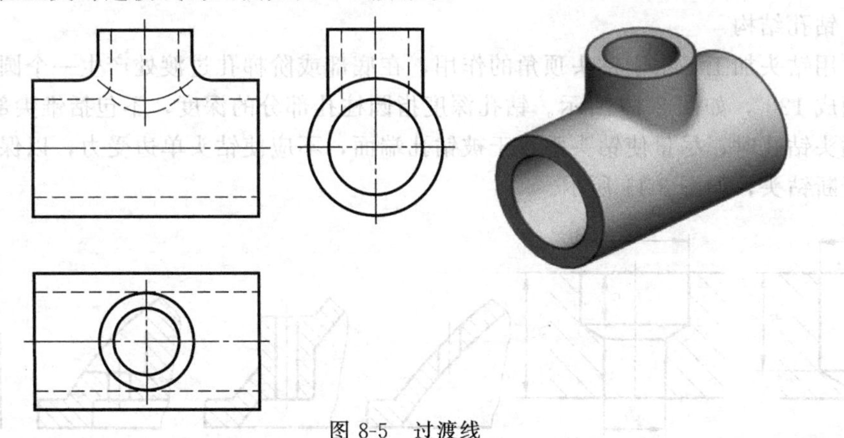

图 8-5 过渡线

（3）铸件壁厚

铸件的壁厚若不均匀，则液态金属的冷却凝固速度不同，容易产生缩孔及裂纹。所以，设计时应使铸件壁厚保持均匀，厚薄转折处逐渐过渡，如图 8-6 所示。

2. 机械加工工艺结构

（1）倒角和倒圆

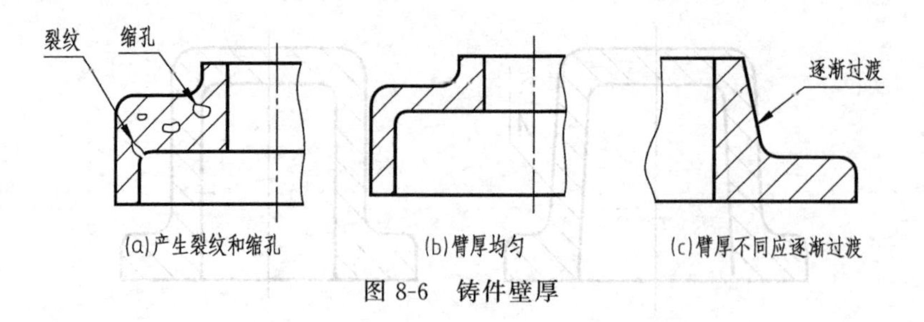

图 8-6 铸件壁厚

如图 8-7 所示，为了去除毛刺、锐边，便于装配，在轴和孔的端部，常加工成倒角；对阶梯形的轴或孔，为避免因应力集中而产生裂纹，加强该处的强度，在轴肩和孔肩处常加工成圆角过渡，称为倒圆。

当倒角很小或无一定要求时，在图中可不画出，但要在技术要求中注明，如“锐边倒钝”。常见倒角为 45°，也有 30°或 60°的倒角。

(2) 退刀槽和砂轮越程槽

在切削加工中，为便于退出刀具或砂轮能越过加工面，常在被加工表面的末端，预先加工出退刀槽或砂轮越程槽，如图 8-8、图 8-9 所示。其尺寸可按“槽宽×槽深”或“槽宽×直径”标注。

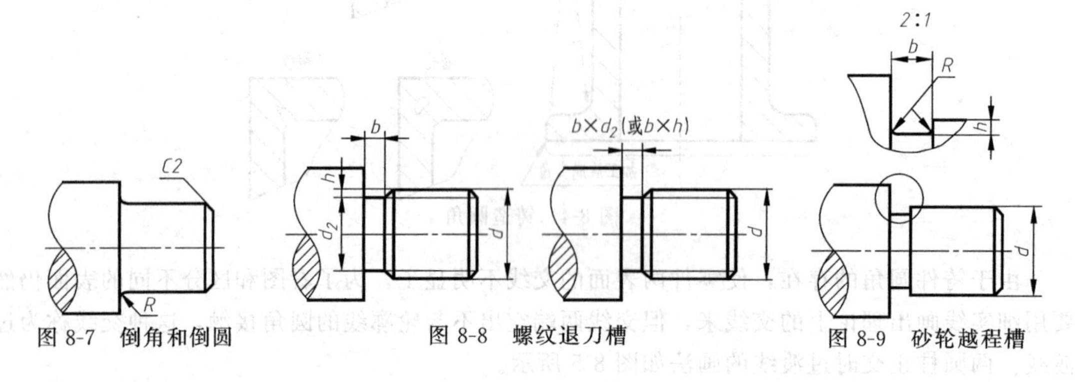

图 8-7 倒角和倒圆　　图 8-8 螺纹退刀槽　　图 8-9 砂轮越程槽

(3) 钻孔结构

孔常用钻头加工，由于钻头顶角的作用，在底部或阶梯孔过渡处产生一个圆锥面，画图时锥角画成 120°，如图 8-10 所示。钻孔深度指圆柱孔部分的深度，不包括锥尖部分。

用钻头钻孔时，尽量使钻头垂直于被钻孔端面，不应使钻头单边受力，以保证钻孔准确及避免折断钻头，如图 8-11 所示。

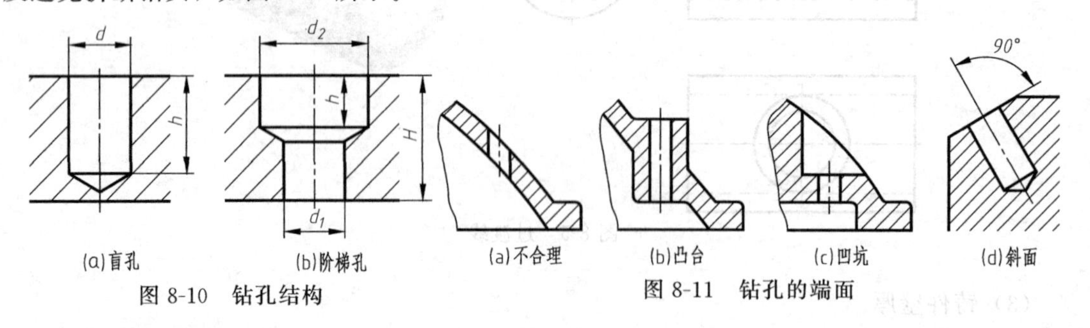

图 8-10 钻孔结构　　图 8-11 钻孔的端面

(4) 凸台和凹坑

凡零件上的接触表面均需进行切削加工，为降低加工费用，保证零件之间接触良好，应尽量减少加工面积与加工面的数量，可在铸件上铸出凸台或凹坑，也可加工成沉孔，如图 8-12 所示。

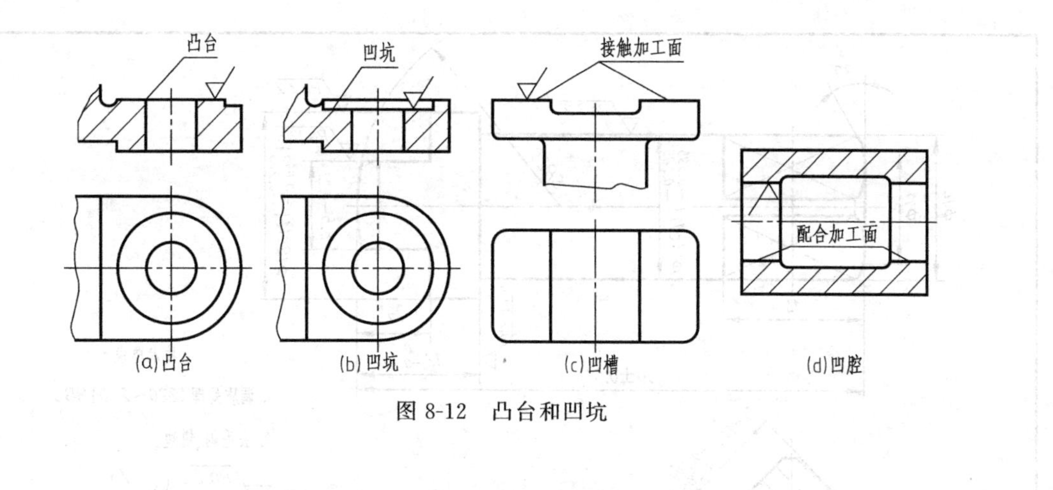

图 8-12 凸台和凹坑

第三节 零件的视图与尺寸

零件图必须使零件上每一部分的结构形状和位置表达完整、正确、清晰，并且符合设计和制造要求，还便于画图和看图。为达到这些要求，在画零件图时，要了解零件在机器中的作用、与其他零件的关系、安装位置、加工方法，分析零件的结构特点，以便合理地选择主视图及其他视图。

一、视图的选择

1. 主视图的选择

主视图是零件的视图中最重要的视图，选择主视图一般要考虑下面两个问题。

(1) 确定零件的安放位置

① 符合零件的加工位置。零件图的重要作用之一是用来指导制造零件的，例如轴套、轮、盘盖类零件主要在车床上加工，为方便工人对照图样进行生产和测量，主视图中表示的零件位置最好和该零件在车床上加工时的装夹位置相一致。如图 8-13 所示，阀杆零件主视图的轴线水平放置，使其符合加工位置。

② 符合零件的工作位置。对于各种箱体、泵体、阀体及机座等零件，由于其结构复杂，加工工序较多，需要在各种不同的机床上加工，加工时的装夹位置亦不相同，这时主视图应按其在机器中的工作（安装）位置画出，较易想象出零件的工作情况，如图 8-22 所示的阀体零件图。

(2) 确定零件主视图的投射方向

选择较多地反映出该零件各部分结构形状和它们之间相对位置的投射方向作为主视图投射方向，如图 8-14 所示。

2. 其他视图的选择

主视图确定以后，需要根据零件内外结构形状的复杂程度，以少量的视图，补充主视图中未表达清楚的结构形状，每个视图都有其表达的重点内容，既不能重复表达，又不能遗漏。如图 8-14 所示，采用 B 向局部视图表达泵体底部的结构形状以及安装孔的位置。

选择零件的表达方案时，应先考虑主视图，再从零件的结构特点出发，全面分析，综合考虑，有利于画图和看图，确定完整、清晰、简练的表达方案，经分析、比较后，应选择最佳的方案。

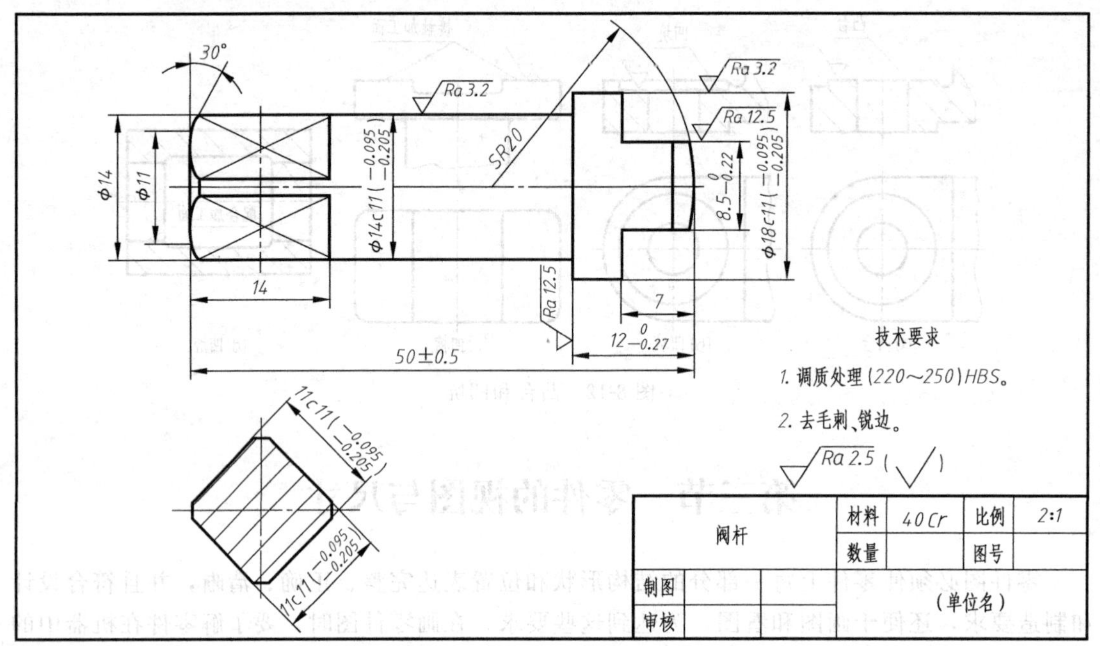

图 8-13 阀杆零件图

二、零件图的尺寸标注

1. 尺寸基准及其选择

零件图的尺寸是零件加工制造的依据。零件图的尺寸标注，除正确、完整、清晰外，还要合理，即根据零件在机器中的作用、零件的加工工艺、测量方法考虑。

尺寸基准是标注尺寸和度量尺寸的起点，以便确定各形体的大小及相互间的相对位置。一般选择零件的对称平面、主要轴线、装配结合面、重要的端面、底板的安装面作为尺寸基准。

尺寸基准按用途分为以下两类。

(1) 设计基准

根据零件的设计要求和结构特点而选定的、确定零件在机器或部件中工作位置的基准。可通过分析零件在部件中的作用和装配定位关系确定设计基准。

(2) 工艺基准

在加工或测量时确定零件结构位置的基准。

选择尺寸基准时，尽量使设计基准与工艺基准统一起来。一般选用零件上的设计基准作为主要基准，根据加工和测量的要求增加的工艺基准为辅助基准。零件的每一方向上应有一个主要基准，其余的尺寸基准为辅助基准，主要基准和辅助基准之间要有尺寸联系。

如图 8-14 所示的泵体，高度方向的主要基准选择底板的安装底面，由此注出 65，确定上方齿轮孔轴线的位置，再以该轴线作为辅助基准，由此注出尺寸 28.76±0.016。

2. 尺寸标注的一般原则

(1) 考虑设计要求

重要尺寸直接注出。零件图上的重要尺寸是指影响零件工作性能的尺寸，如配合尺寸，相对位置尺寸，装配尺寸。这种尺寸一般有较高的加工要求，直接标注出来，便于保证零件的加工质量。如图 8-14 中影响齿轮传动准确性的尺寸——齿轮中心距 28.76±0.016，孔径 ϕ34.5，泵体宽 25，安装尺寸 70 等都是重要尺寸。

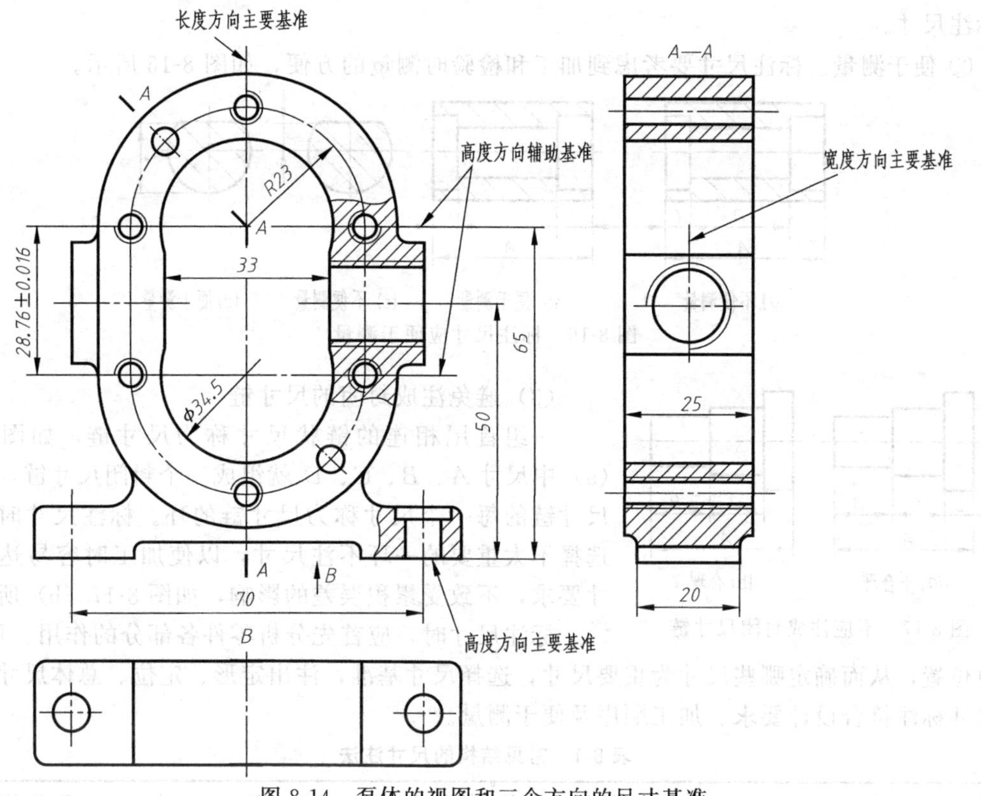

图 8-14 泵体的视图和三个方向的尺寸基准

(2) 考虑工艺要求

① 按加工顺序标注尺寸。按加工顺序标注尺寸，便于加工时测量。如图 8-15 按加工顺

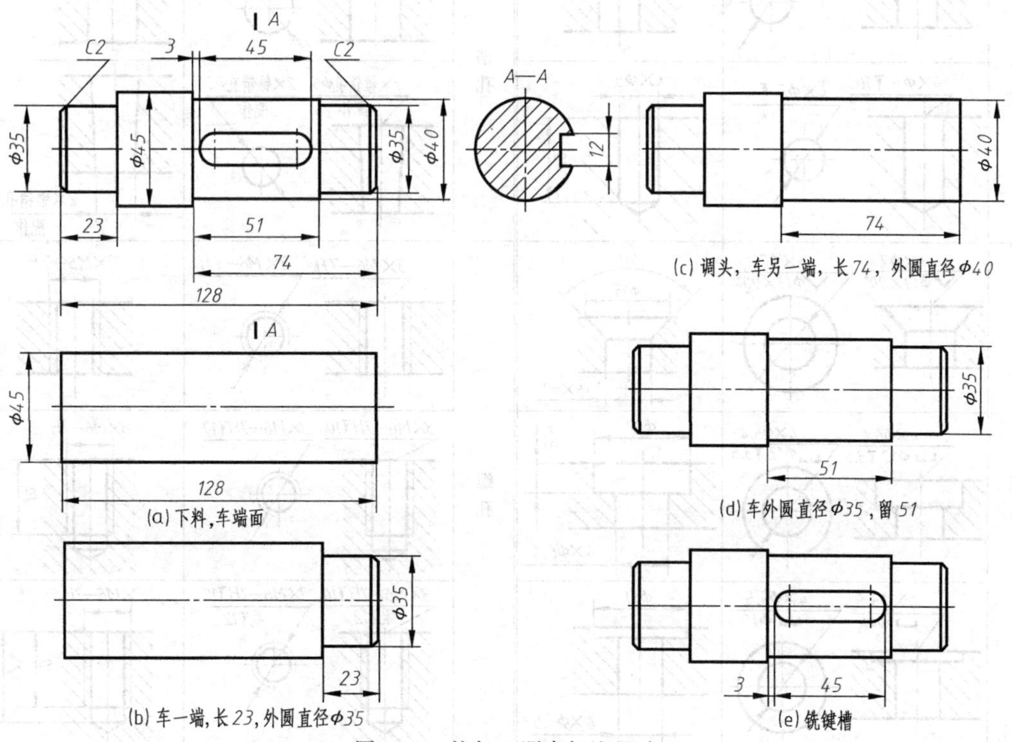

图 8-15 按加工顺序标注尺寸

序标注尺寸。

② 便于测量。标注尺寸要考虑到加工和检验时测量的方便，如图 8-16 所示。

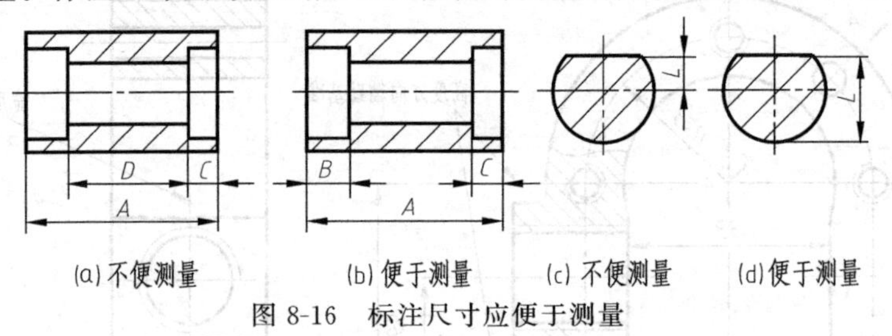

图 8-16 标注尺寸应便于测量

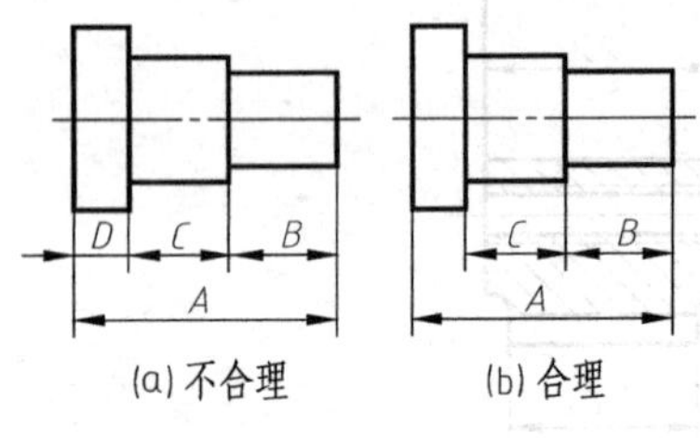

图 8-17 不应注成封闭尺寸链

(3) 避免注成封闭的尺寸链

一组首尾相连的链状尺寸称为尺寸链，如图 8-17 (a) 中尺寸 A、B、C、D 就组成一个封闭尺寸链，组成尺寸链的每一个尺寸称为尺寸链的环。标注尺寸时，应选择不太重要的一环不注尺寸，以使加工时容易达到尺寸要求，不致受累积误差的影响，如图 8-17 (b) 所示。

标注尺寸时，应首先分析零件各部分的作用、形状、相对位置，从而确定哪些尺寸为重要尺寸，选择尺寸基准，注出定形、定位、总体尺寸，并使尺寸标注符合设计要求、加工顺序及便于测量。

表 8-1 常见结构的尺寸注法

类型	旁注法	一般注法	类型	旁注法	一般注法
光孔	4×φ5；4×φ5	4×φ5	销孔	2×φ6H7 配作；2×φ6H7 配作	2×φ6H7 配作
	4×φ5 ▼10；4×φ5 ▼10	4×φ5；10		2×锥销孔φ5 配作；2×锥销孔φ5 配作	2×锥销孔φ5 配作
沉孔	6×φ7 ∨φ13×90°；6×φ7 ∨φ13×90°	90°；φ13；6×φ7	螺孔	3×M6—7H；3×M6—7H	3×M6—7H
	4×φ6.4 ⊔φ12 ▼3.5；4×φ6.4 ⊔φ12 ▼3.5	φ12；3.5；4×φ6.4		3×M6—7H▼10；3×M6—7H▼10	3×M6—7H；10
	4×φ5.5 ⊔φ11；4×φ5.5 ⊔φ11	φ11；4×φ5.5		3×M6—7H▼10 孔▼12；3×M6—7H▼10 孔▼12	3×M6—7H；10；12

3. 零件上常见结构的尺寸注法

零件上常见的螺孔、销孔、沉孔等结构的尺寸注法，分为旁注法和一般注法，如表8-1所示。

三、典型零件的视图与尺寸

零件的结构形状各不相同，按其作用与结构特点分为轴套类零件、盘盖类零件、支架类零件、箱体类零件四种类型。

1. 轴套类零件

轴套类零件有轴和衬套。如轴是传递动力用的，轴上有键槽，用键来连接其他零件、传递扭矩。

（1）视图选择

轴套类零件的基本形状为同轴的回转体，主要在车床、磨床上加工。因此，主视图应按加工位置将轴线水平横放，一般只用一个基本视图——主视图，来表达轴的整体结构。再辅之以局部视图、断面图、局部剖视图、局部放大图等表达零件的键槽、退刀槽、钻孔等局部结构。如图8-18轴的零件图，主视图采用局部剖视图表达轴的主体结构，还采用了一个局部视图表达右端键槽的形状，移出断面图表达键槽深度，两处局部放大图详细地表达了越程槽的细小结构。

（2）尺寸标注

此类零件的定形尺寸一般有表示直径大小的径向尺寸和表示各段长度的轴向尺寸两种。径向尺寸以轴线为尺寸基准，轴向尺寸根据零件的作用及装配要求以轴肩、重要接触面或端面为尺寸基准。

在图8-18中，以$\phi 27$轴段的左端面为轴向主要基准，注出40、6、$4_{-0.1}^{\ 0}$，轴的两端面为辅助基准，中心轴线为径向主要基准。标注尺寸时，首先将重要尺寸从主要基准直接注

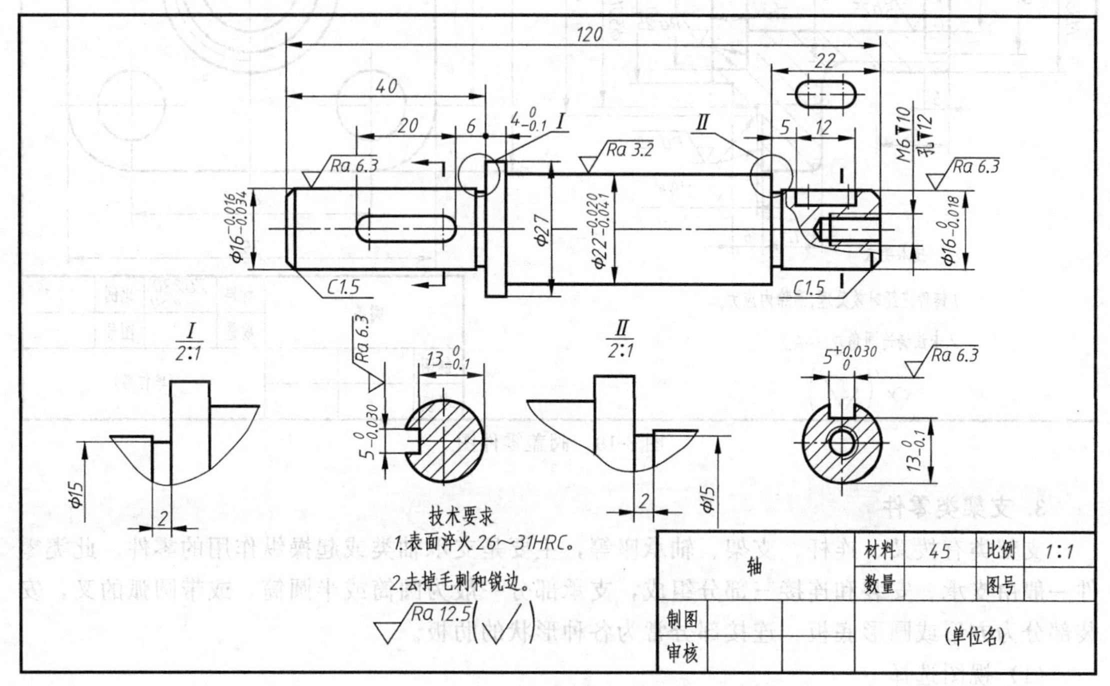

图8-18 轴零件图

出，对于轴向尺寸，尽量按不同工序分开标注。轴上键槽定位、定形尺寸注在主视图的上方；轴上 $\phi 22_{-0.041}^{-0.020}$ 部分的长度尺寸较为次要，故空出不注。

2. 盘盖类零件

盘盖类零件有各种手轮、带轮、法兰盘、端盖、压盖等。盘盖类零件在机器或部件中主要起传动、支承或密封作用。其主体结构不仅大多数为回转体，还经常带有各种形状的凸缘，轴孔、均布的肋和螺栓孔等结构。

(1) 视图选择

这类零件一般在车床上加工，因此，选择轴线水平放置的主视图，既符合主要加工位置，又符合零件在部件中的工作位置。但仅用一个主视图，还不能完整地表达零件；此时，就应增加一个端视图。如图 8-19 用两个基本视图表达阀盖的结构形状，主视图采用全剖，表达零件的空腔结构；左视图表达了带圆角的方形法兰盘外形及均布的四个安装孔。

(2) 尺寸标注

此类零件以轴线作为径向尺寸基准，以重要的端面作为轴向尺寸基准。如阀盖选用过轴孔的轴线作为径向主要基准，它也是方形凸缘高度和宽度方向的主要基准；选用 $\phi 50\text{h}11$ ($_{-0.16}^{\ 0}$) 的右端凸缘端面作为轴向主要基准，即长度方向主要基准，由此注出 $44_{-0.39}^{\ 0}$、$4_{\ 0}^{+0.18}$ 6、$5_{\ 0}^{+0.18}$。

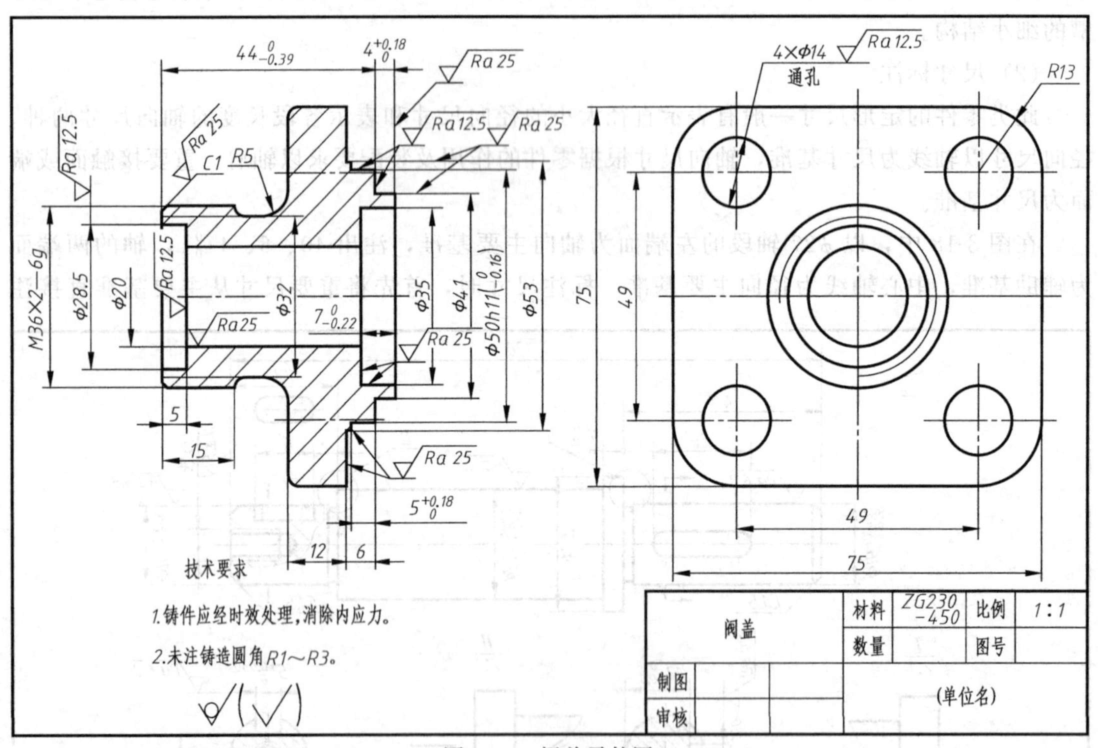

图 8-19 阀盖零件图

3. 支架类零件

支架类有拨叉、连杆、支架、轴承座等，主要是支承轴类或起操纵作用的零件。此类零件一般由支承、安装和连接三部分组成，支承部分一般为圆筒或半圆筒，或带圆弧的叉，安装部分为方形或圆形底板，连接部分常为各种形状的肋板。

(1) 视图选择

由于此类零件的毛坯多为铸件或锻件，经车、镗、铣、刨、钻等多种工序加工而成，加工工序较多，加工位置多变，在选择主视图时，主要考虑形状特征和工作位置。常常需要两个或两个以上的基本视图，并且还要作适当的局部剖视图、斜视图、断面图等表达方法来表达零件的局部结构形状。

如图 8-20 采用三个基本视图表达支座的结构形状，主视图为表达轴承孔和底板上安装孔的内部结构有两处局部剖视图，左视图表达支座的外部形状及左端面上三个螺纹孔的位置分布，俯视图采用全剖视图，重点表达底板轮廓形状和安装孔的位置以及连接部分的断面形状。

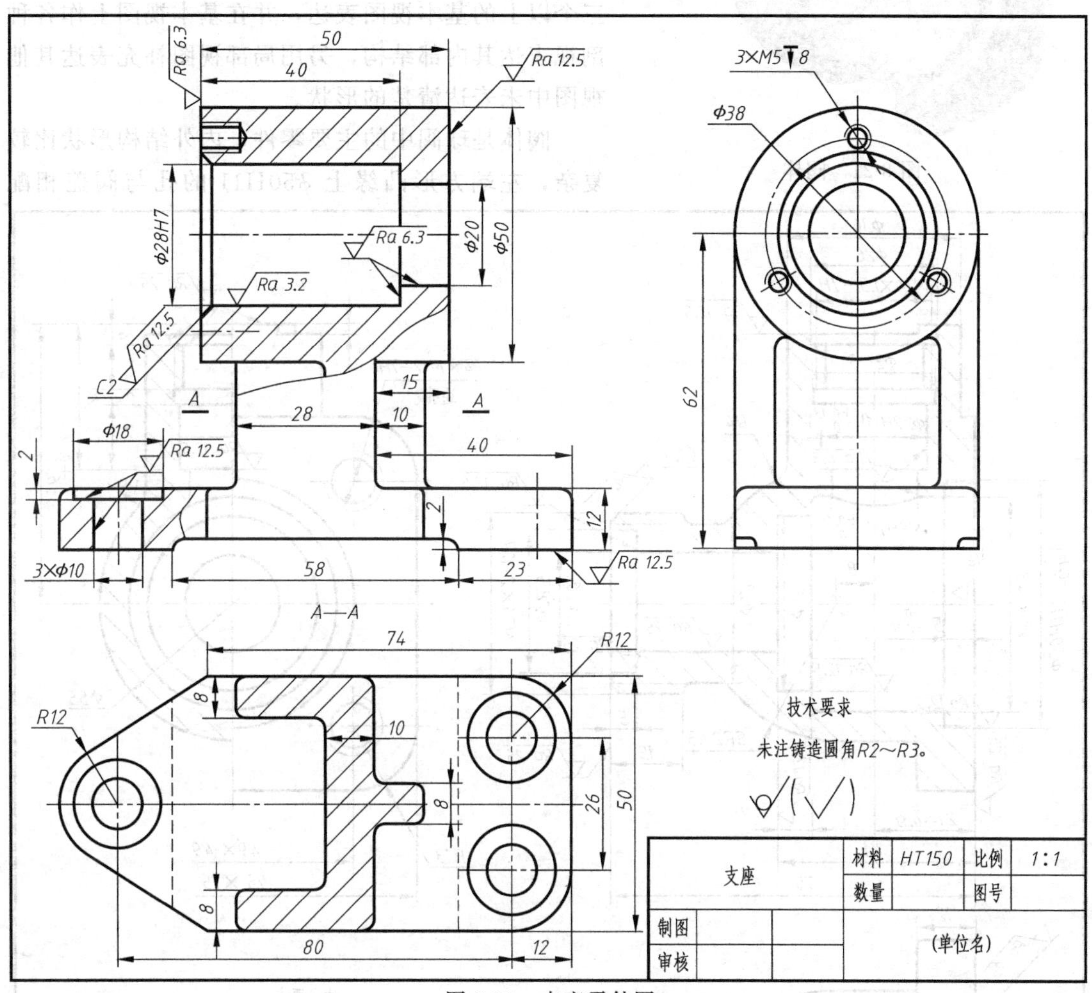

图 8-20 支座零件图

(2) 尺寸标注

标注支架类零件的尺寸时，通常选用主要轴线、对称平面、安装平面或较大的端面作为尺寸基准。

支架长度方向的主要基准是主体圆柱的左端面，由此注出 50、40 等，宽度方向的主要基准是零件的前后对称平面，以安装底板的底面作为高度方向的主要基准。

4. 箱体类零件

箱体类零件有各种阀体、泵体和箱体等。图 8-21 所示为球阀的阀体，属箱体类零件，此类零件在机器或部件中起包容、支承或定位其他零件的作用。这类零件大多由支承部分、安装部分、连接包容部分三个基本部分组成。

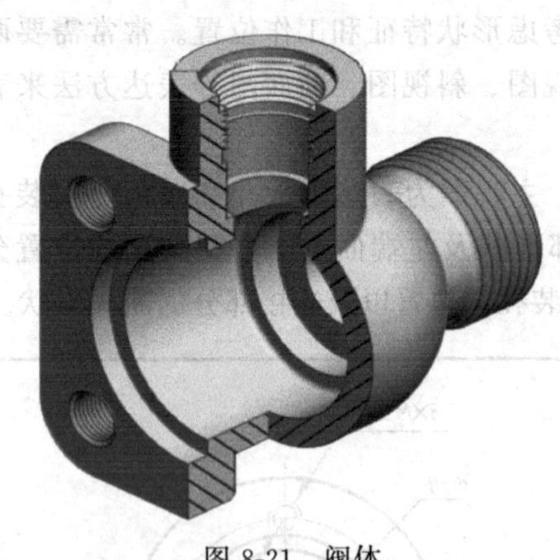

图 8-21 阀体

(1) 视图选择

由于此类零件结构较复杂，毛坯一般为铸件，主要在铣床、刨床、钻床上加工，加工位置变化较多。一般以零件的工作位置或自然安放位置放置，以及较多地反映零件各组成部分的形状特征和相对位置的一面作为主视图的投射方向。一般用三个或三个以上的基本视图表达，并在基本视图上作各种剖视表达其内部结构，另用局部视图补充表达其他视图中未表达清楚的形状。

阀体是球阀中的主要零件，内外结构形状比较复杂，左端方形凸缘上 ϕ50H11 的孔与阀盖相配

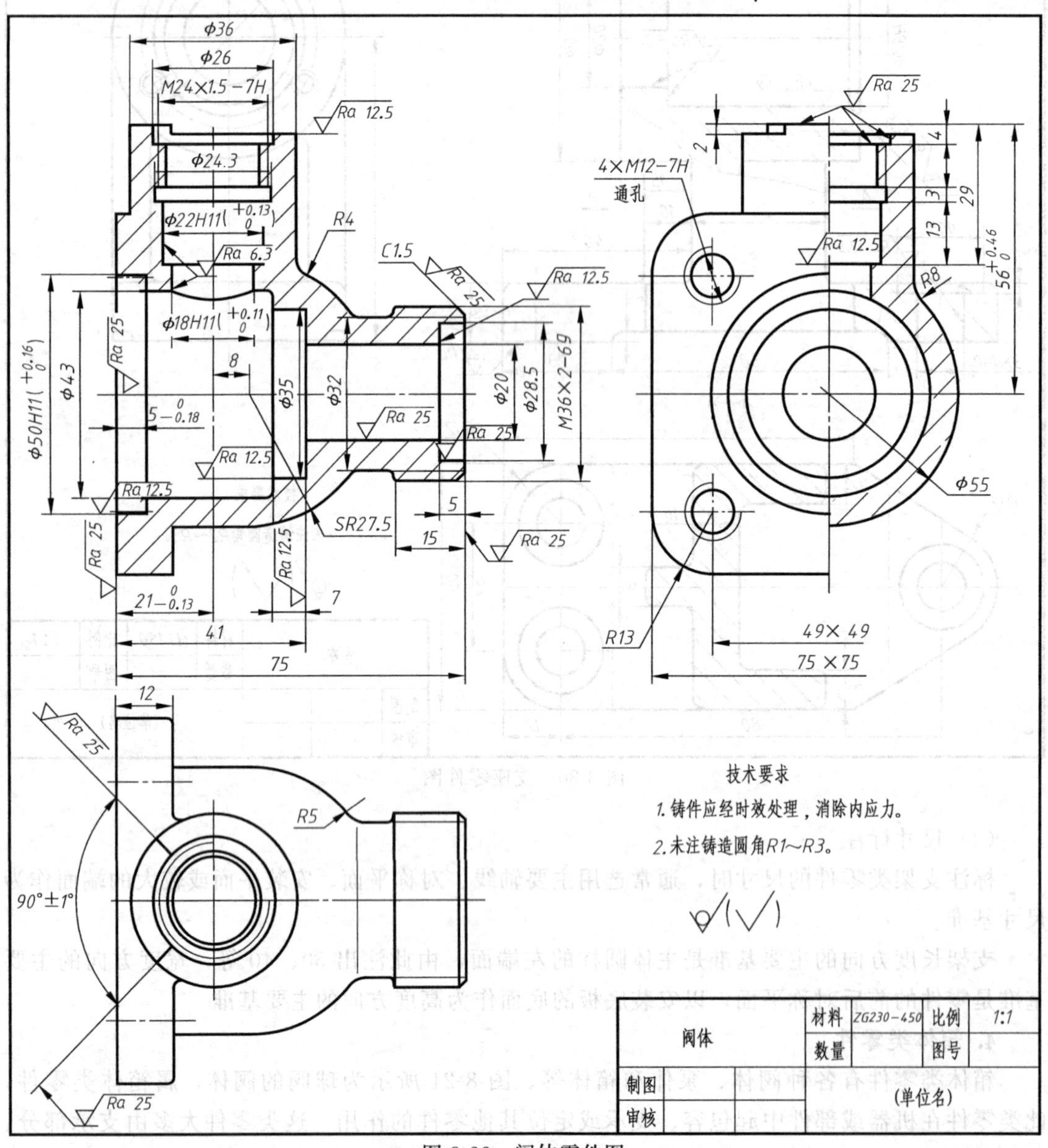

图 8-22 阀体零件图

合，上方 ϕ18H11 的孔与阀杆相配合，孔的顶部有一个用来控制扳手和阀杆旋转角度的 90°限位块，右端 M36×2-6g 的外螺纹用于连接管道。按工作位置和形状特征原则来选择主视图，图 8-22 采用三个基本视图表达阀体的结构形状，主视图为表达内部空腔的结构采用全剖的表达方法，用半剖的左视图表达对称的内部空腔结构和外部形状，俯视图表达阀体外形，并显示 90°限位凸块的形状。

(2) 尺寸标注

此类零件常选用主要孔的轴线、零件的对称平面、重要的安装面或装配结合面作为长、宽、高方向的尺寸基准。如阀体，以通过容纳阀芯和阀杆孔轴线的侧平面作为长度方向的主要基准，由此注出尺寸 $21_{-0.13}^{\ 0}$，定出左端面作为长度方向的第一辅助基准；并以通过这条轴线的前后对称平面作为宽度方向的主要基准；以通过阀体的水平轴线的水平面作高度方向的主要基准。

第四节　零件图的技术要求

为保证零件的制造质量，零件图不仅要用图形和尺寸表达零件的形状和大小，而且还要注明零件试验、验收所需的全部技术要求。零件图的技术要求包括：表面结构、尺寸公差、形位公差、材料热处理及表面处理等。技术要求一般应尽量用技术标准规定的代号（符号）标注在零件图中，没有规定的可用简明的文字注写在标题栏附近的适当位置。

一、表面结构的图样表示法

表面结构是表面粗糙度、表面波纹度、表面缺陷、表面纹理和表面几何形状的总称。

1. 表面粗糙度概念

经过机械加工以后的零件表面，总是要出现宏观和微观的几何形状误差。零件加工表面上具有的较小间距和峰谷所组成的微观几何形状特性，称为表面粗糙度。表面粗糙度反映的是零件被加工表面上的微观几何形状误差。

表面粗糙度是评定零件表面质量的一项重要的技术指标，降低零件表面粗糙度可以提高其表面抗腐蚀性、耐磨性、密封性和抗疲劳强度等性能，但其加工成本也相应提高。

2. 表面粗糙度评定参数

国标中规定了评定表面粗糙度的各种参数，其中较常用的是轮廓参数中评定粗糙度的两个高度参数 Ra 和 Rz。

(1) 轮廓算术平均偏差 Ra

指在一个取样长度内，纵坐标 $Z(x)$ 绝对值的算术平均值，如图 8-23 所示。它用公式可表示为：

$$Ra=\frac{1}{l}\int_{0}^{l}|Z(x)|\mathrm{d}x \quad 或 \quad Ra\approx\frac{1}{n}\sum_{i=1}^{n}|Z_i|$$

(2) 轮廓最大高度 Rz

指在一个取样长度内，最大轮廓峰高与最大轮廓谷深之和的高度。

目前在生产中评定零件表面质量的主要参数是轮廓算术平均偏差 Ra，在图纸上标注的 Ra 的数值有两个系列值，一般优先选用第一系列值。第一系列的 Ra 的数值为：0.012、0.025、0.05、0.1、0.2、0.4、0.8、1.6、3.2、6.3、12.5、25、50、100，其单位为 μm。

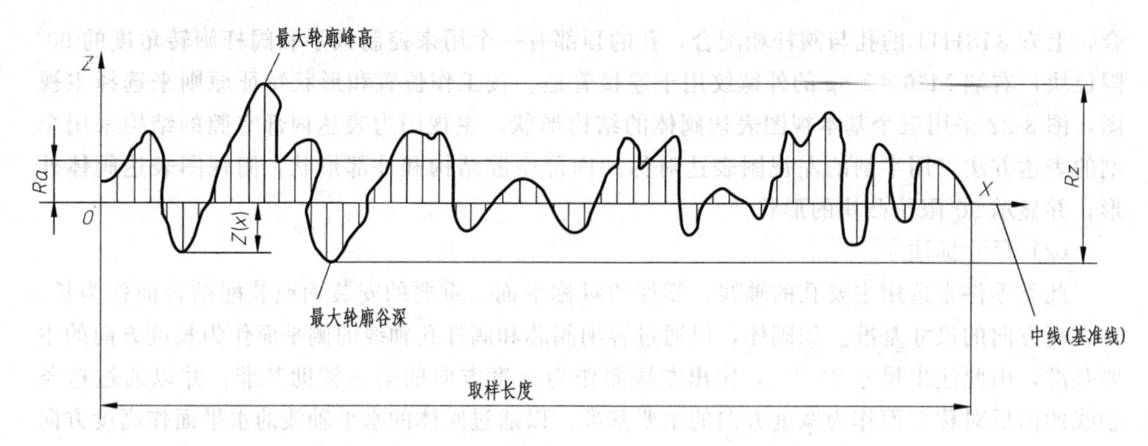

图 8-23 算术平均偏差 Ra 和轮廓最大高度 Rz

3. 表面粗糙度的选用

零件表面粗糙度的选择原则是：在满足使用要求的前提下，尽可能选用较大的粗糙度参数值，以降低成本。可根据零件表面作用、加工方法和实物表面光亮程度来选用 Ra 数值。表 8-2 给出了不同数值范围内的零件表面状况、所对应的加工方法及应用举例。

表 8-2 *Ra* 数值与应用举例

Ra/μm	表面特征	主要加工方法	应用举例
100、50	明显可见刀痕	粗车、粗铣、粗刨、粗镗、钻、粗锉和粗砂轮加工	粗糙度最低的加工面，一般很少使用
25	可见刀痕		
12.5	微见刀痕	粗车、刨、立铣、平铣、钻	不接触面、不重要的接触面，如螺钉孔、倒角、轴端面、机座底面等
6.3	可见加工痕迹	精车、精铣、精刨、铰、镗、粗磨等	没有相对运动的零件接触面，如箱、盖、套筒等要求贴紧的表面、键和键槽的工作表面；相对运动速度不高的接触面，如支架孔、衬套、带轮轴孔的工作表面等
3.2	微见加工痕迹		
1.6	看不见加工痕迹		
0.8	可辨加工痕迹方向	精车，精铰，精拉，精镗，精磨等	要求很好密合的接触面，如与滚动轴承配合的表面、锥销孔等；相对运动速度较高的接触面，如滑动轴承的配合面、齿轮轮齿的工作表面等
0.4	微辨加工痕迹方向		
0.2	不可辨加工痕迹方向		
0.1	暗光泽面	研磨，抛光，超级精细研磨等	精密量具的表面、极重要零件的摩擦面，如汽缸的内表面、精密机床的主轴颈等
0.05	亮光泽面		
0.025	镜状光泽面		

4. 标注表面结构的图形符号

在国标中，表面粗糙度的注法是通过表面结构的图样表示法来体现的，见表 8-3。

表 8-3 标注表面结构要求时的图形符号

符号名称	符号	含义
基本图形符号		未指定工艺方法的表面，当通过一个注释解释时可单独使用，仅用于简化代号标注

续表

符号名称	符号	含义
扩展图形符号		用去除材料的方法获得的表面，仅当其含义是“被加工表面”时可单独使用
		不去除材料的表面，也可用于保持上道工序形成的表面，不管这种状况是通过去除或不去除材料形成的
完整图形符号		在以上各种符号的长边上加一横线，以便注写对表面结构的各种要求

5. 表面结构代号

表面结构符号中注写了具体参数代号及数值等要求后即称为表面结构代号。表面结构代号的示例及含义见表 8-4。

表 8-4 表面结构代号的示例及含义

代号示例	含义	说明
Ra 3.2	表示不允许去除材料，单向上限值，轮廓算术平均偏差 Ra 为 3.2μm	参数代号与极限值之间应留空格。单向极限的标注：上限值前不注“U”，下限值前加注“L”。双向极限的标注：上限值在上方用“U”表示，下限值在下方用“L”表示，在不致引起歧义时，可不加“U”“L”
Rzmax 0.2	表示去除材料，单向上限值，轮廓最大高度 Rz 的最大值为 0.2μm	
车 Rz 3.2	表示去除材料，单向上限值，轮廓最大高度 Rz 为 3.2μm，加工方法为车	
U Ra 3.2 L Ra 1.6	表示去除材料，双向极限值，轮廓算术平均偏差 Ra 的上限值为 3.2μm，Ra 的下限值为 1.6μm	

6. 表面结构要求在图样中的注法

① 表面结构要求对每一表面一般只标注一次，并尽可能注在相应的尺寸及公差的同一视图上。除非另有说明，所注的表面结构要求是对完工零件表面的要求。

② 表面结构的注写和读取方向与尺寸的注写和读取方向一致。表面结构要求可标注在轮廓线上，其符号应从材料外指向并接触表面，如图 8-24 所示。必要时，表面结构符号也可用带箭头或黑点的指引线引出标注，如图 8-25 所示。

③ 在不致引起误解时，表面结构要求可以标注在给定的尺寸线上，如图 8-26 所示。

④ 表面结构要求可标注在形位公差框格的上方，如图 8-27 所示。

⑤ 表面结构要求可直接标注在延长线上，或用带箭头的指引线引出标注，如图 8-28 所示。

⑥ 圆柱和棱柱的表面结构要求只标注一次，如果每个棱柱表面有不同的表面结构要求，则应分别单独标注，如图 8-29 所示。

7. 表面结构要求的简化注法

（1）有相同表面结构要求的简化注法

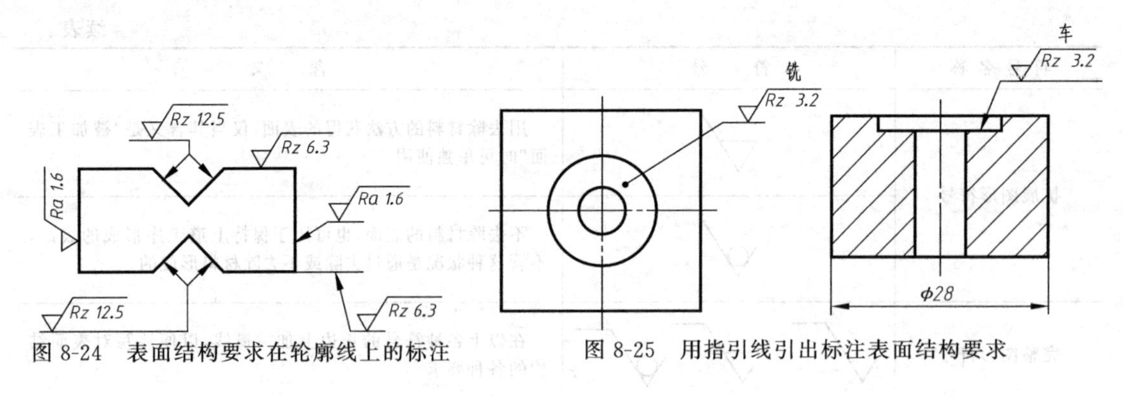

图 8-24 表面结构要求在轮廓线上的标注

图 8-25 用指引线引出标注表面结构要求

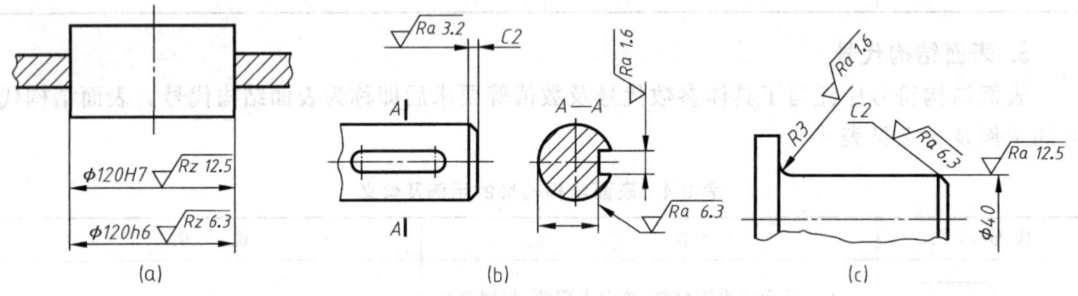

图 8-26 表面结构要求标注在尺寸线上

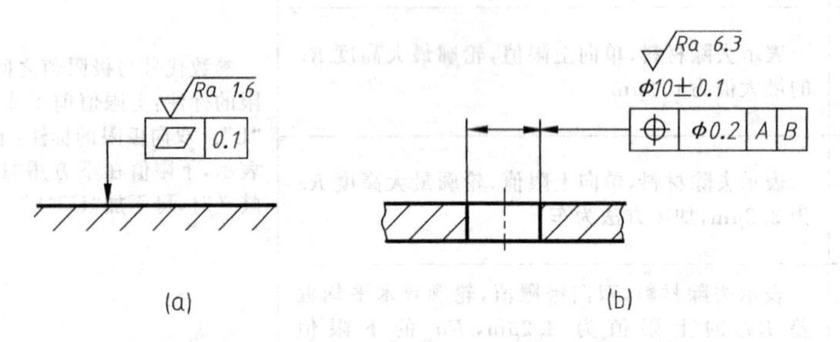

图 8-27 表面结构要求标注在形位公差框格的上方

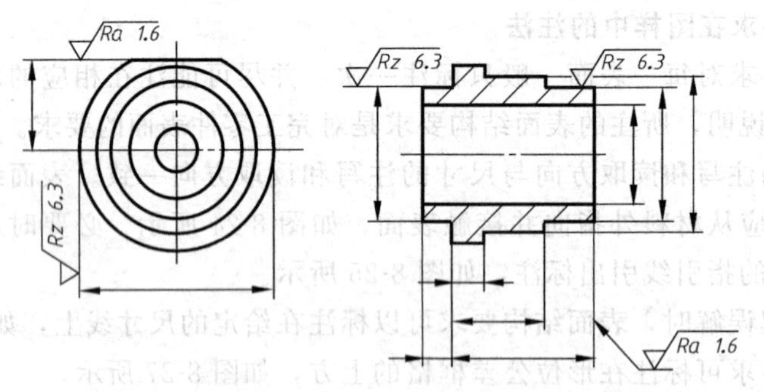

图 8-28 表面结构要求标注在圆柱特征的延长线上

如果在工件的多数（包括全部）表面有相同的表面结构要求，则表面结构要求可统一标注在图样的标题栏附近。此时，表面结构要求的符号后面应有：

① 在圆括号内给出无任何其他标注的基本符号，如图 8-30（a）所示；

② 在圆括号内给出不同的表面结构要求，如图 8-30（b）所示。

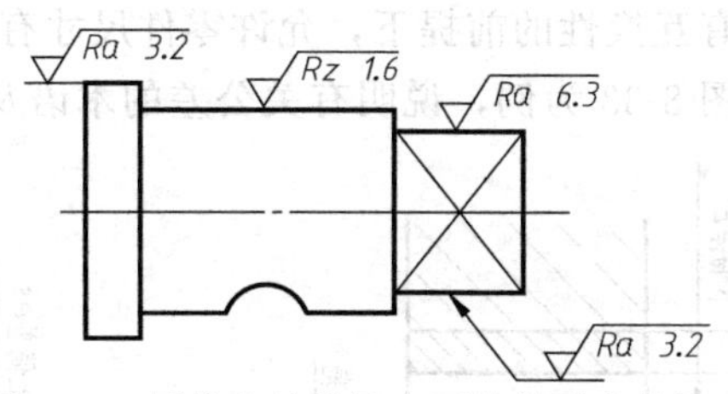

图 8-29 圆柱和棱柱的表面结构要求的注法

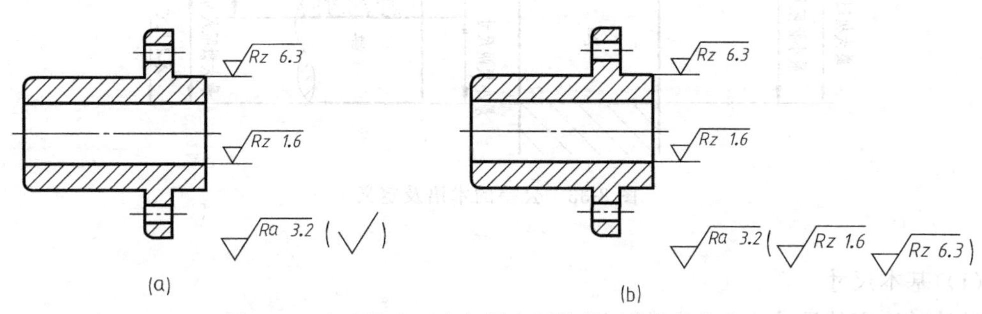

图 8-30 大多数表面有相同表面结构要求的简化注法

(2) 多个表面有共同要求的注法

当多个表面具有相同的表面结构要求或图纸空间有限时，可以采用简化注法。

① 用带字母的完整符号的简化注法。用带字母的完整符号以等式的形式，在图形或标题栏附近对有相同表面结构要求的表面进行简化标注，如图 8-31 所示。

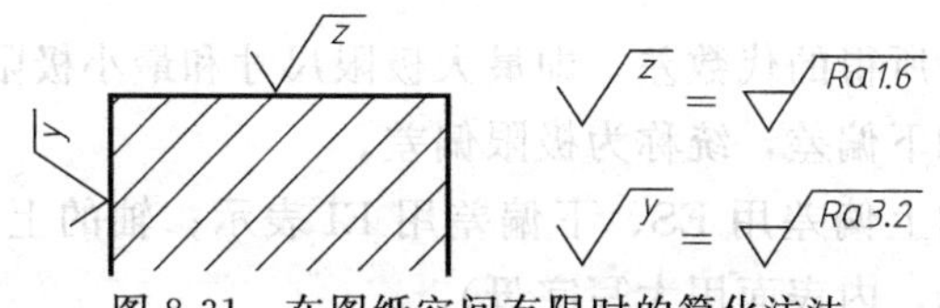

图 8-31 在图纸空间有限时的简化注法

② 只用表面结构符号的简化注法。可用表面结构符号以等式的形式给出多个表面共同的表面结构要求，如图 8-32 所示。

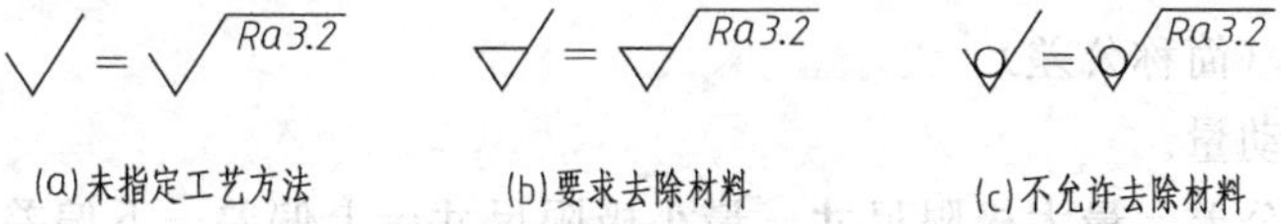

√ = Ra3.2　　√ = Ra3.2　　√ = Ra3.2

(a)未指定工艺方法　　(b)要求去除材料　　(c)不允许去除材料

图 8-32 多个表面结构要求时的简化注法

二、尺寸公差与配合

按要求制造的成批、大量规格相同的零件，在装配时不经挑选，任选一个，可以不经过其他加工或修配，就可以互相调换，在装配后达到使用要求，这种性质称为互换性。第七章介绍的螺栓、螺母、键、销等都具有互换性。零件具有互换性后，大大简化了零部件的制造和维修工作，使产品的生产周期缩短，生产率提高，成本降低。

尺寸公差与配合是实现零件互换性的重要基础。

1. 尺寸公差

实际加工的零件，由于机床精度、刀具磨损、测量误差等影响，尺寸总有一些误差。在不影响零件正常工作，并具有互换性的前提下，允许零件尺寸有一个变动量，这个允许尺寸的变动量称为公差。下面以图 8-33 为例，说明有关公差的术语及定义。

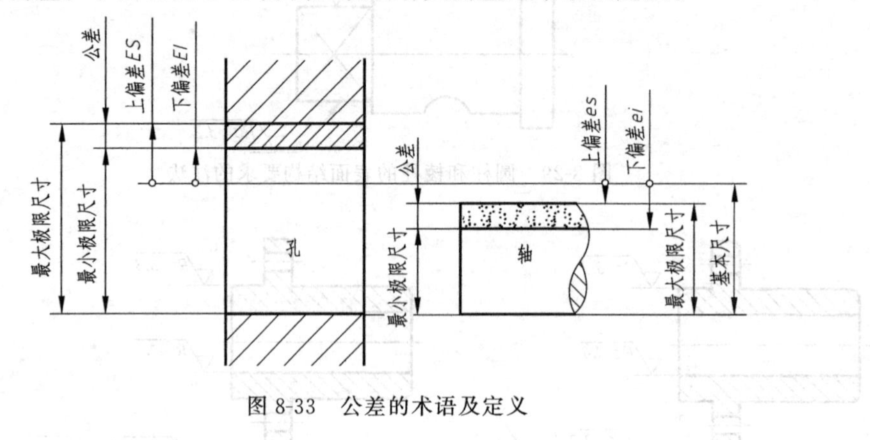

图 8-33 公差的术语及定义

(1) 基本尺寸

设计时给定的尺寸。

(2) 实际尺寸

零件加工后测量所得的尺寸。

(3) 极限尺寸

实际尺寸允许变化的两个极限值，包括最大极限尺寸和最小极限尺寸。

(4) 极限偏差

极限尺寸与基本尺寸所得的代数差。即最大极限尺寸和最小极限尺寸减基本尺寸所得的代数差，分别为上偏差和下偏差，统称为极限偏差。

国家标准规定：孔的上偏差用 ES、下偏差用 EI 表示；轴的上偏差用 es、下偏差用 ei 表示（外表面用小写字母，内表面用大写字母）。

上、下偏差可以是正值、负值和零。

上偏差(ES,es)＝最大极限尺寸－基本尺寸

下偏差(EI,ei)＝最小极限尺寸－基本尺寸

(5) 尺寸公差（简称公差）

允许的尺寸变动量。

公差＝最大极限尺寸－最小极限尺寸＝上偏差－下偏差

公差是一个没有符号的绝对值。

(6) 零线

表示基本尺寸，是确定偏差的一条基准直线。零件之上的偏差为正值，零线之下的偏差为负值。

(7) 尺寸公差带

由代表上、下偏差的两条直线所限制实际尺寸变化的矩形区域。它表示出公差的大小及其相对于零线的位置。

(8) 公差带图

为了便于分析，将上、下偏差与基本尺寸的关系，用适当比例绘制成简图，如图 8-34 所示。

2. 标准公差和基本偏差

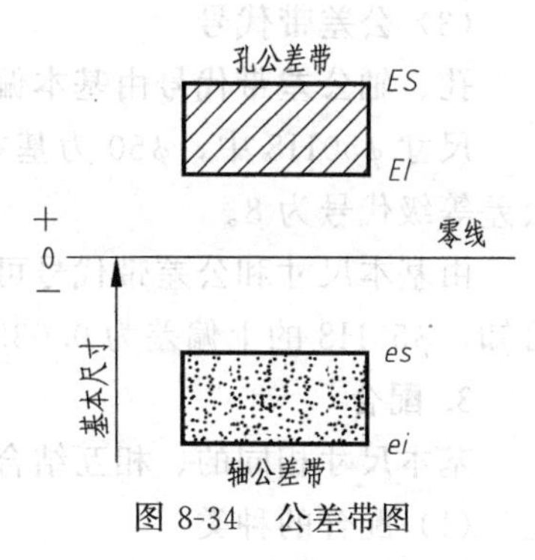

图 8-34　公差带图

国家标准中规定，在公差带图中，公差带是由“公差带大小”和“公差带位置”组成的。公差带大小由“标准公差”确定，公差带位置由“基本偏差”确定。

（1）标准公差

国家标准中规定的用以确定公差带大小的任一公差称为标准公差。大小由基本尺寸和公差等级两因素决定。

标准公差分为IT01、IT0、IT1、IT2…IT18共20个等级。其中IT01公差值最小，精度最高，IT18公差值最大，精度最低；公差等级相同时，基本尺寸越大，标准公差越大；同一基本尺寸，相同公差等级的孔、轴的标准公差都是一致的。

（2）基本偏差

国家标准中规定，基本偏差是用以确定公差带相对于零线位置的上偏差或下偏差，即指靠近零线的那个偏差。

当公差带在零线上方时，基本偏差为下偏差；当公差带在零线下方时，基本偏差为上偏差。当公差带关于零线对称时，基本偏差为上偏差或下偏差。

决定28个孔和轴的公差带的基本偏差系列用拉丁字母顺序排列，孔用大写字母表示，轴用小写字母表示，如图8-35所示。

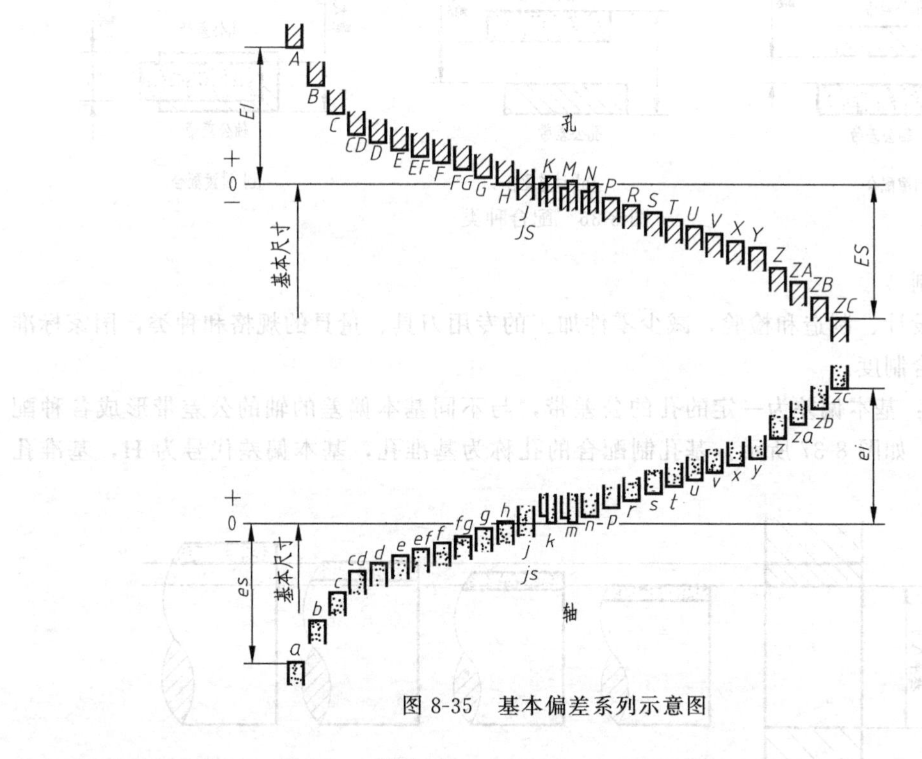

图 8-35　基本偏差系列示意图

孔的基本偏差A～H为下偏差，且为正值；H的下偏差EI=0；J～ZC为上偏差；JS的上、下偏差为±IT/2。轴的基本偏差a～h为上偏差，且为负值；h的上偏差es=0；j～zc为下偏差；js的上、下偏差为±IT/2。

需要注意的是：基本尺寸相同的轴和孔，若基本偏差代号相同，则基本偏差一般为相反数。

(3) 公差带代号

孔、轴公差带代号由基本偏差代号与标准公差等级代号组成。例如 ϕ50H8，ϕ50f7。

尺寸 ϕ50H8 中，ϕ50 为基本尺寸，H8 为孔的公差带代号，其中 H 为基本偏差代号，公差等级代号为 8。

由基本尺寸和公差带代号可查表确定孔和轴的上、下偏值。例如通过查孔的极限偏差表可知，ϕ50H8 的上偏差为 0.039mm，下偏差为 0。

3. 配合

基本尺寸相同的、相互结合的孔和轴公差带之间的关系称为配合。

(1) 配合的种类

根据使用要求不同，孔与轴的配合有松有紧，国家标准规定配合分为以下三类。

① 间隙配合：孔的公差带位于轴的公差带之上，具有间隙（包括间隙为零）的配合，如图 8-36 (a) 所示。

② 过盈配合：孔的公差带位于轴的公差带之下，具有过盈（包括过盈为零）的配合，如图 8-36 (b) 所示。

③ 过渡配合：孔和轴的公差带相互交叠，可能具有间隙或过盈的配合，如图 8-36 (c) 所示。

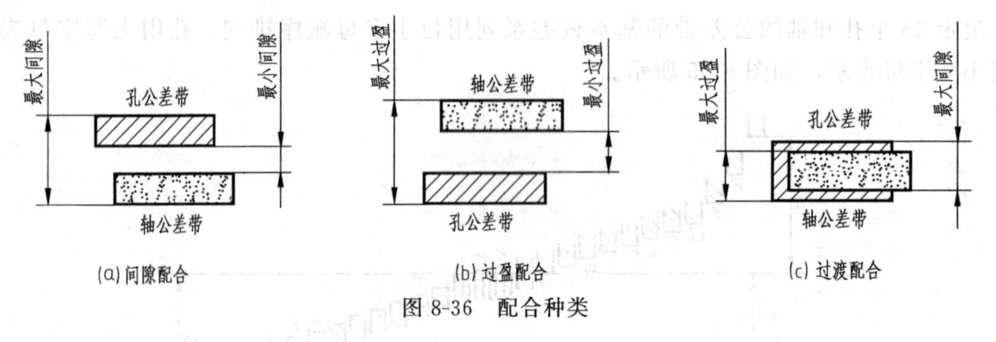

图 8-36 配合种类

(2) 配合制

为了方便设计、制造和检验，减少零件加工的专用刀具、量具的规格和种类，国家标准规定了两种配合制度。

① 基孔制：基本偏差为一定的孔的公差带，与不同基本偏差的轴的公差带形成各种配合的一种制度，如图 8-37 所示。基孔制配合的孔称为基准孔，基本偏差代号为 H，基准孔的下偏差为零。

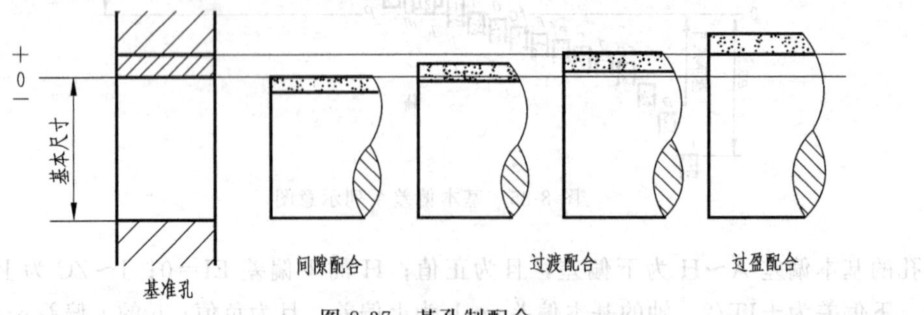

图 8-37 基孔制配合

② 基轴制：基本偏差为一定的轴的公差带，与不同基本偏差的孔的公差带形成各种配

合的一种制度，如图 8-38 所示。基轴制配合的轴称为基准轴，基本偏差代号是 h，基准轴的上偏差为零。

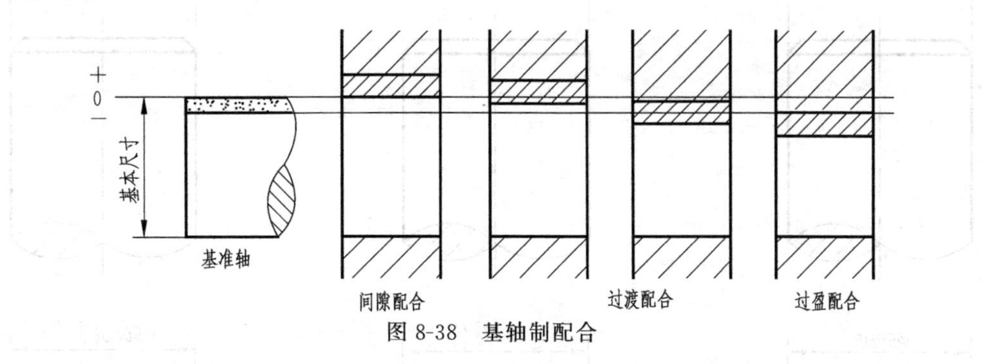

图 8-38 基轴制配合

因为机床、刀具的限制，孔比轴难加工，所以实际生产中一般优先采用基孔制，以减少孔的公差带数量。

在最大限度地满足生产需要的前提下，考虑各类产品的不同特点，国家标准制订了优先及常用配合。基孔制和基轴制的优先配合见表 8-5。

表 8-5 基孔制和基轴制的优先配合

	基孔制优先配合				基轴制优先配合			
间隙配合	$\frac{H7}{g6}$、$\frac{H7}{h6}$	$\frac{H8}{f7}$、$\frac{H8}{h7}$	$\frac{H9}{d9}$、$\frac{H9}{h9}$	$\frac{H11}{c11}$、$\frac{H11}{h11}$	$\frac{G7}{h6}$、$\frac{H7}{h6}$	$\frac{F8}{h7}$、$\frac{H8}{h7}$	$\frac{D9}{h9}$、$\frac{H9}{h9}$	$\frac{C11}{h11}$、$\frac{H11}{h11}$
过渡配合	$\frac{H7}{k6}$、$\frac{H7}{n6}$				$\frac{K7}{h6}$、$\frac{N7}{h6}$			
过盈配合	$\frac{H7}{p6}$、$\frac{H7}{s6}$ $\frac{H7}{u6}$				$\frac{P7}{h6}$、$\frac{S7}{h6}$ $\frac{U7}{h6}$			

（3）配合代号

由相互结合的孔和轴的公差带代号组成。配合代号用分数形式表示：分子为孔的公差带代号，分母为轴的公差代号，在分数形式前注写基本尺寸。由配合代号可以判断配合的基准制和配合的种类。

例如 ϕ50H8/f7 表示基本尺寸为 ϕ50，是基孔制配合，基准孔基本偏差代号为 H，公差等级为 IT8，轴的基本偏差代号为 f，公差等级为 IT7，属于间隙配合。

4. 公差与配合的标注

（1）零件图中的标注

在零件图中标注公差有三种形式：标注公差带代号，如图 8-39（a）所示；标注上、下偏差值，如图 8-39（b）所示；标注公差带代号和上、下偏差，但偏差值要用括号括起来，如图 8-39（c）所示。

公差与配合标注应注意以下几点。

① 上、下偏差的数字字号比基本尺寸小一号，上、下偏差的小数点位应相同、对齐，且下偏差的数字与基本尺寸数字在同一水平线上。

② 当公差带相对于基本尺寸对称时，即上、下偏差互为相反数时，可采用“±”加偏差绝对值的注法，如 ϕ50±0.012。

③ 当上偏差或下偏差为零时，用数字“0”标出。

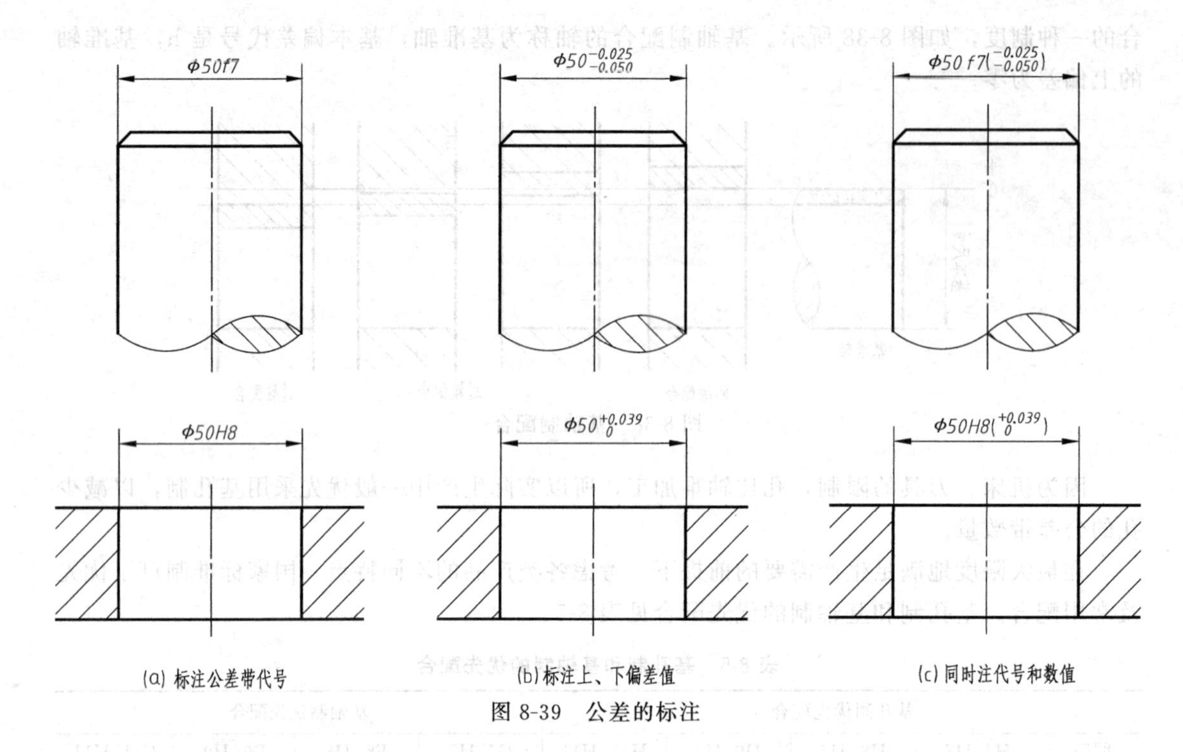

图 8-39　公差的标注

(2) 装配图中的标注

在装配图中一般标注配合代号，配合代号如图 8-40 所示。配合代号用分数形式表示，分子为孔的公差带代号，分母为轴的公差带代号。对于轴承等标准件与非标准件的配合，则只标注非标准件的公差带代号。

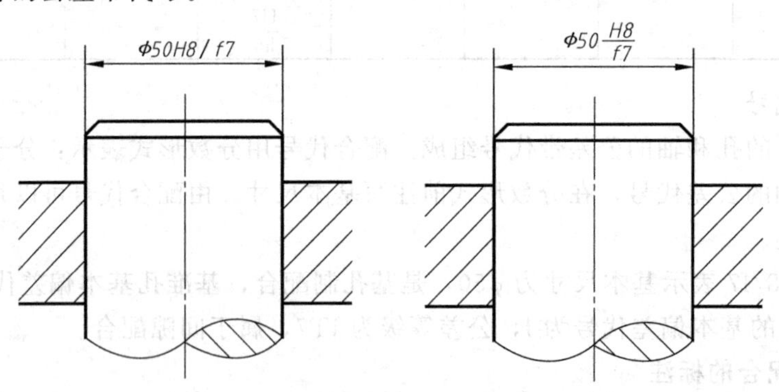

图 8-40　配合的标注

三、形状和位置公差

零件的形状和位置公差简称形位公差，是零件的实际形状和位置对理想形状和位置的允许变动量。

评定零件质量的因素是多方面的，不仅零件的尺寸影响零件的质量，零件的几何形状和结构的位置也大大影响零件的质量。如果零件存在严重的形状和位置误差，将对机器的装配造成困难，影响工作性能和使用寿命，因此，对于精度要求较高的零件，除控制表面粗糙度，给出尺寸公差外，还应根据设计要求，合理地确定出形状和位置误差的最大允许值。

1. 形位公差的项目、符号

形位公差的分类、项目及符号见表 8-6。

表 8-6 形位公差的分类、项目及符号

公差		项目	符号
形状	形状	直线度	—
		平面度	▱
		圆度	○
		圆柱度	⌭
形状或位置	轮廓	线轮廓度	⌒
		面轮廓度	⌓

公差		项目	符号
位置	定向	平行度	//
		垂直度	⊥
		倾斜度	∠
	定位	同轴度	◎
		对称度	⌯
		位置度	⌖
	跳动	圆跳动	↗
		全跳动	⌰

2. 形位公差代号

国家标准规定用代号来标注形状和位置公差。在实际生产中，若无法采用代号标注时，允许在技术要求中采用文字说明。形位公差代号包括形位公差各项目的符号、形位公差框格及指引线、形位公差数值和其他有关符号、基准代号等，如图 8-41 所示，框格内的字体高度 h 与图样中的尺寸数字等高。

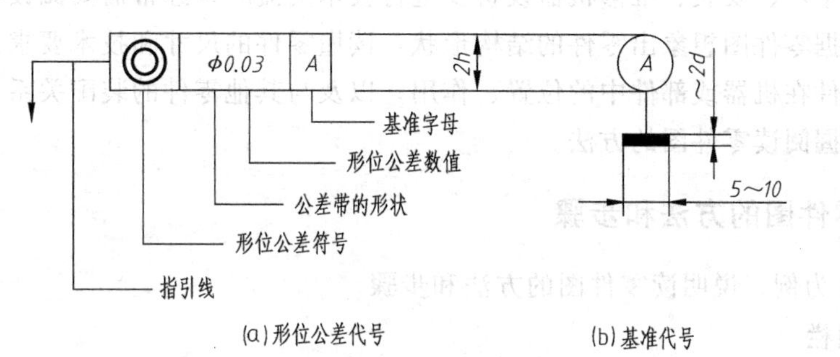

图 8-41 形位公差代号和基准代号

3. 形位公差标注示例

当被测要素为素线或表面时，指引线箭头应指向该要素的轮廓线或其引出线上，并应明显地与尺寸线错开。当被测要素为轴线、球心或中心平面时，指引线箭头应与该要素的尺寸线对齐。

当基准要素为素线或表面时，应将基准符号靠近该要素的轮廓线或引出线标注，并应明显地与尺寸线错开。当基准要素为轴线、球心或中心平面时，基准符号应与该要素的尺寸线对齐。

图 8-42 所注的形位公差的含义是：

① ϕ100h6 外圆的圆度公差为 0.004mm；

② ϕ100h6 外圆对孔的轴线的径向圆跳动公差为 0.015mm；

③ 零件的左右端面之间的平行度公差为 0.01mm。

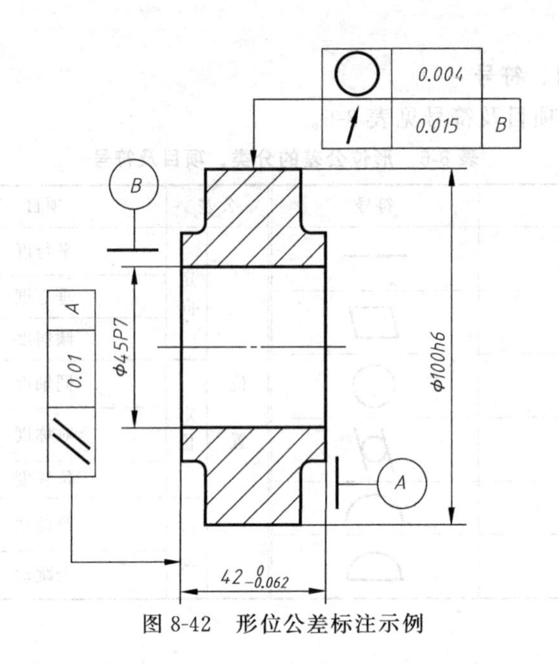

图 8-42 形位公差标注示例

第五节 读零件图

在设计、生产、安装、维修机器设备及进行技术交流时，经常需要阅读零件图。阅读零件图就是要根据零件图想象出零件的结构形状，读懂零件的尺寸和技术要求。为了读懂零件图，应联系零件在机器或部件中的位置、作用，以及与其他零件的装配关系来读图。工程技术人员必须掌握阅读零件图的方法。

一、读零件图的方法和步骤

以图 8-43 为例，说明读零件图的方法和步骤。

1. 看标题栏

从标题栏内了解零件的名称、材料、绘图比例和用途，对零件有一个初步的认识。如图 8-43 所示，从标题栏可知该零件名称为泵盖，属于盘盖类零件，材料为 HT200，比例为 1∶1，它与相邻零件相连接，起密封的作用。

2. 分析视图

首先按视图的配置情况找出主视图，搞清各视图之间的投影关系，然后分析各视图的表达方法及表达重点。剖视图、断面图要找到它们的剖切位置，局部放大图要找到被放大部位。有些图形不符合投影关系时，应分析是否为规定画法及简化画法。

图 8-43 采用两个基本视图表达泵盖的结构形状。*A*—*A* 旋转全剖视图，着重表达内部结构，而左视图表达外部轮廓形状。

3. 想象结构形状和各部分的功用

根据各视图间的投影关系，对零件进行形体分析、线面分析，按由外到内、先主要后次要、先易后难、由整体到局部的顺序，依次看懂零件各部分的形状和相对位置，且对零件上一些结构的作用和要求有所了解，然后分析零件的细小结构，最后将各部分综合起来，想象

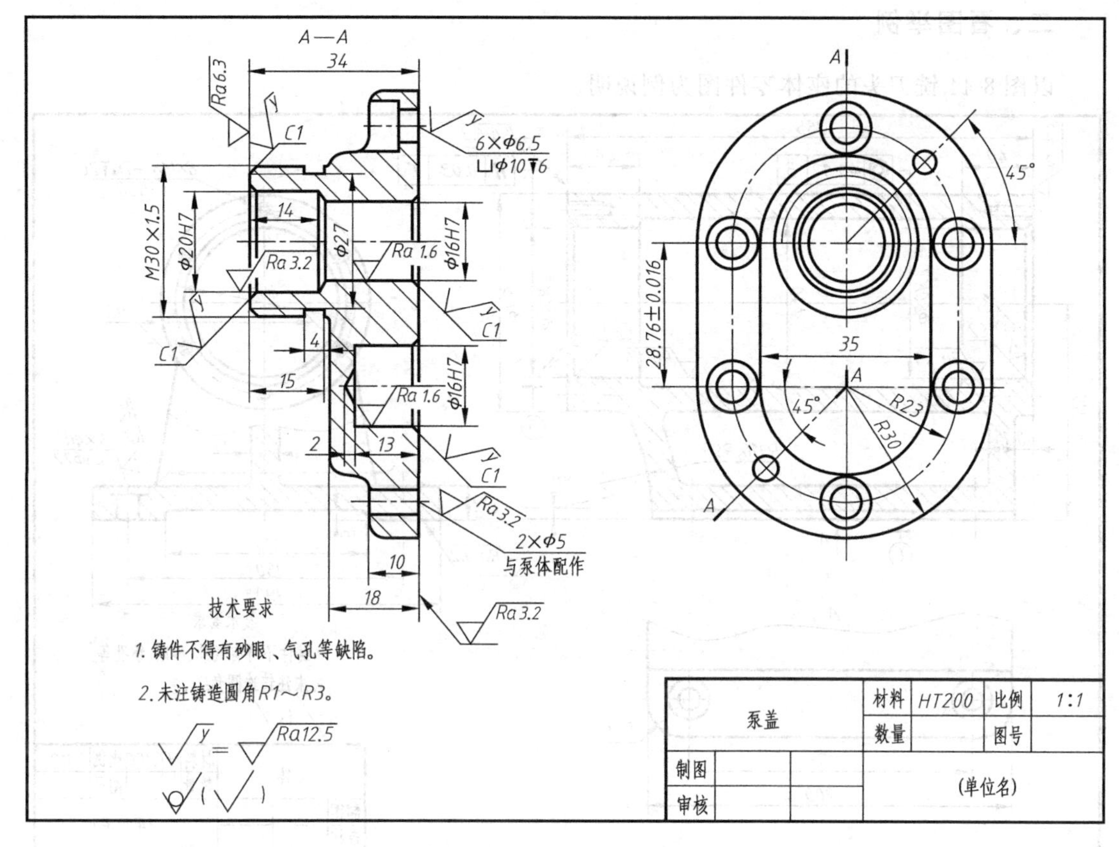

图 8-43 泵盖零件图

出零件的整体结构形状。

4. 分析尺寸

分析尺寸应先分析各个方向的主要基准，然后从基准出发，找出各部分的定形、定位尺寸，弄清重要尺寸及总体尺寸。

泵盖长度方向的主要基准为与泵体的结合面，注出泵盖的厚度为 34，再以泵盖的左端面为辅助基准，注出 14、15 等；宽度方向的主要基准为前后对称平面，注出 35；高度方向的主要基准为装配主动齿轮轴的孔的轴线，注出 28.76±0.016，由此定出装配从动齿轮轴的孔的轴线为高度方向的辅助基准。其主要尺寸为 ϕ16H7，28.76±0.016；总体尺寸为总长 34，总宽 $R30+R30=60$，总高尺寸为 $R30+28.76+R30=88.76$。

5. 分析技术要求

明确零件各表面的粗糙度要求、尺寸公差、热处理及表面处理等，以供组织加工时给予考虑。

图 8-43 中 ϕ16H7 的通孔和盲孔有尺寸公差要求，内表面表面粗糙度要求较高，Ra 为 1.6μm，右端面为与泵体的结合面，Ra 为 3.2μm；为保证两轴孔的距离，对其定位尺寸 28.76±0.016 提出了公差要求。

通过上述分析，对泵盖的作用、结构形状和尺寸大小有了比较清楚的认识，对技术要求也有一定的了解，最后经综合归纳，就可以全面读懂零件图。

二、看图举例

以图 8-44 铣刀头的座体零件图为例说明。

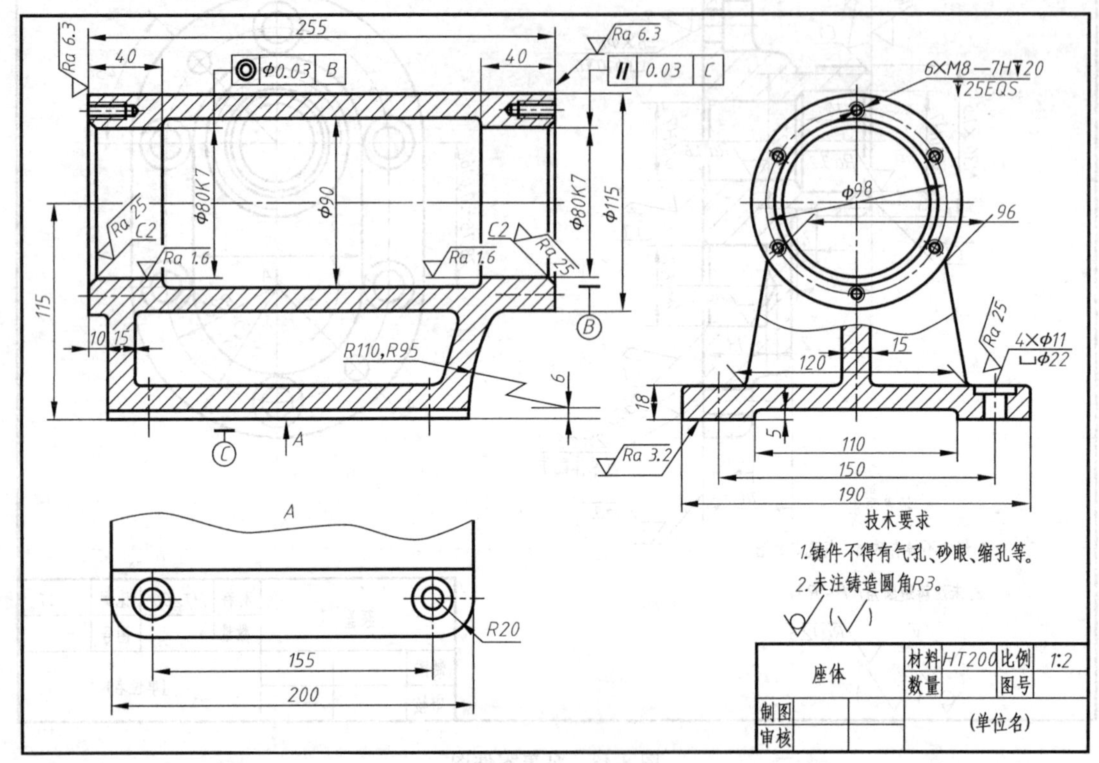

图 8-44　座体零件图

从标题栏的名称“座体”，就能联想到它是一个起支承和密封作用的箱体类零件；从材料一栏的“HT200”，知道该零件用铸造方法生产毛坯，再进行机械加工而成。由于零件毛坯为铸件，故具有铸造工艺要求的结构，如铸造圆角、拔模斜度等。该座体零件在铣刀头部件中的作用是支承、包容轴串和安装铣刀部件。

图 8-44 采用三个基本视图表达座体的结构形状，主视图的选择符合工作位置及反映形状特征原则。全剖的主视图，清楚地反映座体的内部结构形状；局部剖的左视图，反映座体的外形及底板、肋板的结构形状；局部俯视图表达底板的外形和安装孔的分布。

座体的基本形状大致分为四部分：圆筒、支承板、底板、肋板。主体部分是圆筒，两侧外端面制有与端盖连接的螺纹孔，两端的轴孔支承滚动轴承，中间部分圆孔的直径大于两端孔的直径，是直接铸造而成的；座体的底板部分是一带圆角的，有四个安装孔的方形板，为减少加工面并安装平稳，底板下面的中间部分是一通槽；中间部分是连接板和肋板，把上、下两部分连接起来。随着读图的不断深入，可想象出整个座体的结构形状，如图 8-45 所示。

座体圆柱的任一端面为长度方向的主要基准，前后对称平面为宽度方向的主要基准，座体底平面为高度方向的主要基准。对此类零件应注意重要轴孔对基准的定位尺寸直接注出，如座体上两孔 ϕ80K7 的中心高为 115。

座体零件中精度最高的是两端直径为 ϕ80K7 的轴承孔，*Ra* 为 1.6μm，两孔轴线有同轴度要求，且右端轴线与底面有平行度要求；其次是底板安装面，*Ra* 为 3.2μm。

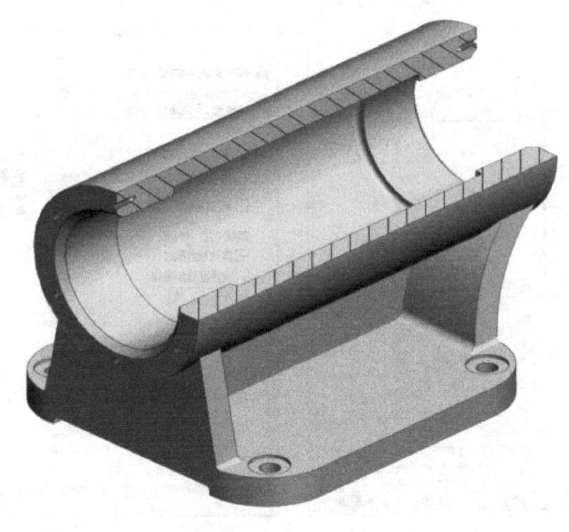

图 8-45　座体

第六节　用 AutoCAD 绘制零件图

一、引线标注

引线标注由箭头、引线、基线及多行文字或图块组成，如图 8-46 所示。其中，箭头的形式、引线外观、文字属性及图块形状等由引线样式控制。

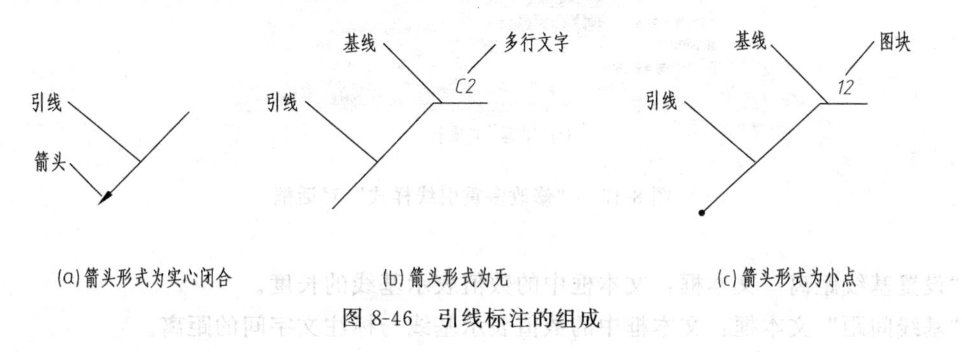

图 8-46　引线标注的组成

1. 设置引线标注样式

命令格式：

①“多重引线”或“样式”工具栏上的“多重引线样式”图标 。

②“格式”下拉菜单上的“多重引线样式”选项。

③ 命令：Mleaderstyle

启动“多重引线样式”命令后，弹出“多重引线样式管理器”对话框，利用该对话框可新建、修改或重命名引线样式。在该对话框单击“新建”按钮，设置新样式名为“倒角”，则弹出“修改多重引线样式”对话框，按图 8-47 (a)～(c) 所示修改对话框中个别选项的对应值，完成倒角标注样式的设置。

选项含义说明：“最大引线点数”文本框：用于设置引线端点数，也就是指用于确定指引线由几个点定义而成，注意：两点确定一条线，三点确定两条线。

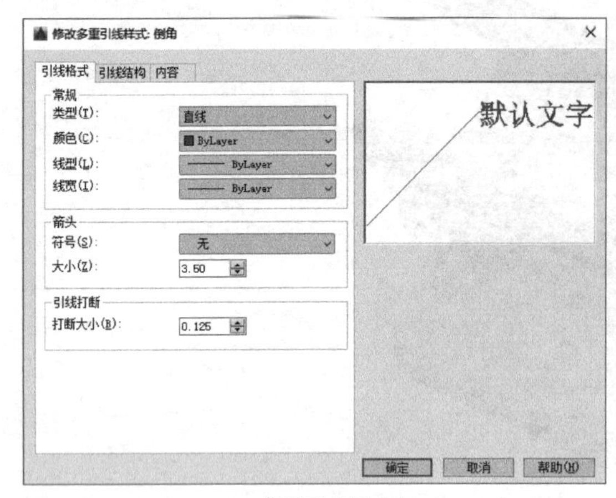

(a)“引线格式”选项卡

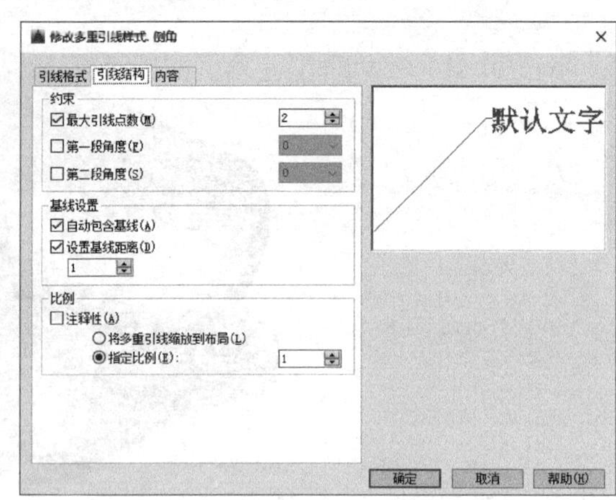

(b)“引线结构”选项卡

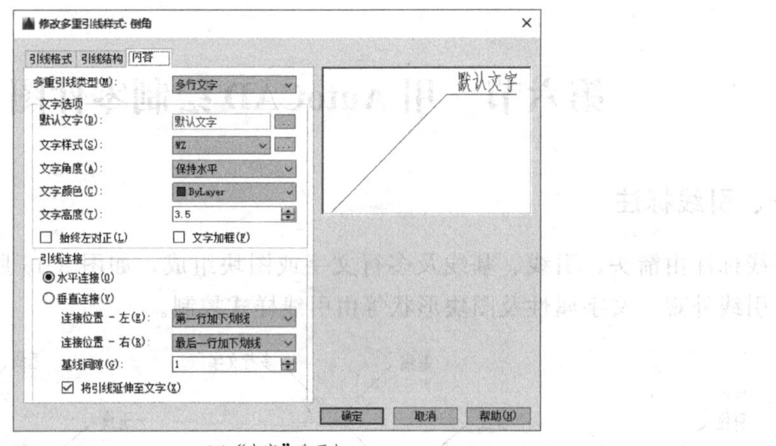

(c)“内容”选项卡

图 8-47 “修改多重引线样式”对话框

“设置基线距离”文本框：文本框中的数值表示基线的长度。

“基线间距”文本框：文本框中的数值表示基线与标注文字间的距离。

2. 引线标注命令与标注方法

“多重引线”命令调用方法有以下四种：单击“多重引线”工具栏上的按钮；在“标注”下拉菜单中选择“多重引线”选项；单击功能区“默认”选项卡“注释”面板的按钮；通过命令行键入 Mleader 命令。

命令与提示：

命令：Mleader

指定引线箭头的位置或［引线基线优先（L）/内容优先（C）/选项（O）］＜选项＞：指定引线起始点

指定引线基线的位置：指定引线第二个点，启动“多行文字编辑器”，输入文字 C2，按 ESC 键退出该命令。

则完成如图 8-46（b）所示的引线标注。

二、尺寸公差的标注

当用极限偏差的形式在零件图中标注尺寸公差时，创建尺寸公差的方法有两种：在“新建标注样式”对话框的“公差”选项卡中设置尺寸上、下偏差；标注时，利用“多行文字(M)”选项打开“多行文字编辑器”，然后采用堆叠文字方式标注公差。第一种操作方法灵活且简便，值得学习者掌握。

1. 设置尺寸公差标注样式

以已设置的符合国标的尺寸标注样式“GBBZ”为基础，创建一新标注样式“GBBZPC”，分别对“主单位”和“公差”选项卡中的个别选项进行设置，如图 8-48 所示。

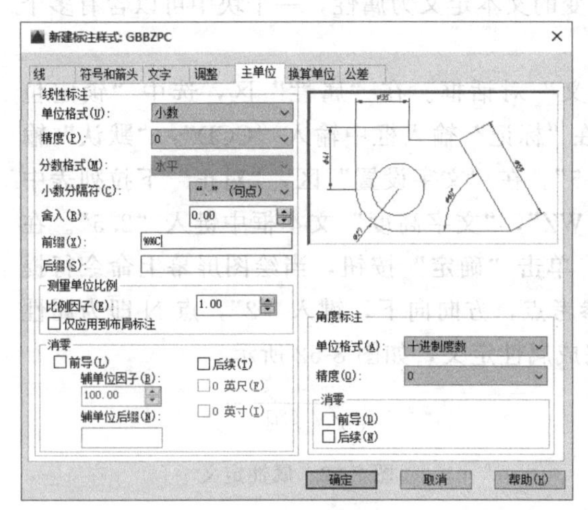

(a)“主单位”选项卡

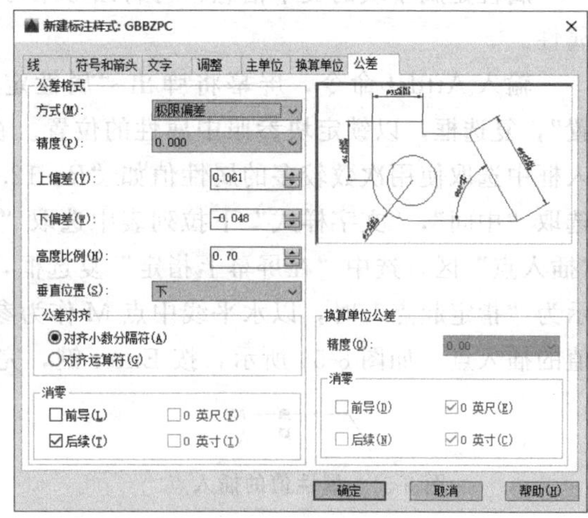

(b)“公差”选项卡

图 8-48　创建尺寸公差的标注方法

选项含义说明：

“上偏差”与“下偏差”文本框：用于输入上、下偏差值。上、下偏差自动带有正负号。

“高度比例”文本框：用于设置上、下偏差数字与基本尺寸数字的高度比例。

“垂直位置”下拉列表：用于设置上、下偏差相对于基本尺寸的位置。

2. 标注尺寸公差

将“GBBZPC”设置为当前标注样式，输入“线性标注”（Dimlinear）命令，根据命令行的提示进行操作，标注出如图 8-49 所示的尺寸公差。

3. 编辑尺寸公差

利用“特性”命令可方便地对尺寸公差中的基本尺寸，上偏差、下偏差等内容进行修改。

三、零件图上表面结构代号的标注

在零件图中，可将表面结构代号、标题栏等制作为带属性的图块，不但节省存储空间，还便于修改。

如制作表面结构代号的属性块，可按下述步骤进行操作。

1. 绘制表面结构要求的图形符号

绘制如图 8-50 所示的表面结构要求的图形符号，符号的水平线的长度取决于其上下所标注内容的长度。

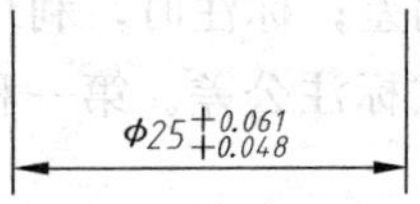

图 8-49 尺寸公差标注示例

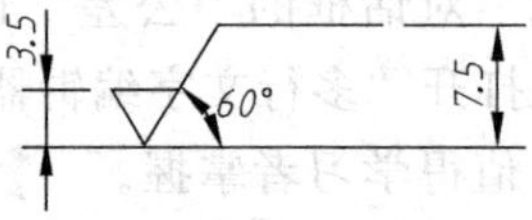

图 8-50 表面结构要求的图形符号

2. 定义属性（Attdef）

属性是属于块的文本信息，可将图形中可变的文本定义为属性，一个块中可以含有多个属性。

输入 Attdef 命令，屏幕将弹出“属性定义”对话框。在“属性”区，选中“锁定位置”，复选框，以锁定块参照中属性的位置。在“标记”输入框中输入“CCD”，“默认”输入框中选取使用次数较多的属性值如“*Ra* 12.5”。在“文字设置”区，“对正”下拉列表中选取“中间”，“文字样式”下拉列表中选取“WZ”，“文字高度”文本框中键入“2.5”。在“插入点”区，选中“在屏幕上指定”复选框，单击“确定”按钮，当绘图屏幕上命令行提示为“指定起点”时，以水平线中点 M 作为参考点，方向向下，键入“2”，点 N 即为属性值的插入点，如图 8-51 所示，按 Enter 键，完成属性定义，如图 8-52 所示。

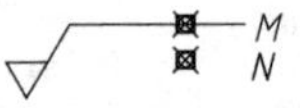

图 8-51 属性值的插入点

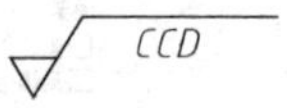

图 8-52 属性定义

3. 创建图块（Block）

输入 Block 命令，屏幕将弹出“块定义”对话框。在“名称”输入框中键入“CCD”。在“基点”区，单击“拾取点”按钮，当命令行提示为“指定插入基点”时，捕捉符号下角点为基点，返回原对话框。在“对象”区，单击“选择对象”按钮，则命令行提示“选择对象”时选择表面粗糙度图形符号和属性标记，回到原对话框，单击“确定”按钮，系统弹出“编辑属性”对话框，在其中可修改表面粗糙度的默认值，再单击“确定”按钮完成块定义。

4. 插入图块（Insert）

用户根据作图需要可将已创建的块插入到图中指定的位置。块插入时，属性也被插入，同时还可以改变属性值。

输入 Insert 命令，屏幕将弹出“插入”对话框。在“名称”区列出当前图形已存在的块名，用户可通过下拉列表选择要插入的图块如“CCD”，可在文本框中键入比例等参数，然后单击“确定”按钮。在屏幕上指定图块插入时的插入点、旋转角度等参数，系统弹出“编辑属性”对话框，对表面粗糙度的默认值“*Ra* 12.5”可进行编辑，再单击“确定”按钮完成属性编辑。这样就可以完成出不同粗糙度值的标注。

四、用 AutoCAD 绘制零件图

① 分析零件。

② 确定表达方案。

③ 调用样板文件。

④ 布图，绘制作图基准线。
⑤ 绘制零件图。
⑥ 标注尺寸。
⑦ 注写技术要求。
⑧ 插入“标题栏”属性块。
⑨ 存盘，结束操作。

第九章

装配图

任何一台机器或部件都是由若干个零件按一定的工作原理、装配关系和设计、使用要求装配而成的。表达机器或部件的工作原理以及零件、部件间的装配、连接关系等内容的图样称为装配图。本章主要介绍装配图的绘制与阅读方法。

第一节　装配图的作用与内容

一、装配图的作用

装配图是设计、安装、维修机器或进行技术交流的重要技术资料。在设计机器和部件时，首先根据设计意图和要求画出装配图，然后根据装配图拆画零件图；在制造机器的过程中，先按零件图制造出零件，再根据装配图进行装配、调试和检验；在使用机器和部件时，也要根据装配图了解其结构、性能、工作原理及维护方法等。

二、装配图的内容

图 9-1 是球阀的立体图，而图 9-2 是其装配图。从图中可以看出，装配图具有如下四项内容。

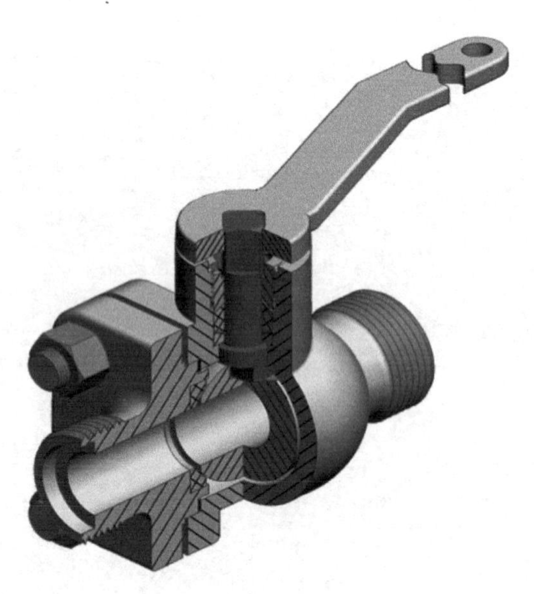

图 9-1　球阀

(1) 一组视图

用一组视图完整、清晰、准确地表达机器的工作原理、各零件的相对位置及装配关系、连接方式和重要零件的结构形状。

(2) 必要的尺寸

表示机器或部件的性能、规格、零件间的装配、安装以及外形尺寸等。

(3) 技术要求

用符号或文字注写机器或部件的性能和装配、检验、安装及使用等方面的要求。

(4) 零件序号、明细栏和标题栏

组成装配体的每一种零件，按顺序编上序号，并在标题栏上方列出明细栏，

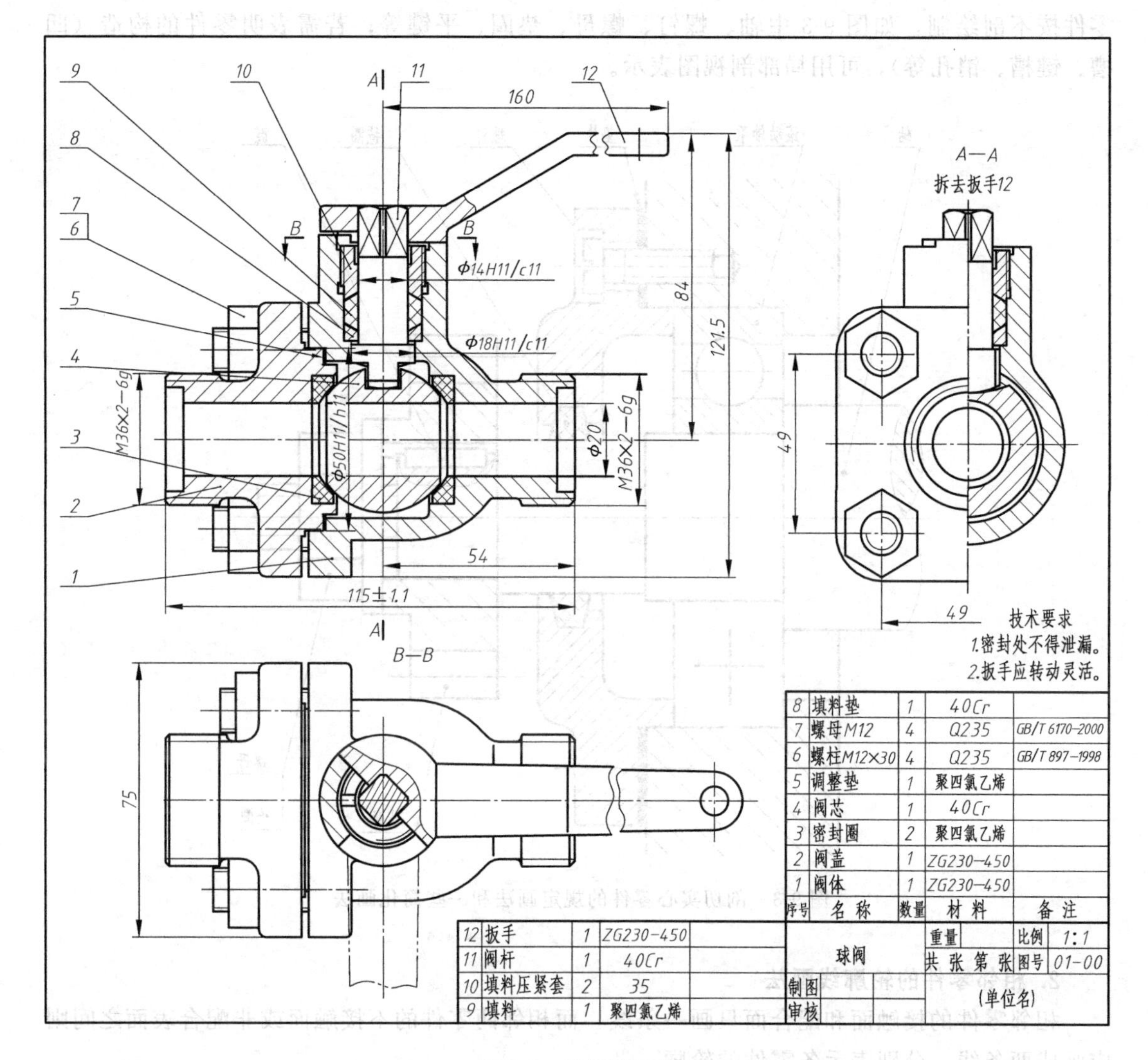

图 9-2 球阀装配图

表中注明零件的名称、数量、材料等，以便读图及进行生产准备工作。

标题栏表明装配体的名称、图号、比例及责任者的签名和日期。

第二节 装配图的视图表达方法

装配图的表达方法和零件图基本相同，所以零件图中所有的表达方法（如视图、剖视图、断面图、简化画法）都适用于装配图。装配图侧重于表达装配体的工作原理，装配关系，结构特点，而不是表达每个零件的全部结构形状。由于表达重点不同，装配图还有一些规定画法和特殊的表达方法。

一、规定画法

1. 实心零件的画法

对于紧固件及实心零件（球、手柄、键），若剖切平面通过其轴线或对称平面时，这些零件按不剖绘制，如图 9-3 中轴、螺钉、螺母、垫圈、平键等；若需表明零件的构造（凹槽、键槽、销孔等），可用局部剖视图表示。

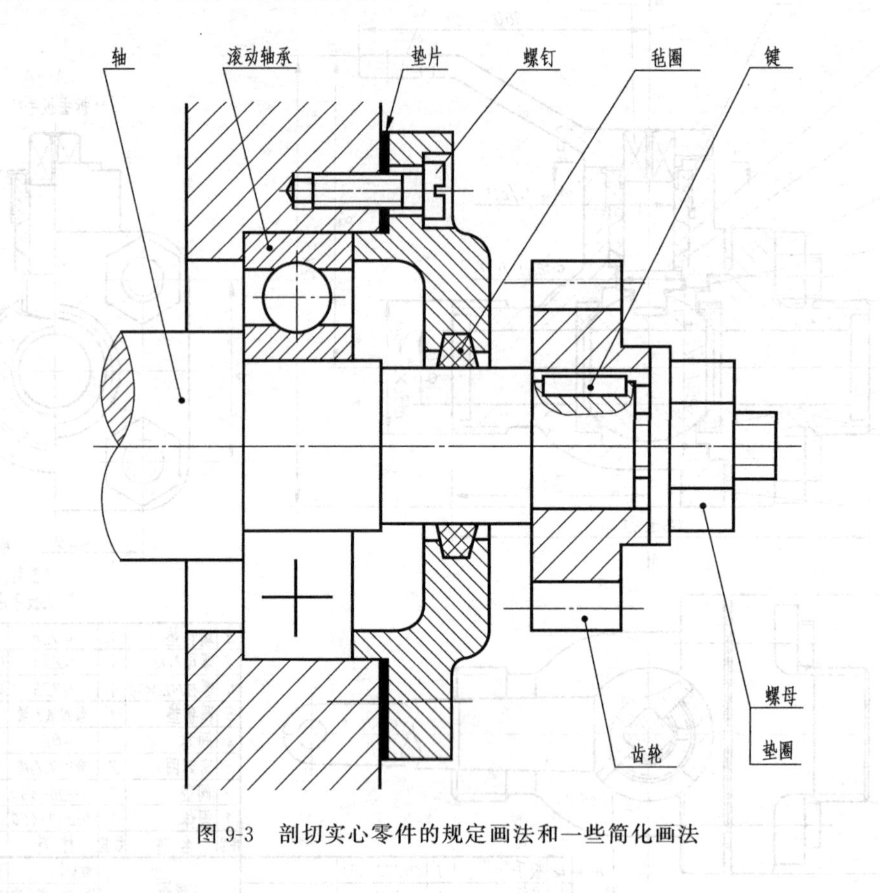

图 9-3 剖切实心零件的规定画法和一些简化画法

2. 相邻零件的轮廓线画法

相邻零件的接触面和配合面只画一条线，而相邻两零件的不接触面或非配合表面之间则应画成两条线，分别表示各零件的轮廓。

3. 剖面线的画法

相邻的两个被剖切的金属零件剖面线方向应相反，或方向一致间隔不等。但同一零件在不同的剖视图中剖面线的方向和间隔应一致。对于视图上两轮廓线间的距离小于等于 2mm 的剖面区域，其剖面符号用涂黑表示。

二、特殊画法

1. 拆卸画法

在装配图中，当某些零件的图形遮住了其后面需要表达的零件，或在某一视图上不需画出某些零件时，为避免重复表达，可假想将其拆卸后绘制；或为了表达部件的装配关系，可假想沿着零件的结合面进行剖切，需要注意的是：结合面上并不画出剖面符号。

如图 9-2 的左视图是拆去扳手零件后画出的。当采用拆卸画法时，可加标注“拆去××件”。

2. 单独表达零件

当某个零件的结构形状尚未表达清楚而影响对工作原理和装配关系的理解时，可单独画出该零件的某个视图。如图 9-14 单独画出件 12 手轮的 *B* 向视图。

3. 假想画法

① 在装配图中，为了表达运动零件的运动范围和极限位置，可按其运动的一个极限位置绘制图形，再用双点画线画出其另一极限位置的图形。如图 9-2 俯视图中的双点画线表示了件 12 扳手的运动范围。

② 在装配图中，为表示机器或部件的作用、安装方法，可将其他相邻零件、部件的部分轮廓用双点画线画出。如图 9-15 左视图中的双点画线表示安装齿轮油泵机体的安装板。

4. 夸大画法

对于装配图中的薄垫片、细金属丝、小间隙及锥度很小的表面，若按实际尺寸绘制很难表达清楚时，允许不按比例而适当夸大画出。

5. 简化画法

① 点画线表示其位置。对于装配图中若干相同的零、部件组，如图 9-3 中的螺钉连接，可仅详细地画出一组，其余只需用点画线表示其装配位置。

② 工艺结构省略不画。在装配图中，零件的工艺结构如小圆角、倒角、退刀槽等可不画，如图 9-3 所示。

③ 当剖切平面通过标准产品的组合件（标准油杯、电动机、离合器）轴线时，或该组合件已由其他图形表达清楚时，可按不剖绘制，只画出外形轮廓。

第三节 装配图的尺寸、技术要求与零件编号

一、装配图中的尺寸

由于装配图与零件图作用不同，装配图不是制造零件的直接依据，因此，装配图中不需标注零件的全部尺寸，而只需标注以下几类必要的尺寸。

（1）规格（性能）尺寸

说明机器或部件的规格、性能、特征的尺寸，是设计和选用产品时的主要依据。如图 9-2 中阀孔的直径 $\phi20$。

（2）装配尺寸

保证部件正确地装配，并说明配合性质及装配要求的尺寸。

① 配合尺寸：指基本尺寸相同的孔与轴有配合要求的尺寸，如图 9-2 中阀体和阀杆的配合尺寸 $\phi18H11/c11$。

② 重要的相对位置尺寸：主要平行轴线间的距离，图 9-15 中 28.76±0.016 是传动齿轮轴 3 和齿轮轴 2 之间的距离；主要轴线到基准面的定位尺寸，图 9-15 中 65 是主动齿轮轴 3 到泵体 6 底板下底面的距离。

③ 零件间的连接尺寸：如图 9-14 中的 Tr26×5 是阀杆与阀盖的螺纹连接尺寸。

（3）安装尺寸

将部件安装在基础上或与其他零件、部件相连接时的所需尺寸。图9-14中 $\phi130$、4×$\phi13$ 表示截止阀与管路法兰的连接尺寸。

（4）外形尺寸

表示机器或部件的总长、总宽、总高的尺寸。它反映机器或部件的体积大小，为包装、

运输、安装所需的空间大小提供依据。如图 9-2 球阀装配图中的总长、总宽、总高分别为 115±1.1、75 和 121.5。

(5) 重要尺寸

在设计过程中，经计算或选定的重要尺寸。如运动零件的极限位置尺寸等。

上述五类尺寸，并非每张装配图都要注全，有时同一个尺寸可能有几种含义。在标注尺寸时，必须明确每个尺寸的作用，对装配图没有意义的结构尺寸不需要注出。

二、技术要求

说明机器或部件的性能、装配、检验、测试、使用等方面的技术要求，一般用文字、数字或符号注写在明细栏上方或图纸下方的空白处，如图 9-2 所示。如果内容很多，也可另编技术文件作为图纸的附件。

三、零部件编号与明细栏

为了便于看图、图样管理和生产准备工作，装配图中所有零件都需编号，并填写明细栏，图中零件的序号应与明细栏的序号相一致。

1. 编写序号的方法和规定

① 规格相同的零件只编一个序号；标准化组件如滚动轴承、电动机、油杯等可看成一个整体只编注一个序号。

② 序号的编写方法：从所注零件的轮廓内用细实线画出其指引线，在指引线的起点处画圆点，另一端画出水平细实线或细实线圆，如图 9-4（a）所示；如所指部分很薄或涂黑的剖面，则可用箭头代替圆点指向该部分的轮廓线，如图 9-4（b）所示。

③ 指引线不能互相相交，不应与剖面线平行，必要时可画成折线，但只可曲折一次，如图 9-4（c）所示。

④ 对于一组紧固件组或装配关系清楚的零件组，允许采用公共指引线，如图 9-4（d）所示。

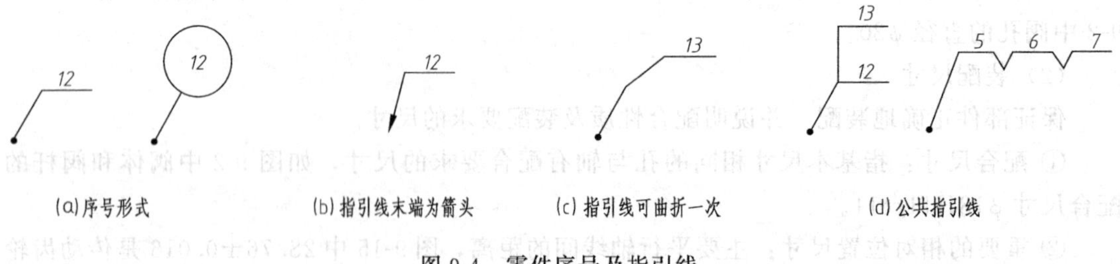

图 9-4 零件序号及指引线

⑤ 序号比装配图中的尺寸数字大一号，并应按顺时针或逆时针方向在一组图形的外围顺次排列，尽量使序号间隔相等。

2. 明细栏

明细栏在标题栏上方，并与标题栏相接，零部件序号应自下而上书写。当位置不够时，可移至标题栏左边继续编制。明细栏按 GB/T 10609.2—1989 规定绘制，如图 9-5 所示。

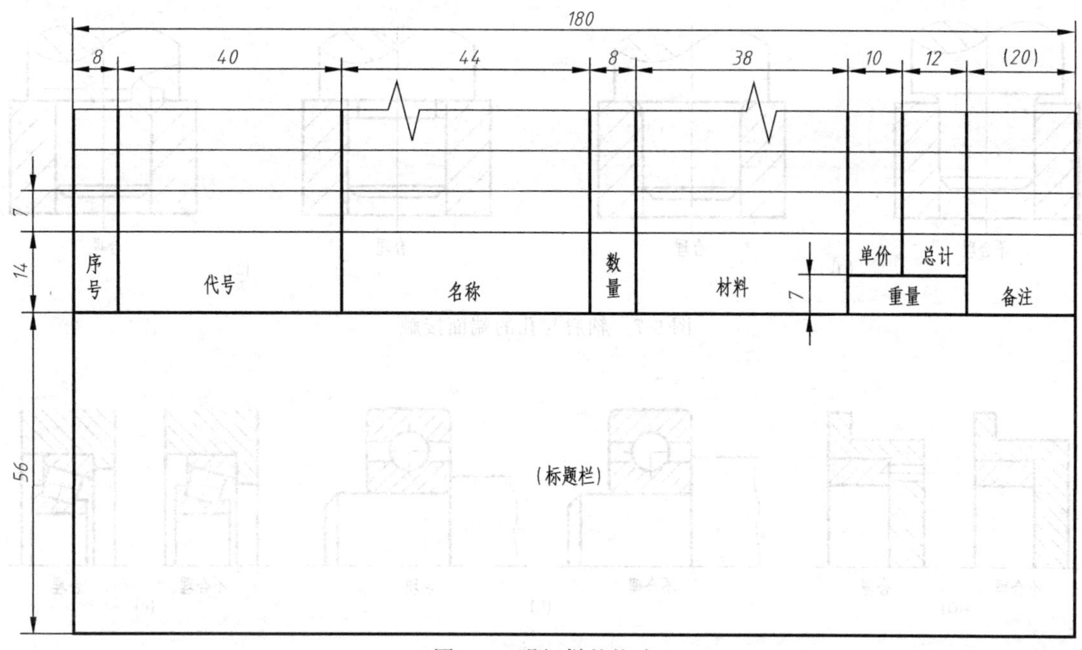

图 9-5　明细栏的格式

第四节　装配体的工艺结构

在设计和绘制装配图时，应考虑装配结构的合理性，以保证机器和部件的性能，使其连接可靠且方便零件拆装。

一、接触面的数量

相接触的两零件，同一方向上一般只能有一对接触面，如图 9-6 所示。这样既保证零件间接触良好，又便于加工和装配。

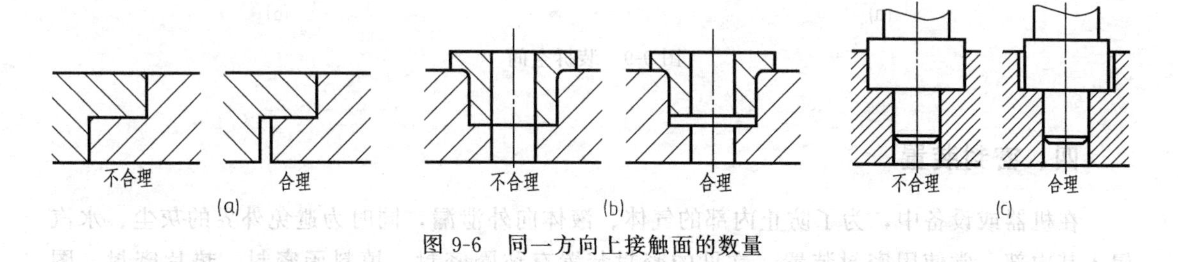

图 9-6　同一方向上接触面的数量

二、接触面转角处的结构

当轴和孔相配合时，为保证轴肩和孔的端面接触良好，在转角处应加工成倒角、圆角、凹槽等结构，如图 9-7 所示。

三、便于拆装结构

① 零件的结构设计要考虑到维修时拆卸的方便与可能，如图 9-8 所示。

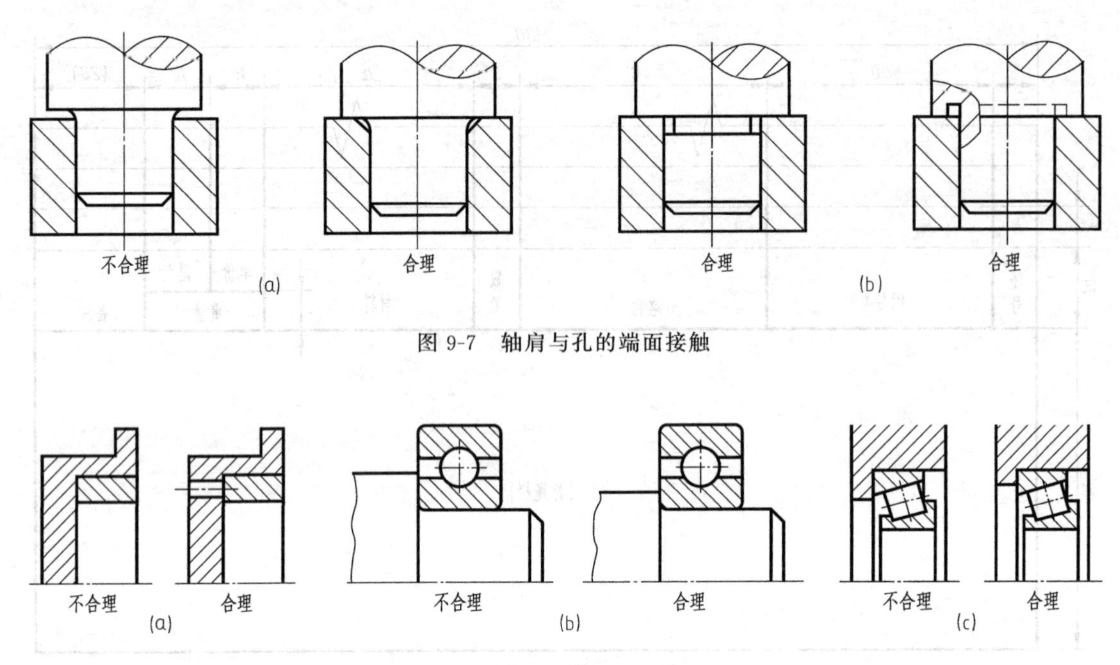

图 9-7 轴肩与孔的端面接触

图 9-8 装配结构要便于拆卸

② 用螺栓连接的地方要留有足够的装拆空间，如图 9-9 所示。

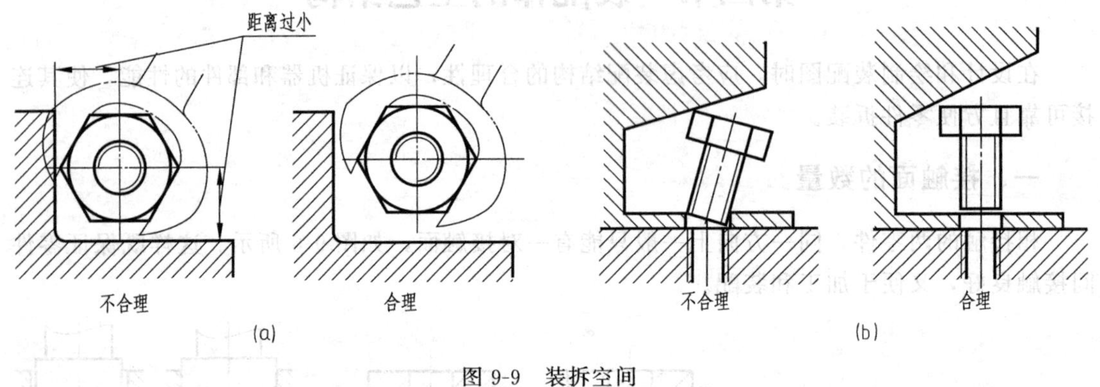

图 9-9 装拆空间

四、密封装置

在机器或设备中，为了防止内部的气体、液体向外泄漏，同时为避免外界的灰尘、水汽侵入其内部，常使用密封装置。常见的密封装置有毡圈密封、填料函密封、垫片密封。图 9-10（a）所示为滚动轴承的毡圈密封装置，图 9-10（b）所示为在油泵、阀门等部件中常采用的填料函密封装置，图 9-10（c）所示为管道中的管子接口处的垫片密封装置。

第五节 由零件图画装配图

在新产品的开发设计和仿制产品中，都要求画装配图。机器或部件是由零件装配而成的，根据零件图及有关资料，可分析出各零件的结构形状，了解装配体的用途、工作原理、

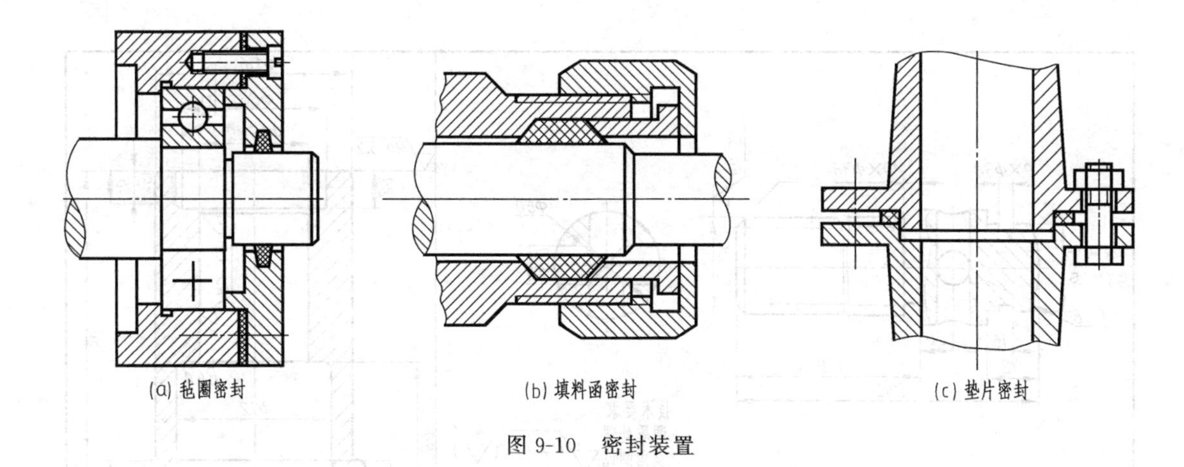

图 9-10　密封装置

装配关系和连接方式，然后拼画出装配图。以图 9-11 螺旋千斤顶为例，说明由零件图拼画装配图的方法和步骤。

螺旋千斤顶由 7 种零件装配而成，其中 2 只紧定螺钉为标准件，其主要零件如图 9-12 所示。

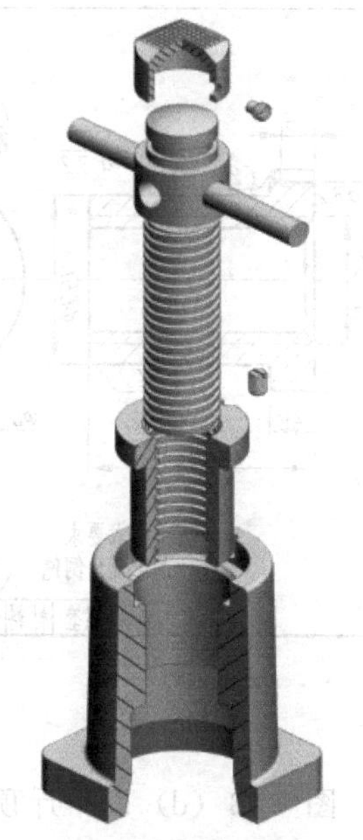

图 9-11　螺旋千斤顶

一、了解和分析部件

在绘制装配图之前，首先要了解装配体的用途、工作原理，零件的种类、数量，主要零件的结构形状及在装配体中的功用和零件之间的装配关系等，为绘制装配图做好准备。

螺旋千斤顶常用于修理汽车时顶起车身。

（1）工作原理

装在螺杆十字孔里的铰杠逆时针转动，使螺杆向上移动，即达到举起重物的目的；若反方向旋转则螺杆下降，重物又回到原位。

（2）装配关系

螺套外圆与底座内孔相配合，且被紧定螺钉固定在底座上。螺套内梯形螺纹孔与螺杆相旋合。铰杠穿插在螺杆十字孔里，旋转产生扭矩，使螺杆旋转产生轴向移动。圆柱端紧定螺钉与顶垫旋合，且嵌入螺杆的槽内，从而限制了顶垫的上下移动，顶垫可转动但不能脱离丝杠。

二、确定表达方案

装配图表达的重点是清晰地反映机器或部件的工作原理、传动路线、装配关系以及各零件的主要结构形状。因此，选择装配图的表达方案时，应在满足上述表达重点的前提下，力求使绘图简便、便于阅读。

1. 确定主视图

主视图的投射方向应能反映部件的工作位置，使主要装配轴线处于水平或铅垂直位置，这样可较好地表达装配体的工作原理和总体结构特征。主视图一般画成剖视图，以便清晰地表达各个零件间的装配关系。

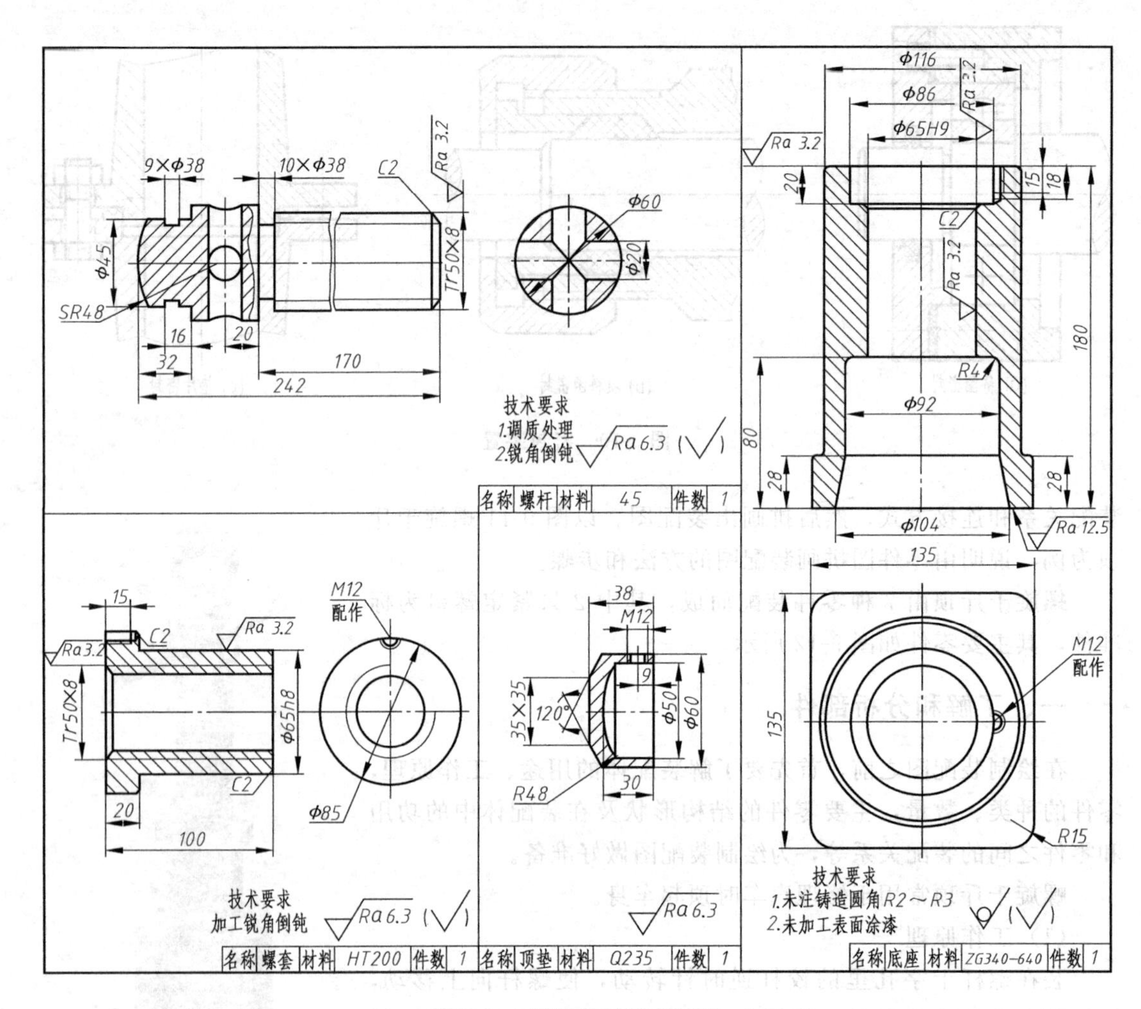

图 9-12 螺旋千斤顶零件图

图 9-13（d）以千斤顶底座的底面水平、丝杠的轴线垂直放置，且主视图采用全剖，可清楚地表达出工作原理、装配关系等内容。

2. 确定其他视图

其他视图用来补充主视图未表达清楚的装配关系和零件的结构形状、相对位置。所选用的每个视图，都应有其表达的重点内容；每种零件至少在每个视图中出现一次。表达方案应简练、清晰、正确，并尽可能合理利用图纸。

图 9-13（d）中，螺旋千斤顶底座的形状等在主视图中还没有表达清楚，因此，需要俯视图采用 *A*—*A* 剖视图补充表达螺杆、螺套和底座之间的连接和形状，用 *C* 向局部视图表达顶垫顶面形状，*B*—*B* 断面图表达螺杆铰杠孔的四通结构。

三、装配图的画图步骤

1. 定比例，选图幅，布图

根据表达方案、总体尺寸，选择适当的绘图比例和图纸幅面。布图时要考虑标注尺寸、编排零件序号、标题栏和明细栏的大小和位置，画出各视图的作图基准线，见图 9-13（a）。

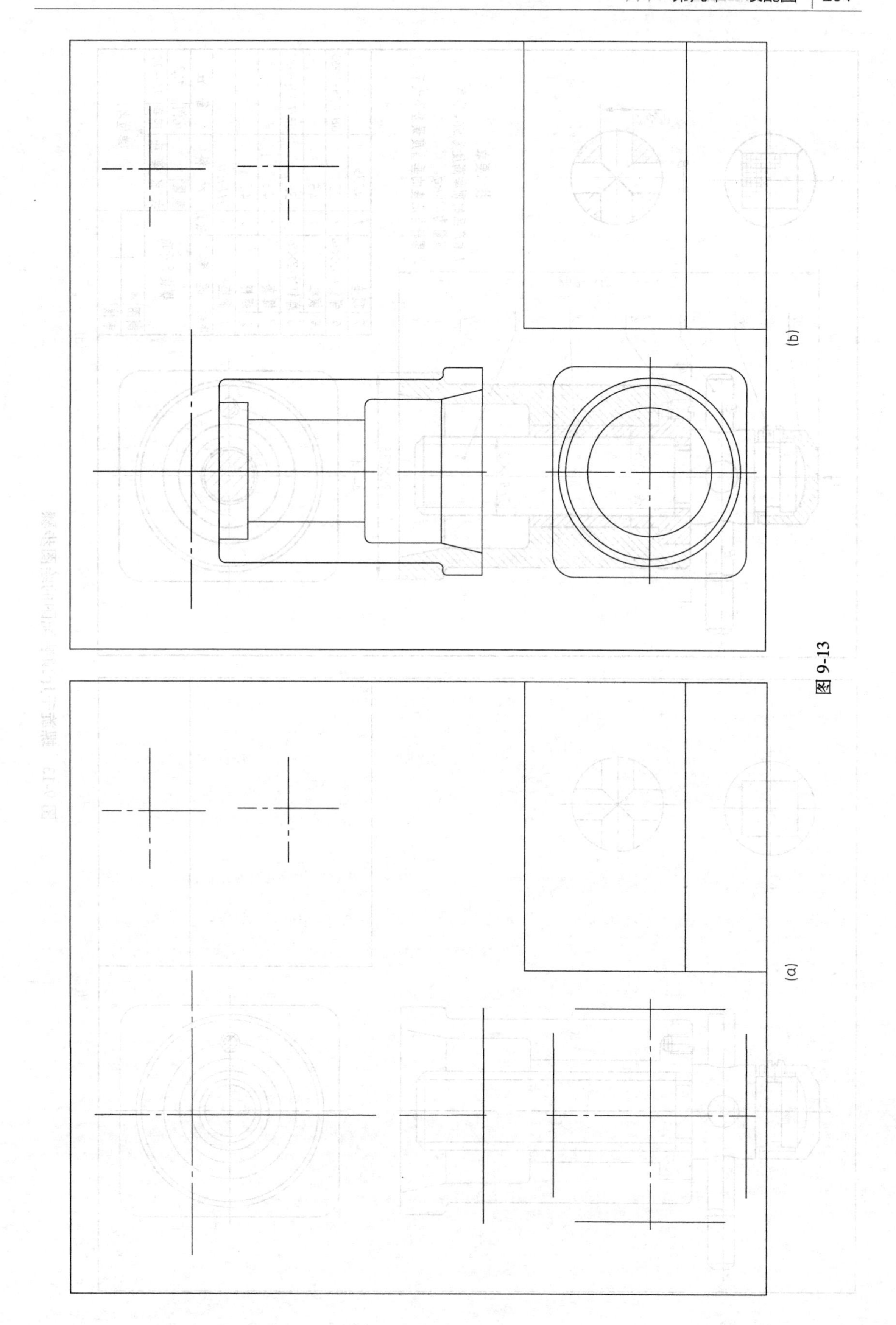

图 9-13

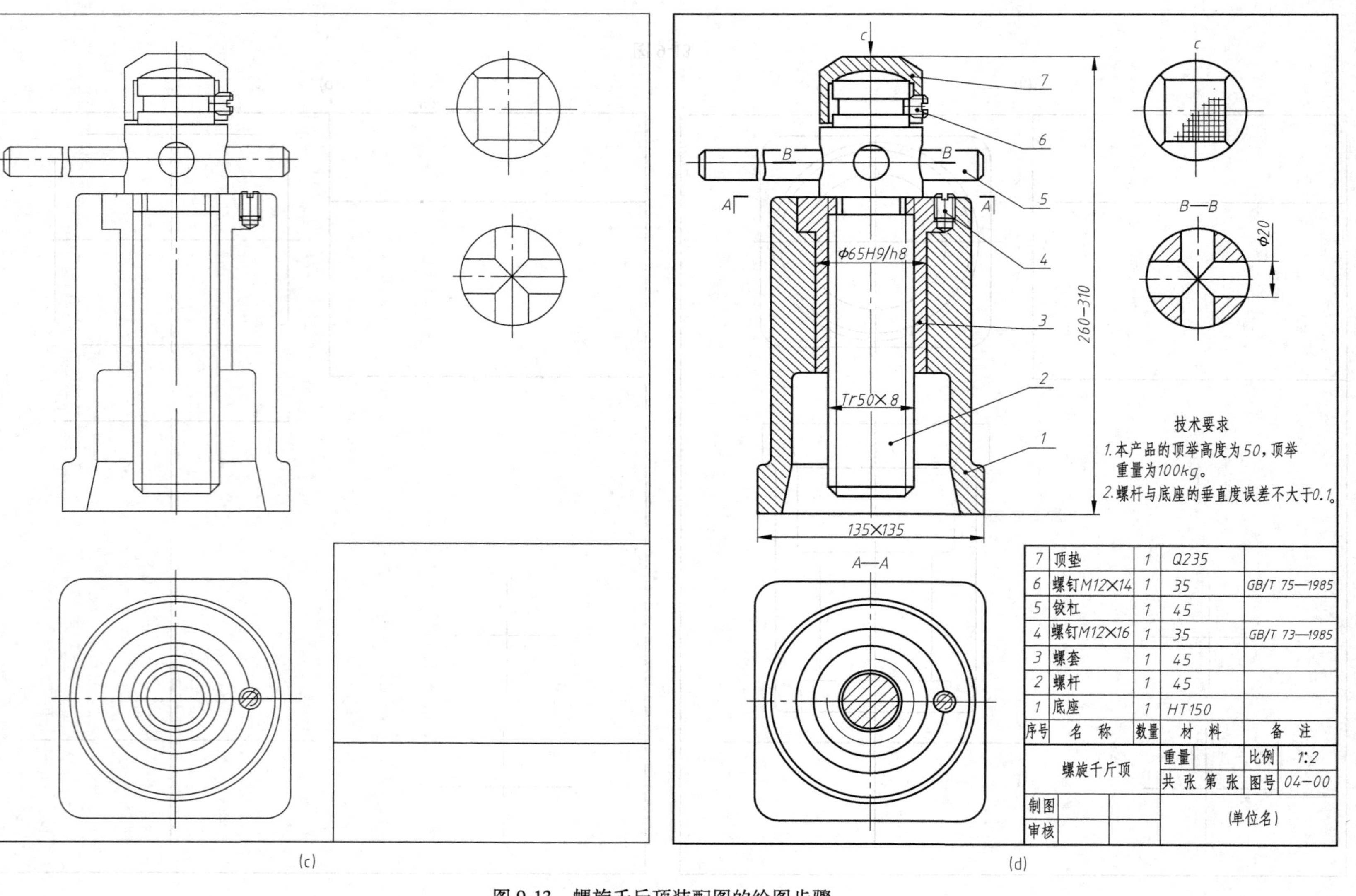

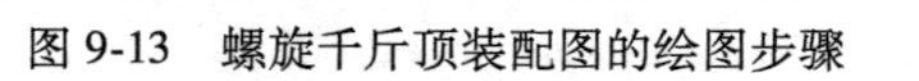
图 9-13 螺旋千斤顶装配图的绘图步骤

2. 画图形底稿

① 绘制主要零件的轮廓线。围绕装配干线，从主要零件（如底座）的主视图画起，几个视图对应画，如图 9-13（b）所示。

② 绘制其他零件的轮廓线。根据各零件的装配关系，依次画出其他零件的视图。

③ 画结构细节，完成图形底稿。画装配图时应注意的问题：要解决好装配时的工艺结构、轴向定位；要检查零件间的装配关系，判断相邻零件表面是否接触、配合或间隙，并正确画出；不画被遮挡结构的投影；剖开后的机件，应直接画成剖开后的形状。

如图 9-13（c）所示，按先主要后细节的原则，完成底稿的绘制。

3. 整理加深，画出剖面线，标注尺寸，注写序号，填写标题栏、明细栏及技术要求

按上述步骤完成全图，见图 9-13（d）螺旋千斤顶装配图。

第六节　阅读装配图和拆画零件图

在工业生产中，机器和设备的设计、制造、使用、维修及技术交流，都需要阅读装配图，因此工程技术人员必须能读懂装配图。

识读装配图的基本要求：

① 了解装配体名称、用途和工作原理；

② 了解各零件的装配关系、连接方式、拆装顺序；

③ 读懂主要零件的结构形状及其在装配体中的作用；

④ 明确润滑、密封等系统的原理和结构特点。

一、读装配图的方法和步骤

如图 9-14 所示，以截止阀装配图为例，说明阅读装配图的方法和步骤。

1. 概括了解

根据标题栏上装配体的名称，阅读产品说明书和有关技术资料，了解其大致用途。按装配图上零件序号对照明细栏，了解组成零件的数量及复杂程度，由总体尺寸了解大小和所占空间。

图 9-14 所示装配体是截止阀，它广泛应用于自来水管道和蒸汽管道中，能够精确地调节流量。该截止阀共由 15 种零件装配而成，结构不太复杂。截止阀的外形尺寸是 220mm、160mm、330～353mm，据此知道它的体积。

2. 分析视图

根据视图、剖视图、断面图的配置和标注，找出投影方向，剖切位置，弄清图形的名称，初步了解各视图的目的，并结合尺寸标注想象主要零件的结构形状。

截止阀的主视图采用全剖视图，将阀体内部几乎所有零件的装配关系都很清晰地表达出来，明确地反映截止阀的工作原理。左视图采用拆卸画法和局部剖视图，避免了手轮的重复绘制，主要表达截止阀的外形和阀体的结构形状及两端面的安装孔的位置及尺寸；为清楚表达下方零件的形状和相对位置，俯视图采用拆卸画法，主要表达阀顶部的外形，以及阀盖端面的连接螺栓的数量和位置；*B* 向局部视图单独表达了手轮的外形；*A*—*A* 断面图表达阀杆与阀盘用插销连接在一起的情况。

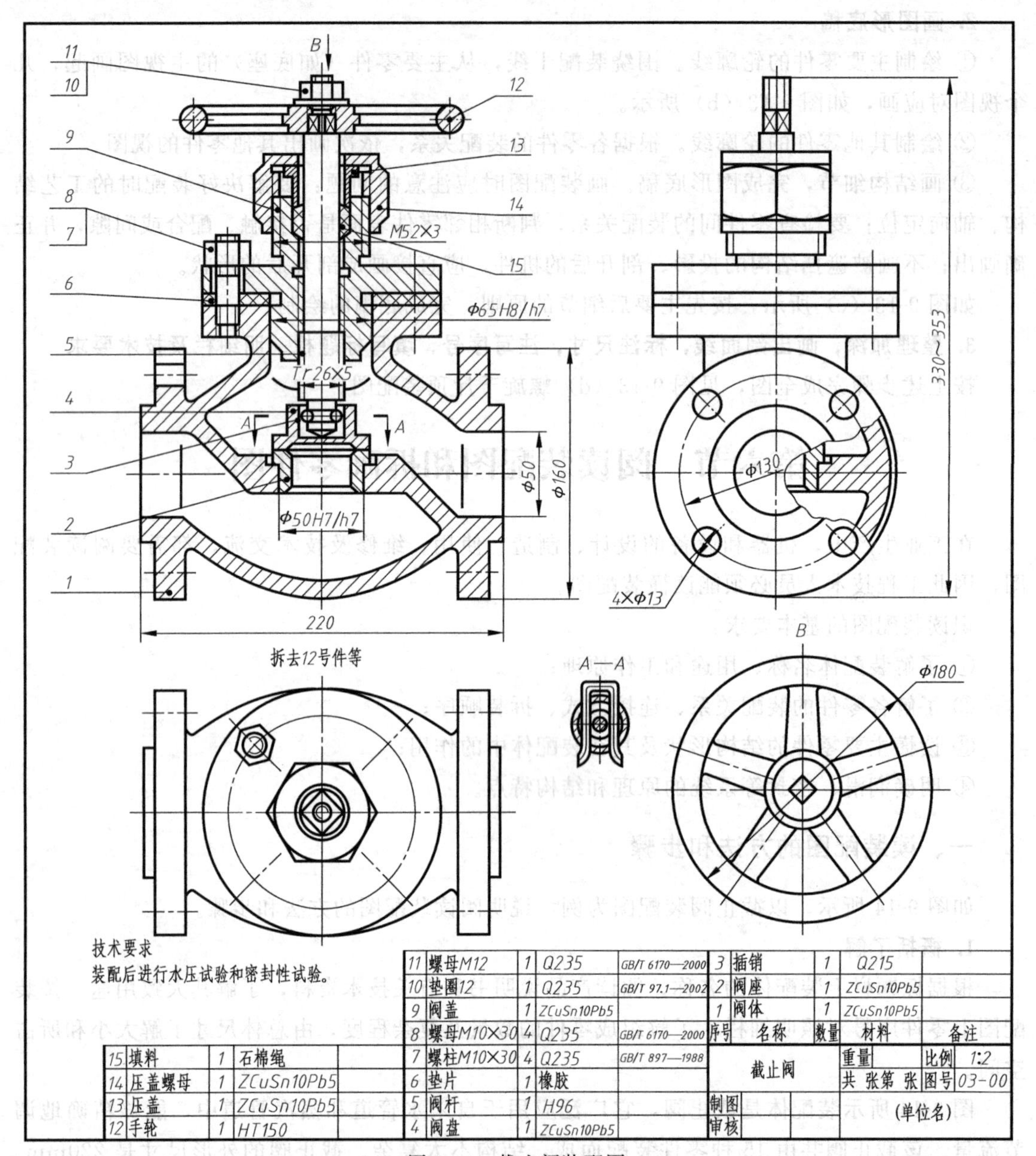

序号	名称	数量	材料	备注
15	填料	1	石棉绳	
14	压盖螺母	1	ZCuSn10Pb5	
13	压盖	1	ZCuSn10Pb5	
12	手轮	1	HT150	
11	螺母M12	1	Q235	GB/T 6170—2000
10	垫圈12	1	Q235	GB/T 97.1—2002
9	阀盖	1	ZCuSn10Pb5	
8	螺母M10×30	4	Q235	GB/T 6170—2000
7	螺柱M10×30	4	Q235	GB/T 897—1988
6	垫片	1	橡胶	
5	阀杆	1	H96	
4	阀盘	1	ZCuSn10Pb5	
3	插销	1	Q215	
2	阀座	1	ZCuSn10Pb5	
1	阀体	1	ZCuSn10Pb5	

图 9-14 截止阀装配图

3. 分析装配关系及工作原理

根据投影规律，从反映装配关系的视图入手，分析各条装配轴线，弄清零件相互间位置关系、连接方式和配合要求等。然后再从反映工作原理的视图入手，分析零件的运动情况，从而了解工作原理。

(1) 截止阀的装配关系

主视图中，阀体 1 与阀座 2 采用的是间隙配合，阀盘 4 靠插销 3 与阀杆 5 相连，阀盖 9 与阀体 1 采用间隙配合且用四个螺柱和螺母紧固；阀杆 5 由梯形螺纹与阀盖 9 连接，手轮 12 与阀杆 5 之间用螺母 11 连接；在阀杆 5 与阀盖 9 间装有填料，旋紧压盖螺母 14 通过压盖 13 把填料压紧，在阀盖 9 与阀体 1 结合面处装有防漏垫片 6 以防止流体渗漏。

（2）截止阀的工作原理

若逆时针转动手轮 12，便带动阀杆 5 转动并向上移动，从而带动阀盘 4 向上移动，截止阀便开启，使左孔流进的流体从右孔流出。阀杆上移可调节阀盘与阀座距离大小，以控制流体的流量。若手轮顺时针转动则阀门关闭。

4. 分析尺寸

分析装配图中的尺寸，对弄清部件的规格、零件间的配合性质和外形大小有重要作用。

例如截止阀的规格尺寸为通孔直径 $\phi 50$；阀体 1 与阀座 2 的配合为 $\phi 50H7/h7$，阀体与阀盖的配合为 $\phi 65H8/h7$，为便于拆装，两处配合均采用间隙配合。

5. 分析零件的结构形状

对照明细栏和零件序号，对主要的复杂零件进行投影分析，想象其主要结构形状、看懂它们在装配体中的作用。

6. 归纳总结

综合对装配图视图、尺寸等内容的分析，最后对装配体的工作原理、装配关系、拆装顺序等综合归纳，想象出装配体的总体形状。

二、由装配图拆画零件图

1. 从装配图中分离要拆画零件的投影

对于标准件、常用件和一些较简单的零件、可先将它们看懂，并将它们逐一“分离”出去，为分析一般零件提供方便。

分析一般零件的结构形状时，应从表达零件最清晰的视图入手，根据零件序号和剖面线的方向及间隔、相关零件的配合尺寸、各视图间的投影关系，将零件在各视图中投影范围从装配图中分离出来，利用形体分析、线面分析的方法弄清该零件的结构形状。

2. 确定视图表达方案

看懂零件的形状后，根据零件的结构形状特征、在装配体中的工作位置或零件的加工位置，确定表达方案。如图 9-2 的阀杆 11 的轴线为铅垂位置，但拆画零件图时，应以轴线水平放置为画主视图的方向，以便符合加工位置，方便看图。

装配图表达方案选择主要从表达装配关系和整体情况来考虑，并且装配图常采用简化画法，所以对零件的次要结构，装配图并不一定都能表达完全。拆画零件图时，需根据零件的作用和要求，进行构思、完善，补全被其他零件遮挡住的轮廓线，补画省略的工艺结构（如倒角、圆角、退刀槽等）。

3. 标注尺寸

装配图上，对零件的尺寸标注不全，拆画零件图时，要按零件图的尺寸标注要求，先确定合理的尺寸基准，然后正确、完整、清晰、合理地标注尺寸。由装配图拆画零件图的尺寸标注通常有以下几种方法。

（1）抄注

在装配图上已注出的尺寸多是重要尺寸，应直接抄注在零件图上，凡有配合代号的尺寸，应在零件图上注出公差带代号或极限偏差数值。

（2）查表

标准结构如倒角、圆角、退刀槽、沉孔、键槽、销孔等，应从明细栏或有关标准中查得。

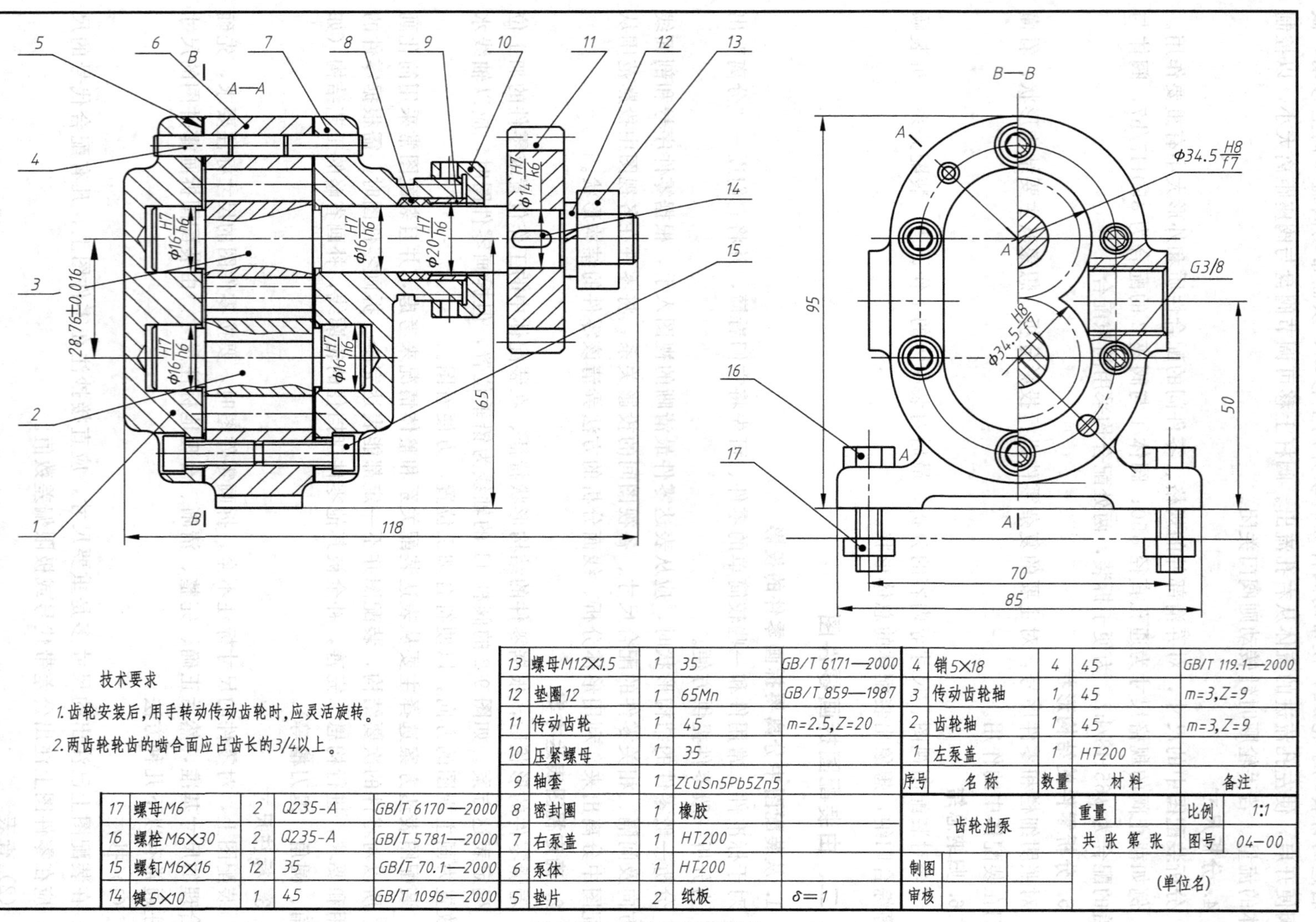

A—A
B—B
Φ34.5 H8/f7
G3/8
28.76±0.016
118
65
95
50
70
85
技术要求
1.齿轮安装后，用手转动传动齿轮时，应灵活旋转。
2.两齿轮轮齿的啮合面应占齿长的3/4以上。
13 螺母M12×1.5 1 35 GB/T 6171—2000
12 垫圈12 1 65Mn GB/T 859—1987
11 传动齿轮 1 45 m=2.5,Z=20
10 压紧螺母 1 35
9 轴套 1 ZCuSn5Pb5Zn5
17 螺母M6 2 Q235-A GB/T 6170—2000
16 螺栓M6×30 2 Q235-A GB/T 5781—2000
15 螺钉M6×16 12 35 GB/T 70.1—2000
14 键5×10 1 45 GB/T 1096—2000
8 密封圈 1 橡胶
7 右泵盖 1 HT200
6 泵体 1 HT200
5 垫片 2 纸板 δ=1
4 销5×18 4 45 GB/T 119.1—2000
3 传动齿轮轴 1 45 m=3,Z=9
2 齿轮轴 1 45 m=3,Z=9
1 左泵盖 1 HT200
序号 名称 数量 材料 备注
齿轮油泵 重量 比例 1:1
共 张 第 张 图号 04-00
制图
审核
(单位名)

图 9-15 齿轮油泵装配图

（3）计算

个别零件的结构尺寸数值，需经过计算确定，如齿轮的轮齿部分尺寸——分度圆直径、齿顶圆直径及中心距等，是根据齿轮模数 m、齿数 Z 计算而来的。

（4）量取

在装配图中没有注出的尺寸，可直接量取并按装配图的比例折算，作适当圆整后进行标注。

4. 确定技术要求

应根据零件表面的作用、装配要求和加工方法，参考有关资料和同类产品的图纸，合理地确定零件各加工表面的表面粗糙度参数值和其他技术要求。

三、看装配图举例

下面以图 9-15 齿轮油泵装配图为例，说明读装配图的方法和步骤。

1. 概括了解

齿轮油泵是机器中用以输送润滑油的一个部件。它是由泵体、左泵盖、右泵盖、运动零件、密封零件以及标准件等组成。对照零件序号和明细栏可知：齿轮油泵共由 17 种零件装配而成，其中标准件 7 种，非标准件 10 种。齿轮油泵的外形尺寸是 118、85、95，由此知道齿轮油泵的体积不大。

2. 分析视图

齿轮油泵采用了两个基本视图，其表达重点是齿轮、齿轮轴与泵体、泵盖的装配关系，以及安装底板的形状与安装孔分布情况。从标注可知，主视图是用旋转剖的剖切方法得到的全剖视图，表达了各个零件间的装配关系。左视图 $B—B$ 采用沿垫片 5 与泵体 6 结合面剖切的半剖视图，它清楚地反映了泵的外部形状、齿轮的啮合情况以及吸、压油的工作原理；再用局部剖视图表达进、出油口的结构。

3. 分析装配关系及工作原理

（1）装配关系

泵体 6 是齿轮油泵的主要零件之一，它的内腔正好容纳一对吸油和压油的齿轮。将齿轮轴 2、传动齿轮轴 3 装入泵体后，两侧有左泵盖 1、右泵盖 7 支承这一对齿轮轴的旋转运动。将左泵盖 1、右泵盖 7 与泵体 6 用销 4 定位后，再用螺钉 15 连接成一体。

（2）传动关系

传动齿轮 11、传动齿轮轴 3、齿轮轴 2 是齿轮油泵中的运动零件。当外部动力传给上方的传动齿轮 11，使其按逆时针方向转动时，通过键 14 将扭矩传递给传动齿轮轴 3，经过齿轮啮合，带动下方的从动齿轮轴 2 作顺时针方向转动。

（3）工作原理

当泵体内腔的一对齿轮按图 9-16 中箭头方向作啮合传动时，啮合区右边的轮齿脱开，使吸油腔容积增大，压力降低而产生局部真空，油池内的油在大气压力作用下进入油泵低压区内的吸油口，随着齿轮的转动，齿槽内的油不断沿箭头方向被带至左边的压油腔，轮齿在压油腔中开始啮合，压油腔容积减小，压力增大，从出油口把油压出，送至机器中需要润滑的部位。

（4）密封结构

将垫片 5 放入泵体与泵盖结合面处，旋紧螺钉 15，使垫片 5 被压紧，起到密封的作用；压紧螺母 10 压紧轴套 9，使密封圈 8 紧紧地箍在传动齿轮轴 3 的轴颈上，可防止传动齿轮

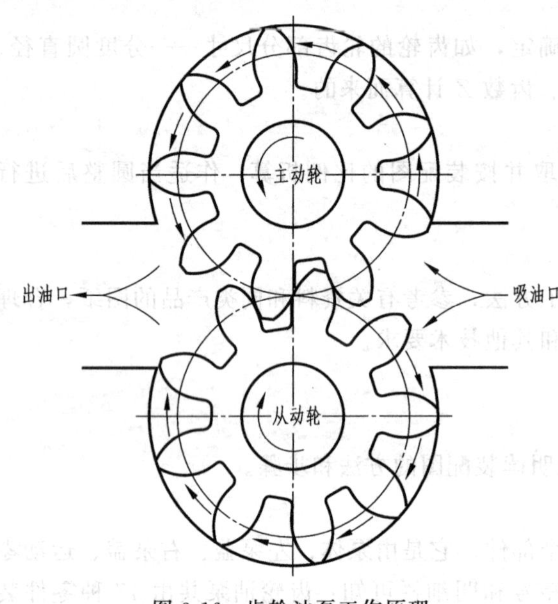

图 9-16 齿轮油泵工作原理

轴 3 伸出处漏油。

4. 分析尺寸

传动齿轮 11 要带动传动齿轮轴 3 一起转动，相应的配合尺寸是 $\phi 14\ \frac{H7}{k6}$，齿轮与泵盖在支承处的配合尺寸是 $\phi 16\ \frac{H7}{h6}$，齿轮轴的齿顶圆与泵体内腔的配合尺寸是 $\phi 34.5\ \frac{H8}{f7}$。

28.76±0.016 和 65 这两个尺寸是设计和安装所要求的尺寸。尺寸 28.76±0.016 是一对啮合齿轮的中心距，这个尺寸的正确与否直接影响齿轮的啮合传动；尺寸 65 是传动齿轮轴线离泵体安装面的高度尺寸。G3/8 是齿轮油泵的规格尺寸。

5. 拆画左泵盖零件图

根据装配图，通过找对应投影关系和分辨剖面线的方法，分析左泵盖在各视图中的投影轮廓，然后把它从装配图中分离出来，注意要移除未剖切的实心齿轮轴的部分轮廓线。想象

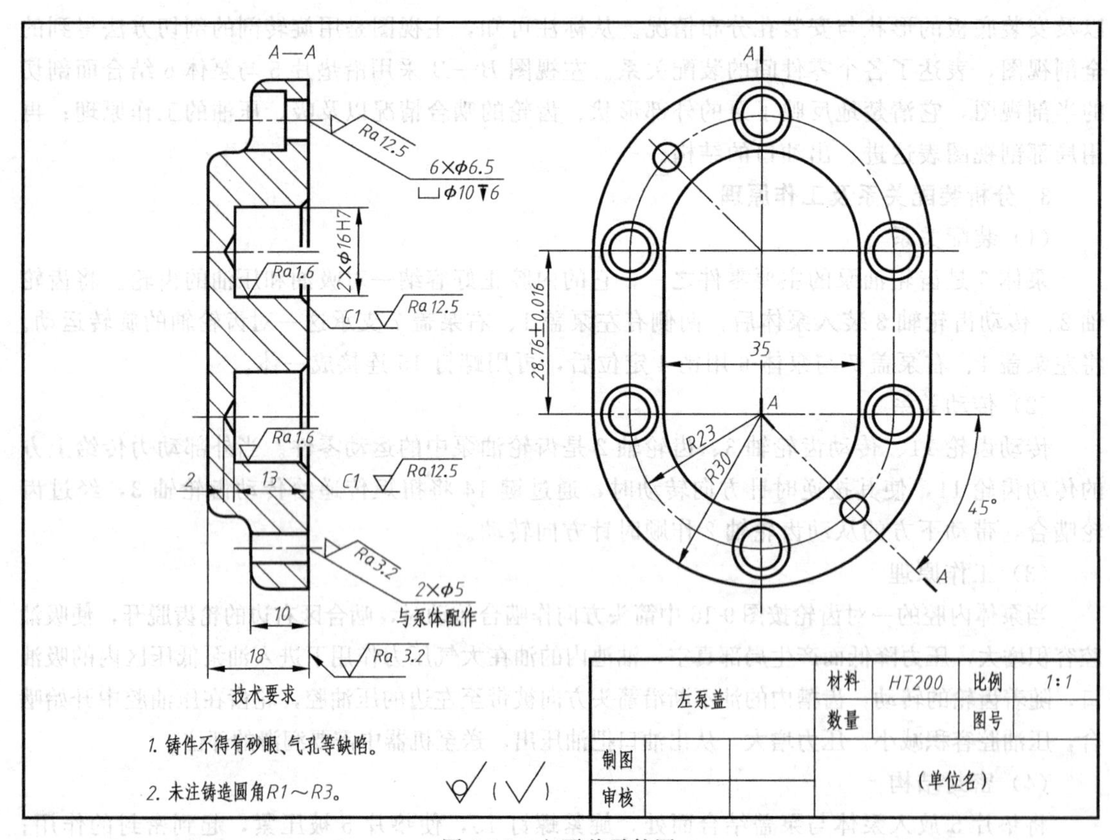

图 9-17 左泵盖零件图

左泵盖 1 的结构形状，考虑其表达方案，按工作位置原则，采用 A—A 旋转全剖的主视图，表达其内部结构，其左视图表达外部形状。

泵盖长度方向的尺寸基准为与垫片的结合面，宽度方向的尺寸基准为前后对称平面，高度方向的尺寸基准为装配传动齿轮轴的孔的轴线，注出 28.76±0.016，由此定出装配从动齿轮轴的孔的轴线为高度方向的辅助尺寸基准。再按定形、定位、总体尺寸的顺序，逐一标注各部分的尺寸。

表面粗糙度要求较高的是有相对运动的配合面，Ra 值为 1.6μm；其次是与垫片的结合面及销孔的内表面，Ra 值为 3.2μm；螺钉孔的表面粗糙度的要求低些，Ra 值为 12.5μm。

技术要求应说明：铸件不得有砂眼、气孔等缺陷，未注铸造圆角 $R1$～3。最后填写标题栏，如图 9-17 所示。

第七节　利用 AutoCAD 拼画装配图

当机器（或部件）的大部分零件图已绘出时，就可以采用由零件图拼画装配图的方法完成装配图的绘制。

① 调用 A3 样板文件。

② 拼画装配图。打开各零件图文件作为拼画装配图的基础，关闭除粗实线、点画线、细实线之外的图层，将各零件的视图复制粘贴至 A3 文件中，在此文件中按装配关系移动相关零件轮廓线，整理视图。对于两零件重叠的图线要考虑其可见性并作进一步的处理，对不可见的投影要删除或修剪。

③ 标注必要的尺寸。

④ 编写零件序号，插入标题栏、明细栏属性块。

化工制图

化工制图研究的内容是化工图样的绘制和阅读。化工制图和机械制图不仅有紧密的联系，而且有十分明显的专业特征。本章简要介绍化工设备图、工艺流程图、设备布置图的绘制和阅读。

第一节　化工设备图

在化工生产过程中，物料进行加热、冷却、吸收、蒸馏等化工单元操作和各种反应时，常使用容器、反应罐、热交换器及塔器等各种化工设备。

用来表达化工设备的结构形状、零部件间的装配关系、必要的尺寸、制造及装配等技术要求的图样，称为化工设备装配图，简称化工设备图。

一、化工设备的结构特点

虽然化工设备的结构形状、尺寸大小各不相同，但它们都具有如下的结构特点。

① 基本形体以回转体为主，且以圆柱体居多。

② 各部分的结构尺寸相差悬殊，特别是总体尺寸与设备壳体的壁厚尺寸。

③ 壳体上有较多的开孔和接管口，用以连接管道和装配各种零部件。

④ 设备中的零部件大量采用焊接结构。

⑤ 广泛采用通用、常用零部件。化工设备中通用零部件都已标准化、系列化，如封头、支座、法兰、手孔及人孔等。各种典型化工设备的常用零部件也有相应的标准，如搅拌器、填料箱、浮阀及泡罩等。因此设计时可根据需要直接选用。

二、化工设备图的内容

图 10-17 所示为一计量罐的装配图，从图中可看出，化工设备图除了具有与一般机械图相同的内容外，还另有两项内容。

① 设备技术特性表。表中包括设备的设计压力、设计温度、物料名称、设计容积等设计参数，用以表达设备的主要工艺特性。

② 接管口序号和管口表。设备上所有的接管口均用拉丁字母顺序编号，并用管口表列出各管口的相关数据、连接面形式及用途等内容。

三、化工设备图的表达方法

1. 多次旋转表达法

设备壳体周围分布的各种管口和零部件，在主视图中可旋转到与投影面平行后画出，以表达它们的轴向位置和装配关系，这种表达方法一般不予标注。必须注意的是：接管口旋转时，应尽量避免其投影在主视图上出现重叠现象。如图 10-1 所示。

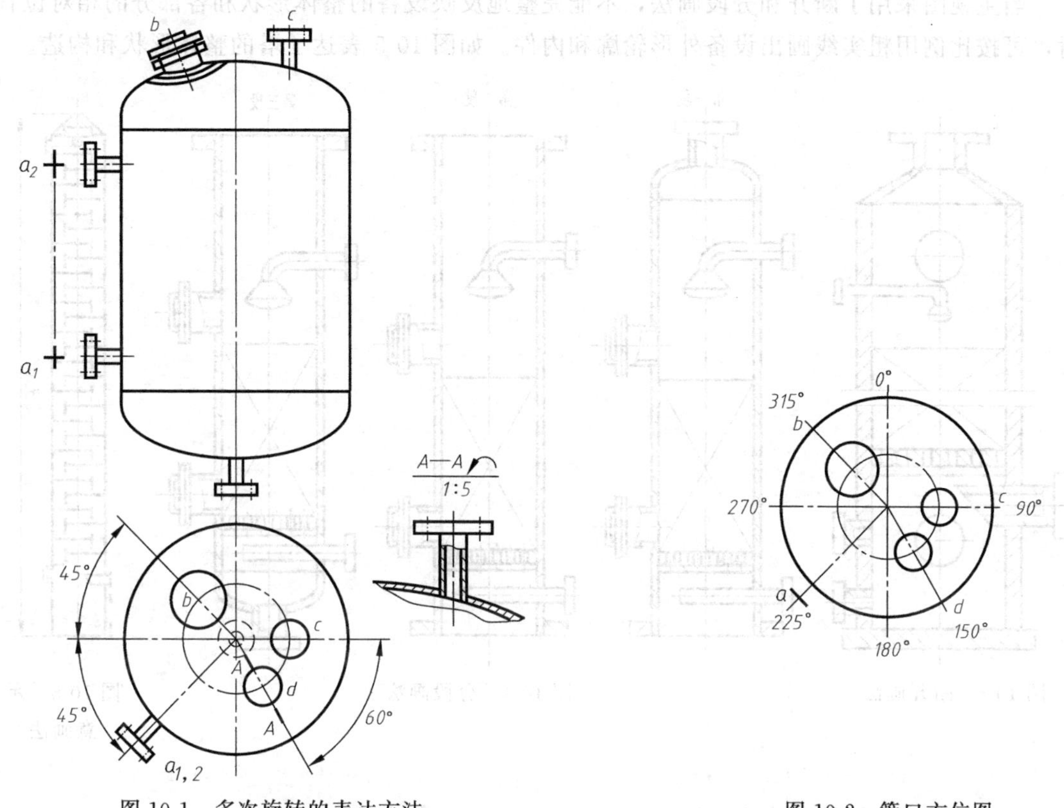

图 10-1　多次旋转的表达方法　　　　图 10-2　管口方位图

2. 管口方位的表达方法

管口和其他附件在设备上的分布方位可用管口方位图表示。管口方位图用点画线画出管口中心线，用粗实线示意画出设备管口，并标注管口符号及管口的方位角度。如图 10-2 为管口方位图，它可替代图 10-1 的俯视图，反映管口的分布情况。

3. 细部结构的表示方法

为解决化工设备的总体尺寸与某些局部尺寸相差悬殊的矛盾，常用局部放大图或夸大画法表达这部分结构。

（1）局部放大图

局部放大图又称为节点图，可采用局部视图、剖视图、断面图等表达方法，放大比例可按国标规定，也可不按比例而适当放大，但两者都要标注。图 10-1 中接管 d 就采用了局部放大图表示。

（2）夸大画法

对于设备中的壳体、垫片及接管的壁厚，可不按比例、适当地夸大画出。如图 10-17 中的筒体壁厚，就是夸大画出的。

4. 断开和分段表示法

当设备过高或过长，而又有相同结构或重复部分时，为节约图幅，可采用断开画法，如图 10-3 所示。

对于较高的塔设备，当不适合采用断开画法时，可采用分段或分层的画法，如图 10-4 所示。

5. 设备整体的示意表达法

当主视图采用了断开和分段画法，不能完整地反映设备的整体形状和各部分的相对位置时，可按比例用粗实线画出设备外形轮廓和内件。如图 10-5 表达了塔的整体形状和构造。

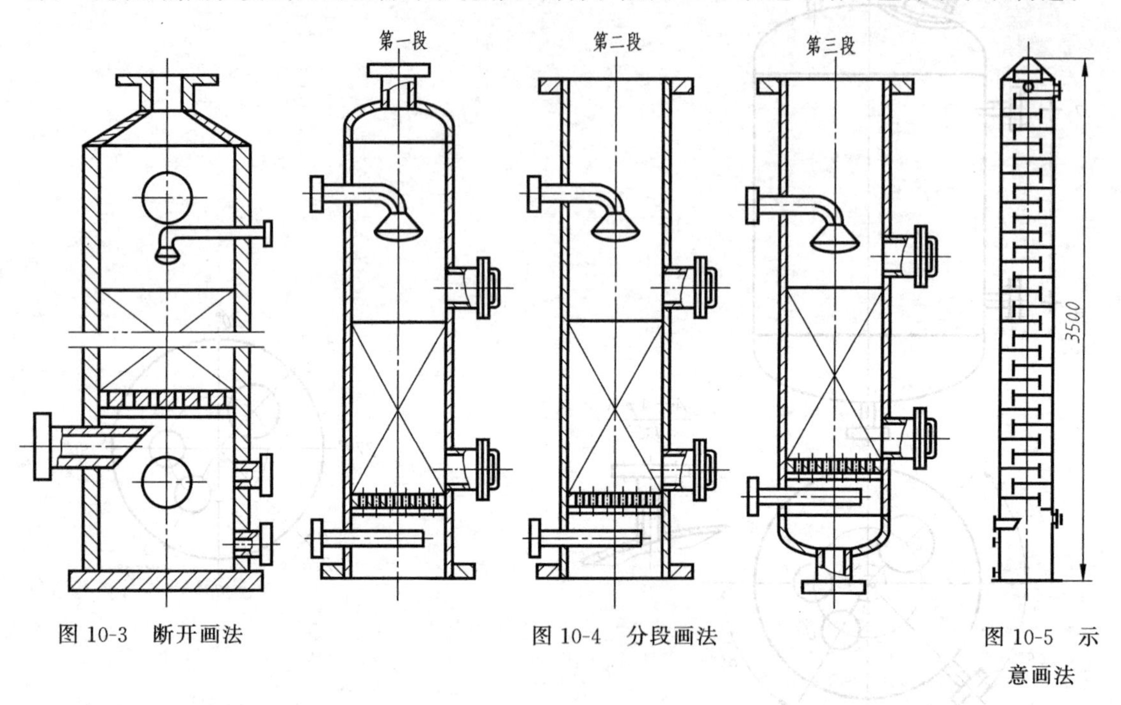

图 10-3 断开画法　　图 10-4 分段画法　　图 10-5 示意画法

四、化工设备的简化画法

1. 标准零部件的简化画法

对有标准图或外购的零部件，可依据主要尺寸按比例用粗实线画出表示这些零部件（如人孔、视镜、电动机）特征的外形轮廓，如图 10-6（a）～(c) 所示。

玻璃管液面计的简化画法，如图 10-6（d）所示。

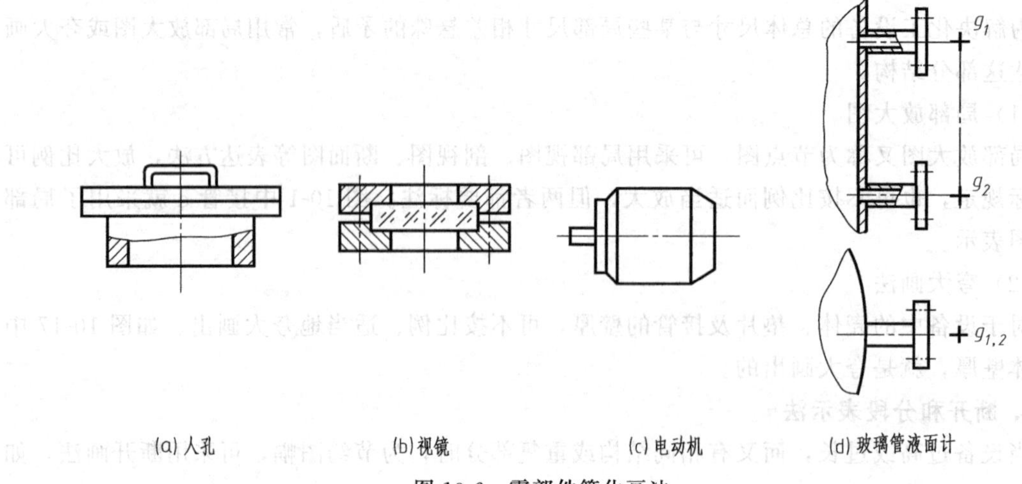

图 10-6 零部件简化画法

2. 管法兰的简化画法

在装配图中，不论什么形式的管法兰连接面，均可按图 10-7 所示的画法绘制，其规格、连接面形式等可在明细栏及管口表中表示。

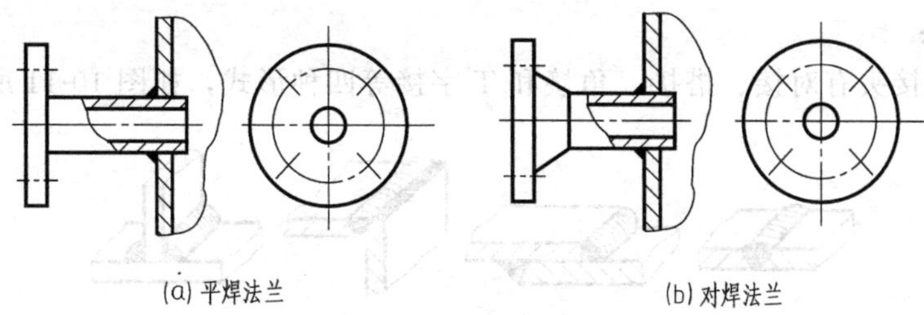

图 10-7　管法兰的简化画法

3. 重复结构的简化画法

（1）螺孔和螺栓连接

螺栓孔可用中心线表示而省略圆孔的投影，如图 10-8（a）所示；螺栓连接可用符号“×”表示，若数量多且均匀分布时，可以用点画线表示其连接位置，如图 10-8（b）所示。

（2）塔盘及其填充物的表示法

若塔盘的结构形状已在其他视图表达清楚时，在装配图中可用粗实线表示，如图 10-9 所示。当设备中装有同一规格的材料和同一堆放方法的填充物，在装配图中的剖视图中用“×”符号表示，并注以尺寸和说明，如图 10-10（a）所示；若填充物的规格相同但堆放方法不同时，必须分层表示，如图 10-10（b）所示。

（3）规则排列的管子

设备中密集的管子按一定规律排列时，在装配图中只画出其中的一根或几根，其余的管子用中心线表示。

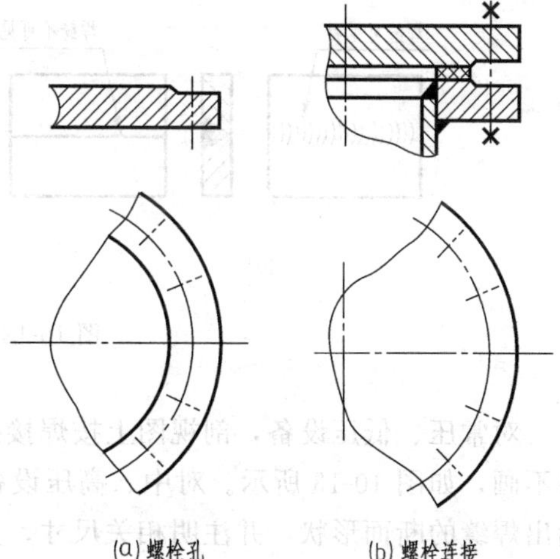

图 10-8　螺栓孔和螺栓连接的简化画法

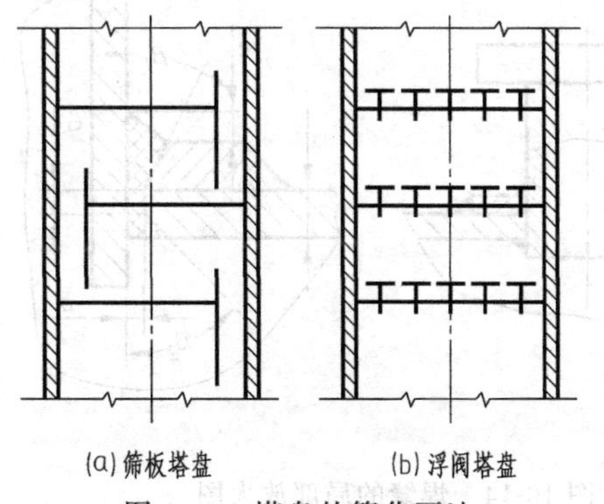

图 10-9　塔盘的简化画法

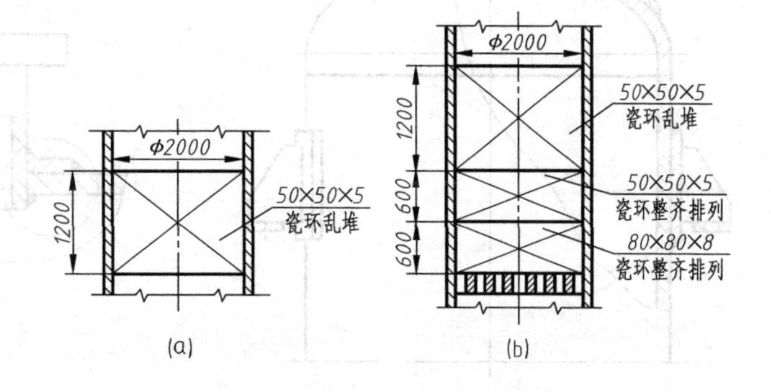

图 10-10　填充物的简化画法

五、化工设备图中焊缝的表示方法简介

焊接是一种不可拆卸连接，化工设备大多采用焊接结构。

1. 焊接方法

焊接方法现已有几十种，制造化工设备常用的焊接方法是电弧焊，根据操作方法分为手工电弧焊（代号 111）和埋弧焊（代号为 12）。

2. 焊接接头

常见的焊接接头有对接、搭接、角接和 T 字接等四种形式，如图 10-11 所示。

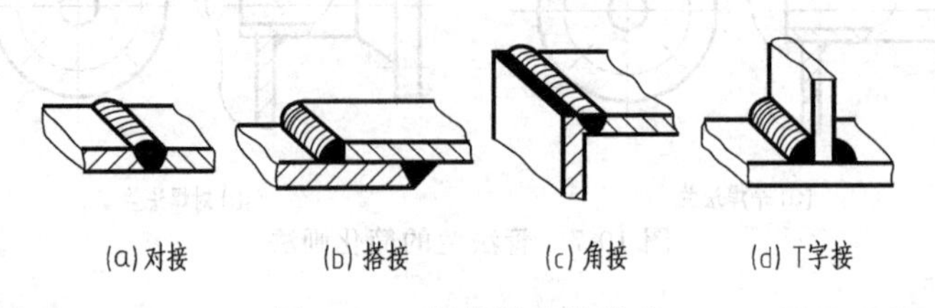

图 10-11 焊接接头的形式

3. 焊缝的规定画法

在视图中，焊缝可见面用细波纹线表示，不可见面用粗实线表示，如图 10-12 所示。

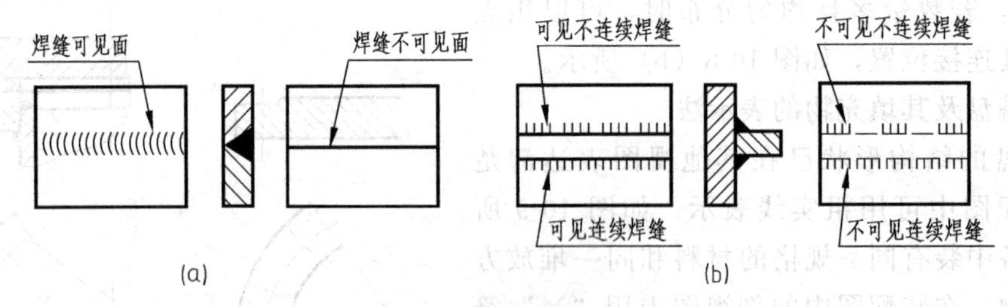

图 10-12 焊接的规定画法

对常压、低压设备，剖视图上按焊接接头形式画出焊缝断面并涂黑；视图中的焊缝可省略不画，如图 10-13 所示。对中、高压设备或其他设备上重要的焊缝，需用局部放大图详细画出焊缝的断面形状，并注明相关尺寸，如图 10-14 所示。

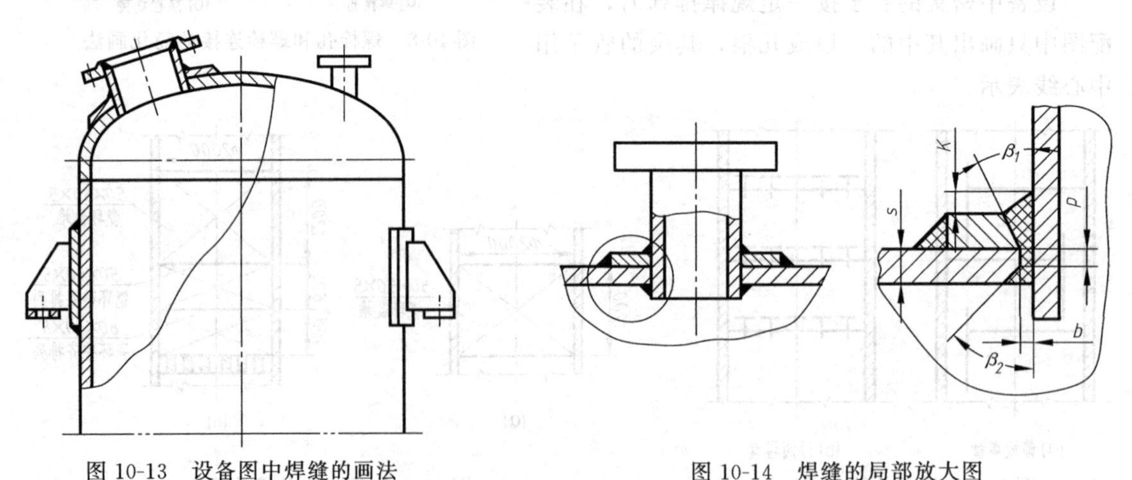

图 10-13 设备图中焊缝的画法　　图 10-14 焊缝的局部放大图

4. 焊缝符号及其标注方法

焊缝在图样上一般采用焊缝符号表示。焊缝符号由基本符号和指引线组成，必要时还可加上辅助符号、补充符号和焊缝尺寸符号，如图 10-15 所示。

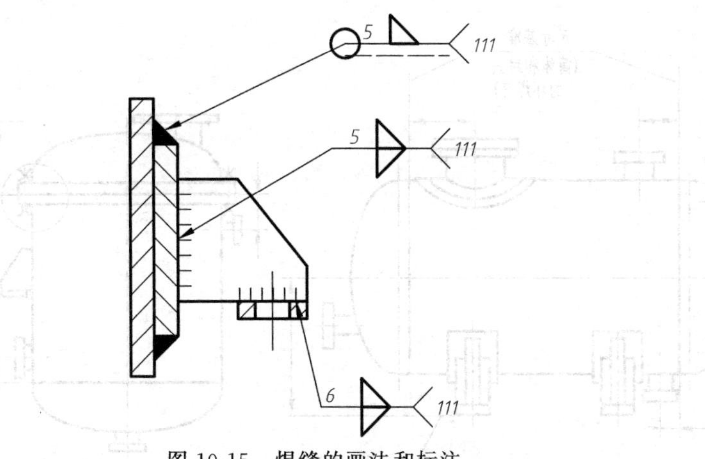

图 10-15 焊缝的画法和标注

六、化工设备图的尺寸标注及其他

1. 尺寸标注

（1）尺寸种类

化工设备图上的尺寸，是制造、装配、检验和安装设备的重要依据，主要包括以下几类尺寸。

① 特性尺寸：反映化工设备的主要性能、规格的尺寸，如图 10-17 中的筒体内径 ϕ500、筒体高度 700 等。

② 装配尺寸：表示零部件间装配关系和相对位置的尺寸，如图 10-17 中液面计的定位尺寸 75 和 650。

③ 安装尺寸：设备安装在基础上或其他构件上所需的尺寸，如图 10-17 中支座螺栓孔的中心距为 ϕ600 及孔径为 ϕ23。

④ 外形（总体）尺寸：表示设备总长、总高、总宽的尺寸。如计量罐的总高尺寸为 1250。

⑤ 其他尺寸：包括标准零部件的规格尺寸（如手孔的尺寸 ϕ150），经设计计算确定的尺寸（如筒体壁厚 4），焊缝结构形式尺寸等。

（2）尺寸基准的选择

标注尺寸时应合理选择基准，化工设备图中常用的尺寸基准有下列几种（见图 10-16）。

① 设备筒体和封头的轴线或对称中心线。

② 设备筒体和封头焊接时的环焊缝。

③ 设备容器法兰和接管法兰的端面。

④ 设备安装时的支座底面。

2. 管口符号和设备管口表

（1）管口符号

管口符号一律用英文小写字母 a、b、c 等，注写在有关视图中管口的投影旁。规格、用途、连接面形式完全相同的管口，应编同一个管口符号，但必须在管口符号的右下角加注阿拉伯数字的字脚以示区别。

（2）管口表

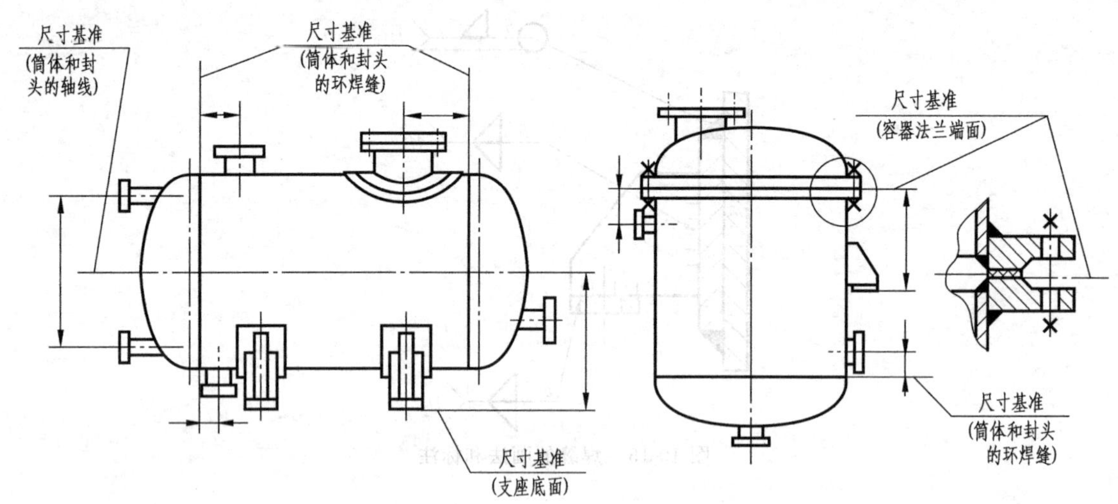

图 10-16 化工设备常用尺寸基准

管口表是用以说明各管口规格、用途、连接面形式等内容的表格。

3. 技术特性表

技术特性表是表明该设备重要技术特性和设计依据的一览表。技术特性表的内容包括工作压力、工作温度、设计压力、设计温度和物料名称等。

4. 技术要求

技术要求作为设备制造、装配、检验等过程中的技术依据，已趋于规范化。技术要求通常包括以下几方面内容：通用技术条件，焊接要求，检验要求。

七、化工设备图的阅读

阅读化工设备图的目的是：了解设备的用途、技术特性，分析出零部件间的装配关系，了解设备整体的结构特征和工作原理，了解设备在设计、制造、检验和安装等方面的技术要求。

阅读化工设备图的方法和步骤与阅读机械装配图基本一致，但应注意化工设备图独特的内容和图示特点。

以图 10-17 所示的计量罐为例，介绍阅读化工设备图的方法和步骤。

1. 概括了解

首先阅读标题栏、明细栏、管口表及技术特性表等，然后初步分析视图表达方案，从中可知：

该设备的名称是计量罐，由 15 种零部件组成，其中 11 种标准件。其设计压力为常压，设计温度为常温，物料为甲醛。计量罐上有 7 种接管，其用途、尺寸见管口表。

该设备图采用一个主视图、一个俯视图和 $A—A$ 斜剖视图表达其结构形状。

2. 详细分析

(1) 视图分析

主视图采用全剖视图，表达计量罐的主要结构和尺寸，接管口、支座、视镜、液面计及手孔的轴向位置；俯视图表达各管口的周向位置，设备的安装位置及尺寸；$A—A$ 局部剖视图则补充表达接管 e 的结构和尺寸。

(2) 装配连接关系分析

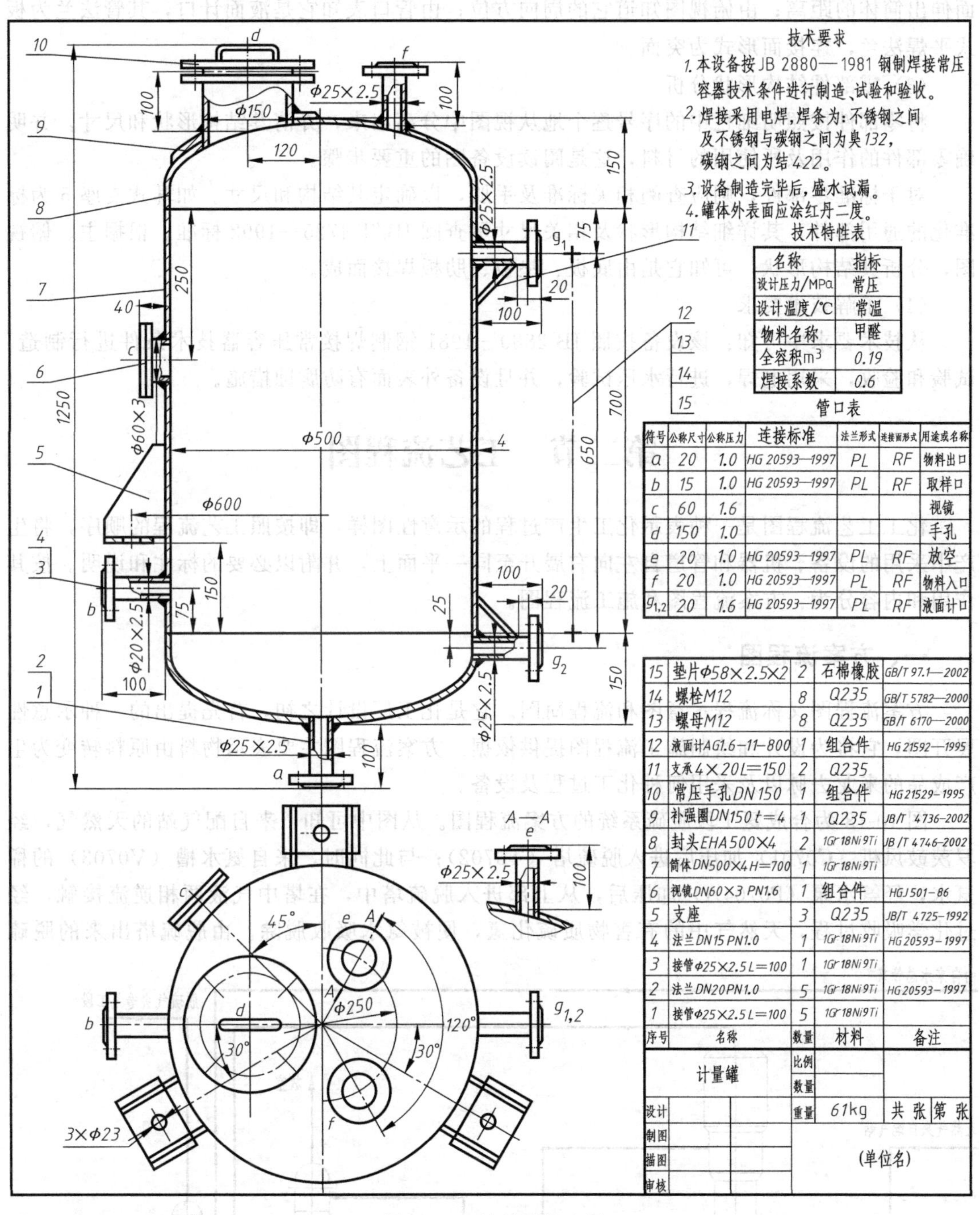

图 10-17 计量罐装配图

筒体 7 和封头 8，各接管与筒体 7 及封头 8 的连接均采用焊接结构。设备是由焊接在筒体上的三个耳式支座固定的，支座的装配位置可由主视图上的“ϕ600”和“150”及俯视图中“30°”来确定。

分析接管时，应根据管口符号把各视图配合起来阅读，分别找出其轴向位置和周向分布，并从管口表中了解其用途。各管口的装配位置可由主视图及 A—A 剖视图中标注的尺寸确定，如管口“g_1”，由主视图上的尺寸“75”确定它的轴向位置，“100”表示管法兰端面伸出筒体的距离；由俯视图知道它的周向方位；由管口表知它是液面计口，其管法兰为板式平焊法兰，连接面形式为突面。

(3) 零部件结构形状分析

将零部件按照明细栏中的序号逐个地从视图中分离出来，弄清其结构形状和尺寸，并明确零部件的作用及所使用的材料，这是阅读设备图的重要步骤。

对于标准零部件，则应查阅相关标准及手册，以确定其结构和尺寸。如耳式支座 5 为标准化的通用部件，其详细结构形状及相关尺寸可查阅 JB/T 4725—1992 标准。根据主、俯视图，分析其结构形状，可知它是由底板、垫板、肋板焊接而成。

(4) 了解技术要求

从技术要求中可知：该设备按照 JB 2880—1981 钢制焊接常压容器技术条件进行制造、试验和验收，采用电焊，进行水压试验，并且设备外表面有防腐蚀措施。

第二节 工艺流程图

化工工艺流程图是一种表示化工生产过程的示意性图样，即按照工艺流程的顺序，将生产中采用的设备、机器和管道自左向右展开至同一平面上，并附以必要的标注和说明。按其作用和内容分为：方案流程图和施工流程图。

一、方案流程图

方案流程图又称流程示意图和流程简图。它是化工厂设计之初，首先提出的一种示意性展开图，它将为设计和绘制施工流程图提供依据。方案流程图主要表示物料由原料转变为生产成品的来龙去脉以及采用何种化工过程及设备。

图 10-18 为合成氨工段脱硫系统的方案流程图。从图中可知：来自配气站的天然气，经罗茨鼓风机（C0701）加压后进入脱硫塔（T0702）；与此同时，来自氨水槽（V0703）的稀氨水，经氨水泵（P0704A）加压后，从上部进入脱硫塔中，在塔中气液两相逆流接触，经过化学吸收过程，天然气中的有害物质硫化氢，便被氨水吸收脱除。由脱硫塔出来的脱硫

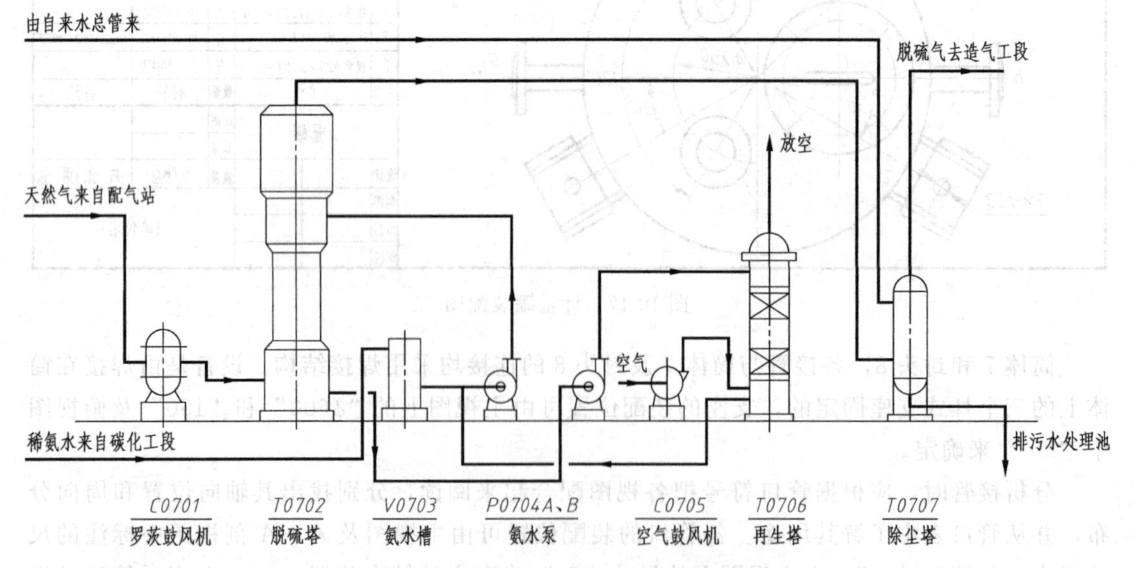

图 10-18 脱硫系统工艺方案流程图

气，入除尘塔（T0707），在塔中经水洗除尘后，出塔去造气工段，由脱硫塔出来的废氨水，经氨水泵（P0704B）打入再生塔（T0706）中；与此同时，空气鼓风机（C0705）往再生塔鼓入新鲜空气，气液两相逆流接触，溶解在稀氨水的硫化氢解吸，产生的酸性合成气从再生塔顶放空；从再生塔出来的再生氨水，经氨水泵（P0704A）打入脱硫塔后，又可循环使用。

1. 设备的画法

用细实线，根据流程由左向右把设备都展开在同一平面上，依次画出设备示意图，但对备用设备，可以省略不画。

设备示意图近似反映设备外形尺寸和高低位置；各设备间应留有一定的距离，以便布置流程线。

2. 工艺流程线的画法

大致按实际管道的高低位置，用粗实线画出主要物料流程线，用中粗线画出辅助物料流程线，并配上箭头；在流程线的开始和终了部位上，用文字注写物料名称及来源去向。

流程线一般画成水平线或垂直线，流程线交叉时，应将其中一条断开。一般不同物料线交叉时，主要物料线不断，辅助物料线断开；同一物料线交叉时，应将其中的一线断开或曲折绕过，断开处的间隙为线宽的 5 倍左右。应尽量避免管道穿过设备。

3. 设备位号及名称的注写

在流程图的上方或下方，列出各个设备的位号和名称，位号排列要整齐，并尽可能与设备对正。设备的标注形式见图 10-19。

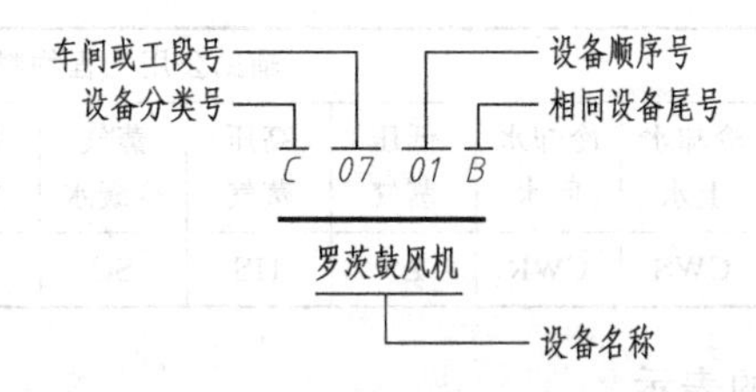

图 10-19 设备的标注

设备分类代号按化工行业标准 HG 20519.35—1992 标准规定，见表 10-1。

表 10-1 设备分类代号

设备类别	塔	容器	泵	换热器	压缩机、鼓风机	反应器	工业炉
代号	T	V	P	E	C	R	F

二、施工流程图

在工艺设计过程中，当物料、热量衡算和设备工艺计算完成后，即可在方案流程图的基础上，绘制施工流程图。施工流程图又称为工艺管道及仪表流程图，是设备布置图和管路布置图设计的原始依据。

1. 施工流程图的内容

① 带设备位号、名称和接管口的设备示意图。

② 带编号、规格、阀门和控制点（测压点、测温点和分析点）的管路流程线。

③ 表示管件、阀门和控制点的图例。

④ 注写图名、图号及签字的标题栏。

2. 施工流程图的画法

(1) 设备的画法与标注

用细实线根据流程由左向右依次画出设备、机器的简略外形和内部特征，设备上的接管口尽可能画出。设备间相对高度应与设备布置的实际情况相符，过大过小的设备可适当放大、缩小。各设备间应留有一定距离，以便布置管道流程线。

施工流程图中每个设备都应编写设备位号并注写设备名称，标注方法与方案流程图相同，且两种流程图中的设备位号要保持一致。

(2) 管道的画法与标注

在施工流程图用粗实线画主要物料流程线，用中实线画辅助物料流程线，在流程线上用细实线按标准规定的符号画出阀门和管件。在流程线的起始和终了处注明物料的来源去向，在流程线的适当位置画流程箭头，表明物料的流向。

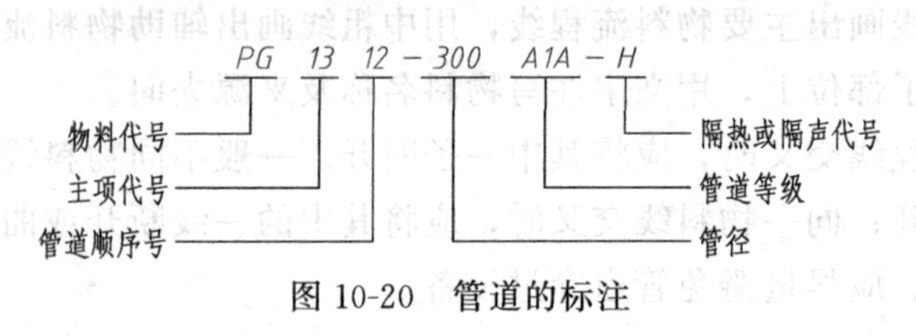

图 10-20 管道的标注

施工流程图中的每根管道必须标注管道代号，其内容有：物料代号、车间或工段号、管段序号、管径及管道等级等，管道的标注如图 10-20 所示。

施工流程图上的物料代号按 HG/T 20519.36—1992 的规定，如表 10-2 所示。

表 10-2 物料名称及代号

名称	工艺物料			辅助公用工程物料代号									
	工艺气体	工艺液体	工艺水	冷却水上水	冷却水回水	低压蒸气	高压蒸气	蒸气冷凝水	压缩空气	放空	真空排放气	排液
代号	PG	PL	PW	CWS	CWR	LS	HS	SC	CA	VT	VE	DC

(3) 检测仪表和取样点的表示

① 流程图中的仪表控制点用图形符号和仪表位号组合起来表示，用以表达仪表处理被测变量的功能。

控制点的图形符号用一个直径为 10mm 的细实线圆表示，并用细实线连向设备或管路上的测量点。表示仪表安装位置的图形符号见表 10-3。

表 10-3 仪表安装位置的图形符号

项目	现场安装	控制室安装	现场盘装
单台常规仪表			
DCS			
计算机功能			
可编程逻辑控制			

仪表位号由字母代号组合和阿拉伯数字编号组成：第一位字母表示被测变量，后继字母表示仪表的功能，数字编号表示工段号和仪表序号。被测变量和仪表字母代号的含义见表 10-4。

表 10-4 被测变量和仪表功能的字母代号

字母代号	第一位字母	字母代号	后继字母
A	分析	A	报警
F	流量	C	控制
L	物位	I	指示
P	压力或真空	R	记录
T	温度	T	变送

② 取样点用字母代号 A 和取样点编号组成。

3. 施工流程图的阅读

阅读施工流程图的要求是：掌握物料的工艺流程，设备的种类、名称、位号及数量，管路的编号和规格，阀门、控制点的类型和控制部位等。以便在管道安装和工艺操作实践中，做到心中有数。

以图 10-21 脱硫系统施工流程图为例，介绍读图的方法和步骤。

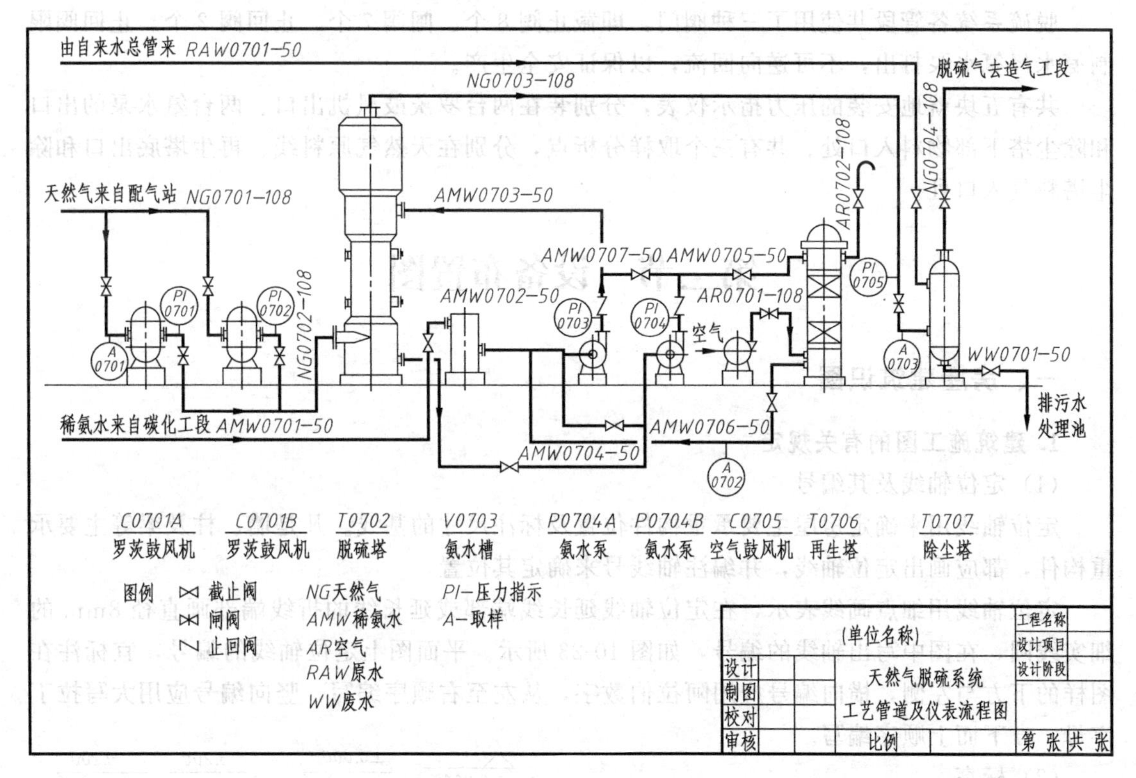

图 10-21 脱硫系统施工流程图

(1) 掌握设备的数量、名称和位号

脱硫系统的生产工艺设备共有 9 台，即两台罗茨鼓风机（C0701A、B），一台脱硫塔（T0702），一台氨水槽（V0703），两台氨水泵（P0704A、B），一台空气鼓风机（C0705），一台再生塔（T0706），一台除尘塔（T0707）。

(2) 分析主要物料的流程

从配气站来的天然气，经罗茨鼓风机从脱硫塔底部送入，在塔内与氨水逆流接触后，其中的有害物质硫化氢被氨水吸收脱除。然后天然气进入除尘塔，在塔中经水洗除尘后，由塔顶去造气工段。

来自碳化工段的稀氨水进入氨水槽，由氨水泵（P0704A）打入脱硫塔上部。从脱硫塔底部抽出废氨水，经氨水泵（P0704B）打入再生塔，在塔中与新鲜空气逆流接触发生解吸，解吸后的硫化氢随空气放空；从再生塔底部出来的再生氨水由氨水泵（P0704A）打入脱硫塔后循环使用。

(3) 分析辅助介质在流程中的作用

空气鼓风机鼓入的空气用于去除废氨水中的硫化氢，进入除尘塔顶的水用于除尘和去除脱硫气体中的微量杂质。

(4) 了解动力及其他介质流程

整个系统中，介质的流动通过两台并联的罗茨鼓风机（一台备用）完成。从废氨水中除去含硫气体用的新鲜空气来自空气鼓风机，从再生塔的下部送入。由自来水总管提供除尘水源，从除尘塔上部进入塔中，废水去污水处理池。

(5) 了解阀门和仪表控制点情况

脱硫系统各管段共使用了三种阀门，即截止阀 8 个、闸阀 7 个、止回阀 2 个。止回阀限制氨水经氨水泵打出，不可逆向回流，以保证安全生产。

共有五块就地安装的压力指示仪表，分别装在两台罗茨鼓风机出口、两台氨水泵的出口和除尘塔下部物料入口处。共有三个取样分析点，分别在天然气原料线、再生塔底出口和除尘塔料气入口处。

第三节 设备布置图

一、房屋建筑识图

1. 建筑施工图的有关规定

(1) 定位轴线及其编号

定位轴线用来确定房屋主要承重构件位置及标注尺寸的基线。凡是墙、柱及梁等主要承重构件，都应画出定位轴线，并编注轴线号来确定其位置。

定位轴线用细点画线表示，在定位轴线延长线端部或延长线的折线端部画直径 8mm 的细实线圆，在图中写出轴线的编号，如图 10-23 所示。平面图上定位轴线的编号，宜标注在图样的下方与左侧，横向编号应用阿拉伯数字，从左至右顺序编写，竖向编号应用大写拉丁字母，自下而上顺序编写。

(2) 标高

标高是标注建筑物高度的一种尺寸形式，它有绝对标高和相对标高之分。绝对标高是以我国青岛附近黄海的平均海平面为零点测出的高度尺寸。房屋建筑图中的相对标高是以首层室内地面为零点测出的高度尺寸。标高符号应按图 10-22 形式，用细实线绘制。标高数字应以米为单位，注写到小数点以后第三位，零点标高注写成±0.000，正数标高不注“+”，负数标高应注“—”。

2.900　±0.000　3.200　−1.200

图 10-22 标高符号

(3) 建筑配件图例

由于建筑图是采用缩小比例绘制的，有些内容不可能按实际情况画出，因此，常采用各种规定的图例来表示各种建筑物配件，常用的建筑配件的图例见表 10-5。

2. 建筑图的视图

房屋建筑图与机械图一样，都是按正投影原理绘制的。但是由于建筑物的形状、大小、结构以及材料等，与机械设备存在很大差别，所以在表达方法上也就有所不同。

表 10-5 常用建筑构造及配件图例

名称	图例	名称	图例	名称	图例
砖墙		门洞		检查孔	(可见检查孔)(不可见检查孔)
钢筋混凝土柱墙				孔洞	
防火墙		单扇门		墙预留洞	宽×高或φ
底层楼梯	上			墙预留槽	宽×高×深或φ
中间层楼梯	下 上	双扇门		烟道	
顶层楼梯	下			通风道	

建筑平面图、立面图、剖面图是建筑施工图中最基本的图样，它们互相配合，反映了房屋的全局。

(1) 平面图

假想用一经过门窗的水平面把房屋剖开，移去上半部分，自上向下投射得到的全剖视图，称为平面图。

对房屋建筑图而言，平面图是各视图中最重要的一个，设计房屋时，首先要画出房屋平面图，以表示平面布置情况，如图 10-23 所示的一层平面图和二层平面图。

平面图中凡是被水平面剖切到的墙、柱等截面轮廓用粗实线，被剖切到的次要建筑构配件的可见轮廓（如台阶）用中实线，用细实线绘制较细小的建筑构配件的可见轮廓（如栏杆）。

(2) 立面图

立面图是表达房屋各个侧面的正投影图，如图 10-23 的①～③立面图。

建筑立面外轮廓线应画粗实线；伸出女儿墙与建筑立面上凹进和凸出墙面的轮廓线画中实线（如屋面以上外轮廓、阳台、门窗洞等），较小构配件与凹进和凸出墙面的构造或装饰轮廓线画细实线（如窗格和开启线、雨水管等）。

墙与柱轴线的编号，有时也注在立面图地坪线下面，从这些轴线名称可以迅速确定图上的立面究竟是房屋的哪一面，如图 10-23 的①～③立面图为正立面图。

（3）剖面图

为了表示房屋内部的构造，例如基础的深度和形状、楼梯和屋顶盖的构造，门和窗的高度等，必须画出房屋的铅直剖视图。

假想用正平面或侧平面在沿铅垂方向把房屋剖开，把处于观察者和剖切平面之间的部分移去，而将其余部分向投影面投射所得的图形，称为剖面图。如图 10-23 中的 1—1 剖面图和 2—2 剖面图。

剖面图的线型与平面图基本一样。剖切平面通过的墙体、屋面、楼地面、阳台、楼梯等结构，用粗实线绘制。而看到的梯段，则为中实线的可见轮廓。

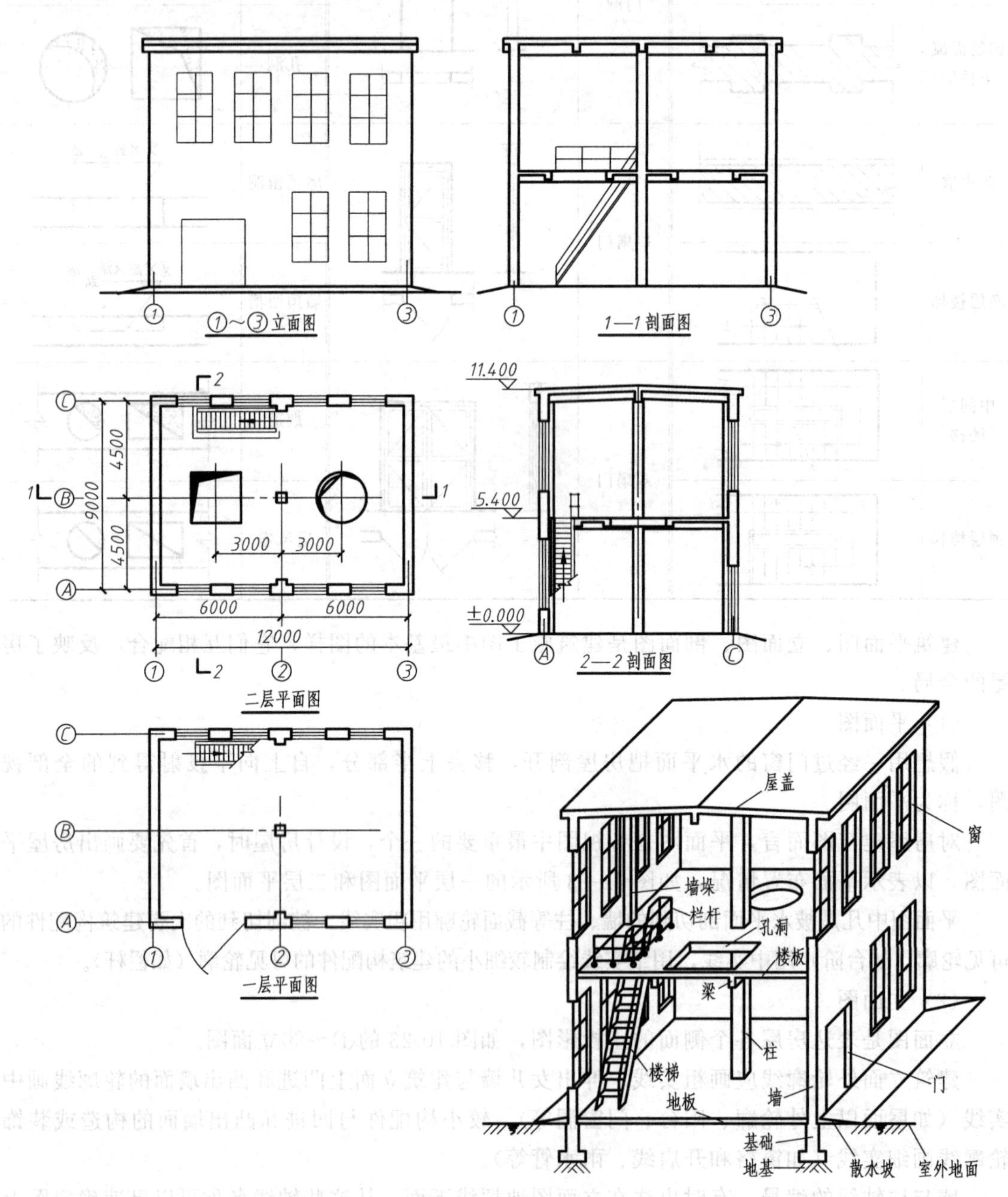

图 10-23 房屋建筑图

二、设备布置图

设备布置图是在简化的厂房建筑图的基础上，增加了设备布置内容的图样。在工程施工时设备布置图可指导设备安装，它也是绘制管道布置图的依据。

1. 设备布置图的内容

（1）一组视图

一组视图主要包括平面图、剖视图，表示厂房建筑的基本结构及设备在其内外的分布情况。

（2）尺寸及标注

设备布置图应标注建筑物的主要尺寸，设备与建筑物、设备与设备之间的定位尺寸，设备基础的平面尺寸和定位尺寸；地面、屋面、设备支承点的标高尺寸；厂房建筑定位轴线的编号、设备的名称和位号等。

（3）安装方位标

安装方位标是确定设备安装方位的基准，一般画在图样右上方，如图 10-24 所示。

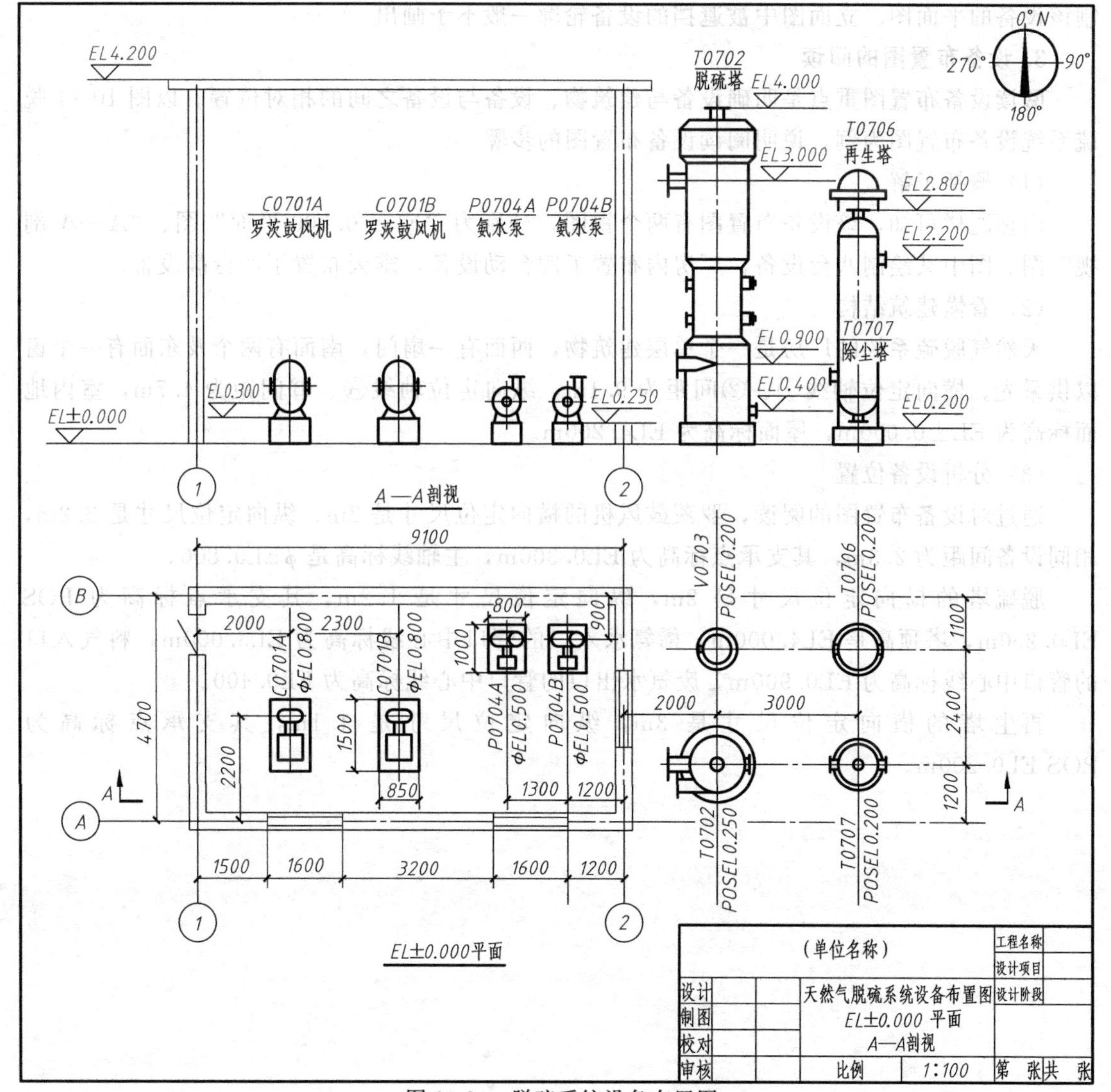

图 10-24 脱硫系统设备布置图

方位标由粗实线画出的直径为 20mm 的圆圈及水平、垂直的两轴线构成。一般采用建筑北向作为零度方位基准。

(4) 标题栏

填写图名、图号、比例及签字等。

2. 设备布置图的画法

(1) 建筑物及其构件

用点画线画承重墙、柱子等的建筑定位轴线，用细实线绘制厂房建筑的空间大小、内部分隔以及与设备安装定位有关的基本结构，如墙、柱、门、窗等。与设备定位关系不大的门、窗等构件，一般只在平面图上画出它们的位置、门的开启方向等，在剖视图中一般不予表达。

(2) 设备

由于设备布置图的表达重点是设备的分布情况，所以用粗实线绘制带特征管口的设备外形轮廓，其安装基础用中粗线绘制。当一台设备穿越多层建筑物时，在每层平面图上均需绘制该设备的平面图。立面图中被遮挡的设备轮廓一般不予画出。

3. 设备布置图的阅读

阅读设备布置图重点是明确设备与建筑物、设备与设备之间的相对位置。以图 10-24 脱硫系统设备布置图为例，说明阅读设备布置图的步骤。

(1) 概括了解

由标题栏可知，该设备布置图有两个视图，分别为“EL±0.000 平面”图、“*A*—*A* 剖视”图。图中共绘制八台设备，厂房内布置了四台动设备，露天布置了四台静设备。

(2) 看懂建筑结构

天然气脱硫系统的厂房是一个单层建筑物，西面有一扇门，南面有两个及东面有一个窗以供采光。横向定位轴线①、②间距为 9.1m，纵向定位轴线Ⓐ、Ⓑ间距为 4.7m，室内地面标高为 EL±0.000m，屋面标高为 EL4.200m。

(3) 分析设备位置

通过对设备布置图的阅读，罗茨鼓风机的横向定位尺寸是 2m，纵向定位尺寸是 2.2m，相同设备间距为 2.3m，其支承点标高为 EL0.300m，主轴线标高是 ϕEL0.800。

脱硫塔的横向定位尺寸是 2m，纵向定位尺寸是 1.2m，其支承点标高为 POS EL0.250m，塔顶高是 EL4.000m，稀氨水入口的管口中心线标高为 EL3.000m，料气入口的管口中心线标高为 EL0.900m，废氨水出口的管口中心线标高为 EL0.400。

再生塔的横向定位尺寸是 3m，纵向定位尺寸是 1.1m，其支承点标高为 POS EL0.200m。

附录

一、极限与配合

附表 1　标准公差数值（摘自 GB/T 1800.3—1998）

基本尺寸/mm		标准公差等级																			
		IT01	IT0	IT1	IT2	IT3	IT4	IT5	IT6	IT7	IT8	IT9	IT10	IT11	IT12	IT13	IT14	IT15	IT16	IT17	IT18
大于	至	μm													mm						
—	3	0.3	0.5	0.8	1.2	2	3	4	6	10	14	25	40	60	0.1	0.14	0.25	0.4	0.6	1	1.4
3	6	0.4	0.6	1	1.5	2.5	4	5	8	12	18	30	48	75	0.12	0.18	0.30	0.48	0.75	1.2	1.8
6	10	0.4	0.6	1	1.5	2.5	4	6	9	15	22	36	58	90	0.15	0.22	0.36	0.58	0.9	1.5	2.2
10	18	0.5	0.8	1.2	2	3	5	8	11	18	27	43	70	110	0.18	0.27	0.43	0.7	1.1	1.8	2.7
18	30	0.6	1	1.5	2.5	4	6	9	13	21	33	52	84	130	0.21	0.33	0.52	0.84	1.3	2.1	3.3
30	50	0.6	1	1.5	2.5	4	7	11	16	25	39	62	100	160	0.25	0.39	0.62	1	1.6	2.5	3.9
50	80	0.8	1.2	2	3	5	8	13	19	30	46	74	120	190	0.3	0.46	0.74	1.2	1.9	3	4.6
80	120	1	1.5	2.5	4	6	10	15	22	35	54	87	140	220	0.35	0.54	0.87	1.4	2.2	3.5	5.4
120	180	1.2	2	3.5	5	8	12	18	25	40	63	100	160	250	0.4	0.63	1	1.6	2.5	4	6.3
180	250	2	3	4.5	7	10	14	20	29	46	72	115	185	290	0.46	0.72	1.15	1.85	2.9	4.6	7.2
250	315	2.5	4	6	8	12	16	23	32	52	81	130	210	320	0.52	0.81	1.3	2.1	3.2	5.2	8.1
315	400	3	5	7	9	13	18	25	36	57	89	140	230	360	0.57	0.89	1.4	2.3	3.6	5.7	8.9
400	500	4	6	8	10	15	20	27	40	63	97	155	250	400	0.63	0.97	1.55	2.5	4	6.3	9.7

附表 2　公称尺寸≤500mm 优先配合中孔的极限偏差（摘自 GB/T 1800.4—1999）　μm

基本尺寸/mm		公差带												
		C	D	F	G	H				K	N	P	S	U
大于	至	11	9	8	7	7	8	9	11	7	7	7	7	7
—	3	+120 +60	+45 +20	+20 +6	+12 +2	+10 0	+14 0	+25 0	+60 0	0 −10	−4 −14	−6 −16	−14 −24	−18 −28
3	6	+145 +70	+60 +30	+28 +10	+16 +4	+12 0	+18 0	+30 0	+75 0	+3 −9	−4 −16	−8 −20	−15 −27	−19 −31
6	10	+170 +80	+76 +40	+35 +13	+20 +5	+15 0	+22 0	+36 0	+90 0	+5 −10	−4 −10	−9 −24	−17 −32	−22 −37
10 14	14 18	+205 +95	+93 +50	+43 +16	+24 +6	+18 0	+27 0	+43 0	+110 0	+6 −12	−5 −23	−11 −29	−21 −39	−26 −44
18	24	+240 +110	+117 +65	+53 +20	+28 +7	+21 0	+33 0	+52 0	+130 0	+6 −15	−7 −28	−14 −35	−27 −48	−33 −54
24	30													−40 −61

续表

基本尺寸/mm		公差带												
		C	D	F	G	H				K	N	P	S	U
大于	至	11	9	8	7	7	8	9	11	7	7	7	7	7
30	40	+280 +120	+142 +80	+64 +25	+34 +9	+25 0	+39 0	+62 0	+160 0	+7 −18	−8 −33	−17 −42	−34 −59	−51 −76
40	50	+290 +130												−61 −86
50	65	+330 +140	+174 +100	+76 +30	+40 +10	+30 0	+46 0	+74 0	+190 0	+9 −21	−9 −39	−21 −51	−42 −72	−76 −106
65	80	+340 +150											−48 −78	−91 −121
80	100	+390 +170	+207 +120	+90 +36	+47 +12	+35 0	+54 0	+87 0	+220 0	+10 −25	−10 −45	−24 −59	−58 −93	−111 −146
100	120	+400 +180											−66 −101	−131 −166
120	140	+450 +200	+245 +145	+106 +43	+54 +14	+40 0	+63 0	+100 0	+250 0	+12 −28	−12 −52	−28 −68	−77 −117	−155 −195
140	160	+460 +210											−85 −125	−175 −215
160	180	+480 +230											−93 −133	−195 −235
180	200	+530 +240	+285 +170	+122 +50	+61 +15	+46 0	+72 0	+115 0	+290 0	+13 −33	−14 −60	−33 −79	−105 −151	−219 −265
200	225	+550 +260											−113 −159	−241 −287
225	250	+570 +280											−123 −169	−267 −313
250	280	+620 +300	+320 +190	+137 +56	+69 +17	+52 0	+81 0	+130 0	+320 0	+16 −36	−14 −66	−36 −88	−138 −190	−295 −347
280	315	+650 +330											−150 −202	−330 −382
315	355	+720 +360	+350 +210	+151 +62	+75 +18	+57 0	+89 0	+140 0	+360 0	+17 −40	−16 −73	−41 −98	−169 −226	−369 −426
355	400	+760 +400											−187 −244	−414 −471
400	450	+840 +440	+385 +230	+165 +68	+83 +20	+63 0	+97 0	+155 0	+400 0	+18 −45	−17 −80	−45 −108	−209 −272	−467 −530
450	500	+880 +480											−229 −292	−517 −580

附表 3 公称尺寸≤500mm 优先配合中轴的极限偏差（摘自 GB/T 1800.4—1999） μm

基本尺寸/mm		公差带												
		c	d	f	g	h				k	n	p	s	u
大于	至	11	9	7	6	6	7	9	11	6	6	6	6	6
—	3	-60 -120	-20 -45	-6 -16	-2 -8	0 -6	0 -10	0 -25	0 -60	+6 0	+10 +4	+12 +6	+20 +14	+24 +18
3	6	-70 -145	-30 -60	-10 -22	-4 -22	0 -8	0 -12	0 -30	0 -75	+9 +1	+16 +8	+20 +12	+27 +19	+31 +23
6	10	-80 -170	-40 -76	-13 -28	-5 -14	0 -9	0 -15	0 -36	0 -90	+10 +1	+19 +10	+24 +15	+32 +23	+37 +28
10	14	-95 -205	-50 -93	-16 -34	-6 -17	0 -11	0 -18	0 -43	0 -110	+12 +1	+23 +12	+29 +18	+39 +28	+44 +33
14	18													
18	24	-110 -240	-65 -117	-20 -41	-7 -20	0 -13	0 -21	0 -52	0 -130	+15 +2	+28 +15	+35 +22	+48 +35	+54 +41
24	30													+61 +48
30	40	-120 -280	-80 -142	-25 -50	-9 -25	0 -16	0 -25	0 -62	0 -160	+18 +2	+33 +17	+42 +26	+59 +43	+76 +60
40	50	-130 -290												+86 +70
50	65	-140 -330	-100 -174	-30 -60	-10 -29	0 -19	0 -30	0 -74	0 -190	+21 +2	+39 +20	+51 +32	+72 +53	+106 +87
65	80	-150 -340											+78 +59	+121 +102
80	100	-170 -390	-120 -207	-36 -71	-12 -34	0 -22	0 -35	0 -87	0 -220	+25 +3	+45 +23	+59 +37	+93 +71	+146 +124
100	120	-180 -400											+101 +79	+166 +144
120	140	-200 -450											+117 +92	+195 +170
140	160	-210 -460	-145 -245	-43 -83	-14 -39	0 -25	0 -40	0 -100	0 -250	+28 +3	+52 +27	+68 +43	+125 +100	+215 +190
160	180	-230 -480											+133 +108	+235 +210
180	200	-240 -530											+151 +122	+265 +236
200	225	-260 -550	-170 -285	-50 -96	-15 -44	0 -29	0 -46	0 -115	0 -290	+33 +4	+60 +31	+79 +50	+159 +130	+287 +258
225	250	-280 -570											+169 +140	+313 +284

续表

基本尺寸/mm		公差带												
		c	d	f	g	h				k	n	p	s	u
大于	至	11	9	7	6	6	7	9	11	6	6	6	6	6
250	280	−300 −620	−190 −320	−56 −108	−17 −49	0 −32	0 −52	0 −130	0 −320	+36 +4	+66 +34	+88 +56	+190 +158	+347 +315
280	315	−330 −650											+202 +170	+382 +350
315	355	−360 −720	−210 −350	−62 −119	−18 −54	0 −36	0 −57	0 −140	0 −360	+40 +4	+73 +37	+98 +62	+226 +190	+426 +390
355	400	−400 −760											+244 +208	+471 +435
400	450	−440 −840	−230 −385	−68 −131	−20 −60	0 −40	0 −63	0 −155	0 −400	+45 +5	+80 +40	+108 +68	+272 +232	+530 +490
450	500	−480 −880											+292 +252	+580 +540

二、螺纹

1. 普通螺纹（摘自 GB/T 193—2003，GB/T 196—2003）

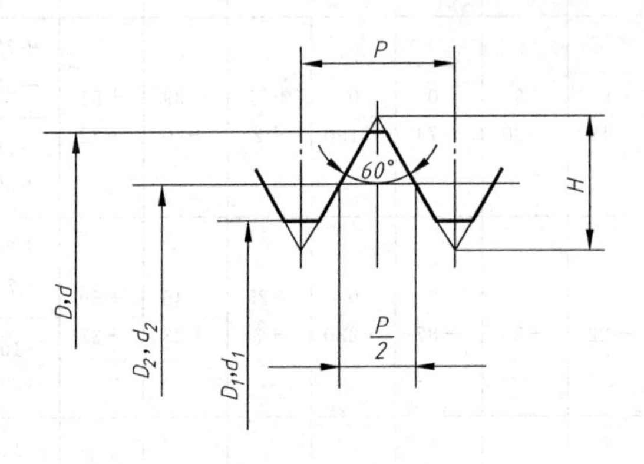

D—内螺纹大径
d—外螺纹大径
D_2—内螺纹中径
d_2—外螺纹中径
D_1—内螺纹小径
d_1—外螺纹小径
P—螺距

标记示例

公称直径为 24，螺距为 1.5mm，右旋的细牙螺纹：M24×1.5

附表 4　直径与螺距系列、公称尺寸　mm

公称直径 D、d		螺距 P		粗牙小径 D_1、d_1	公称直径 D、d		螺距 P		粗牙小径 D_1、d_1
第一系列	第二系列	粗牙	细牙		第一系列	第二系列	粗牙	细牙	
3		0.5	0.35	2.459	6		1	0.75,(0.5)	4.917
	3.5	(0.6)		2.850	8		1.25	1,0.75,(0.5)	6.647
4		0.7	0.5	3.242	10		1.5	1.25,1,0.75,(0.5)	8.376
	4.5	(0.75)		3.688	12		1.75	1.5,1.25,1,0.75,(0.5)	10.106
5		0.8		4.134		14	2	1.5,1.25,1,0.75,(0.5)	11.835

续表

公称直径 D、d		螺距 P		粗牙小径 D_1、d_1	公称直径 D、d		螺距 P		粗牙小径 D_1、d_1
第一系列	第二系列	粗牙	细牙		第一系列	第二系列	粗牙	细牙	
16		2	1.5,1,0.75,(0.5)	13.835	36		4	(3),2,1.5,(1)	31.670
	18	2.5	2,1.5, 0.75,(0.5)	15.294		39	4		34.670
20		2.5		17.194	42		4.5	(4),3,2,1.5,(1)	37.129
	22	2.5	2,1.5,1,0.75,(0.5)	19.294		45	4.5		40.129
24		3	2,1.5,1,0.75	20.752	48		5		42.587
	27	3	2,1.5,1,0.75	23.752		52	5		46.587
30		3.5	(3),2,1.5,1,0.75	26.211	56		5.5	4,3,2,1.5,(1)	50.046
	33	3.5	(3),2,1.5,(1),0.75	29.211					

注：1. 优先选用第一系列，括号内尺寸尽可能不用。

2. 中径 D_2、d_2 未列入，第三系列未列入。

附表 5 细牙普通螺纹螺距与小径的关系 mm

螺距 P	小径 D_1、d_1	螺距 P	小径 D_1、d_1	螺距 P	小径 D_1、d_1
0.35	d−1+0.621	1	d−1+0.918	2	d−1+0.835
0.5	d−1+0.459	1.25	d−1+0.647	3	d−1+0.752
0.75	d−1+0.188	1.5	d−1+0.376	4	d−1+0.670

注：表中的小径按 $D_1=d_1=d-2\times5/8H$，H 计算得出。

2. 梯形螺纹（摘自 GB/T 5796.2—1986，GB/T 5796.3—1986）

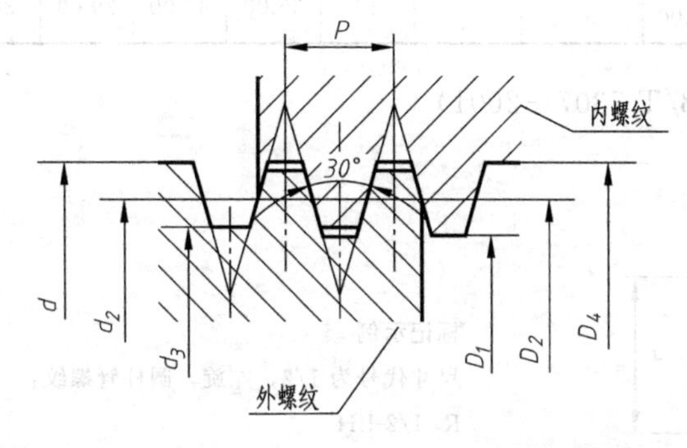

标记示例

公称直径为 40，导程为 14mm，

螺距为 7mm 的双线左旋梯形螺纹：

Tr40×14(P7)LH

附表 6 直径与螺距系列、基本尺寸 mm

公称直径		螺距 P	中径 $d_2=D_2$	大径 D_4	小径		公称直径		螺距 P	中径 $d_2=D_2$	大径 D_4	小径	
第一系列	第二系列				D_3	D_1	第一系列	第二系列				D_3	D_1
8		1.5	7.25	8.30	6.20	6.50	12		2	11.00	12.50	9.50	10.00
	9	1.5	8.25	9.30	7.20	7.5			3	10.50	12.50	8.50	9.00
		2	8.00	9.50	6.50	7.00		14	2	13.00	14.50	11.50	12.00
10		1.5	9.25	10.30	8.20	8.50			3	12.50	14.50	10.50	11.00
		2	9.00	10.50	7.50	8.00	16		2	15.00	16.50	13.50	14.00
	11	2	10.00	11.50	8.50	9.00			4	14.00	16.50	11.50	12.00
		3	9.50	11.50	7.50	8.00		18	2	17.00	18.50	15.50	16.00

续表

公称直径 第一系列	公称直径 第二系列	螺距 P	中径 $d_2=D_2$	大径 D_4	小径 D_3	小径 D_1
	18	4	16.00	18.50	13.50	14.00
20		2	19.00	20.50	17.50	18.00
		4	18.00	20.50	15.50	16.00
	22	3	20.50	22.50	18.50	19.00
		5	19.50	22.50	16.50	17.00
		8	18.00	23.00	13.00	14.00
24		3	22.50	24.50	20.50	21.00
		5	21.50	24.50	18.50	19.00
		8	20.00	25.00	15.00	16.00
	26	3	24.50	26.50	22.50	23.50
		5	23.50	26.50	20.50	21.00
		8	22.00	27.00	17.00	18.00
28		3	26.50	28.50	24.50	25.00
		5	25.50	28.50	22.50	23.00
		8	24.00	29.00	19.00	20.00
	30	3	28.50	30.50	26.50	29.00
		6	27.00	31.00	23.00	24.00
	30	10	25.00	31.00	19.00	20.00
32		3	30.50	32.50	28.50	29.00
		6	29.00	33.00	25.00	26.00
		10	27.00	33.00	21.00	22.00
	34	3	32.50	34.50	30.50	31.00
		6	31.00	35.00	27.00	28.00
		10	29.00	35.00	23.00	24.00
36		3	34.50	36.50	32.00	33.00
		6	33.00	37.00	29.00	30.00
		10	31.00	37.00	25.00	26.00
	38	3	36.50	38.50	34.00	35.00
		7	34.50	39.00	30.00	31.00
		10	33.00	39.00	27.00	28.00
40		3	38.50	40.50	36.50	37.00
		7	36.50	41.00	32.00	33.00
		10	35.00	41.00	29.00	30.00

3. 55° 非螺纹密封的管螺纹（摘自 GB/T 7307—2001）

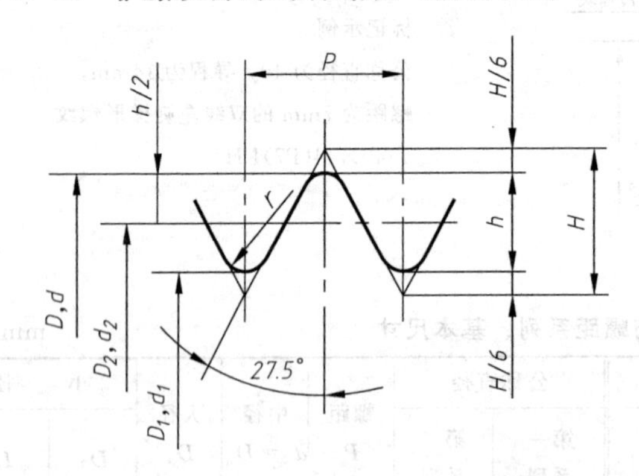

标记示例

尺寸代号为 1/2，左旋，圆柱管螺纹：

R_p 1/2-LH

附表 7　55°非螺纹密封的管螺纹基本尺寸　　mm

尺寸标记	每 25.4mm 内的牙数 n	螺距 P	牙高 h	圆弧半径 r	基本直径 大径 $d=D$	基本直径 中径 $d_2=D_2$	基本直径 小径 $d_1=D_1$
1/16	28	0.907	0.581	0.125	7.723	7.142	6.561
1/8	28	0.907	0.581	0.125	7.728	9.142	8.566
1/4	19	1.337	0.856	0.184	13.157	12.301	11.445
3/8	19	1.337	0.856	0.184	16.662	15.806	14.950
1/2	14	1.814	1.162	0.249	20.955	19.793	18.631

续表

尺寸标记	每25.4mm内的牙数 n	螺距 P	牙高 h	圆弧半径 r	基本直径		
					大径 $d=D$	中径 $d_2=D_2$	小径 $d_1=D_1$
5/8	14	1.814	1.162	0.249	22.911	21.749	20.587
3/4	14	1.814	1.162	0.249	26.441	25.279	24.117
7/8	14	1.814	1.162	0.249	30.201	29.039	27.877
1	11	2.309	1.479	0.317	33.249	31.770	30.291
1 1/3	11	2.309	1.479	0.317	37.897	36.418	34.939
1 1/2	11	2.309	1.479	0.317	41.910	40.431	38.952
1 2/3	11	2.309	1.479	0.317	47.803	46.324	44.845
1 3/4	11	2.309	1.479	0.317	53.746	52.267	50.788
2	11	2.309	1.479	0.317	59.614	58.135	56.656
2 1/4	11	2.309	1.479	0.317	65.710	64.231	62.752
2 1/2	11	2.309	1.479	0.317	75.184	73.705	72.226
2 3/4	11	2.309	1.479	0.317	81.534	80.055	78.576
3	11	2.309	1.479	0.317	87.844	86.405	84.926
3 1/2	11	2.309	1.479	0.317	100.330	98.851	97.372
4	11	2.309	1.479	0.317	113.030	111.551	110.072
4 1/2	11	2.309	1.479	0.317	125.730	124.251	122.772
5	11	2.309	1.479	0.317	138.430	136.951	135.472
5 1/2	11	2.309	1.479	0.317	151.130	149.651	148.172
6	11	2.309	1.479	0.317	163.830	162.351	160.872

三、常用的标准件

1. 六角头螺栓

六角头螺栓—C级（摘自GB/T 5780—2000）

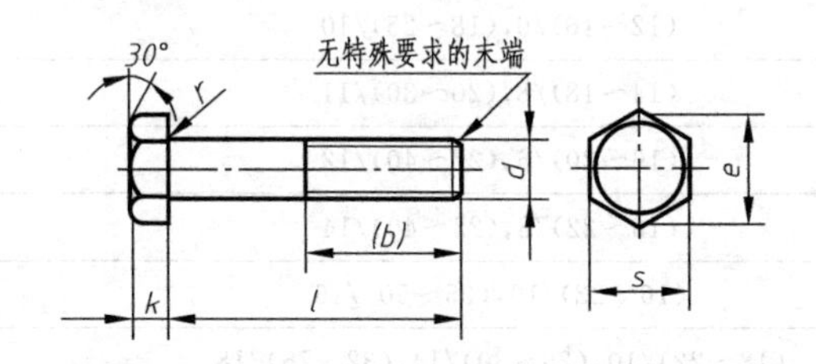

六角头螺栓—A和B级（摘自GB/T 5782—2000）

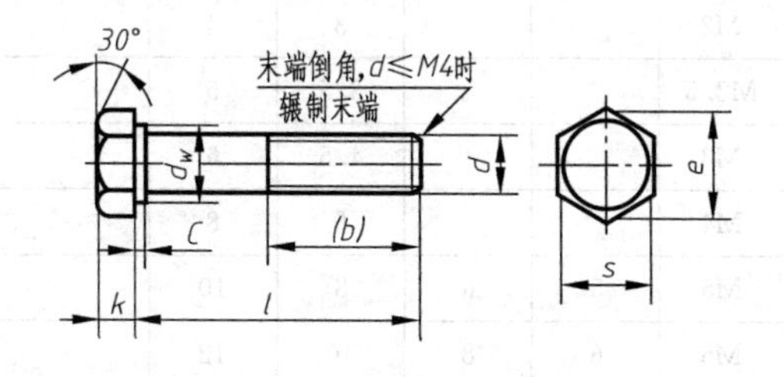

标记示例

螺纹规格 d=M12，公称长度 l=80mm，性能等级为8.8级、表面氧化，A级的六角头螺栓：

螺栓　GB/T 5782—2000 M12×80

附表8　六角头螺栓基本尺寸

mm

螺纹规格 d		M3	M4	M5	M6	M8	M10	M12	M16	M20	M24	M30
b 参考	$l\leqslant125$	12	14	16	18	22	26	30	38	46	54	66
	$125<l\leqslant200$	18	20	22	24	28	32	36	44	52	60	72
	$l>200$	31	33	35	37	41	45	49	57	65	73	85

续表

螺纹规格 d			M3	M4	M5	M6	M8	M10	M12	M16	M20	M24	M30
c_{max}			0.4	0.4	0.5	0.5	0.6	0.6	0.6	0.8	0.8	0.8	0.8
d_w	产品等级	A	4.57	5.88	6.88	8.88	11.63	14.63	16.63	22.49	28.19	33.61	—
		B、C	4.45	5.74	6.74	8.74	11.47	14.47	16.47	22	27.7	33.25	42.75
e	产品等级	A	6.01	7.66	8.79	11.05	14.38	17.77	20.03	26.75	33.53	39.98	—
		B、C	5.88	7.50	6.63	10.89	14.20	17.59	19.85	26.17	32.95	39.55	50.85
k 公称			2	2.8	3.5	4	5.3	6.4	7.5	10	12.5	15	18.7
r			0.1	0.2	0.2	0.25	0.4	0.4	0.6	0.6	0.8	0.8	1
s 公称			5.5	7	8	10	13	16	18	24	30	36	46
l(商品规格范围)			20～30	25～40	25～50	30～60	40～80	45～100	50～120	65～160	80～200	90～240	110～300
l 系列			10,12,16,20,25,30,35,40,45,50,55,60,65,70,80,90,100,120,130,140,150,160,180,200,220,240,260,280,300,320,340,360,380,400,420,440,480,500										

2. 双头螺柱

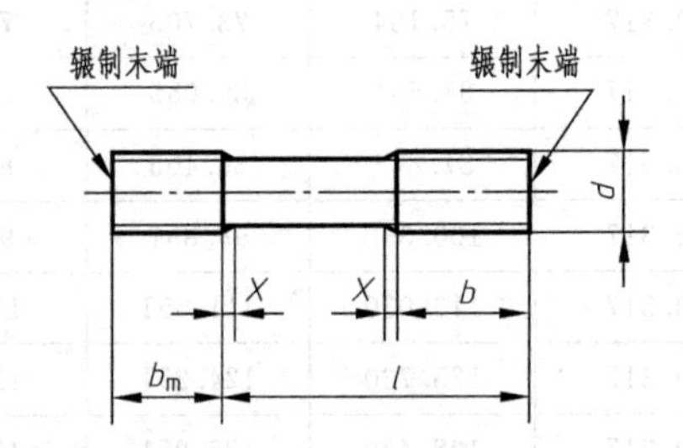

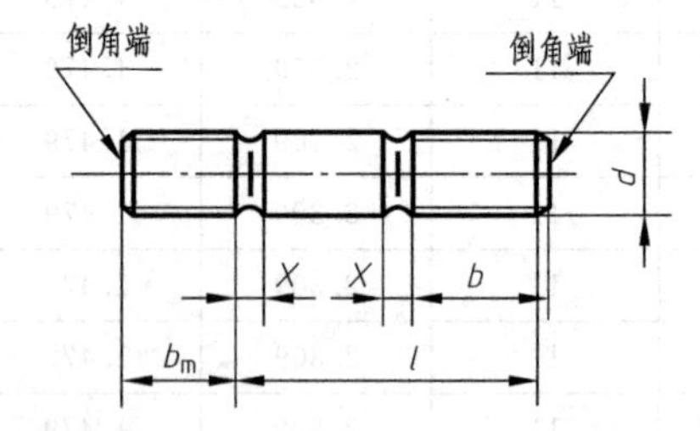

标记示例

两端均为粗牙普通螺纹，$d=10$mm，$l=50$mm，性能等级为 4.8 级、不经表面处理，B 型，$b_m=d$ 的双头螺柱：

螺柱 GB 897—1988 M10×50

附表 9 双头螺柱基本尺寸 mm

螺纹规格 d	b_m				l/b
	GB 897—1988	GB 898—1988	GB 899—1988	GB 900—1988	
M2			3	4	(12～16)/6,(18～25)/10
M2.5			3.5	5	(14～18)/8,(20～30)/11
M3			4.5	6	(16～20)/6,(22～40)/12
M4			6	8	(16～22)/8,(25～40)/14
M5	5	6	8	10	(16～22)/10,(25～50)/16
M6	6	8	10	12	(18～22)/10,(25～30)/14,(32～75)/18
M8	8	10	12	16	(18～22)/12,(25～30)/16,(32～90)/22
M10	10	12	15	20	(25～28)/14,(30～38)/16,(40～120)/30,130/32
M12	12	15	18	24	(25～30)/16,(32～40)/20,(45～120)/30,(130～180)/36
(M14)	14	18	21	28	(30～35)/18,(38～45)/25,(50～120)/34,(130～180)/40
M16	16	20	24	32	(30～38)/20,(40～55)/30,(60～120)/38,(130～200)/44
(M18)	18	22	27	36	(35～40)/22,(45～60)/35,(65～120)/42,(130～200)/48
M20	20	25	30	40	(35～40)/25,(45～65)/38,(70～120)/46,(130～200)/52

续表

螺纹规格 d	b_m				l/b
	GB 897—1988	GB 898—1988	GB 899—1988	GB 900—1988	
(M22)	22	28	33	44	(40~45)/30,(50~70)/40,(75~120)/50,(130~200)/56
M24	24	30	36	48	(45~50)/30,(55~75)/45,(80~120)/54,(130~200)/60
(M27)	27	35	40	54	(50~60)/35,(65~85)/50,(90~120)/60,(130~200)/66
M30	30	38	45	60	(60~65)/45,(70~90)/50,(95~120)/66,(130~200)/72,(210~250)/85
M36	36	45	54	72	(65~75)/45,(80~110)/60,120/78,(130~200)/84,(210~300)/97
M42	42	52	63	84	(70~80)/50,(85~110)/70,120/90,(130~200)/96,(210~300)/109
M48	48	60	72	96	(80~90)/60,(95~110)/80,120/102,(130~200)/108,(210~300)/121
l(系列)	12,(14),16,(18),20,(22),25,(28),30,(32),35,(38),40,45,50,55,60,65,70,75,80,85,90,95,100,110,120,130,140,150,160,170,180,190,200,210,220,230,240,250,260,280,300				

3. 螺钉

(1) 开槽螺钉

开槽圆头螺钉（GB/T 65—2000）

开槽盘头螺钉（GB/T 67—2000）

开槽沉头螺钉（GB/T 68—2000）

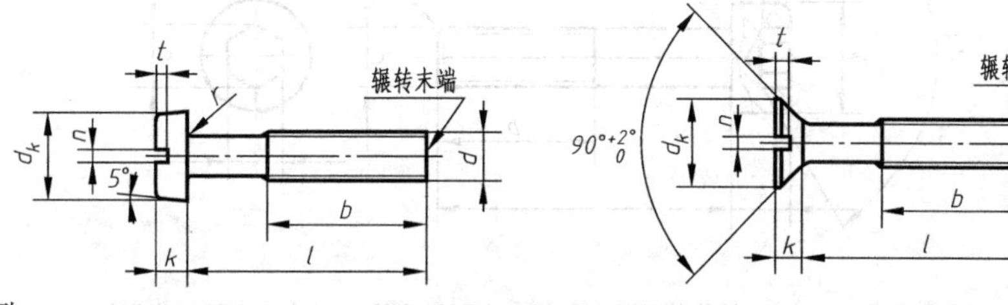

标记示例

螺纹规格 d=M5，公称长度 l=20mm，性能等级为 4.8 级、不经表面处理的 A 级开槽圆柱头螺钉：

螺钉 GB/T 65 M5×20

附表 10 开槽螺钉（摘录 GB/T 65—2000、GB/T 68—2000、GB/T 67—2000） mm

螺纹规格 d		M1.6	M2	M2.5	M3	M4	M5	M6	M8	M10
GB/T 65	d_{kmax}	3	3.8	4.5	5.5	7	8.5	10	13	16
	k_{max}	1.1	1.4	1.8	2.0	2.6	3.3	3.9	5	6
	T_{min}	0.45	0.6	0.7	0.85	1.1	1.3	1.6	2	2.4
	r_{min}	0.1				0.2		0.25	0.4	
	l	2~16	3~20	3~25	4~30	5~40	6~50	8~60	10~80	12~80
GB/T 67	d_{kmax}	3.2	4	5	5.6	8	9.5	12	16	20
	k_{max}	1	1.3	1.5	1.8	2.4	3	3.6	4.8	6
	t_{min}	0.35	1.5	0.6	0.7	1	1.2	1.4	1.9	2.4
	r_{min}	0.1				0.2		0.25	0.4	
	l	2~16	2.5~20	3~25	4~30	5~40	6~50	8~60	10~80	12~80

续表

螺纹规格 d		M1.6	M2	M2.5	M3	M4	M5	M6	M8	M10
GB/T 68	d_{kmax}	3	3.8	4.7	5.5	8.4	9.3	11.3	15.8	18.3
	k_{max}	1	1.2	1.5	1.65	2.7	2.7	3.3	4.65	5
	t_{min}	0.32	0.4	0.5	0.6	1	1.1	1.2	1.8	2
	r_{min}	0.4	0.5	0.6	0.8	1	1.3	1.5	2	2.5
	l	2.5～16	3～20	4～25	5～30	6～40	8～50	8～60	10～80	12～80
螺距 P		0.35	0.4	0.45	0.5	0.7	0.8	1	1.25	1.5
N		0.4	0.5	0.6	0.8	1.2	1.2	1.6	2	2.5
B		25				38				
l(系列)		2,2.5,3,4,5,6,8,10,12,(14),16,20,25,30,35,40,45,50,(55),60,(65),70,(75),80 (GB/T 65 无 l=2.5;GB/T 68 无 l=2)								

注：1. 括号内规格尽可能不采用。

2. M1.6～M3 的螺钉，当 $l<30$ 时，制出全螺纹；对于开槽圆柱头螺钉和开槽盘头螺钉，M4～M10 的螺钉，当 $l<40$时，制出全螺纹；对于开槽沉头螺钉，M4～M10 的螺钉，当 $l<45$ 时，制出全螺纹。

(2) 内六角圆柱头螺钉 (GB/T 70.1—2000)

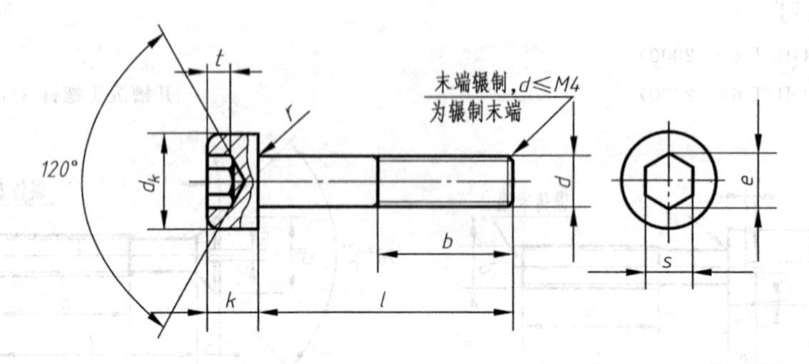

标记示例

螺纹规格 d=M5，公称长度 l=20mm，性能等级为 8.8 级、表面氧化的 A 级内六方圆柱头螺钉：

螺钉 GB/T 70.1 M5×20

附表 11 内六角圆柱头螺钉 (GB/T 70.1—2000) mm

螺纹规格 d	M2.5	M3	M4	M5	M6	M8	M10	M12	M16	M20	M24	M30
螺距 P	0.45	0.5	0.7	0.8	1	1.25	1.5	1.75	2	2.5	3	3.5
d_{kmax} (光滑头部)	4.5	5.5	7	8.5	10	13	16	18	24	30	36	45
d_{kmax} (滚花头部)	4.68	5.68	7.22	8.72	10.22	13.27	16.33	18.27	24.33	30.33	36.39	45.39
d_{kmin}	4.32	5.32	6.78	8.28	9.78	12.73	15.73	17.73	23.67	29.67	35.61	44.61
k_{max}	2.5	3	4	5	6	8	10	16	16	20	24	30
k_{min}	2.36	2.86	3.82	4.82	5.7	7.64	9.64	15.57	15.57	19.48	23.48	29.48
t_{min}	1.1	1.3	2	2.5	3	4	5	6	8	10	12	15.5
r_{min}	0.1	0.1	0.2	0.2	0.25	0.4	0.4	0.6	0.6	0.8	0.8	1
$S_{公称}$	2	2.5	3	4	5	6	8	10	14	17	19	22
e_{min}	2.3	2.9	3.4	4.6	5.7	6.9	9.2	11.4	16	19	21.7	25.2

续表

螺纹规格 d	M2.5	M3	M4	M5	M6	M8	M10	M12	M16	M20	M24	M30
$b_{参考}$	17	18	20	22	24	28	32	36	44	52	60	72
公称长度 l	4～25	5～30	6～40	8～50	10～60	12～80	16～100	20～120	25～160	30～200	40～200	45～200
l 系列	2.5,3,4,5,6,8,10,12,16,20,25,30,35,40,45,50,55,60,65,70,80,90,100,110,120,130,140,150,160,180,200											

注：1. 括号内规格尽可能不采用。

2. M2.5～M3 的螺钉，当 $l<20$ 时，制出全螺纹；M4～M5 的螺钉，当 $l<25$ 时，制出全螺纹；M6 的螺钉，当 $l<30$ 时，制出全螺纹；对于 M8 的螺钉，当 $l<35$ 时，制出全螺纹；对于 M10 的螺钉，当 $l<40$ 时，制出全螺纹；M12 的螺钉，当 $l<50$ 时，制出全螺纹；M16 的螺钉，当 $l<60$ 时，制出全螺纹。

(3) 开槽紧定螺钉

开槽紧定螺钉（GB/T 71—1985）

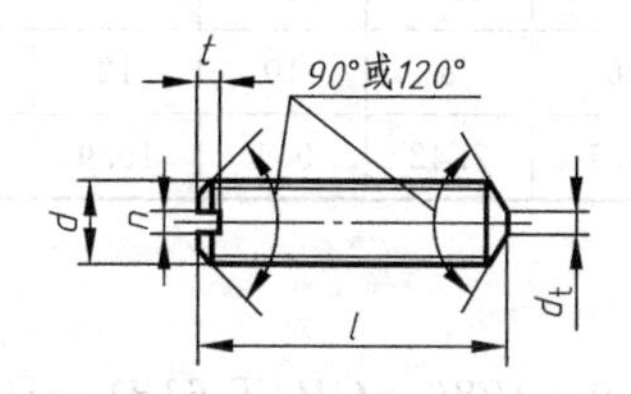

开槽紧定螺钉（GB/T 73—1985）

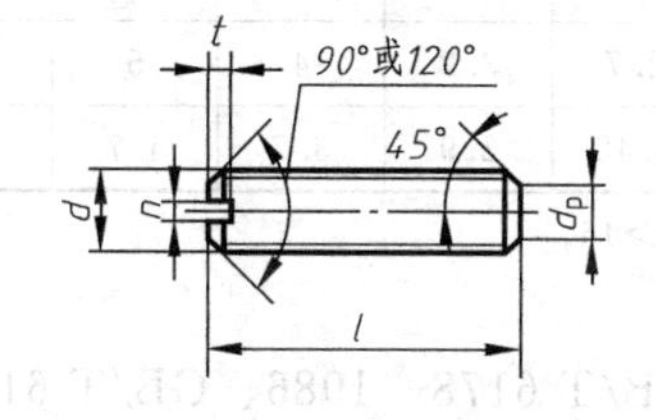

开槽紧定螺钉（GB/T 75—1985）

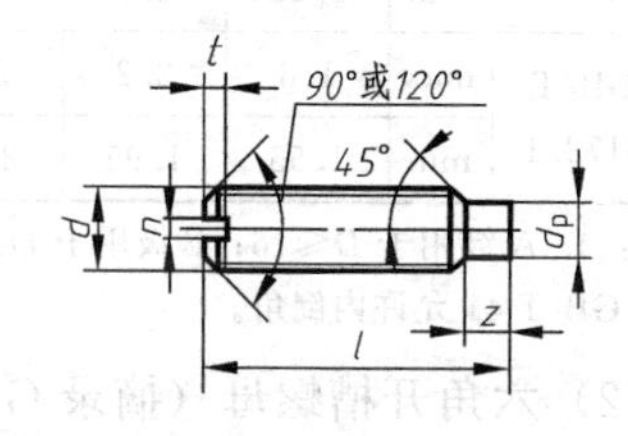

标记示例

螺纹规格 d=M5，公称长度 l=12mm，性能等级为 14H 级、表面氧化的 A 级开槽锥端紧定螺钉：

螺钉　GB/T 71　M5×20

附表 12　开槽紧定螺钉（GB/T 71—1985、GB/T 73—1985、GB/T 75—1985）　mm

螺纹规格 d		M1.6	M2	M2.5	M3	M4	M5	M6	M8	M10	M12
螺距 P		0.35	0.4	0.45	0.5	0.7	0.8	1	1.25	1.5	1.75
n		0.25	0.25	0.4	0.4	0.6	0.8	1	1.2	1.6	2
t		0.7	0.8	1	1.1	1.4	1.6	2	2.5	3	3.6
d_z		0.8	1	1.2	1.4	2	2.5	3	5	6	8
d_t		0.2	0.2	0.3	0.3	0.4	0.5	1.5	2	2.5	3
d_p		0.8	1	1.5	2	2.5	3.5	4	5.5	7	8.5
z		1.1	1.3	1.5	1.8	2.3	2.8	3.3	4.3	5.3	6.3
公称长度 l	GB/T 71	2～8	3～10	3～12	4～16	6～20	8～25	8～30	10～40	12～50	14～60
	GB/T 73	2～8	2～10	2.5～12	3～16	4～20	5～25	6～30	8～40	10～50	12～60
	GB/T 75	2.5～8	3～10	4～12	5～16	6～20	8～25	8～30	10～40	12～50	14～60
l 系列		2,2.5,3,4,5,6,8,10,12,16,20,25,30,35,40,45,50,60									

4. 螺母

(1) 六角螺母（GB/T 41—2000、GB/T 6170—2000、GB/T 6172.1—2000）

Ⅰ型六角螺母（GB/T 6170—2000）A 级和 B 级

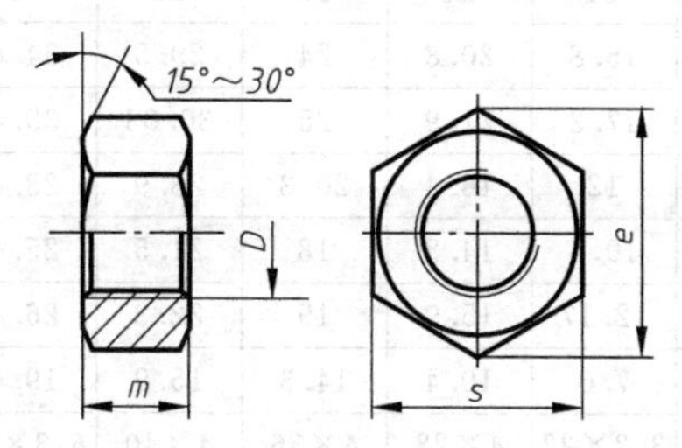

六角薄螺母（GB/T 6172.1—2000）A 级和 B 级

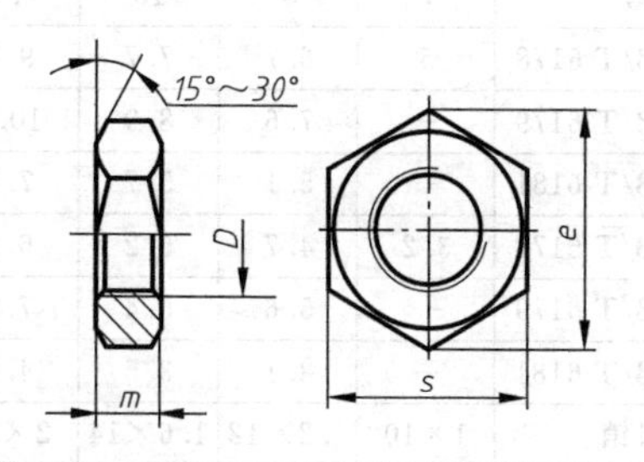

标记示例

螺纹规格 D=M12，性能等级为 10 级、不经表面处理、A 级的Ⅰ型六角螺母：

螺母 GB/T 6170—2000　M12

附表 13 六角螺母（GB/T 41—2000、GB/T 6170—2000、GB/T 6172.1—2000） mm

螺纹规格 D			M3	M4	M5	M6	M8	M10	M12	M16	M20	M24	M30
螺距 P			0.5	0.7	0.8	1	1.25	1.5	1.75	2	2.5	3	3.5
$e_{\min}$	GB/T 41		—	—	8.63	10.89	14.20	17.59	19.85	26.17	32.95	39.55	50.85
	GB/T 6170		6.01	7.66	8.79	11.05	14.38	17.77	20.03	26.75			
	GB/T 6172.1												
s			5.5	7	8	10	13	16	18	24	30	36	46
m	GB/T 41	max	—	—	5.6	6.4	7.9	9.5	12.2	15.9	19	22.3	26.4
		min	—	—	4.4	4.9	6.4	8	10.1	14.1	16.9	20.2	24.3
	GB/T 6170	max	2.4	3.2	4.7	5.2	6.8	8.4	10.8	14.8	18	21.5	25.6
		min	2.15	2.9	4.4	4.99	6.44	8.04	10.37	14.1	16.9	20.2	24.3
	GB/T 6172.1	max	1.8	2.2	2.7	3.2	4	5	6	8	10	12	15
		min	1.55	1.95	2.45	2.9	3.7	4.7	5.7	7.42	9.1	10.9	13.9

注：1. A 级用于 $D\leqslant16$；B 级用于 $D>16$。

2. GB/T 41 允许内倒角。

（2）六角开槽螺母（摘录 GB/T 6178—1986、GB/T 6179—1986、GB/T 6181—1986）

Ⅰ型六角开槽螺母（GB/T 6178—1986）A 级和 B 级

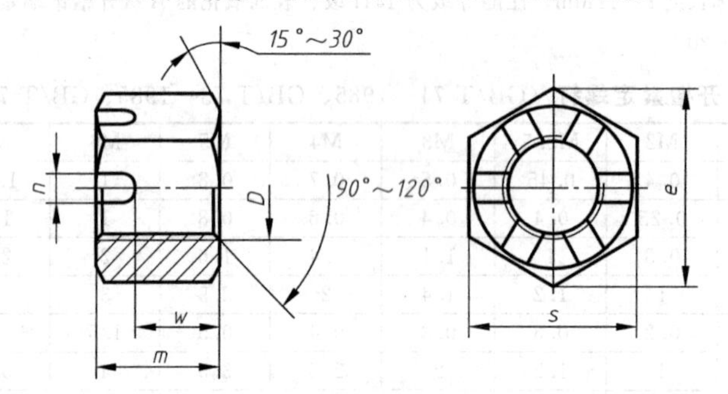

标记示例

螺纹规格 D＝M5，性能等级为 8 级、不经表面处理、A 级的Ⅰ型六角开槽螺母：

螺母 GB/T 6178—2000 M5

附表 14 六角开槽螺母（摘录 GB/T 6178—1986、GB/T 6179—1986、GB/T 6181—1986） mm

螺纹规格 D		M4	M5	M6	M8	M10	M12	M16	M20	M24	M30	M36
$r_{\min}$		1.2	1.4	2	2.5	2.8	3.5	4.5	4.5	5.5	7	7
$e_{\min}$		7.7	8.8	11	14.4	17.8	20	26.8	33	39.6	50.9	60.8
$s_{\max}$		7	8	10	13	16	18	24	30	36	46	55
$m_{\max}$	GB/T 6178	5	6.7	7.7	9.8	12.4	15.8	20.8	24	29.5	34.6	40
	GB/T 6179	—	7.6	8.9	10.9	13.5	17.2	21.9	25	30.03	35.4	40.9
	GB/T 6181	—	5.1	5.7	7.5	9.3	12	16.4	20.3	23.9	28.6	34.7
$w_{\max}$	GB/T 6178	3.2	4.7	5.2	6.8	8.4	10.8	14.8	18	21.5	25.6	31
	GB/T 6179	—	5.6	6.4	7.9	9.5	12.17	15.9	19	22.3	26.4	31.9
	GB/T 6181	—	3.1	3.5	4.5	5.3	7.0	10.4	14.3	15.9	19.6	25.7
开口销		1×10	1.2×12	1.6×14	2×16	2.5×20	3.2×22	4×28	4×36	4×40	6.3×50	6.3×63

注：1. A 级用于 $D\leqslant16$ 的螺母。

2. B 级用于 $D>16$ 的螺母。

5. 垫圈

(1) 平垫圈 (摘录 GB/T 97.1—2002、GB/T 97.2—2002、GB/T 848—2002、GB/T 96—2002)

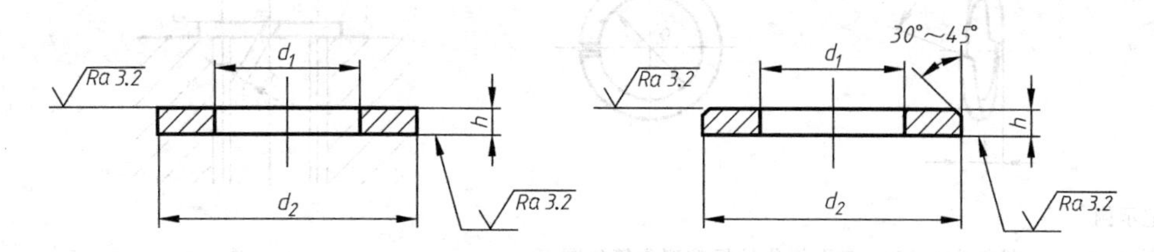

标记示例

标准系列、公称尺寸 $d=8$mm、性能等级为 140HV 级、不经表面处理的平垫圈:

平垫圈 GB/T 97.2—2002 8-140HV

附表 15 平垫圈 (摘录 GB/T 97.1—2002、GB/T 97.2—2002、GB/T 848—2002、GB/T 96—2002)

mm

螺纹规格 d	标准系列 GB/T 97.1, GB/T 97.2			大系列 GB/T 96			小系列 GB/T 848		
	d_1	d_2	h	d_1	d_2	h	d_1	d_2	h
1.6	1.7	4	0.3	—	—	—	1.7	3.5	0.3
2	2.2	5	0.3	—	—	—	2.2	4.5	0.3
2.5	2.7	6	0.5	—	—	—	2.7	5	0.5
3	3.2	7	0.5	3.2	9	0.8	3.2	6	0.5
4	4.3	9	0.8	4.3	12	1	4.3	8	0.5
5	5.3	10	1	5.3	15	1.2	5.3	9	1
6	6.4	12	1.6	6.4	18	1.6	6.4	11	1.6
8	8.4	16	1.6	8.4	24	2	8.4	15	1.6
10	10.5	20	2	10.5	30	2.5	10.5	18	2
12	13	24	2.5	13	37	3	13	20	2.5
14	15	28	2.5	15	44	3	15	24	2.5
16	17	30	3	17	50	3	17	28	3
20	21	37	3	22	60	4	21	34	3
24	25	44	4	26	72	5	25	39	4
30	31	56	4	33	92	6	31	50	4
36	37	66	5	39	110	8	37	60	5

注:1. GB/T 96 垫圈无粗糙度符号。

2. GB/T 848 垫圈主要用于带圆柱头的螺钉，其他用于标准的六角螺栓、螺钉和螺母。

3. GB/T 97.2 垫圈，d 范围为 5～36mm。

（2）标准型弹簧垫圈（摘录 GB/T 93—1987、GB/T 859—1987）

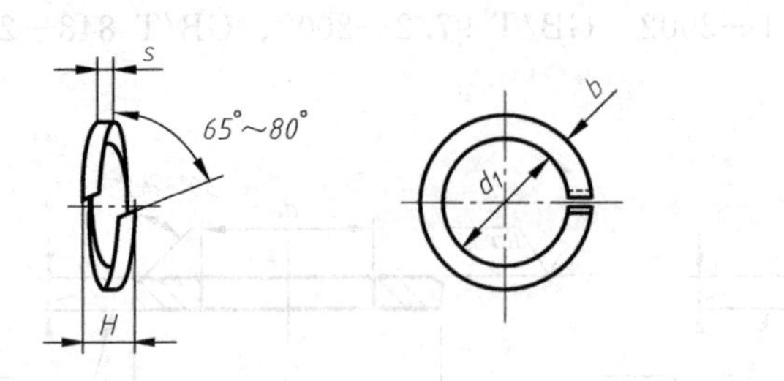

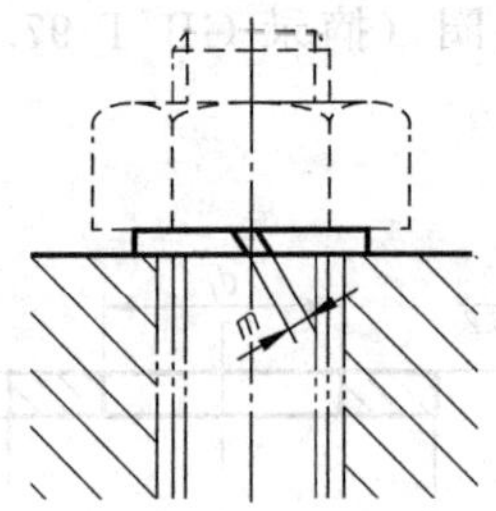

标记示例

规格为 16mm、材料为 65Mn，表面氧化的标准型弹簧垫圈：

垫圈 GB/T 93—1987 16

附表 16 弹簧垫圈（摘录 GB/T 93—1987、GB/T 859—1987） mm

螺纹规格 d	d_1	s		H		b		$m\leqslant$	
		GB/T 93	GB/T 859	GB/T 93	GB/T 859	GB/T 93	GB/T 859	GB/T 93	GB/T 859
3	3.1	0.8	0.6	2	1.5	0.8	1	0.4	0.3
4	4.1	1.1	0.8	2.75	2	1.1	1.2	0.55	0.4
5	5.1	1.3	1.1	3.25	2.75	1.3	1.5	0.65	0.55
6	6.1	1.6	1.3	4	3.25	1.6	2	0.8	0.65
8	8.1	2.1	1.6	5.25	4	2.1	2.5	1.05	0.8
10	10.2	2.6	2	6.5	5	2.6	3	1.3	1
12	12.2	3.1	2.5	7.25	6.25	3.1	3.5	1.55	1.25
(14)	14.2	3.6	3	9	7.5	3.6	4	1.8	1.5
16	16.2	4.1	3.2	10.25	8	4.1	4.5	2.05	1.6
(18)	18.2	4.5	3.6	11.25	9	4.5	5	2.25	1.8
20	20.2	5	4	12.25	10	5	5.5	2.5	2
(22)	22.5	5.5	4.5	13.75	11.25	5.5	6	2.75	2.25
24	24.5	6	5	15	12.25	6	7	3	2.5
(27)	27.5	6.8	5.5	17	13.75	6.8	8	3.4	2.75
30	30.5	7.5	6	18	15	7.5	9	3.75	3

注：1. 括号内规格尽可能不采用。

2. m 应大于 0。

6. 键

平键（摘录 GB/T 1095—2003、GB/T 1096—2003）

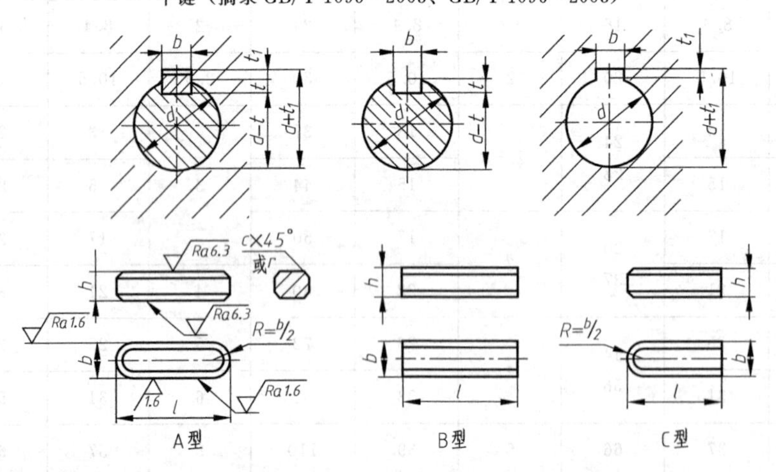

标记示例

圆头普通平键（A 型），b=10mm，h=8mm，l=25mm：GB/T 1096 键 10×8×25

圆头普通平键（B 型），b=10mm，h=8mm，l=25mm：GB/T 1096 键 B10×8×25

圆头普通平键（C 型），b=10mm，h=8mm，l=25mm：GB/T 1096 键 C10×8×25

附表 17　平键（摘录 GB/T 1095—2003、GB/T 1096—2003） mm

轴	键	键槽										
		宽度 b						深度				
			偏差									
公称直径 d	公称尺寸 $b\times h$	公称	较松键连接		一般键连接		较紧键连接	轴 t		毂 t_1		半径 r
			轴 H9	毂 D10	轴 N9	毂 Js10	轴和毂 P9	公称	偏差	公称	偏差	
>6～8	2×2	2	+0.025 0	+0.060 +0.020	−0.004 −0.029	±0.0125	−0.006 −0.031	1.2	+0.1 0	1	+0.1 0	0.08～0.16
>8～10	3×3	3						1.8		1.4		
>10～12	4×4	4	+0.030 0	+0.078 +0.030	0 −0.030	±0.015	−0.012 −0.042	2.5		1.8		
>12～17	5×5	5						3.0		2.3		
>17～22	6×6	6						3.5		2.8		
>22～30	8×7	8	+0.036 0	+0.098 +0.040	0 −0.036	±0.018	−0.015 −0.051	4.0		3.3		0.16～0.25
>30～38	8×8	10						5.0		3.3		
>38～44	12×8	12	+0.043 0	+0.120 +0.050	0 −0.043	±0.0215	−0.018 −0.061	5.0	+0.2 0	3.3	+0.2 0	
>44～50	14×9	14						5.5		3.8		0.25～0.40
>50～58	16×10	16						6.0		4.3		
>58～65	18×11	18						7.0		4.4		
>65～75	20×12	20	+0.052 0	+0.149 +0.065	0 −0.052	±0.026	−0.022 −0.074	7.5		4.9		
>75～85	22×14	22						9.0		5.4		0.40～0.60
>85～95	25×14	25						9.0		5.4		
>95～110	28×16	28						10.0		6.4		

注：1. 在工作图中，轴槽深用 $d-t$ 或 t 标注，轮毂槽深用 $d\pm t_1$ 标注。$(d-t)$ 和 $(d\pm t_1)$ 尺寸偏差按相应的 t 和 t_1 的极限偏差选取，但 $(d-t)$ 极限偏差选负号（−）。

2. l 系列：6，8，10，12，14，16，18，20，22，25，28，32，36，40，45，50，56，63，70，80，90，100，110，125，140，160，180，200，220，250，280，320，330，400，450（mm）。

7. 销

（1）圆柱销（摘录 GB/T 119.1—2000）

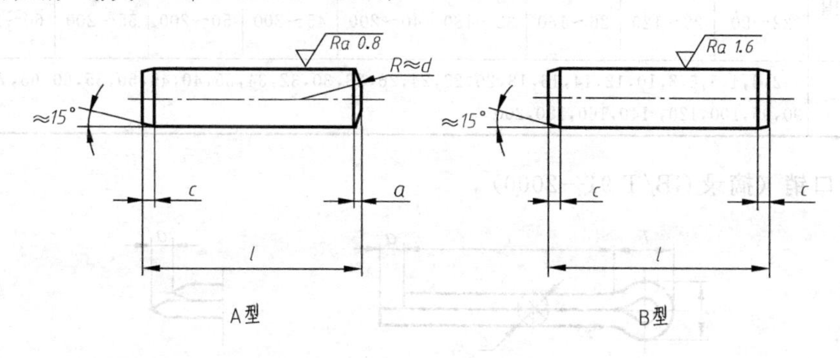

标记示例

公称直径 d=8mm，长度 l=30mm，材料为 35 钢，热处理硬度 28～38HRC，表面氧化处理的 A 型圆柱销：

销 GB/T 119.1—2000　8×30

附表 18 圆柱销（摘录 GB/T 119.1—2000） mm

d(公称)	0.6	0.8	1	1.2	1.5	2	2.5	3	4	5
a≈	0.08	0.10	0.12	0.16	0.20	0.25	0.30	0.40	0.50	0.63
c=	0.12	0.16	0.20	0.25	0.30	0.35	0.40	0.50	0.63	0.80
l(商品规格范围公称长度)	2～6	2～8	4～10	4～12	4～16	6～20	6～24	8～30	8～40	10～50
d(公称)	6	8	10	12	16	20	25	30	40	50
a≈	0.80	1.0	1.2	1.6	2.0	2.5	3.0	4.0	5.0	6.3
c=	1.2	1.6	2.0	2.5	3.0	3.5	4.0	5.0	6.3	8.0
l(商品规格范围公称长度)	12～60	14～80	18～95	22～140	26～180	35～200	50～200	60～200	80～200	95～200
l(系列)	2,3,4,5,6,8,10,12,14,16,18,20,22,24,26,28,30,32,34,35,40,45,50,55,60,65,70,75,80,85,90,95,100,120, 140,160,180,200									

(2) 圆锥销（摘录 GB/T 117—2000）

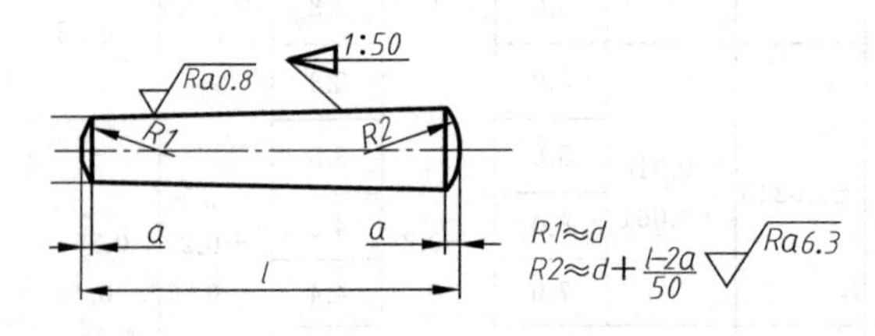

标记示例

公称直径 $d=10$mm，长度 $l=60$mm，材料为 35 钢，热处理硬度 28～38HRC，表面氧化处理的 A 型圆锥销：

销 GB/T 117—2000 10×60

附表 19 圆锥销（摘录 GB/T 117—2000） mm

d(公称)	0.6	0.8	1	1.2	1.5	2	2.5	3	4	5
a≈	0.08	0.1	0.12	0.16	0.2	0.25	0.3	0.4	0.5	0.63
l(商品规格范围公称长度)	4～8	5～12	6～16	6～20	8～24	10～35	10～35	12～45	14～55	18～60
d(公称)	6	8	10	12	16	20	25	30	40	50
a≈	0.8	1	1.2	1.6	2	2.5	3	4	5	6.3
l(商品规格范围公称长度)	22～90	22～120	26～160	32～180	40～200	45～200	50～200	55～200	60～200	65～200
l(系列)	2,3,4,5,6,8,10,12,14,16,18,20,22,24,26,28,30,32,34,35,40,45,50,55,60,65,70,75,80,85,90,95,100,120, 140,160,180,200									

(3) 开口销（摘录 GB/T 91—2000）

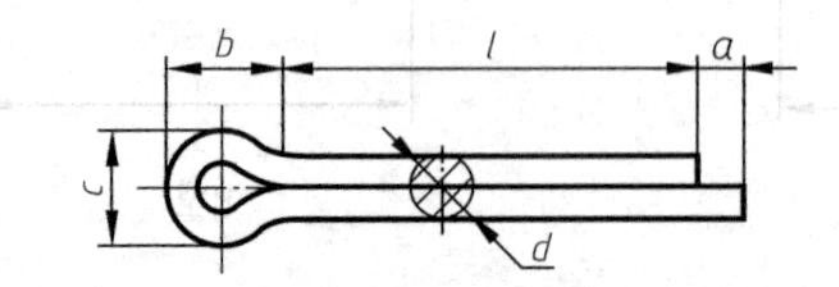

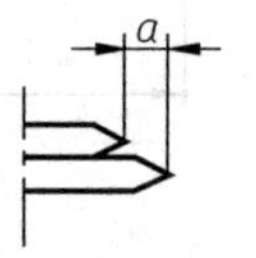

标记示例

公称直径 $d=5$mm，长度 $l=50$mm，材料为低碳钢，不经表面处理的开口销：

销 GB/T 91—2000 5×50

附表 20　开口销（摘录 GB/T 91—2000）　　mm

d(公称)		0.6	0.8	1	1.2	1.6	2	2.5	3.2	4	5	6.3	8	10	12
c	max	1	1.4	1.8	2	2.8	3.6	4.6	5.8	7.4	9.2	11.8	15	19	24.8
	min	0.9	1.2	1.6	1.7	2.4	3.2	4	5.1	6.5	8	10.3	13.1	16.6	21.7
b≈		2	2.4	3	3	3.2	4	5	6.4	8	10	12.6	16	20	26
a_{max}		1.6	1.6	1.6	2.5	2.5	2.5	2.5	3.2	4	4	4	4	6.3	6.3
l(商品规格范围公称长度)		4～12	5～16	6～20	8～26	8～32	10～40	12～50	14～65	18～80	22～100	30～120	40～160	45～200	70～200
l(系列)		4,5,6,8,10,12,14,16,18,20,22,24,26,28,30,32,34,35,40,45,50,55,60,65,70,75,80,85,90,95,100,120, 140,160,180,200													

注：1. 销孔的公称直径等于 d（公称）；d_{max}、d_{min}可查阅 GB/T 91—2000，都小于 d（公称）。

2. 根据使用需要，由供需双方协议，可采用 d（公称）为 3、6mm 的规格。

8. 滚动轴承

(1) 深沟球轴承（摘录 GB/T 276—1994）

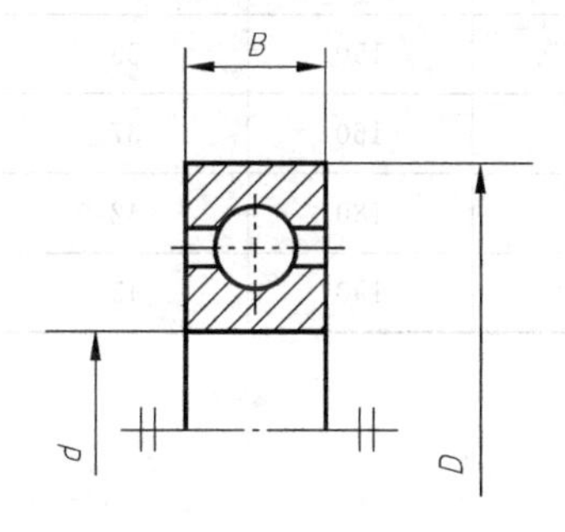

标记示例

类型标记 6 内圈孔径 d=60mm，尺寸系列标记为 (0) 2 的深沟球轴承：

滚动轴承　6212　GB/T 276—1994

附表 21　深沟球轴承（摘录 GB/T 276—1994）　　mm

轴承标记	尺寸 d	尺寸 D	尺寸 B	轴承标记	尺寸 d	尺寸 D	尺寸 B
10 系列				02 系列			
6000	10	26	8	6200	10	30	9
6001	12	28	8	6201	12	32	10
6002	15	32	9	6202	15	35	11
6003	17	35	10	6203	17	40	12
6004	20	42	12	6204	20	47	14
6005	25	47	12	6205	25	52	15
6006	30	55	13	6206	30	62	16
6007	35	62	14	6207	35	72	17
6008	40	68	15	6208	40	80	18
6009	45	75	16	6209	45	85	19
6010	50	80	16	6210	50	90	20
6011	55	90	18	6211	55	100	21
6012	60	95	18	6212	60	110	22

续表

轴承标记	尺寸			轴承标记	尺寸		
	d	*D*	*B*		*d*	*D*	*B*
03 系列				04 系列			
6300	10	35	11	6403	17	62	17
6301	12	37	12	6404	20	72	19
6302	15	42	13	6405	25	80	21
6303	17	47	14	6406	30	90	23
6304	20	52	15	6407	35	100	25
6305	25	62	17	6408	40	110	27
6306	30	72	19	6409	45	120	29
6307	35	80	21	6410	50	130	31
6308	40	90	23	6411	55	140	33
6309	45	100	25	6412	60	150	35
6310	50	110	27	6413	65	160	37
6311	55	120	29	6414	70	180	42
6312	60	130	31	6415	75	190	45

(2) 圆锥滚子轴承（摘录 GB/T 297—1994）

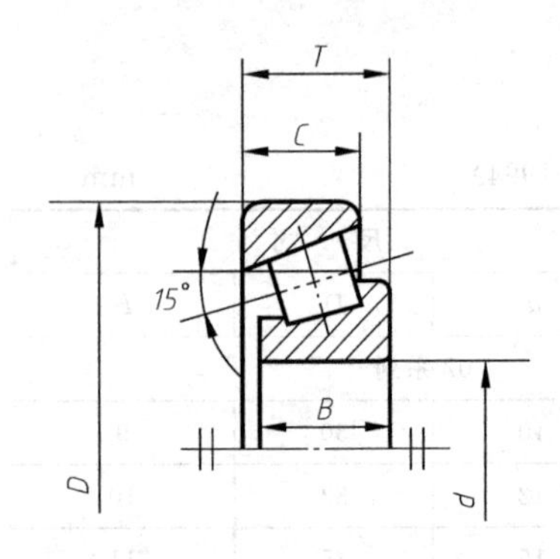

标记示例

类型标记 3 内圈孔径 $d=35$mm，尺寸系列标记为 03 的圆锥滚子轴承：

滚动轴承 30307 GB/T 297—1994

附表 22 圆锥滚子轴承（摘录 GB/T 297—1994） mm

轴承标记	尺寸					轴承标记	尺寸				
	d	*D*	*T*	*B*	*C*		*d*	*D*	*T*	*B*	*C*
02 系列						02 系列					
30202	15	35	11.75	11	10	30208	40	80	19.75	18	16
30203	17	40	13.25	12	11	30209	45	85	20.75	19	16
30204	20	47	15.25	14	12	30210	50	90	21.75	20	17
30205	25	52	16.25	15	13	30211	55	100	22.75	21	18
30206	30	62	17.25	16	14	30212	60	110	23.75	22	19
30207	35	72	18.25	17	15	30213	65	120	24.75	23	20

续表

轴承标记	尺寸					轴承标记	尺寸				
	d	D	T	B	C		d	D	T	B	C
03 系列						13 系列					
30302	15	42	14.25	13	11	31311	55	120	31.5	29	21
30303	17	47	15.25	14	12	31312	60	130	33.5	31	22
30304	20	52	16.25	15	13	31313	65	140	36	33	23
30305	25	62	18.25	17	15	31314	70	150	38	35	25
30306	30	72	20.75	19	16	31315	75	160	40	37	26
30307	35	80	22.75	21	18	31316	80	170	42.5	39	27
30308	40	90	25.75	23	20	20 系列					
30309	45	100	27.25	25	22	32004	20	42	15	15	12
30310	50	110	29.75	27	23	32005	25	47	15	15	12.5
30311	55	120	31.5	29	25	32006	30	55	17	17	13
30312	60	130	33.5	31	26	32007	35	62	18	18	14
30313	65	140	36	33	28	32008	40	68	19	19	14.5
13 系列						32009	45	75	20	20	15.5
31305	25	62	18.25	17	13	22010	50	80	20	20	15.5
31306	30	72	20.75	19	14	22011	55	90	23	23	17.5
31307	35	80	22.75	21	15	22012	60	95	23	23	17.5
31308	40	90	25.25	23	17	22013	65	100	23	23	17.5
31309	45	100	27.25	25	18	22014	70	110	25	25	19
31310	50	110	29.25	27	19	22015	75	115	25	25	19

(3) 推力球轴承(摘录 GB/T 301—1995)

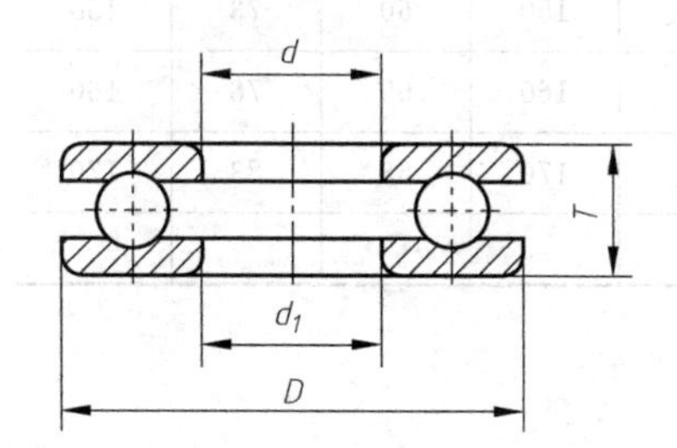

标记示例

类型标记 5 内圈孔径 $d=30$mm,尺寸系列标记为 13 的推力球轴承:

滚动轴承 51306 GB/T 301—1995

附表 23 推力球轴承(摘录 GB/T 301—1995) mm

轴承标记	尺寸					轴承标记	尺寸				
	d	D	T	d_1	D_1		d	D	T	d_1	D_1
11 系列						11 系列					
51104	20	35	10	21	35	51108	40	60	13	42	60
51105	25	42	11	26	42	51109	45	65	14	47	65
51106	30	47	11	32	47	51110	50	70	14	52	70
51107	35	52	12	37	52	51111	55	78	16	57	78

续表

轴承标记	尺寸					轴承标记	尺寸				
	d	D	T	d_1	D_1		d	D	T	d_1	D_1
11系列						13系列					
51112	60	85	17	62	85	51308	40	78	26	42	78
51113	65	90	18	67	90	51309	45	85	28	47	85
51114	70	95	18	72	95	51310	50	95	31	52	95
51115	75	100	19	77	100	51311	55	105	35	57	105
12系列						51312	60	110	35	62	110
51204	20	40	14	22	40	51313	65	115	36	67	115
51205	25	47	15	27	47	51314	70	125	40	72	125
51206	30	52	16	32	52	51315	75	135	44	77	135
51207	35	62	18	37	62	14系列					
51208	40	68	19	42	68	51405	25	60	24	27	60
51209	45	73	20	47	73	51406	30	70	28	32	70
51210	50	78	22	52	78	51407	35	80	32	37	80
51211	55	90	25	57	90	51408	40	90	36	42	90
51212	60	95	26	62	95	51409	45	100	39	47	100
51213	65	100	27	67	100	51410	50	110	43	52	110
51214	70	105	27	72	105	51411	55	120	48	57	120
51215	75	110	27	77	111	51412	60	130	51	62	130
13系列						51413	65	140	56	68	140
51304	20	47	18	22	47	51414	70	150	60	73	150
51305	25	52	18	27	52	51415	75	160	65	78	160
51306	30	60	21	32	60	51416	80	170	68	83	170
51307	35	68	24	37	68						

四、常用的金属材料

1. 常用铸铁的牌号、性能及用途

附表 24 常用铸铁的牌号、性能及用途

名称	牌号	用途	说明
灰铸铁	HT100	用于低强度铸件，如盖、外罩、手轮、支架等	“HT”表示灰铸铁，后面的数字表示抗拉强度值（N/mm²）
	HT150	用于中等强度铸件，如底座、刀架、床身、带轮等	
	HT200	用于承受大载荷的铸件，如汽车、拖拉机的汽缸体、汽缸盖、刹车轮、液压缸、泵体等	
	HT250		
	HT300	用于承受高载荷、要求耐磨和高气密性的铸件，如受力较大的齿轮、凸轮、衬套，大型发动机的汽缸、缸套、泵体、阀体等	
	HT350		

续表

名称	牌 号	用 途	说 明
球墨铸铁	QT400-17	具有较高的塑性和适当的强度，用于承受冲击负荷的零件，如汽车、拖拉机的牵引框、轮毂、离合器及减速器的壳体等	"QT"表示球墨铸铁，后面第一组数字表示抗拉强度值(N/mm²)，第二组数字表示伸长率(%)
	QT420-10		
	QT500-5		
	QT600-2	具有较高的强度，但塑性较低，用于连杆、曲轴、凸轮轴、汽缸体、进排气门座、部分机床主轴、小型水轮机主轴、缸套等	
	QT700-2		
	QT800-2		
可锻铸铁	KTH300-06	黑心可锻铸铁，具有一定的强度和较高的塑性、韧性，主要用于承受冲击和振动的载荷，如拖拉机、汽车后轮壳、转向节壳、制动器壳等	"KT"表示可锻铸铁，"H"表示黑心，"Z"表示白心，后面第一组数字表示抗拉强度值(N/mm²)，第二组数字表示伸长率(%)
	KTH330-08		
	KTH350-10		
	KTH370-10		
	KTZ450-06	珠光体可锻铸铁，具有较高的强度、硬度和耐磨性，主要用于要求强度、硬度和耐磨性高的铸件，如曲轴、连杆、凸轮轴、万向接头、传动链条等	
	KTZ550-04		
	KTZ650-02		
	KTZ700-02		
蠕墨铸铁	RuT420	珠光体基体蠕墨铸铁，用于要求强度、硬度和耐磨性较高的铸件，如活塞环、汽缸套、制动盘、泵体等	"RuT"表示蠕墨铸铁，后面的一组数字表示最低抗拉强度。
	RuT380		
	RuT340	珠光体加铁素体基体蠕墨铸铁，性能介于珠光体基体蠕墨铸铁和铁素体基体蠕墨铸铁之间，应用于液压阀体、汽缸盖、液压件等	
	RuT300		
	RuT260	铁素体基体蠕墨铸铁，用于要求塑性、韧性、热导率和耐热疲劳性较高的铸件，如增压器废气进气壳体，汽车、拖拉机的某些底盘零件等	

2. 常用钢（碳素结构钢、工程用铸造碳钢、合金钢、工具钢）的牌号、性能及用途

附表 25 常用碳素结构钢的牌号、性能及用途

名称	牌 号	性能及用途	说 明
普通碳素结构钢	Q195	塑性好，焊接性好，强度低，一般轧制成板带材和各种型钢，主要用于工程结构如桥梁、高压线塔、建筑构架和制造受力不大的机器零件如铆钉、螺钉、螺母、轴套等	"Q"表示普通碳素结构钢的屈服强度，后面的数字表示屈服点数值。如 Q235 表示碳素结构钢的屈服点 235 N/m²
	Q215		
	Q235		
	Q225	强度较高，可用于制造受理中等的普通零件，如链轮、拉杆、小轴活塞销等	
	Q275		
优质碳素结构钢	08F	塑性好，焊接性好，宜制作冷冲压件、焊接件及一般螺钉、铆钉、垫片、螺母、容器渗碳件(齿轮轴、小轴、凸轮、摩擦片)等	牌号的两位数字表示平均含碳量质量的万分比。如08F 钢表示平均含碳量0.08%；45 钢表示平均含碳量0.45%，牌号后面有"F"表示是沸腾钢。牌号后面没有标注"Mn"，表示普通含锰量(0.35%～0.8%)；牌号后面标注"Mn"，表示较高含锰量(0.7%～1.2%)，此钢因含 Mn 量较多，故淬透性稍好些，强度稍高些
	08		
	10		
	15		
	20		
	25		
	30	综合力学性能优良，宜制作受力较大的零件，如连杆、曲轴、主轴、活塞杆、齿轮等	
	35		

续表

名称	牌 号	性能及用途	说 明
优质碳素结构钢	40	综合力学性能优良，宜制作受力较大的零件，如连杆、曲轴、主轴、活塞杆、齿轮等	牌号的两位数字表示平均含碳量质量的万分比。如08F钢表示平均含碳量0.08%；45钢表示平均含碳量0.45%，牌号后面有“F”表示是沸腾钢。牌号后面没有标注“Mn”，表示普通含锰量(0.35%～0.8%)；牌号后面标注“Mn”，表示较高含锰量(0.7%～1.2%)，此钢因含Mn量较多，故淬透性稍好些，强度稍高些
	45		
	50		
	55		
	60	屈服点高，硬度高，宜制作弹性元件如各种螺旋弹簧、板簧等，以及耐磨零件、弹簧垫片、轧辊等	
	65		
	70		
	75		
	15Mn	可用于制作渗碳零件，受磨损零件及较大尺寸的各种弹性元件等，或要求强度稍高的零件	
	20Mn		
	25Mn		
	30Mn		
	40Mn		
	50Mn		
	65Mn		

附表 26 常用工程用铸造碳钢的牌号、性能及用途

名称	牌 号	性能及用途	说 明
工程用铸造碳钢	ZG200-400	良好的塑性、韧性和可焊性，用于受力不大的机器零件，如机座、变速箱壳等	“ZG230-450”表示工程用铸造碳钢，屈服点230N/mm²，抗拉强度450N/mm²
	ZG230-450	一定的强度与良好的塑性、韧性、焊接性。用于受力不大，韧性良好的机器零件，如砧座、轴承盖、阀体等	
	ZG270-500	较高的强度与较好的塑性与韧性，铸造性良好，焊接性尚好，切削性好。用于轧钢机机架、轴承座、连杆、箱体、曲轴、缸体等	
	ZG310-570	强度和切削性良好，塑性、韧性较低。用于载荷较大的大齿轮、缸体、制动轮、辊子等	
	ZG340-640	有高的强度和耐磨性，切削性好，焊接性较差，流动性好，裂纹敏感性较大，常用于制造齿轮、棘轮等	

附表 27 常用合金钢的牌号、性能及用途

名称	牌 号	性能及用途	说 明
低合金结构钢	Q295	良好的塑性、韧性和可焊性，用于受力不大的机器零件，如机座、变速箱壳等	“Q245”表示工程用铸造碳钢，屈服点245N/mm²
	Q245	一定的强度与好的塑性与韧性，焊接性良好。用于受力不大，韧性良好的机器零件，如砧座、轴承盖、阀体等	
	Q390	较高的强度与较好的塑性与韧性，铸造性良好，焊接性尚好，切削性好。用于轧钢机机架，轴承座、连杆、箱体、曲轴、缸体等	
	Q420	强度和切削性良好，塑性、韧性较低。用于载荷较大的大齿轮、缸体、制动轮、辊子等	
	Q460	有高的强度和耐磨性，切削性好，焊接性较差，流动性好，裂纹敏感性较大。用于制造齿轮、棘轮等	

续表

名称	牌　号	性能及用途	说　　明
合金渗碳钢	20Cr	低淬透性渗碳钢，用于制造受力不太大，不需要强度很高的耐磨件，如机床及小汽车齿轮等	合金结构钢的编号，采用“数字＋化学元素＋数字”的方法，前面两位数字表示平均含碳量的万分之几，合金元素以化学元素符号表示，化学元素后面的数字一般表示合金含量的百分数。当平均含量在<1.5%～0.8%时，钢号只标出化学元素符号，而不表明含量。如：20CrMnTi表示平均含碳量0.20%，还含有CrMnTi三种合金元素
	20CrMnTi	中淬透性渗碳钢，用于制造承受中等载荷的耐磨件，如汽车、拖拉机承受冲击、摩擦的重要渗碳件，齿轮、齿轮轴等	
	12Cr2Ni4A	高淬透性渗碳钢，用于制造承受重载及强烈磨损的重要大型零件，如重型载重车、坦克的齿轮等	
	28Cr2Ni4WA		
合金调质钢	40Cr	低淬透性调质钢，广泛应用于汽车后半轴、机床齿轮、轴、花键轴等	
	40MnB		
	35CrMo	中淬透性调质钢，调质后强度更高，可作截面大、承受较重载荷的机器如主轴、大电机轴、曲轴等	
	40CrNiMoA	高淬透性调质钢，调质后强度最高，韧性也很好。可用作大截面、承受更大载荷的重要调质零件如重型机器中高载荷轴类等	
合金弹簧钢	55Si2Mn	有高的弹性极限和屈强比，具有足够的强度与韧性，能承受交变载荷和冲击载荷的作用，应用于制造弹簧等弹性元件	
	60Si2CrA		
	50CrVA		
	30W4Cr2VA		
滚动轴承钢	GCr6	高的接触疲劳强度和抗压强度；高的硬度和耐磨性；高的弹性极限和一定的冲击韧度；一定的抗蚀性。用于制造各种规格的轴承	牌号：“G”表示滚动轴承钢，注意：①滚动轴承钢是一种高级优质钢，但后面不加“A”；②该类钢含Cr量低于1.65%，如“GCr15”，表示是滚动轴承钢，平均含Cr量1.5%
	GCr15SiMn		
	GCr15		
	GCr15SiMn		

附表28 常用工具钢的牌号、性能及用途

名称	牌　号	性能及用途	说　　明
碳素工具钢	T7、T7A	塑性较好，但耐磨性较差，用作承受冲击和要求韧性较高的工具，如木工用刃具、手锤、剪刀等	用“碳”或“T”附以平均含碳量的千分数。如T8A，表示碳素工具钢，平均含碳量0.8%，A表示高级优质
	T8、T8A		
	T10、T10A	硬度及耐磨性高，但韧性差，用于制造不承受冲击的刃具，如锉刀、精车刀、钻头等	
	T12、T12A	塑性较差，耐磨性较好，用于制造承受冲击振动较小而受较大切削力的工具，如丝锥、板牙、手锯条等	
低合金工具钢	9SiCr	热硬性较高，硬而耐磨，可采用分级淬火，以减小变形，适宜制造要求变形小的薄刃刀具	含碳量≥1%时不标出，<1%时，在钢的牌号前部用数字表示出平均含碳量的千分之几。合金元素的表示法与合金结构钢相同
	CrWMn	热硬性较高，硬而耐磨，淬火变形小，适宜制造较细长、淬火变形小且耐磨性好的低速切削刃具，如长丝锥、长铰刀等	
高速钢	W18Cr4V	具有良好的综合性能，用于制作各种复杂刃具如拉刀、螺纹铣刀、齿轮刀具等	
	W6Mo5Cr4V2	耐磨性优于W18Cr4V，适宜于制造要求耐磨和韧性较好的刃具，如铣刀、插齿刀等	
热作模具钢	5CrMnMo	高的热硬性和高温耐磨性，高的热稳定性，高的抗热疲劳性，足够的强度与韧性，用于制作热锻模	
	5CrNiMo		

3. 有色金属及其合金的牌号、性能及用途

附表 29 有色金属及其合金的牌号、性能及用途

<table>
<tr><th colspan="2">名 称</th><th>牌 号</th><th>性能及用途</th><th>说 明</th></tr>
<tr><td rowspan="9">变形铝合金</td><td rowspan="3">防锈铝</td><td>LF5</td><td rowspan="3">塑性及焊接性良好，常用拉延法制造各种高耐腐蚀性的薄板容器(如油箱等)、防锈铝皮及受力小、质轻、耐蚀的制品</td><td rowspan="9">变形铝合金的标记采用汉语拼音字首加序列号表示。防锈铝用 LF，后跟序列号。硬铝、超硬铝、锻铝分别用 LY、LC、LD 字母开头，后跟序列号，如 LY12、LC4 、LD6 等</td></tr>
<tr><td>LF11</td></tr>
<tr><td>LF21</td></tr>
<tr><td rowspan="2">硬铝</td><td>LY11</td><td rowspan="2">有相当高的强度、硬度，LY11 常用于制造形状复杂、载荷较低的结构件，LY12 用于制造飞机翼肋、翼梁等受力构件</td></tr>
<tr><td>LY12</td></tr>
<tr><td rowspan="2">超硬铝</td><td>LC3</td><td rowspan="2">强度比硬铝还高，强度已相当于超高强度钢，用于飞机的机翼大梁、起落架等</td></tr>
<tr><td>LC4</td></tr>
<tr><td rowspan="2">锻铝</td><td>LD2</td><td rowspan="2">具有良好的热塑性及耐蚀性，适宜锻造生产，主要作航空及仪表工业中形状复杂、比强度要求较高的锻件</td></tr>
<tr><td>LD6</td></tr>
<tr><td rowspan="6">铸造铝合金</td><td rowspan="2">铝硅合金</td><td>ZL101(ZA1Si7Mg)</td><td rowspan="2">流动性好，适宜于铸造形状复杂受力很小的零件，如仪表壳及其他薄壁零件</td><td rowspan="6">“ZL”表示铸造铝合金，第一位数字表示合金系别：1 为硅铝系合金；2 为铝铜系合金；3 为铝镁系合金；4 为铝锌系合金；铸造牌号用 ZA1＋合金元素和其含量表示</td></tr>
<tr><td>ZL102(ZA1Si12)</td></tr>
<tr><td rowspan="2">铝铜合金</td><td>ZL201(ZA1Cu5Mn)</td><td rowspan="2">在 300℃下保持较高的强度，是铸造耐热铝合金，它的缺点是铸造型和耐蚀性均差，可用于 300℃下工作的形状简单的铸件，如内燃机汽缸盖、活塞等</td></tr>
<tr><td>ZL201(ZA1Cu10)</td></tr>
<tr><td>铝镁合金</td><td>ZL301(ZA1Mg10)</td><td>强度和塑性高，耐蚀性优良，用于承受高载荷和要求耐腐蚀的外形简单的铸件</td></tr>
<tr><td>铝锌合金</td><td>ZL401(ZA1Zn11Si7)</td><td>铸造性能很好，强度较高，适宜压力铸造，主要用于温度不超过 200℃，结构形状复杂的汽车、飞机零件，医疗机器零件等</td></tr>
<tr><td colspan="2" rowspan="3">普通黄铜</td><td>H90(90 黄铜)</td><td>优良的耐蚀性、导热性和冷变形能力，常用于艺术装饰品、奖章、散热器等</td><td rowspan="3">牌号如“H90”，H 表示普通黄铜，90 表示含铜 90%，其余为锌，铜锌二元合金简称普通黄铜</td></tr>
<tr><td>H68(68 黄铜)</td><td>优良的冷、热塑性变形能力，适合制造形状复杂而又耐蚀的管、套类零件，如弹壳、波纹管等</td></tr>
<tr><td>H62(62 黄铜)</td><td>强度较高并有一定的耐蚀性，广泛用于制作电器上要求导电、耐蚀及强度适中的结构件，如螺栓、垫片、弹簧等</td></tr>
<tr><td colspan="2" rowspan="3">特殊黄铜</td><td>HSn62-1(62-1 锡黄铜)</td><td rowspan="3">加入其他合金元素，强度和耐蚀性提高，应用于与海水和汽油接触的船舶零件，海轮制造业和弱电零件</td><td rowspan="3">牌号：H＋主加元素的化学符号(Zn 除外)＋铜含量(%)＋主加元素的含量(%)</td></tr>
<tr><td>HSi80-3(80-3 硅黄铜)</td></tr>
<tr><td>HMn58-2(58-2 锰黄铜)</td></tr>
<tr><td rowspan="3">普通青铜</td><td rowspan="2">压力加工锡青铜</td><td>QSn4-3(4-3 锡青铜)</td><td rowspan="2">优良的弹性、耐磨性，较好的塑性和抗蚀性，主要应用于制造弹性高、耐磨、抗蚀抗磁的零件，如弹簧片、电极、齿轮等</td><td rowspan="3">青铜分为普通青铜和特殊青铜两类。青铜的标记是“青”的汉语拼音字首 Q＋第一主加元素及含量(%)＋其他元素含量(%)，标记中“Z”，表示铸造</td></tr>
<tr><td>QSn6.5-0.1(6.5-0.1 锡青铜)</td></tr>
<tr><td>铸造锡青铜</td><td>ZQSn6.5-0.1
(6.5-0.1 锡青铜)</td><td>具有更高的强度和耐磨性，适宜铸造耐磨、减摩、耐蚀的铸件，如轴承、涡轮、摩擦轮等</td></tr>
</table>

续表

名　称	牌　　号	性能及用途	说　明
特殊青铜	QA19-4(9-4 铝青铜)	强度、硬度、耐磨性、耐蚀性比黄铜、锡青铜更高,适宜制造强度及耐磨性较高的摩擦零件,如齿轮、涡轮等	青铜分为普通青铜和特殊青铜两类。青铜的标记是"青"的汉语拼音字首Q+第一主加元素及含量(%)+其他元素含量(%),标记中"Z",表示铸造
	QBe2(2 铍青铜)	导热、导电、耐磨性极好,主要用于精密仪表、仪器中的重要的弹性元件,耐磨零件及在高速、高温、高压下工作的轴承	
	QSi3-1(3-1 硅青铜)	主要用于弹簧,在腐蚀性介质中工作的零件及涡轮、涡杆、齿轮、制动销等	

五、常用的热处理工艺

附表 30　常用的热处理工艺

名　词	说　　明	应　　用
退火	将钢材或钢件加热至适当温度,保温一段时间后,缓慢冷却,以获得接近平衡状态组织的热处理工艺	退火作为预备热处理,安排在铸造或锻造之后,粗加工之前,用以消除前一道工序所带来的缺陷,为随后的工序做准备
正火	将钢材或钢件加热到临界点 A_{c3} 或 A_{cm} 以上的适当温度保持一定时间后在空气中冷却,得到珠光体类组织的热处理工艺	改善低碳钢和低碳合金钢的切削加工性;作为普通结构零件或大型及形状复杂零件的最终热处理;作为中碳和低合金结构钢重要零件的预备热处理
淬火	将钢奥氏体化后以适当的冷却速度冷却,使工件在横截面内全部或一定的范围内发生马氏体等不稳定组织结构转变的热处理工艺	钢的淬火多半是为了获得马氏体,提高它的硬度和强度,例如各种工模具、滚动轴承的淬火,是为了获得马氏体以提高其硬度和耐磨性
回火	将经过淬火的工件加热到临界点 A_{c1} 以下的适当温度保持一定时间,随后用符合要求的方法冷却,以获得所需要的组织和性能的热处理工艺	低温回火(150～250℃)所得组织为回火马氏体。其目的是在保持淬火钢的高硬度和高耐磨性的前提下,降低其淬火内应力和脆性,以免使用时崩裂或过早损坏。它主要用于各种高碳的切削刃具,量具,冷冲模具,滚动轴承以及渗碳件等,回火后硬度一般为 58～64HRC。中温回火(350～500℃)所得组织为回火屈氏体。其目的是获得高的屈服强度,弹性极限和较高的韧性。因此,它主要用于各种弹簧和热作模具的处理,回火后硬度一般为 35～50HRC。高温回火(500～650℃)所得组织为回火索氏体。能获得强度、硬度和塑性、韧性都较好的综合力学性能。因此,广泛用于汽车,拖拉机、机床等的重要结构零件,如连杆、螺栓、齿轮及轴类。回火后硬度一般为 200～330HB
调质	将淬火加高温回火相结合的热处理称为调质处理	
表面淬火	用火焰或高频电流将零件表面迅速加热到临界温度以上,快速冷却	表层获得硬而耐磨的马氏体组织,而心部仍保持一定的韧性,使零件既耐磨又能承受冲击,表面淬火常用来处理齿轮等
渗碳	向钢件表面渗入碳原子的过程	使零件表面具有高硬度和耐磨性,而心部仍保持一定的强度及较高的塑性、韧性,可用在汽车、拖拉机齿轮、套筒等
渗氮	向钢件表面渗入氮原子的过程	增加钢件的耐磨性、硬度、疲劳强度和耐蚀性,可用在模具、螺杆、齿轮、套筒等

续表

名 词	说 明	应 用
氰化	氰化是向钢的表层同时渗入碳和氮的过程	目前以中温气体碳氮共渗和低温气体碳氮共渗(即气体软氮化)应用较为广泛。中温气体碳氮共渗的主要目的是提高钢的硬度,耐磨性和疲劳强度。低温气体碳氮共渗以渗氮为主,其主要目的是提高钢的耐磨性和抗咬合性
时效	低温回火后,精加工之前,加热到100～160℃,保持10～40h。对铸件也可天然时效(放在露天中一年以上)	使工件消除内应力和稳定尺寸,用于量具、精密丝杠、床身导轨等
发蓝发黑	将金属零件放在很浓的碱和氧化剂溶液中加热氧化,使金属表面形成一层氧化铁所组成的保护性薄膜	能防腐蚀,美观。用于一般连接的标准件和其他电子类零件
HB(布氏硬度)		用于退火、正火、调质的零件及铸件的硬度检验。优点:测量结果准确,缺点:压痕大,不适合成品检验
HRC(洛氏硬度)	硬度指金属材料抵抗外物压入其表面的能力,也是衡量金属材料软硬程度的一种力学性能指标	用于经淬火、回火及表面渗碳、渗氮等处理的零件的硬度检验。优点:测量迅速简便,压痕小,可在成品零件上检测
HV(维氏硬度)		维氏硬度试验所用载荷小,压痕深度浅,适用于测量零件薄的表面硬化层的硬度。试验载荷可任意选择,故可测硬度范围宽,工作效率较低

参考文献

[1] 何铭新. 机械制图. 第7版. 北京：高等教育出版社，2016.
[2] 孙培先. 工程制图. 第4版. 北京：机械工业出版社，2017.
[3] 胡建生. 工程制图. 第4版. 北京：化学工业出版社，2010.
[4] 姚瑰妮. 化工与制药工程制图. 北京：化学工业出版社，2015.
[5] 杨素君. 工程制图. 第3版. 天津：天津大学出版社，2016.
[6] 贾雪艳. AutoCAD 2016 中文版从入门到精通. 第1版. 北京：人民邮电出版社，2016.